"十四五"国家重点图书出版规划项目
核能与核技术出版工程

先进核反应堆技术丛书（第二期）
主编 于俊崇

反应堆压力容器概论

Introduction to Reactor Pressure Vessels

罗 英 邱 天 董元元 编著

上海交通大学出版社
SHANGHAI JIAO TONG UNIVERSITY PRESS

内容提要

本书为"先进核反应堆技术丛书"之一。本书围绕核动力工程实践,系统地介绍了核反应堆压力容器设计相关的基本知识、设计理念和发展趋势。主要内容包括核反应堆压力容器设计法规与标准、输入条件、材料设计、结构设计、强度设计、结构完整性评价等设计方法的基本理论,核反应堆压力容器制造、安装、调试、运维等工程技术的最新发展,核安全与各堆型压力容器特征,以及目前先进设计和制造技术的应用和挑战。本书可供核电、化工、航空航天行业从事压力容器设计与制造的工程技术人员参考,也可供材料、机械和核工程等相关专业的本科生和研究生参阅。

图书在版编目(CIP)数据

反应堆压力容器概论 / 罗英,邱天,董元元编著.
上海:上海交通大学出版社,2024.8 -- (先进核反应堆技术丛书). -- ISBN 978-7-313-30915-0

Ⅰ. TL351
中国国家版本馆 CIP 数据核字第 2024ONE161 号

反应堆压力容器概论
FANYINGDUI YALI RONGQI GAILUN

编　　著:	罗　英　邱　天　董元元			
出版发行:	上海交通大学出版社	地　　址:	上海市番禺路 951 号
邮政编码:	200030	电　　话:	021 - 64071208
印　　制:	苏州市越洋印刷有限公司	经　　销:	全国新华书店
开　　本:	710 mm×1000 mm　1/16	印　　张:	28.5
字　　数:	479 千字		
版　　次:	2024 年 8 月第 1 版	印　　次:	2024 年 8 月第 1 次印刷
书　　号:	ISBN 978 - 7 - 313 - 30915 - 0		
定　　价:	228.00 元		

先进核反应堆技术丛书

编 委 会

主 编

于俊崇（中国核动力研究设计院，研究员，中国工程院院士）

编 委（按姓氏笔画排序）

刘　永（核工业西南物理研究院，研究员）

刘天才（中国原子能科学研究院，研究员）

刘汉刚（中国工程物理研究院，研究员）

刘承敏（中国核动力研究设计院，研究员级高级工程师）

孙寿华（中国核动力研究设计院，研究员）

杨红义（中国原子能科学研究院，研究员级高级工程师）

李　庆（中国核动力研究设计院，研究员级高级工程师）

李建刚（中国科学院等离子体物理研究所，研究员，中国工程院院士）

余红星（中国核动力研究设计院，研究员级高级工程师）

张东辉（中国原子能科学研究院，研究员）

张作义（清华大学，教授）

陈　智（中国核动力研究设计院，研究员级高级工程师）

罗　英（中国核动力研究设计院，研究员级高级工程师）

胡石林（中国原子能科学研究院，研究员，中国工程院院士）

柯国土（中国原子能科学研究院，研究员）

姚维华（中国核动力研究设计院，研究员级高级工程师）

顾　龙（中国科学院近代物理研究所，研究员）

柴晓明（中国核动力研究设计院，研究员级高级工程师）

徐洪杰（中国科学院上海应用物理研究所，研究员）

霍小东（中国核电工程有限公司，研究员级高级工程师）

总　　序

　　人类利用核能的历史可以追溯到 20 世纪 40 年代,而核反应堆——这一实现核能利用的主要装置,则于 1942 年诞生。意大利著名物理学家恩里科·费米领导的研究小组在美国芝加哥大学体育场取得了重大突破,他们使用石墨和金属铀构建起了世界上第一座用于试验可控链式反应的"堆砌体",即"芝加哥一号堆"。1942 年 12 月 2 日,该装置成功地实现了人类历史上首个可控的铀核裂变链式反应,这一里程碑式的成就为核反应堆的发展奠定了坚实基础。后来,人们将能够实现核裂变链式反应的装置统称为核反应堆。

　　核反应堆的应用范围广泛,主要可分为两大类:一类是核能的利用,另一类是裂变中子的应用。核能的利用进一步分为军用和民用两种。在军事领域,核能主要用于制造原子武器和提供推进动力;而在民用领域,核能主要用于发电,同时在居民供暖、海水淡化、石油开采、钢铁冶炼等方面也展现出广阔的应用前景。此外,通过核裂变产生的中子参与核反应,还可以生产钚-239、聚变材料氚以及多种放射性同位素,这些同位素在工业、农业、医疗、卫生、国防等众多领域有着广泛的应用。另外,核反应堆产生的中子在多个领域也得到广泛应用,如中子照相、活化分析、材料改性、性能测试和中子治癌等。

　　人类发现核裂变反应能够释放巨大能量的现象以后,首先研究将其应用于军事领域。1945 年,美国成功研制出原子弹,而 1952 年更是成功研制出核动力潜艇。鉴于原子弹和核动力潜艇所展现出的巨大威力,世界各国纷纷竞相开展相关研发工作,导致核军备竞赛一直持续至今。

　　另外,由于核裂变能具备极高的能量密度且几乎零碳排放,这一显著优势使其成为人类解决能源问题以及应对环境污染的重要手段,因此核能的和平利用也同步展开。1954 年,苏联建成了世界上第一座向工业电网送电的核电站。随后,各国纷纷建立自己的核电站,装机容量不断提升,从最初的 5 000 千瓦发展到如今最大的 175 万千瓦。截至 2023 年底,全球在运行的核电机组总数达到了 437 台,总装机容量约为 3.93 亿千瓦。

核能在我国的研究与应用已有 60 多年的历史,取得了举世瞩目的成就。

1958 年,我国建成了第一座重水型实验反应堆,功率为 1 万千瓦,这标志着我国核能利用时代的开启。随后,在 1964 年、1967 年与 1971 年,我国分别成功研制出了原子弹、氢弹和核动力潜艇。1991 年,我国第一座自主研制的核电站——功率为 30 万千瓦的秦山核电站首次并网发电。进入 21 世纪,我国在研发先进核能系统方面不断取得突破性成果。例如,我国成功研发出具有完整自主知识产权的压水堆核电机组,包括 ACP1000、ACPR1000 和 ACP1400。其中,由 ACP1000 和 ACPR1000 技术融合而成的"华龙一号"全球首堆,已于 2020 年 11 月 27 日成功实现首次并网,其先进性、经济性、成熟性和可靠性均已达到世界第三代核电技术的先进水平。这一成就标志着我国已跻身掌握先进核能技术的国家行列。

截至 2024 年 6 月,我国投入运行的核电机组已达 58 台,总装机容量达到 6 080 万千瓦。同时,还有 26 台机组在建,装机容量达 30 300 兆瓦,这使得我国在核电装机容量上位居世界第一。

2002 年,第四代核能系统国际论坛(Generation IV International Forum, GIF)确立了 6 种待开发的经济性和安全性更高、更环保、更安保的第四代先进核反应堆系统,它们分别是气冷快堆、铅合金液态金属冷却快堆、液态钠冷却快堆、熔盐反应堆、超高温气冷堆和超临界水冷堆。目前,我国在第四代核能系统关键技术方面也取得了引领世界的进展。2021 年 12 月,全球首座具有第四代核反应堆某些特征的球床模块式高温气冷堆核电站——华能石岛湾核电高温气冷堆示范工程成功送电。

此外,在聚变能这一被誉为人类终极能源的领域,我国也取得了显著成果。2021 年 12 月,中国"人造太阳"——全超导托卡马克核聚变实验装置(Experimental and Advanced Superconducting Tokamak, EAST)实现了 1 056 秒的长脉冲高参数等离子体运行,再次刷新了世界纪录。

经过 60 多年的发展,我国已经建立起一个涵盖科研、设计、实(试)验、制造等领域的完整核工业体系,涉及核工业的各个专业领域。科研设施完备且门类齐全,为试验研究需要,我国先后建成了各类反应堆,包括重水研究堆、小型压水堆、微型中子源堆、快中子反应堆、低温供热实验堆、高温气冷实验堆、高通量工程试验堆、铀-氢化锆脉冲堆,以及先进游泳池式轻水研究堆等。近年来,为了适应国民经济发展的需求,我国在多种新型核反应堆技术的科研攻关方面也取得了显著的成果,这些技术包括小型反应堆技术、先进快中子堆技术、新型嬗变反应堆技术、热管反应堆技术、钍基熔盐反应堆技术、铅铋反应堆技术、数字反应堆技术以及聚变堆技术等。

在我国,核能技术不仅得到全面发展,而且为国民经济的发展做出了重要贡献,并将继续发挥更加重要的作用。以核电为例,根据中国核能行业协会提供的数据,2023 年 1—12 月,全国运行核电机组累计发电量达 4 333.71 亿千瓦时,这相当于减少燃烧标准煤 12 339.56 万吨,同时减少排放二氧化碳 32 329.64 万吨、二氧化硫 104.89 万吨、氮氧化物 91.31 万吨。在未来实现"碳达峰、碳中和"国家重大战略目标和推动国民经济高质量发展的进程中,核能发电作为以清洁能源为基础的新型电力系统的稳定电源和节能减排的重要保障,将发挥不可替代的作用。可以说,研发先进核反应堆是我国实现能源自给、保障能源安全以及贯彻"碳达峰、碳中和"国家重大战略部署的重要保障。

随着核动力与核技术应用的日益广泛,我国已在核领域积累了丰富的科研成果与宝贵的实践经验。为了更好地指导实践、推动技术进步并促进可持续发展,系统总结并出版这些成果显得尤为必要。为此,上海交通大学出版社与国内核动力领域的多位专家经过多次深入沟通和研讨,共同拟定了简明扼要的目录大纲,并成功组织包括中国原子能科学研究院、中国核动力研究设计院、中国科学院上海应用物理研究所、中国科学院近代物理研究所、中国科学院等离子体物理研究所、清华大学、中国工程物理研究院以及核工业西南物理研究院等在内的国内相关单位的知名核动力和核技术应用专家共同编写了这套"先进核反应堆技术丛书"。丛书包括铅合金液态金属冷却快堆、液态钠冷却快堆、重水反应堆、熔盐反应堆、新型嬗变反应堆、多用途研究堆、低温供热堆、海上浮动核能动力装置和数字反应堆、高通量工程试验堆、同位素生产试验堆、核动力设备相关技术、核动力安全相关技术、"华龙一号"优化改进技术,以及核聚变反应堆的设计原理与实践等。

本丛书涵盖了我国三个五年规划(2015—2030 年)期间的重大研究成果,充分展现了我国在核反应堆研制领域的先进水平。整体来看,本丛书内容全面而深入,为读者提供了先进核反应堆技术的系统知识和最新研究成果。本丛书不仅可作为核能工作者进行科研与设计的宝贵参考文献,也可作为高校核专业教学的辅助材料,对于促进核能和核技术应用的进一步发展以及人才培养具有重要支撑作用。本丛书的出版,必将有力推动我国从核能大国向核能强国的迈进,为我国核科技事业的蓬勃发展做出积极贡献。

于俊崇

2024 年 6 月

序　　一

　　核能作为一种重要的清洁低碳、稳定安全高效的能源形式,在全球清洁能源转型、保障能源安全、"碳达峰、碳中和"目标实现、解决气候变化问题中发挥着不可或缺的作用。自 20 世纪中期人类和平利用核能以来,核能一直在推动全球经济社会发展方面扮演重要角色,预计在未来核能将会发挥更广泛和更重要的作用。核电作为和平利用核能的主要形式,从 1954 年苏联建成第一座核电厂以来,在全世界得到很大发展。反应堆压力容器(RPV)是压水堆核电厂的关键设备之一,具有装载堆芯、支撑堆内所有构件和容纳一回路冷却剂并维持其压力等功能,直接影响反应堆运行的安全性和经济性。反应堆压力容器长期工作在高温、高压、强辐照的恶劣环境下,承受着循环载荷、交变载荷等复杂载荷的作用。同时,由于其具有在核电站整个寿期内不可更换的特点,必须保证在寿期内绝对安全可靠,故其设计、制造的难度可想而知。

　　本书作者根据多年从事反应堆压力容器设计工作的经历和体会,以"反应堆压力容器、压力管的设计和制造必须在材料选择、设计标准、可检查性和加工等方面均具有最高质量"为指导思想,从设计角度系统介绍了反应堆压力容器设计活动的全流程。本书从反应堆压力容器的设计准则和设计流程出发,在核安全法规与标准的指导下,总结了反应堆压力容器的总体性设计输入,以及材料、结构、强度等的基础理论与设计方法,介绍了反应堆压力容器制造、安装、调试、运行、维护和退役等工程技术,对主流商业核电站的反应堆压力容器、先进设计与制造技术以及核安全文化等方面做了简要介绍。

　　在本书付梓之际,有幸先阅读了此书,深感其内容翔实,结构严谨,实践性、科学性强,深信本书的出版必将有利于核能科学与工程的人才培养,为我国核电事业的蓬勃发展添砖加瓦。在此,我非常高兴将本书推荐给广大从事反应堆压力容器设计、研究的科技工作者,也衷心祝愿我国的核电事业迅速发展。

2024 年 6 月

序　二

能源是人类文明进步的基础和动力,攸关国计民生和国家安全,关系人类生存和发展,对促进经济社会发展、增进人民福祉至关重要。随着我国经济社会的发展,传统的以化石能源为基础的能源结构存在着污染环境、破坏生态等问题。核能作为一种清洁、安全、可靠的能源,在优化能源结构、建设生态文明、应对气候变化等方面发挥越来越重要的作用,在世界能源体系格局中扮演重要角色。利用核能的前提和基础是确保其安全,核反应堆是实现核能安全利用的关键装置,而反应堆压力容器是核反应堆寿命期内唯一不可更换的设备,其安全性直接关系到整个核电站的安全和可靠性。因此,有必要编著一本比较切合我国特点,具有一定系统性又有一定专业理论深度的关于反应堆压力容器设计的书籍,供相关科研人员参考或系统阅读。

本书作者从事反应堆压力容器设计三十余载,先后主持、参与了众多核电工程及科研项目,具体项目涵盖我国首个国产化大型商用核电站秦山二期、第一座具有完全自主知识产权的第三代核电"华龙一号"。本书根据反应堆压力容器设计、制造和使用的法律、法规,以及各种设计规范、标准,结合作者及其团队数十年来在反应堆压力容器领域的研究成果和技术经验,较为全面地阐述了反应堆压力容器的主要设计流程,包括从输入、设计、制造,到安装、调试、运行和维护的全过程。本书从法规和标准入手,介绍了反应堆压力容器相关的设计输入,阐述了反应堆压力容器的选材原则及常用材料,详细介绍了常用零部件和典型结构的设计方法,讨论了反应堆压力容器强度设计的计算依据和方法,对其制造、安装、调试、运行、维护和退役等流程进行了论述,并注意跟踪了国内外各堆型反应堆压力容器的发展,以及先进设计与制造技术在反应堆压力容器设计中的应用,最后对核安全文化进行了简单介绍。

本书的编写充分体现了基础理论与技术实践相结合、标准法规与工程经验相结合的原则。本书的出版将为该领域内的科研和工程技术人员及高校与研究机构相关专业的师生提供一本关于反应堆压力容器设计的全面而深入的教材和学习参考资料。相信本书的出版将十分有助于我国反应堆压力容器设计和核能事业的发展。

2024 年 6 月

前　　言

　　自从 20 世纪中叶人类发现并利用核能以来，经过数十年的不断发展，核能已成为世界能源结构中十分重要的组成部分。在我国"碳达峰、碳中和"的"双碳"战略背景之下，核能的发展利用尤为关键。在核能高速发展的同时，世界各国对于核电系统和设备的设计要求也越来越高。反应堆压力容器作为核反应堆系统中唯一不可更换的主设备，是典型的核电复杂设备，因此了解、熟悉反应堆压力容器相关的设计知识与流程对于掌握反应堆压力容器设计工作来说是非常有必要的。

　　作为一名核电工作者，笔者已投身反应堆压力容器设计工作三十余载。从最早的秦山二期到现在的作为国家"名片"的"华龙一号"，笔者不仅亲身参与反应堆压力容器的设计，还目睹了我国的核电事业一步步迈向先进、走向世界。笔者与团队将数十年来围绕反应堆压力容器设计的理论与工作经验进行了总结，编撰成这本《反应堆压力容器概论》，给读者呈现了反应堆压力容器的设计理念与基本知识，包括相关的法规标准、输入条件、材料设计、结构设计、强度设计的基本理论，以及反应堆压力容器制造、安装、调试、运维等工程技术的最新发展，辅以对现有各堆型反应堆压力容器的介绍，同时为尽可能完善地说明相关章节内容，本书在一些章节中也援引了国内外相关学者、同行的研究成果与工作经验，期望读者对反应堆压力容器能有一个更加具体、全面的认识。

　　本书先从总体层面对反应堆压力容器及其设计做了简单介绍，系统梳理了我国及主要核电大国的法规与标准，以此为基础总结了反应堆压力容器的设计输入，并从材料设计、结构设计与强度设计三个角度展开了对反应堆压力容器详细设计的介绍与计算校核等内容。同时，对反应堆压力容器的典型制造流程及安装、运行与维护等进行了介绍，设计人员虽不直接参与相应的步骤流程,但可将这些阶段的反馈纳入设计中来考虑,以形成一套完整的反应堆压力容器设计闭环流程。为了使读者对于各类反应堆压力容器有直观的了解,书中对目前世界上主流的堆型反应堆压力容器进行了简要描述,并着眼于当下数字化设计、增材制造等先进的设计制造技术,对未来反应堆压力容器设计的发展提出展望。最后从核安全文化角度出发,对设计人员的设计质量提出了更高的要求。

本书初稿成于 2020 年,一直作为团队内部书籍用于学习参考,多年来不断对书中相关内容进行改进与完善,最终于 2023 年末汇编完成。时至本书出版之际,著名的中国工程院院士、核动力专家于俊崇院士与中国工程院院士、化工装备安全技术专家涂善东院士又在百忙之中热情地为本书作序,在此对他们致以诚挚的谢意。

本书的编排与出版得到了各方面的支持与帮助。本书由罗英主持编写,主要编写人员还有邱天、马姝丽、曾鹏、张亚斌、陈海波、董元元、李青宇、张尚林、王昫心、王点、胡甜、郑浩、王小彬、邱阳、周高斌、李玉光、尹祁伟、杨立才、杨志海、陈珉芮、马赵丹丹、熊瑞坤。参加书籍排版、整理及校对的人员有董元元、王潇、熊瑞坤、佘注廷。另外,张敬才先生、钟元章先生对本书的撰写给予了指导。对本书做出贡献的相关同事众多,在此不具体列出名单,在本书完成之际,在此一并表示衷心感谢。

限于作者水平,本书难免存在不足与不当之处,热切期望读者与同行专家不吝赐教!

罗 英

2024 年 3 月

目　　录

第 1 章

概　述

核能的发现和利用是 20 世纪世界科技史上最杰出的成就之一。随着 1942 年世界上第一座核反应堆的建成,以及 1950 年代陆续建成各种堆型的核能发电模式堆,此后商用核电站的建造如雨后春笋般迅速发展,引领了世界能源结构的第三次巨变。核反应堆经历了数十年的发展和变化,当前核能在世界能源结构中已占据了十分重要的地位。

截至 2022 年 12 月,国际原子能机构(IAEA)数据统计显示,全球在运核反应堆共有 438 座(含 27 座暂停),总装机容量为 393 823 MW,在建核反应堆有 58 座,装机容量为 59 334 MW,其中全球主要核大国反应堆装机情况如表 1-1 所示。

表 1-1　各国核反应堆装机情况

国　家	可运行反应堆数量	现有装机容量/MW	在建反应堆数量	在建装机容量/MW	核能发电量占比/%
中国	54	52 181	20	20 284	5.0
俄罗斯	37	27 727	3	2 700	19.6
美国	92	94 718	2	2 234	18.2
法国	56	61 370	1	1 630	62.6
日本	33	31 679	2	2 653	6.1

截至 2023 年 6 月,我国投入商运的核电机组共有 55 台(不含台湾地区),装机容量为 56 993.34 MW(额定装机容量)。2023 年 1—6 月,55 台运行核电机组累计发电量为 2 118.84 亿千瓦·时,比 2022 年同期上升了 7.01%;累计

上网电量为 1 989.23 亿千瓦·时,比 2022 年同期上升了 7.16%;核电设备利用时间为 3 773.79 h,平均机组能力因子为 90.96%。

图 1-1 所示为 2023 年 1—6 月全国发电量统计。

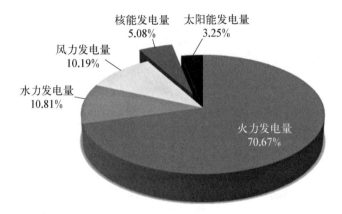

图 1-1　2023 年 1—6 月全国发电量统计

在 438 座全球在运核电机组中,快中子动力堆只有 2 座,其余均为热中子动力堆,而热中子动力堆按照慢化剂、冷却剂和燃料成分等的差异,可划分为压水堆、沸水堆、重水堆、石墨堆等。表 1-2 为世界运行核电机组类型和发电量。从表 1-2 中可以看出,目前在运核电机组中大多数采用压水堆,约占 73%。我国已建成的核电厂也多选择压水堆,相比于其他堆型,压水堆有以下优势:

表 1-2　世界运行核电机组类型和发电量

堆　　型	机组数[①]	总电功率/GW
压水堆	301	289.1
沸水堆	42	44.1
重水堆	46	24.1
石墨堆	12	7.6
气冷堆	8	4.7
快中子堆	2	1.4

注:① 数据不包括 27 座暂停的。

（1）以轻水作为冷却剂和慢化剂，整个反应堆体积较小，技术成熟。

（2）以低富集度铀作为燃料，铀的浓缩技术成熟。

（3）有放射性的一回路系统与二回路系统分开，运行维护方便，需要处理的放射性废物量较少。

1.1　反应堆压力容器简介

反应堆压力容器是包容反应堆堆芯并承受运行压力的密闭容器，是核电厂的关键设备之一，同样也是反应堆及反应堆冷却剂系统的关键设备之一。

1.1.1　反应堆及反应堆冷却剂系统

压水堆核电厂的系统和设备通常可以分为两大部分：核岛（核系统和设备部分）与常规岛（常规系统和设备部分）。这两部分可进一步划分为若干系统和设备，包括反应堆及反应堆冷却剂系统（又称一回路）、蒸汽和动力转换系统（又称二回路）、循环水系统、发电机和输配电系统及其辅助系统等，如图 1-2 所示。

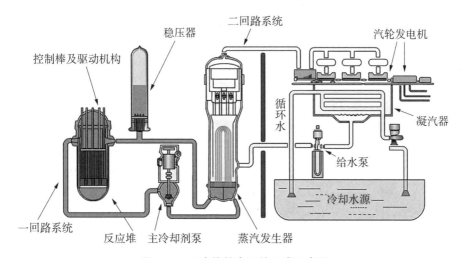

图 1-2　压水堆核电厂的组成示意图

根据核电厂的功率大小和制造业的生产能力，反应堆及反应堆冷却剂系统一般由 1 个反应堆和 2～4 个并联的闭合环路组成。图 1-3 所示为典型的三环路压水堆的反应堆及反应堆冷却剂系统布置，以反应堆压力容器为中心，3 条闭合环路呈辐射状布置，每条环路上有 1 台蒸汽发生器、1 台反应堆冷却剂泵、互相连接的反应堆冷却剂管道和控制仪表等。此外,3 条环路共用 1 条压力安全回路,该回路包含 1 台稳压器、1 台泄压箱及用于压力控制与超压保护和在发生严重事故情况下快速卸压的阀门、仪表和连接管道等。

图 1-3 三环路压水堆的反应堆及反应堆冷却剂系统

1.1.2 反应堆压力容器的功能和特征

在反应堆及反应堆冷却剂系统中占据中心位置的反应堆压力容器 (reactor pressure vessel,RPV)是整个系统中唯一不可更换的设备,无疑是核电厂的关键设备之一,其主要功能如下。

(1) 作为反应堆冷却剂系统压力边界的组成部分,必须保持压力边界的完整。

(2) 作为包容反应堆堆芯的容器,是核岛堆芯放射性安全防护的第二道重要屏障。

(3) 内部安装有反应堆堆芯部件、堆内构件,以及承担反应堆控制和堆内测量作用的元件或组件,起着固定和支承堆内构件的作用。

(4) 支承反应堆控制棒驱动机构等结构部件,以及装换料设备和在役检查设备。

与常规压力容器相比,RPV 的工作环境条件具有下列特征。

(1) 承受高温高压。为提高核电厂的热效率,要求提高蒸汽的温度和压力,因而压水堆 RPV 的工作压力一般在 15 MPa 以上,温度为 295~330 ℃。伴随着冷却剂的高温高压以及反应堆热功率的增大,RPV 的内径及壁厚亦相应增大。

（2）承受强烈的放射性辐照。RPV 承受着堆芯核裂变反应产生的中子和 γ 射线等的强烈辐照,中子和 γ 射线入射容器材料时,导致材料性能发生劣化,随着工作时间的累积,性能劣化效应愈发明显,增大了发生功能退化甚至破坏的可能性;同时,中子和 γ 射线入射容器材料时又将其能量转换为热能被材料吸收,形成一定的热应力,给该部位的应力分布造成一定影响。

（3）大直径密封。为了安装堆芯、堆内构件、更换燃料组件及进行在役检查,RPV 必须采用大直径可拆卸的顶盖组件,因此需要采用大直径的密封。为了防止带有放射性的冷却剂泄漏,要求大直径的密封结构必须安全可靠,而对于各种情况可能的泄漏又必须予以收集、设定限值和报警,以保证反应堆的安全运行,这是 RPV 面对的又一个特殊问题。

（4）在役检查与辐照监督。为保证反应堆压力容器寿期内结构的完整性,应对 RPV 的关键部位和焊缝进行定期在役检查,并定期进行在役水压试验;包括对焊缝金属在内的 RPV 材料在快中子辐照下的力学性能劣化进行辐照脆化监督,并根据辐照监督的结果适时调整反应堆的压力-温度限值曲线,确保反应堆的升降温速率,以及将运行区域控制在安全的压力-温度范围内。

（5）承受多工况及复杂载荷作用。RPV 除了承受正常运行工况的压力、温度作用外,还要受到在异常工况、紧急工况、事故工况下的各种载荷作用,如地震载荷、事故工况的热冲击等,而在多种载荷因素及其组合作用下必须保证其结构完整性,以使反应堆可以安全停堆和防止放射性物质的向外释放。因此,必须对 RPV 进行完整的应力、疲劳、断裂和密封等分析及评定,保证反应堆安全。

1.1.3　反应堆压力容器结构介绍

典型的压水堆 RPV 由三部分组成:容器组件、顶盖组件、紧固密封件。其结构如图 1-4 所示。

1）容器组件

容器组件通常由以下零部件通过焊接连接而成,主要包括容器法兰、接管段筒体、接管及安全端、堆芯筒体、下封头过渡段、下封头、换料密封支承环、径

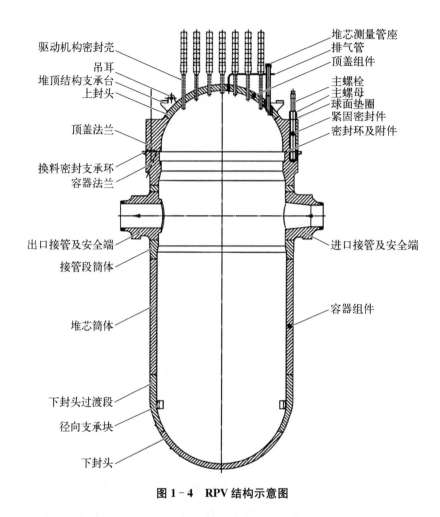

驱动机构密封壳
吊耳
堆顶结构支承台
上封头
顶盖法兰
换料密封支承环
容器法兰
出口接管及安全端
接管段筒体
堆芯筒体
下封头过渡段
径向支承块
下封头

堆芯测量管座
排气管
顶盖组件
主螺栓
主螺母
球面垫圈
紧固密封件
密封环及附件
进口接管及安全端
容器组件

图 1-4 RPV 结构示意图

向支承块、贯穿件等。容器组件上所有与冷却剂接触的内表面及密封面均为耐蚀材料或堆焊有奥氏体不锈钢等耐蚀层。

　　容器法兰是一个短而厚的圆柱筒体。容器法兰上端堆焊有密封面,检漏管斜穿过法兰,在密封面上的检漏孔位于内外两道密封环之间。在密封面外侧均布有多个主螺栓螺纹孔,供主螺栓安装使用。容器法兰内侧上加工有一个吊篮支承台阶,沿吊篮支承台阶上部内侧对称地开有四个供堆内构件定位销安装用的矩形键槽。法兰外侧壁上焊有一个换料密封支承环,用以与换料水池钢覆面连接。除内壁和密封面堆焊外,在换料期间可能接触换料水的位置(如部分堆型的容器法兰和换料密封支承环上端面,以及螺孔局部)也堆焊了奥氏体不锈钢。

容器法兰下面焊有接管段筒体,部分堆型将容器法兰-接管段筒体设计为整体锻件。接管段筒体是一个开有若干接管孔的圆柱筒体,一般与容器法兰连接端较厚,与堆芯筒体连接端厚度则略小。接管段筒体上根据环路数量设有若干个冷却剂进口接管和出口接管,多数堆型将接管中心线布置在同一水平面上,也有部分堆型采用了进口、出口接管错层布置。部分堆型采用直接安注的方式,安注接管也是直接连接在接管段筒体上。

进口接管内表面为圆锥形结构,以减少回路压降。出口接管的内侧为内凸式,以便出口接管和吊篮之间形成连续过渡,起着限制旁流的作用。为了将容器放在 RPV 的支承结构上,进出口接管底部设计有支承垫,支承垫可与接管整体锻造或在接管外壁堆焊而成。进出口接管和安注接管的端部均焊有安全端,与主管道和安注管道连接。

接管段筒体下面焊有堆芯筒体。堆芯筒体为等厚、无任何局部不连续的圆柱形筒体,其位置正对堆芯。在制造水平许可的条件下,一般选择将堆芯筒体设计为整体锻件,也有部分堆型将堆芯筒体分为上下两件组焊而成。

堆芯筒体下方焊有下封头过渡段,从而在结构上实现从圆柱筒体到封头的过渡。下封头过渡段上焊有若干对称布置的径向支承块,一般为 4 个,以限制堆内构件的周向和径向位移。

在容器底部与下封头过渡段相连的是下封头。下封头为等厚的球缺结构,其外表面设有若干监测和测量仪表用的安装支座。在部分堆型中,下封头上焊有多个供堆芯中子通量测量套管通过的贯穿件,又称为中子测量管座。在以华龙一号、AP1000 和 EPR 等为代表的三代核电设计技术中,RPV 在堆芯以下部分完全取消了贯穿件。

2) 顶盖组件

顶盖组件通常由以下零部件通过焊接连接而成,主要包括顶盖法兰、上封头、吊耳、堆顶支承件和贯穿件等。顶盖组件上所有与冷却剂接触的内表面及密封面均为耐蚀材料或堆焊有奥氏体不锈钢等耐蚀层。

顶盖法兰与容器法兰匹配,在顶盖法兰上加工有均布的供安装主螺栓的通孔,数量与容器法兰相同。在法兰的下端面堆焊有密封面,并有 2 个同心的放置密封环的沟槽,安装和运行时在沟槽内放置 2 个密封环,并通过固定夹和螺钉将密封环固定在顶盖法兰上。在顶盖法兰内表面靠近端面处对称地设置 4 个矩形键槽,与容器法兰的 4 个键槽相对应。

顶盖法兰上端与上封头焊接,与下封头类似,上封头也为等厚的球缺结构。部分堆型将顶盖法兰与上封头设计为一个整体锻件。上封头外表面焊有若干个吊运顶盖用的吊耳,支承堆顶结构的支承台,以及若干监测仪表用的安装支座。上封头上还焊有数量众多的贯穿件,包括安装控制棒驱动机构(CRDM)的管座,用于高位排气的排气管,以及用于堆芯中子通量测量、温度测量和水位测量的管座等。

3)紧固密封件

紧固密封件通常由以下零部件组成,主要包括主螺栓、主螺母、球面垫圈、密封环及其附件等。紧固密封件将顶盖组件和容器组件连接在一起,构成 RPV。

所有的主螺栓、主螺母和球面垫圈表面均进行磷化处理。主螺栓中心孔装有螺栓伸长测量杆,螺栓头部结构与所用的螺栓拉伸机相匹配,所有的主螺栓都是可互换的并适合用于所有容器法兰螺纹孔。主螺母与垫圈接触的表面应制作成球形以满足最终的垫圈和法兰的转角要求。每个球面垫圈通过垫圈固定夹与主螺母连接在一起。

密封环通常采用包银或镀银的金属密封环,置于顶盖法兰的两个密封沟槽内,保证顶盖法兰和容器法兰之间的密封性。密封环由锁扣装置固定,以便快速拆除和更换。

1.2 反应堆压力容器设计准则

设计准则是 RPV 设计的基本要求,以及评价设计好坏的基本原则。各国针对 RPV 的设计从法规、导则、标准等不同层面均进行了要求,本书对国内外典型的要求进行介绍。

1.2.1 我国的设计准则规定

1)核安全法规的要求

我国的核安全法规(HAF)及其导则(HAD)都反映了反应堆冷却剂系统部件的设计准则。如 HAF102 的 3.2 节规定了保证设计质量的要求和管理,3.3.4 节规定了设计规范的选用,第 5 章给出了核电厂总体设计要求,第 6 章给出了核电厂系统设计要求。其中,6.2 节"反应堆冷却剂系统"中的 6.2.1 节"反应堆冷却剂系统设计"就涵盖了包括 RPV 在内的反应堆冷却剂系统部件的设计准则,主要有如下内容。

（1）核动力厂反应堆冷却剂系统部件的设计和制造，必须具有高质量的材料、恰当的设计标准、可检查性和高质量的加工，以尽量降低其发生故障的可能性。

（2）反应堆冷却剂压力边界的设计必须使产生裂纹的可能性极小；已产生的裂纹也极不易于按快速裂纹扩展方式发展成为失稳断裂，以便允许及时探测到裂纹。

（3）反应堆冷却剂系统的设计必须保证避免使反应堆冷却剂压力边界的部件可能出现脆性断裂的核动力厂状态。

2）核安全导则的要求

核安全导则（HAD）是为满足法规要求制定的指导性文件及推荐的实施方法，HAD102 的导则共有 17 个，其中，HAD102/01《核电厂设计总的安全原则》、HAD102/02《核动力厂抗震设计与鉴定》、HAD102/03《用于沸水堆、压水堆和压力管式反应堆的安全功能和部件分级》、HAD102/08《核动力厂反应堆冷却剂系统及其有关系统的设计》等包含了 RPV 设计相关的内容。

3）标准规范的要求

与 HAF 和 HAD 中的原则性要求相比，标准规范则更有针对性且详细具体。在 20 世纪 80 年代，中国核工业总公司及国防科学技术工业委员会组织所属院所，在充分调研分析了美国、法国及德国核电标准的基础上编制了用于核电厂主要系统和关键设备的设计准则，共 36 项，这些标准被定位为行业 EJ 标准。这些设计准则广泛地参考了当时国外的先进标准，并结合了我国军民核动力设计建造经验，虽然已颁布多年，但其中很多要求仍然是适用的。比如，EJ/T 322—1994《压水堆核电厂反应堆压力容器设计准则》规定了钢制压水堆核电厂 RPV 设计时的材料、载荷、载荷组合、结构设计及结构性能分析相关的准则，具体要求如下。

（1）在规范与标准的要求上，应首先采用国家核安全局认可的规范、标准和计算机程序进行设计。当采用公认的规范和标准进行设计、制造、安装和试验时，应对规范和标准进行分析和评价，确定其是否适用和充分，必要时进行修改或补充，以保证反应堆压力容器质量满足其安全功能并达到反应堆冷却剂压力边界中的最高质量。

（2）在设计与性能上，反应堆压力容器的设计必须防止其发生破裂，并具有足够的安全裕度，以保证在规定的各类运行、维护、试验及发生事故工况下的系统动态载荷时，反应堆压力容器处于非脆性状态且快速扩展断裂的概率最小,反应堆压力容器设计必须考虑在规定的各类运行、维护、试验及假想事故状态下实际温度及有关因素对其影响和作用。在确定材料性能、辐照对材料性能的影响,残余、稳态及瞬态应力、缺陷大小及腐蚀等方面因素时,必须考虑不确定性,留有裕度。

(3)在检查与检测方面,反应堆压力容器应设计成允许定期检查和试验,以评价其结构和密封完整性;应为反应堆压力容器制订一份材料辐照监督大纲及设置相应的材料辐照监督装置(如材料辐照监督盒),以监测其材料参考温度($T_{R, NDT}$)等的变化;反应堆压力容器应为反应堆冷却剂泄漏、水位等监测仪表或装置提供合适的构件或接头,特别应为法兰密封设置泄漏监测、报警和排放系统。

(4)在载荷方面,反应堆压力容器的设计、分析和计算,须考虑正常运行、预计运行事件,以及发生事故工况下的机械载荷、热载荷、腐蚀、浸蚀及辐照等作用,并考虑载荷组合,予以确定和进行评价。

(5)在材料方面,应按材料预定的用途、运行状态承受的应力、应变、温度、化学腐蚀及中子辐照损伤等使用条件,以及制造工艺要求选择结构材料;对选用的结构材料应根据使用条件及工艺要求对材料特性进行评价。

(6)在结构设计方面,除满足功能要求外,其结构应满足:规定的应力及变形;材料、制造和试验合理;检验、维护方便。

附录中还给出了"反应堆容器材料的辐照脆化"和"防止快速断裂的线弹性断裂力学方法"。

1.2.2　国外的设计准则规定

由于美国具有最为完整、全面的 RPV 设计准则要求,同时具有丰富的 RPV 设计、制造、使用经验,因此本节主要介绍美国的相关规定。

1)美国联邦法规的要求

根据美国联邦法规第 10 卷第 50 部分(10 CFR 50—2004)的附录 A"核电厂通用设计准则",RPV 设计应遵循的准则包括如下内容。

准则 1——质量标准和记录:

对安全重要的建筑物、系统及设备必须按照与有待履行的安全功能的重要性相当的质量标准进行设计、制造、安装和试验。当采用公认的法规和标准时,必须对其进行鉴定和评价,以确定其是否适用、合宜及充分。在必要时补充或修改,以保证高质量的产品满足要求的安全功能。必须建立和执行质量保证大纲,以确保这些建筑物、系统及设备能令人满意地起到安全作用。对安全重要的建筑物、系统及设备的设计、制造、安装及试验的有关记录必须由核动力装置的执照持有者在整个寿期内保存及管理。

准则 14——反应堆冷却剂的压力边界:

反应堆冷却剂压力边界的设计、制造、安装及试验,必须使得异常泄漏、快速扩展的故障及严重破裂的概率极低。

准则 15——反应堆冷却剂系统的设计:

反应堆冷却剂系统及相关的辅助系统、控制及保护系统的设计必须有足够的裕度,以保证在任何运行工况下,包括预期运行事件下都不超过反应堆冷却剂压力边界的设计工况。

准则 30——反应堆冷却剂压力边界的质量:

凡属反应堆冷却剂压力边界一部分的设备,均必须按实际可能的最高质量标准设计、制造、安装及试验,必须设法检测,并按切实可行的程度确定反应堆冷却剂泄漏源的位置。

准则 31——防止反应堆冷却剂压力边界破裂:

反应堆冷却剂压力边界的设计必须有足够的裕量,以保证在运行、维修、试验及假设事故工况下受到应力时,压力边界在非脆性状态下工作,将破裂迅速扩展的概率降低到最小。设计必须考虑到边界材料在运行、维修、试验及假设事故下的工作温度和其他情况,并考虑到在确定材料性能,辐照对材料性能的效应,剩余应力、稳态和瞬态变应力及缺陷大小时的不精确因素。

准则 32——反应堆冷却剂压力边界的检查:

凡属反应堆冷却剂压力边界一部分的设备必须设计成允许对重要的区域和设施定期检查和试验,以评价它们的结构完整性和防漏严密性,同时对 RPV 要有合适的材料监督大纲。

为了执行法规规定的设计准则,美国核管理委员会(NRC)相应地发布了大量的管理导则,对执行这些规定提出了具体的指导建议。在附录 A.3 中,列举了 RPV 设计执行上述准则涉及的相关 NRC 导则。

2) ANSI/ANS 标准的要求

为指导核电站的设计,美国国家标准学会(ANSI)与美国核学会(ANS)联合发布了 ANSI/ANS-51.1—1983“固定式压水堆核电站核安全设计准则”,其中与 RPV 设计相关的准则主要如下。

(1) 反应堆冷却剂系统安全 1 级压力边界设计必须在无破裂的情况下,适应由任何事件相关联的假想反应性增加所引起的加在任何系统部件上的静载荷和动载荷。

(2) 结构材料必须与在任何正常运行模式和任何事件下预计的水化学相容,材料选择要求必须以 10 CFR 50—2004 附录 G"断裂韧性要求"和附录 H"反应堆压力容器材料监督大纲要求"为依据。另外,必须规定材料制造技术,以保证材料全部具有很高的质量。

(3) 反应堆冷却剂系统的设计和布置必须为反应堆寿期内的检查提供可达途径,以便能满足 ASME 第Ⅲ卷的要求。

(4) 反应堆冷却剂系统的设计必须包括按照 ASME 第Ⅲ卷进行初始水压试验的规定。该设计必须允许按照 ASME 第Ⅺ卷定期进行水压试验。

(5) RPV 必须有一个按 ANSI/ASTM E185—1979《轻水堆核动力装置压力容器监督试验的实施》拟订的容器材料监督大纲,以检测反应堆寿期内容器材料和焊缝无延性转变温度的变化。试样必须按照 E185—1979,尽可能取自 RPV 辐照最大区域的材料。为了以后与辐照过的样品进行比较,应按 E185—1979 要求,确定未辐照材料的夏比试样的修正温度。如果 E185—1979 的要求也必须满足,则这个温度可以与 ASME 第Ⅲ卷中的冲击试样验收标准的温度同时确定。如果有规定,平面应力断裂韧性试样必须符合 ASME/ASTM E399—1972《金属材料平面应力断裂韧性》的要求。

1.3 反应堆压力容器设计流程

反应堆压力容器的设计是一个多专业协同开展的过程,不同的设计模式和不同的设计阶段都有相应的设计深度的要求。

1.3.1 设计流程介绍

从设计开展的深度来看,设计单位承担设备设计工作主要分为两类。

(1) 设计单位进行总体设计,即只完成设备采购的技术规格书,对设备的性能等提出要求,有较多外形和接口尺寸要求时还会包含总图;设备制造厂据此开展详细设计并对详细设计的质量负责。核岛通用设备和常规岛设备等多采用此类模式设计。

(2) 设计单位完成详细设计,除编制设备采购的技术规格书外,还要完成设备详细图纸的设计及相应技术文件,设计单位对详细设计质量负责;设备制造厂负责制造工艺设计,并根据设计图纸文件加工制造。核岛非标设备多采用此类模式设计。

RPV是核岛关键设备之一,也是非标设备,国内通常采用设计单位进行详细设计的模式,本书也以此模式进行介绍。

如前所述,RPV是一种特殊的压力容器,它承受高温、高压和强烈的放射性辐照,承受多工况及复杂载荷作用等,HAF102要求反应堆压力容器、压力管的设计和制造必须在材料选择、设计标准、可检查性和加工等方面均具有最高质量,因此RPV的设计除满足相应法规规范要求外,在材料设计、结构设计、强度设计、结构完整性评价、制造、安装、调试、运行、维护等各方面均应有周密的考虑。其主要设计流程如图1-5所示。除了结构完整性评价的内容外,本书后续章节将对以上设计过程进行详细阐述。

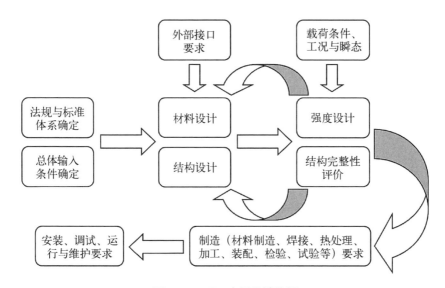

图1-5 RPV主要设计流程

1.3.2 不同设计阶段的设计深度

核电厂设计的初步可行性研究阶段和可行性研究阶段最关注的是厂址、工程建设方案和条件,论证其在安全、经济、技术和商务方面的可行性,没有涉及RPV等设备的详细内容,因此不多介绍,以下从方案设计阶段进行介绍。

1.3.2.1 方案设计

方案设计(或称概念设计)不是必需的工程设计阶段,在成熟设计的核电项目中通常取消该设计阶段,但是对于新堆型的自主设计,开展方案设计是非常必要的。方案设计可解决核电厂重大技术方案确认工作,可以对工程中关键环节进行预先研究,为后续初步设计做好准备。对于反应堆压力容器、蒸汽发生器、堆内构件、控制棒驱动机构、主泵等制造周期长的主设备,可以在方案设计阶段就启动设备规格书的编制,为后续设备采购做好准备,避免影响工程进度。

方案设计阶段一般应考虑的内容包括如下几个方面。

(1)参考电站的确定。选取一个已经建成、运行良好的核电厂作为参考电站,然后在参考电站的技术上进行延续及改进设计。

(2)厂址适应性分析。需要研究新厂址对参考电站设计的影响,并确定设计修改的方案和措施。厂址的影响对 RPV 设备而言,一般体现在厂址地面响应谱的变化对设备和系统抗震分析方面的影响。

(3)参考电站经验反馈。核电厂设计也存在一个逐步完善的过程,参考电站建造和运行中发现的问题和不合理的地方,可在新项目的方案设计阶段确定改进方案。

(4)新法规标准发布对设计的影响。对于核电厂设计必须执行的如 HAF 系列法规,其升版可能会影响和改变设计,需在方案设计阶段分析评估这些影响,确定如何修改;对于设计规范如 RCC-M 或国家标准、行业标准等,即使其升版,也应以本项目法规标准清单中使用的版本为准,若与参考电站不同,则同样需要进行影响评估并确定如何修改。

(5)新技术的采用对设计的影响。比如采用 18 个月换料的方案替换 12 个月换料的方案,会对 RPV 材料承受的快中子注量有一定影响;锻件制造工业水平的提升,使得大型整体式锻件的设计变得可行等。

1.3.2.2 初步设计

初步设计是我国核电基本建设程序中规定的设计阶段,是工程设计中非常重要的阶段。在这一阶段各系统的技术方案必须确定,厂区总平面布置必须落实,主要厂房系统设计和厂房布置要完成;编制完成主要设备规格书或技术条件,包括 RPV、蒸汽发生器、主泵、堆内构件、主管道、控制棒驱动机构、环吊、汽轮机、发电机等,同时编制设备材料清单,为设备订货和主要材料的落实提供依据;为项目核准提供支持,为编制初步安全分析报告和建造许可证申请提供支持等。

对 RPV 设备的初步设计来说,在 NB/T 20401—2017《核电厂初步设计文件内容深度规定》中规定,其初步设计应满足设备功能、设备分级和接口的要求,内容包括设计说明书、设计图、设备规格书、强度计算和关键部件或部位力学分析。

对以上文件应包含的内容,在该标准中也有相应要求。初步设计完成后,下列设计内容应明确或固化:结构设计、材料、制造和试验等采用的标准或规范,关键接口尺寸,关键部件或部位力学分析及评价结果对规范要求的满足情况。

除以上设备设计文件外,还需要编制初步安全分析报告。安全分析报告分为初步安全分析报告(PSAR)和最终安全分析报告(FSAR)。PSAR 的格式和内容通常依据美国核管会导则 RG1.70—1978《核电厂安全分析报告的标准格式和内容》进行确定,PSAR 应叙述拟采用的技术规定和准则,其中第 5 章"反应堆冷却剂系统和与之连接的系统"中的 5.3 节即为"反应堆压力容器"。5.3 节的内容涵盖 RPV 材料规范、加工、制造和检验,材料断裂韧性要求和辐照监督要求,压力-温度限值曲线和运行程序,RPV 结构设计、制造方法、检查要求、运输和安装、运行工况和在役监督等要求。PSAR 的编制应在本阶段完成,是申领核电厂建造许可证的重要支持性文件。

1.3.2.3　施工设计

施工设计阶段应根据初步设计及其审批文件的要求,编制满足工程项目施工要求的图纸和相关文件。核电厂的堆芯设计、系统及设备设计、总体布置设计、工艺与管道设计、保温设计、电气设计、仪表自控设计和土建设计等,在本阶段均应完成最终版设计。

施工设计阶段的 RPV 设计,应完成全套设备图纸和文件,主要包括下列内容:

(1) 设备规格书。

(2) 设备设计图纸(采用非标件则一般拆分至零件图)。

(3) 设计说明书和强度计算书。

(4) 辐照监督试料和见证件技术条件。

(5) 结构材料技术条件。

(6) 焊接材料技术条件。

(7) 焊接工艺评定技术条件。

(8) 焊接技术条件。

(9) 无损检验技术条件。

(10) 制造、检验、试验和验收等技术条件。

(11) 专用工具设计图纸（若有）。

(12) 安装技术条件。

(13) 安装图纸。

(14) 在役检查技术条件。

(15) 使用说明书或运行维修手册。

(16) 应力分析报告。

(17) 快速断裂分析报告。

(18) 密封分析报告。

除以上设备设计文件外，本阶段还需要完成 FSAR 和在役检查大纲。

FSAR 的格式和内容要求与 PSAR 一致，应在 PSAR 基础上结合施工设计对内容进行深化和补充，阐明与 PSAR 中叙述的技术规定和准则的符合性，RPV 相关内容同样体现在 5.3 节。

在役检查大纲是营运单位管理其营运核电厂在役检查活动的规定性文件，内容包括在役检查管理规定、在役检查技术和检验计划，在役检查大纲的编制遵循 HAD103/07 的规定。RPV 的重要焊缝和关键部件/部位应实施役前检查和在役检查，并在在役检查大纲中有相应要求。

FSAR 和在役检查大纲的编制是首次装料申请的重要支持性文件，应在本阶段完成。

参考文献

[1] International Atomic Energy Agency. Nuclear power reactors in the world[R]. Vienna：IAEA，Reference Data Series No. 2，2023.

[2] 中国核能行业协会. 全国核电运行情况（2023 年 1—6 月）[EB/OL]. （2023 - 07 - 28）. https://china-nea. cn/site/content/43657. html.

[3] 中广核工程有限公司. 压水堆核电厂核岛设计[M]. 北京：原子能出版社，2010.

第 2 章
核安全法规与标准体系

第1章介绍了 RPV 的主要设计流程,其中法规与标准体系是顶层设计需要考虑和确定的。在介绍本章具体内容之前,先谈谈法规和标准体系中的几个概念。

法律是由国家制定或认可并以国家强制力保证实施的,反映由特定物质生活条件所决定的统治阶级意志的规范体系。法规指国家机关制定的规范性文件,如国务院制定和颁布的行政法规和地方人大制定和公布的地方性法规。规范通常是指某一领域的一套技术和管理(包括材料、设计、制造、安装、检验和设备运行)的规则和标准的组合,它由法定的主管部门或民间专业组织机构制定,由国家、主管部门或民间专业机构批准。标准通常是指一项社会公用的技术要求或其他形式的文件,它是在综合了科学、技术和经验的基础上,由各有关方面共同合作并取得一致意见后制定的,由国家、地区或国际上承认的相应组织机构负责批准。

相比于法律法规的顶层和方向性作用,规范和标准对设备设计则有更详细和具体的指导作用。世界核电发达国家都重视自身核电规范和标准体系的建设和应用。核电规范和标准是保证核电厂设计、制造、安装、运行安全的基本手段,是开展设计、制造、检验、安装、运行,以及衡量质量状况的统一的技术依据。核电规范和标准的建立是充分考虑了核科技和核工业的发展水平及核安全的使用要求后编制的,按其完成核电厂设计建造可以保证安全级设备的安全功能、安全运行性能,有效地防止核事故的发生;核电规范和标准是核电工程设计、建造、运行实践经验的浓缩,集中反映了经工程实践验证的先进的科技和管理成果,是规范核电建设、降低核电建设周期和造价、降低核电厂安全运行成本的有效手段。是否具有与其自身工业基础和科技水平相适应或基本配套的核电主要规范和标准体系,是一个国家能否实现真正意义上的核电自主化的关键基础。了解、掌握和应用核电规范和标准是从事核电设计人员的一项基本技能。

2.1 我国法规与标准体系

我国的核安全法律法规体系是"金字塔"体系，从上到下分为国家法律、国务院条例和国务院各部委部门规章三个层次。

2.1.1 我国法规与标准体系介绍

国家法律是法律法规的最高层次，起到决定性作用，由它产生的条例或法规不能与国家法律相抵触。我国核领域的国家法律为《中华人民共和国放射性污染防治法》和《中华人民共和国核安全法》（简称《核安全法》）。

国务院条例是国务院的行政法规，是法律法规的第二层次，它细化了国家法律的某一方面要求，并在这个方面做了进一步规定。在核领域，属于国务院条例级的有《中华人民共和国民用核设施安全监督管理条例》《民用核安全设备监督管理条例》《中华人民共和国核材料管制条例》《核电厂核事故应急管理条例》和《中华人民共和国放射性同位素与射线装置放射防护条例》。

国务院各部委部门规章是法律法规的第三层次，包括各个层次的大量规章制度。对于核安全监管部门，属于第三层次部门规章级的包括国务院条例的实施细则（及其附件）和核安全技术要求的行政管理规定两种。上述的部门规章是强制性执行的，其内容不能与国务院的相关条例相矛盾，更不能违背国家的有关法律。

此外，核安全监管部门还制定与核安全行政管理规定相对应的支持性部门规章，包括核安全法规技术文件和核安全导则两种。核安全法规技术文件表明对具体技术或行政管理问题的见解，在应用中参照执行。核安全导则是指导性和推荐性的，描述执行核安全技术要求行政管理规定采取的方法和程序，在执行中可采用该方法和程序，也可采用等效的替代方法和程序。同时，在核安全领域还有大量的国家标准、行业标准、国际标准等，这些同样也属于第三层次。

2.1.2 核安全法

为保障核安全，预防与应对核事故，安全利用核能，保护公众和从业人员的安全与健康,经 2017 年第十二届全国人民代表大会常务委员会第二十九次会议通过,《核安全法》正式发布,自 2018 年 1 月 1 日起实施。广义核安全的定义如下:国家坚持和平利用核能和核技术,加强国际合作,防止核扩散,完善防扩散机制,加强对核设施、核材料、核活动和核废料处置的安全管理、监管和保护,加强核事故应急体系和应急能力建设,防止、控制和消除核事故对公民生命健康和生态环境的危害,不断增强有效应对和防范核威胁、核攻击的能力。《核安全法》的立法目标是建立一套既与国际接轨,又符合中国国情的核安全制度框架。

《核安全法》的内容包括以下 8 个章节。

(1)总则。总则部分包括 13 条规定。该部分介绍了《核安全法》编制的目的、适用范围、核相关定义及责任划分等,对核安全整体性和笼统性地进行了规定。

(2)核设施安全。该部分包括 24 条规定。该部分规定了核设施的选址要求、核设施运营单位的保障要求,包括运营单位的质量保证体系、核设施周围环境要求、人员资质要求、核设施安全许可制度等。此外,对核设施相关的设计、建造、投料、运行、退役等过程都进行了规定。

(3)核材料和放射性废物安全。该部分包括 16 条规定。核设施运营单位和其他有关单位持有核材料应依法取得许可,保障核材料的安全与合法利用。专门从事放射性废物处理、储存、处置的单位,应当向国务院核安全监督管理部门申请许可,放射性废物的处置应满足相关规定。

(4)核事故应急。该部分包括 9 条规定。政府应设立相关部门组织、协调本区域核事故应急管理工作,核设施运营单位负责制定本单位内核事故应急预案,并配备应急设备,开展应急工作人员培训和演练,做好应急准备。此外,政府部门及运营单位应按照国务院有关规定组织开展核事故后的恢复行动、损失评估等工作。

(5)信息公开和公众参与。该部分包括 7 条规定。国务院核安全监督管理部门应当依法公开与核安全有关的行政许可,以及核安全有关活动的安全监督检查报告、总体安全状况、辐射环境质量和核事故等信息。核设施运营单位应当公开本单位和核安全管理制度相关的文件、检测数据、安全报告等。

(6)监督检查。该部分包括 5 条规定。国家应建立核安全监督检查制度。国务院核安全监督管理部门和其他有关部门应当加强核安全监管能力建设,提高核安全监管水平。

（7）法律责任。该部分包括 17 条规定。核安全相关的处罚形式主要分 3 类：第 1 类为行政处罚，处罚方式包括处分、警告、责令改正、罚款、吊销许可证等；第 2 类为治安处罚，相关法律有《中华人民共和国治安管理处罚法》；第 3 类为构成犯罪的，依法追究刑事责任，例如故意泄露国家秘密罪、不报或者谎报事故罪、工程重大安全事故罪、重大劳动安全事故罪等。

（8）附则。该部分包括 3 条规定。对《核安全法》中涉及的名词和定义进行补充说明。

作为能源消耗大国，我国对核能的需求非常大。自从人类开始利用核能，每一次核事故的发生，都会让我们充分认识到核安全立法的重要性。除了作为核能利用的安全屏障，核安全法的意义还体现在以下几个方面。

（1）促进核能利用法治化。我国正在积极推进对核能的利用，尤其是展开了大规模的核电开发。作为现代法治社会，与之相配套的应该是完善全面的核安全法律体系。核安全法的制定就是确保在核能发展过程中有法可依，规范业主、承包方、设计单位、制造厂和政府的责任承担，有利于核能事业的发展，这也是法治社会的必然要求。

（2）与国际接轨，推动核电"走出去"战略。2014 年 3 月 24 日，中国国家主席习近平在"第三届核安全峰会"上发表讲话，在国际会议中首次提出了"核安全观"的概念。这是中国积极参与国际核能交流的举动，是积极推进核能领域国际合作的举措，也体现了中国迫切希望在世界核能领域发挥大国作用的需求。要想让中国核电"走出去"，就必须完善法律基础，规范核安全制度，提升我国核能工业的综合实力。

（3）规范应急机制，提高抗灾应急能力。在核能的利用过程中，没有人可以否认核事故发生的潜在威胁。核安全法的制定，就是将潜在威胁降到最低，具有现实必要性。在核事故发生后，完善的立法可以让政府及时、高效、科学地展开灾后救援工作，实现政府执政的有法可依。

2.1.3 核安全相关法规和导则

1984 年，国家核安全局成立，对民用核设施的核安全进行独立监管，建立了一系列核安全监督体系，并确定了政府有关部门和营运单位的职责。1986 年开始，国家核安全局陆续颁布核安全法规，依法监管核安全。1995 年国家核安全局出版了核安全法规汇编，1998 年国家核安全局对 1995 年版汇编进行了补充和修订，并重新进行了编号。经过多年的努力，我国已建立起了一套适合我国国情并与国际接轨的核安全法规体系。

目前的核安全法规共分 8 个系列,即 HAF 系列:

HAF 0xx——通用系列;

HAF 1xx——核动力厂系列;

HAF 2xx——研究堆系列;

HAF 3xx——核燃料循环设施系列;

HAF 4xx——放射性废物管理系列;

HAF 5xx——核材料管制系列;

HAF 6xx——民用核承压设备监督管理系列;

HAF 7xx——放射性物质运输管理系列。

核安全导则是说明或补充核安全规定以及推荐实施安全规定的方法和程序的指导性文件。1992 年国家核安全局出版了核安全导则汇编,1998 年国家核安全局对 1992 年版汇编进行了补充、修订并重新进行了编号。

核安全导则也是按 8 个系列进行分类的,即 HAD 系列,全系列约有 70 个导则。

我国核安全法规、导则从发布时间上看绝大部分是在 1990 年前后首次发布,从涉及领域来看大部分是有关核电厂的。近年来,我国核工业的水平、规模、能力以及核安全与放射性污染防治体制都发生了相当大的变化。同时,制定我国核安全法规所参考的有关国际和国外的法规、标准也随着核技术的不断发展进行了或多或少的修订,HAF 和 HAD 也随之进行修订以适应新形势、新技术和新的监管要求。在附录 A 中列出了现行的 HAF 和 HAD。

2.2　法国法规与标准体系

法国的法规与标准体系分为核安全法规、基本安全导则、RCC 系列规范三个层级,其中 RCC 系列规范在我国核电厂设计、建造和运行中都有较广泛应用和深远影响。

2.2.1　法国的法规体系

法国核电起步于 20 世纪 50 年代,其发展与标准发展的大致情况如图 2 - 1 所示。

法国的核安全法规以政府法令或命令形式发布,是法律层面的要求,必须

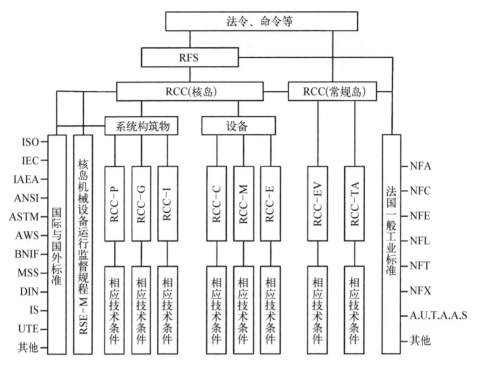

图 2-1　法国核电法规标准体系

强制性地遵照执行。核安全法规包括行政性法规和技术性法规。行政性法规规定了核安全的组织机构、法律责任等,如政府设立了中央核设施安全局(DSIN),颁布了相应的法令,规定了机构、组成、职责及经费等实施办法。技术性法规规定核设施的总体技术和特殊技术要求,是制定标准规范的法律依据。在反应堆压力容器方面的主要法规如下:

1974 年 2 月 26 日,法令"压力容器规程条例对压水堆核蒸汽供应系统的应用";

1974 年 2 月 26 日,"关于将蒸汽压力容器条例应用于压水堆核蒸汽供应系统"的通告;

1981 年 6 月 19 日,"压力容器加工制造中所用产品的规定及相关检查验收文件"的通告;

1981 年 9 月 17 日,"关于 1978 年 3 月 24 日管理焊接使用法令的实施"的通告;

1974 年 2 月 26 日,法令"压水堆核电厂核岛一回路承压设备设计、制造、检验、运行条例";

1984 年 8 月 10 日,法令"基本核设施设计、建造、运行中的质量条例";

1970 年 6 月 15 日,法令"预应力混凝土反应堆容器"等。

基本安全导则(règles fondamentales de sûreté, RFS),亦称"法国管理法规",是中央核设施安全局制定的对核设施的管理和技术要求。由于中央核设施安全局是法国政府法令认可的机构,由其颁布的 RFS 也是强制执行的法规。

2.2.2　RCC 系列规范

法国早期核电厂的设计建造技术与标准采用美国的标准和技术,如联邦法规及其导则、ASME 规范、ASTM 标准等。随着法国核电工程建设的开展,由于工业技术能力、新产品、新工艺的评定及应用、法国法规与标准的应用、法国科研成果的应用等多方原因,美国的实践不能适应法国要求,具体体现在如下几方面。

法国安全当局、法国电力集团(EDF)要求设计和制造应得到很好的验证,但如何验证、验证哪些方面、验证合格标准等都缺少明确详细的规定,甚至在许可证、协议框架方面都存在争议,难以达成协议,需要共同认可的合同基准。

法国压力容器法规包括 1926 年压力容器法令,其内容太笼统,范围不包括核承压设备,远远不能适应压水堆核电厂承压设备设计建造的需要。

用户根据电力设施制造和运行方面的大量经验,对核电厂的设计、建造、运行提出一些特殊的更严格的要求。

在工业能力方面,为了制造如反应堆压力容器、蒸汽发生器等重型设备,必须采取新措施,如对反应堆压力容器、大型不锈钢设备的测量和控制技术等。

在上述背景下,法国于 20 世纪 70 年代开展了 RCC 系列核电规范编制工作,随后又成立了法国核电规范标准协会(The French Association for Design, Construction and In-service Inspection Rules for Nuclear Steam Supply System Components, AFCEN)。AFCEN 旨在建立严谨可操作的规范,并根据经验反馈、技术进步、法规修改和安全部门的要求进行规范的修正、增补和删减。表 2-1 列出了常用的 RCC 系列规范。RCC 系列规范明确是基于压水堆核电厂而编制的,内容较为全面集中,包括系统、燃料、防火、电气、土建等核电厂方方面面,可以认为它是核电厂设计建造的专用规范。RCC 系列规范中与反应堆压力容器设计相关的主要是 RCC - P、RCC - M 和 RSE - M，其中又以 RCC - M 和 RSE - M 的关系更为密切，下面将重点介绍这两项规范。

表 2 - 1   RCC 系列规范构成

系列名	构　　成
RCC - P	Design and Construction Rules for System Design of 900 MW PWR Nuclear Power Plants 90 万千瓦压水堆核电厂系统设计和建造规则
RCC - G	Rules Concerning Civil Works 土建设计和建造规则
RCC - I	Design and Construction Rules for Fire Protection in PWR Nuclear Power Plants 压水堆核电厂防火设计和建造规则
RCC - M	Design and Construction Rules for Mechanical Components of PWR Nuclear Islands 压水堆核岛机械设备设计和建造规则
RCC - E	Design and Construction Rules for Electrical and I&C Systems and Equipment 压水堆核岛电气设备设计和建造规则
RCC - C	Design and Construction Rules for Fuel Assemblies of PWR Nuclear Power Plants 压水堆核电厂燃料组件设计和建造规则
RRC - TA	Rules Applicable to Turbine Generator Sets 透平发电机组适用规则
RRC - EV	Rules Applicable to Feedwater Plants 给水厂适用规则
RSE - M	In-service Inspection Rules for Mechanical Components of PWR Nuclear Islands 压水堆核岛机械设备在役检查规则
RCC - MR/ MRx	Design and Construction Rules for Mechanical Components of Nuclear Installations 核装置机械设备设计和建造规则

2.2.3　RCC‑M 规范

在 RCC 系列规范中,对反应堆压力容器这类主设备而言,关系最密切、应用最多的无疑是 RCC‑M。这里只对 RCC‑M 的演变过程简要叙述,而后面将要介绍的有关 RPV 设计的内容也会穿插 RCC‑M 的相关要求进行介绍。

2.2.3.1　RCC‑M 的版本更替

RCC‑M 于 1981 年发布第 1 版,在法国已成功地应用了 40 多年,在此期间法国核电规范标准协会对工业发展成果、经验反馈、新技术应用、新的法规要求、引用标准的更新进行及时总结,对 RCC‑M 进行修订和颁布,使之不断地发展完善之后不定期进行升版,版本更替如图 2‑2 所示,至 2017 年已更新至第 10 版。RCC‑M 是法国核电规范最重要、内容最完整并首先发行的压水堆核岛机械设备设计建造规范;它只涉及核岛与安全相关的设备,只限于规定技术要求,不包括管理法规方面的要求,为总承包者、承包者、制造者和供货者提供了一套封闭、自成体系并方便使用的规则。

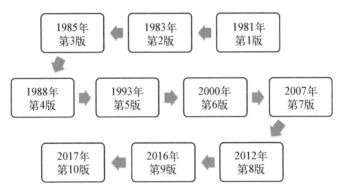

图 2‑2　RCC‑M 版本更替

我国自 1992 年引进大亚湾核电站后,以 RCC‑M 作为核岛设备设计建造规范的机组占了大多数,表 2‑2 列出了部分国内运行和在建机组采用的 RCC‑M 规范版本。根据国家核安全局发布的《第二代改进型核电项目核安全审评原则》国核安函[2007]28 号的规定,国内大规模建设的二代加核电厂采用的核岛设备设计建造规则是 RCC‑M 2000 年版本及 2002 年补遗。目前国内在建的三代堆型 EPR 和"华龙一号"采用的则是 RCC‑M 2007 年版本。在后续章节具体引用 RCC‑M 规范时,除另有规定外,均指 2007 年版本。

表 2-2　部分国内机组采用的 RCC-M 版本对比

项　　目	RCC-M 版本
秦山二期 1/2 号	1993 年版本
岭澳一期 1/2 号	1993 年版本＋1994 年补遗
红沿河 1/2/3/4 号、福清 1/2/3/4 号、昌江 1/2 号、田湾 5/6 号	2000 年版本＋2002 年补遗
福清 5/6 号、防城港 3/4 号、台山 1/2 号、漳州 1/2 号	2007 年版本

2.2.3.2　RCC-M 的更新趋势

图 2-3 中列出了 RCC-M 更新的简要流程,在每一版 RCC-M 发布后, 会有许多针对规范内容修改的更改单,编委会整合各项更新的内容并不定期 发布补遗,而这些补遗则会一并纳入下一版 RCC-M 中。

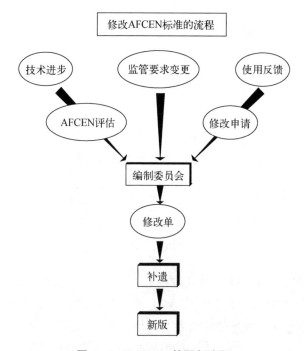

图 2-3　RCC-M 的更新流程

比如 RCC-M 2007 年版本与 2012 年版本之间,2008 年至 2011 年均有补 遗,共计 134 项更新,2012 年版本与 2016 年版本之间,则有 2013 年、2014 年和 2015 年补遗,共计 110 项更新。梳理这 244 项更新,覆盖了从第 Ⅰ 卷到第 Ⅴ 卷的大部分篇章,可以将其大致划分为技术改进、RCC‐M 国际化、响应欧盟和法国法令、修正错误,由此也可以看出 RCC‐M 更新的趋势。

1) 技术改进

RCC‐M 是法国本身核工业实践经验的具体体现,AFCEN 也在不断根据设备制造、机组建造、调试、运行等各方面经验反馈来更新和完善规范。

比如 RPV 设计中希望更多地采用整体式锻件,尽可能减少环焊缝数量。在国内二代改进型核电项目 RPV 设计中,整体封头和整体式法兰接管段都作为设计上的选项,国内也具备了两种整体锻件的制造能力,并在多台 RPV 中采用。但直到 2007 年版本,规范中并没有针对这两种整体锻件的章节,只有分别用于接管段筒体的 M2112/M2112bis、用于容器/顶盖法兰的 M2113 和用于上封头的 M2131/M2121/M2122,在设计中只有借鉴和糅合几个章节的要求来编制整体锻件的技术要求。2012 年版本中的 M2135 则填补了整体式法兰接管段的空白。

2) 国际化

RCC‐M 经过多年的发展,AFCEN 的目光不再局限于法国本土,而是希望 RCC‐M 逐步成为国际化的规范,适用于全球范围的市场。

(1) RCC‐M 各版本的适用标准不断变化,从 1993 年版本开始,法国标准大量减少,欧洲标准(EN)和国际标准化组织(ISO)标准的数量则大幅度增加。

(2) RCC‐M 也在与 ASME 接轨,许多内容的更新与 ASME 的规定协调一致。比如在 M2000 中增加了牌号 20MND5,对应 ASME SA508 中 3 级 2 类低合金钢;ASME 在 2007 年版本中将 Ni‐Cr‐Fe 7A 的焊材从规范案例中写入规范正文,而在 RCC‐M 2012 年版本中也增加了 Ni‐Cr‐Fe 7A 的焊材。ASME 从 2001 年版本开始将第 Ⅲ 卷中 2、3 级设备部件的安全系数由 4 改为 3.5,这样材料的许用应力也就提高了约 14%,从而减小设备壁厚,降低建造成本,RCC‐M 则由 2009 年补遗开始采用了类似的更新。

(3) 内容上更开放,比如 2012 年版本新增的 M114 和 M115,进一步澄清了引入和使用规范以外的新材料、新工艺和新技术;新增的第 Ⅵ 卷由用户自主选择是否使用。

3) 响应欧盟和法国法令

从 2007 年版本开始,欧盟承压设备指令(PED)和法国核能法令(ESPN)在 RCC‐M 中的体现越来越强。

（1）一些 PED 和 ESPN 的规定写入 RCC‑M 正文，成为强制性要求。典型的如焊接接头系数的规定：法国法令 99‑1046 规定，对于实施破坏性检验和无损检验的设备，已验证焊接接头没有重大缺陷，焊接接头系数为 1；2012 年版本更新中，在 B3000 和 C3000 中增加规定 1 级和 2 级设备的焊接接头系数为 1。

（2）RCC‑M 对 PED 和 ESPN 的规定进行了综合，将特定的部分条款作为非强制性附录进行编写。2007 年版本中的附录 ZU 和 ZT 内容已删除并整合到了附录 ZY 和 ZZ 中。需要注意的是，若需要执行附录 ZY 和 ZZ，有些要求是需要在设备规格书中予以规定的。

2.2.3.3 RCC‑M 在 RPV 设计中的应用

如前所述，RCC‑M 是一套封闭、自成体系并方便使用的规范，在此规范体系下的 RPV 设计如图 2‑4 所示，以 RCC‑M 各章节为基础，配套部分引用标准，即可完成成套设备设计。

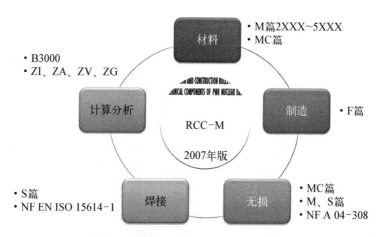

图 2‑4　以 RCC‑M 体系开展的 RPV 设计

2.2.3.4 RCC 中国专业用户组

RCC 中国专业用户组（China Specialized User Group，CSUG）是由中国核工业集团有限公司、中国广核集团有限公司、上海电气集团股份有限公司等单位共同发起，经 AFCEN 授权，于 2015 年成立的由中国国内核电工业界代表与专家组成的团体。RCC 中国专业用户组下设设计、制造、检测等若干工作组，工作组会议一般一年举行一次或两次。RCC 中国用户组的成立及定期工作组会议为国内核电技术人员与 AFCEN 就规范的沟通提供了很好的渠道。

比如对 RCC - M 规范某处描述的理解有分歧,可作为 RCC CSUG(设计)组定期会议议题提交,在工作组会议中对该问题进行讨论和解释,若需要 AFCEN 书面答复,可在会后编制 IR 或 MR 单提交 AFCEN。

2.2.4　RSE - M

RSE - M 是法文"Regle de Surveillance en Expaitationdes Materils Mecaniqus des ilots Nucleaire REP"的缩写,译为"压水堆核岛机械设备在役检查规则"。随着法国大批量压水堆核电机组的建设,核电厂的运行特别是核岛机械设备的检查需要一整套运行检查和维护的规则,RSE - M 便应运而生。1990 年 AFCEN 发布了第一版 RSE - M,主要是基于 90 万千瓦核电厂的役前及在役检查实践和经验进行编制的。RSE - M 的版本更替相对较少,在 1990 年版本之后有 1997 年版本和 2010 年版本,以及若干补遗。表 2 - 3 列出了部分国内机组采用的 RSE - M 版本。在后续章节具体引用 RSE - M 规范时,除另有规定外,均指 2010 年版本。

表 2 - 3　部分国内机组采用的 RSE - M 版本对比

项　　目	RSE - M 版本
秦山二期 1/2 号	1990 年版本
秦山二期 3/4 号	1997 年版本
岭澳二期	1997 年版本
红沿河 1/2/3/4 号、福清 1/2/3/4 号、昌江 1/2 号	1997 年版本＋2000 年补遗
福清 5/6 号、防城港 3/4 号、台山 1/2 号、漳州 1/2 号	2010 年版本

核电厂机械设备在役检查规则的基本功能就是保证核电厂机械设备原设计建造的结构完整性,确保核电厂机械设备安全可靠地运行,保护人员、社会和环境不受到危害。为实现这一功能,在役检查规则至少应包括以下几个方面内容:在役检查规定及管理,检测技术及其规程,缺陷表征及验收准则,断裂分析与评定,维修与更换。在役检查的范围有核电厂的系统、设备及支承三个方面,其中在役检查的管理规定包括营运单位、承包商及资质审查方的职责、水压试验、检查周期与间隔、检测技术验证、运行监督、维修与更换,以及在役检查大纲、计划、记录、报告等文件的规定。

RSE-M 最直接的应用是指导核电厂在役检查大纲的编制,而 RPV 的在役检查是其中的关键环节,这在后面会有详细阐述。在使用中需要注意的是 RSE-M 的适用性,1990 年版本的 RSE-M 主要针对三回路 CP 型核电厂,1997 年版本扩展范围到四回路的 P4 型及 N4 型核电厂,而 2010 年版本又兼顾了 EPR 核电厂,三个版本的规范在其附录 3.1.I 的检验区域和结构示意图中可以看到明显差别。

2.3 美国法规与标准体系

美国的法规与标准体系分为原子能法、联邦法规、核管会导则、各行业标准协会发布的规范标准四个层级。美国核电发展历史悠久,规范标准体系完善,像核管会导则、美国机械工程师学会和美国材料试验学会规范标准等在全世界范围内都有广泛使用。

2.3.1 美国的法规体系

美国核电起步最早,所建核电站最多,目前美国运行的核电站有 92 座,核能供电在整个电力供应系统中的占比约为 18.2%。自三哩岛事故后,美国一方面通过延长核电站寿命和提高负荷因子来挖掘在运核电机组的潜力,另一方面考虑未来对能源的需求,积极推动先进核能系统的开发。与此相应,美国核电领域的法规和标准发展也最早,在长期核电发展进程中,美国已制定出完善的核电法规和标准体系。美国核电法规和标准体系结构可划分为层次分明的四个层次,如图 2-5 所示。

图 2-5 所展示的美国核电法规和标准体系结构四个层次如下。

(1) 最顶层是 1954 年由国会制定和颁布的原子能法,旨在促进、开发和管理原子能和平利用方面的工业。

(2) 第二层次是美国联邦法规的第 10 卷《能源》(10 CFR),它所规定的全部内容包括为和平利用原子能的通用的和特殊的原则要求与准则,具有法律效力,每个与核能事业有关的单位都必须遵守。第 10 卷的第 1 章为"核管理委员会",其中与核电厂相关的有第 2 部分"实施规则"、第 20 部分"辐射防护标准"、第 50 部分"生产和利用设施的国内执照申请"(即 1.2.2 节提及的 10 CFR 50)、第 70 部分"特殊的核材料"和第 100 部分"反应堆厂址准则"。10 CFR 一般每年要修订一次,定期公布。

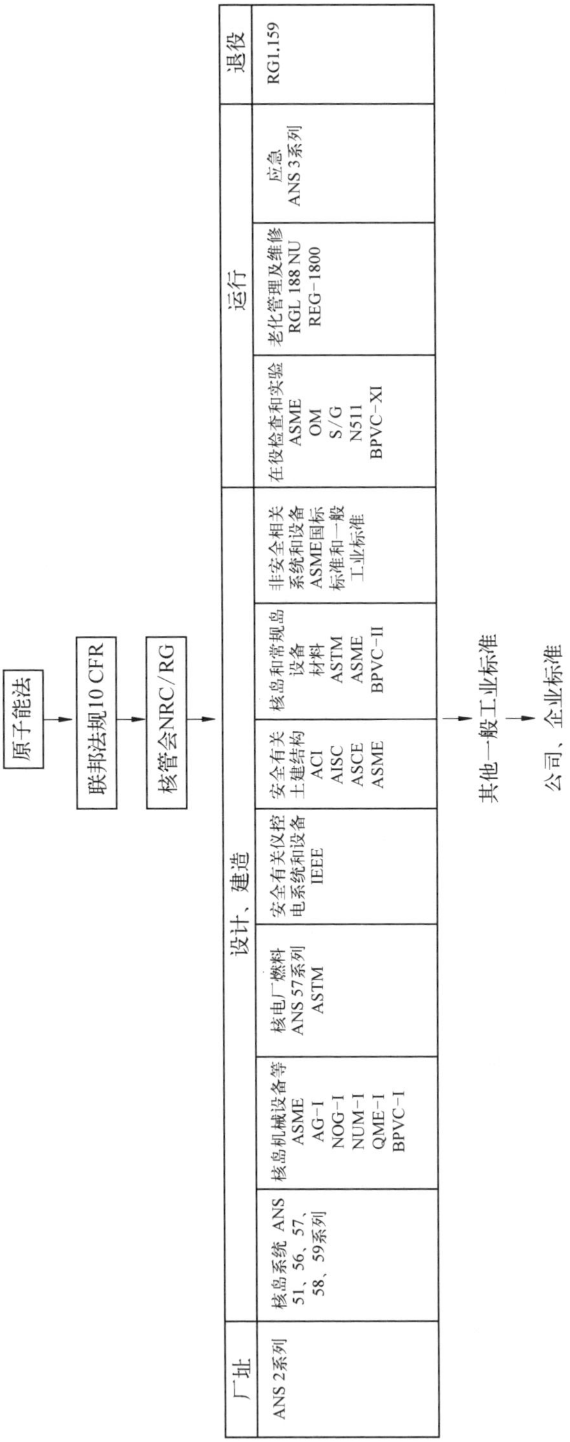

原子能法

联邦法规 10 CFR

核管会 NRC/RG

厂址	设计、建造							运行			退役
ANS 2系列	核岛系统 ANS 51、56、57、58、59系列	核岛机械设备等 ASME AG-I NOG-I NUM-I QME-I BPVC-I	核电厂燃料 ANS 57系列 ASTM	安全有关仪控电系统和设备 IEEE	安全有关土建结构 ACI AISC ASCE ASME	核品和常规品设备材料 ASTM ASME BPVC-II	非安全相关系统和设备 ASME国标 标准和一般 工业标准	在役检查和实验 ASME OM S/G N511 BPVC-XI	老化管理及维修 RGL 188 NU REG-1800	应急 ANS 3系列	RG1.159

其他一般工业标准

公司、企业标准

图 2 - 5　美国核电法规标准体系

美国联邦法规中与核电站关系最为密切的是 10 CFR 50,其内容对核电站的设计、建造和营运等方面提出了详细的要求。在它的附录 A 和 B 中,分别给出了"核电站的通用设计准则"和"核电站与核燃料后处理厂的质量保证准则"。前者主要规定了各重要建筑、系统、设备和部件的设计、建造或制造、试验必须遵循的基本准则要求,包括总要求、裂变产物屏蔽与防护、反应性控制与保护、流体系统、安全壳、燃料及放射性控制。后者则规定了通用质量保证要求。另外,在附录 G 和 H 中,则分别给出了与 RPV 密切相关的对材料断裂韧性要求和材料辐照监督大纲的要求。这几个附录对 RPV 的设计极为重要。

(3) 第三层次是美国核管理委员会(NRC)制定的管理导则(Regulatory Guides, RG)。该导则按照内容不同划分为 10 个部分,包括动力堆、研究和试验堆、燃料和材料设施、环境和厂址等。其中专门涉及核电厂的内容编为第一部分,即编号为 RG 1. ＊＊开头的导则。RG 导则的内容大体可分为下列几个方面:一是关于质量保证的,对执行 10 CFR 50 的附录 B 提供指导;二是关于实施规则的,对保证具有良好的实施工作提供指导;三是规定可以采用的分析方法和评定各类假想事故的条件;四是对申请执照所必需的有关资料提出了要求。其中,诸如 RG 1.99、RG 1.31、RG 1.34、RG 1.43、RG 1.44、RG 1.50 等与 RPV 设计密切相关。

(4) 10 CFR 和 RG 导则是核电厂研究、设计、设备制造、建造和运行必须遵守的核安全法规和导则。同时,NRC 会同美国各行业标准协会,如美国国家标准协会(ANSI)、美国核学会(ANS)、美国机械工程师学会(ASME)和美国材料试验学会(ASTM)等,编写和发布了核电设计的各种系统、设备和材料等的规范和标准,它们是经过试验和工程实践考验过的,是核电厂系统、设备、材料设计和制造必须遵守的规范和标准,这便是第四层次的标准规范,是具体贯彻 10 CFR 和 RG 导则的文件。第四层次的标准规范的编制有着明确的分工,比如:核岛系统、核燃料和核应急系统主要由 ANS 负责,机械设备、核岛和常规岛设备材料、非安全相关系统和设备、在役检查和实验主要由 ASME 和 ASTM 负责,与安全有关的仪控电系统和设备由电气与电子工程师协会(IEEE)负责,与安全有关的土建结构主要由美国混凝土学会(ACI)和美国钢结构学会(ASIC)等机构负责。

2.3.2 ASME 规范

ASME 是目前世界范围内容最广泛、历史最悠久、地位最权威的综合性和全球性的锅炉、压力容器规范。其中第Ⅱ卷(材料)、第Ⅲ卷(核动力设备)、第Ⅴ卷(无损检测)、第Ⅸ卷(焊接和钎焊的评定)和第Ⅺ卷(核动力设备的在役检查规程)与反应堆压力容器设计密切相关。

2.3.2.1　ASME 锅炉和压力容器规范

从名称来看,AMSE 发布的锅炉和压力容器规范(ASME Boiler & Pressure Vessel Code, ASME B&PVC)是针对锅炉和压力容器设备而编制的,事实上本规范提出的最基本出发点就是防止锅炉爆炸和保证公众安全。ASME B&PVC 自从 1914 年发布后,不仅已成为美国的国家标准,在世界范围内也有其权威性,得到许多国家公认。

成立 120 多年来,ASME 一直是全世界压力容器规范的领军单位,在核动力机械的规范编制方面也是开创者。ASME B&PVC 是依据实践编制的原创性的规范,并根据实践逐步适时地完善扩充,是目前世界范围内容最广泛、历史最悠久、地位最权威的综合性和全球性的锅炉、压力容器规范。

ASME B&PVC 给出锅炉、压力容器整套设计、制造、运行、维护基本理论、技术、方法及其管理要求;对使用期间劣化提供适当的裕度,保证其最低安全性;同时,根据法规要求、科技进步、工业能力提升、经验反馈等定期修订,实施动态管理,保持其稳定性和适用性。

ASME B&PVC 具有公开性、透明性及平衡性。ASME 委员会及分委会的成员来自 NRC 及世界各国、各公司,包括用户、制造商、监管机构、科研单位及大学的各类专业自愿人员,具有广泛的代表性;在制定或修订规范过程中必须按委员会法定程序进行,以确保考虑不同观点,允许各利益方公开发表见解,充分讨论、协商、妥协和平衡,并应得到三分之二通过才算达成共识;法定程序规定受到侵害者可以上诉或提交意见,委员会予以受理,召开听证会,并对公众开放,使参与各方都在听证会中受益;最后,还需通过发布条款解释、规范案例后才可能成为正文。

整套 ASME B&PVC 规范共分为 12 卷,涉及锅炉、材料、核动力装置、压力容器、焊接、检验等有关机械的各个方面。其中,与核级设备设计密切相关的包括第Ⅱ卷(材料)、第Ⅲ卷(核动力装置设备)、第Ⅴ卷(无损检测)、第Ⅸ卷(焊接和钎焊的评定)和第Ⅺ卷(核动力装置设备的在役检查规程)。此外,ASME 还颁布有关核电厂质保要求,核监督机构、核检人员的资格审查要求等规范。

2.3.2.2　ASME B&PVC 第Ⅲ卷

在 20 世纪 50 年代和 60 年代初反应堆冷却剂压力边界设备和部件设计

都是以 ASME B&PVC 的第Ⅰ卷或第Ⅷ卷为依据的。1963 年开始编制核反应堆压力容器规范,1964 年作为第Ⅲ卷批准使用,并命名为"核容器"。1971 年 ASME 将第Ⅲ卷的内容扩充到反应堆一回路,并改名为"核动力装置部件",1974 年第Ⅲ卷列入美国国家标准。目前,第Ⅲ卷包括三册及 NCA 分卷,而第 1 册又包括了 NB 至 NH 等 7 个分卷和附录。

第Ⅲ卷规范具有如下特点。

第一次在规范中采用了"分析法设计"。分析法设计除要求按规范公式计算部件的基本尺寸外,还要求根据用户设计规格书规定的所有工况和载荷进行详细的设计分析,并满足设计规格书全部规定。如果不满足,则应修改设计并重新完成设计分析直至满足为止。因此,分析法设计是一个"设计—分析—评定—改进"的优化设计过程。

规范本身持续不断地采用成熟的科研新成果、法规要求及经验反馈进行修改。如 1972 年第Ⅲ卷在补遗中首次采用线弹性断裂力学作为防止脆性断裂的理论,规定了一套设计计算方法,并制定了防止脆性断裂的断裂力学分析设计验收准则;又如关于环境对疲劳影响的设计,拟执行反应堆水质条件下的新的疲劳设计规则,先作为"规范案例",然后将其纳入非强制性附录等。

第Ⅲ卷对核设施的制造、加工、安装、设计、材料制造者、材料供货商及业主均规定了较为详细和严格的管理和质保要求,即对核电厂业主、设计者、制造者、材料供货商、制造商、安装等各方都有资质要求(如应有的各类证书)、须承担的责任要求(如质量保证),以及应受到的监督要求(接受授权单位和人员的检查、评审、见证和认可)等。

ASME B&PVC 原本是 ASME 学会的规范,在法律上并没有约束力,选择应用 ASME 规范不是强制性的。但在 10 CFR 50.55a 中规定使用 ASME B&PVC 第Ⅲ卷和Ⅺ卷,并以满足该规范要求作为取得核电厂建造许可的条件,这样便从联邦法规上明确了第Ⅲ卷的地位。

2.3.2.3 ASME 在 RPV 设计中的应用

图 2-6 示意了以 ASME 体系开展的 RPV 设计涉及的各类法规、规范和标准。与前面介绍的以 RCC-M 体系开展的 RPV 设计差别较大,可以说以 ASME 体系开展的 RPV 设计,或者换言之以 ASME B&PVC 第Ⅲ卷开展的 RPV 设计,是一个开放性的体系,而不像 RCC-M 那样是一套封闭的体系。

应用第Ⅲ卷时必须借助 ASME B&PVC 的其他卷,包括第Ⅱ卷给出的铁

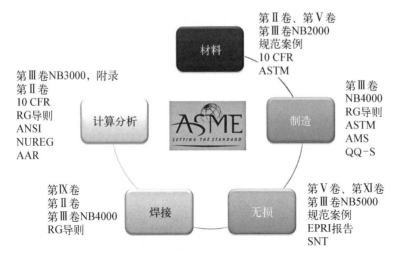

图 2-6　以 ASME 体系开展的 RPV 设计示意图

基材料、非铁基材料、焊接填充材料技术要求,以及设备结构性能分析需要的数据;第Ⅴ卷给出的制造及运行检验的无损检验方法和技术要求;第Ⅸ卷给出制造、维修用的焊接工艺评定的焊接变量及评定技术要求;第Ⅺ卷给出在役检查用的检验规程、验收技术要求、断裂力学分析技术应用、修理与更换原则及技术等。

除了 ASME B&PVC 规范内各卷的使用外,需要遵守 10 CFR 50 和相关 RG 导则的规定,还涉及 ASTM、ANSI、ANS 和 AMS 等大量标准。

2.3.2.4　ASME 中国国际工作组

ASME 中国国际工作组(ASME China International Working Group, CIWG)是 ASME 委员会在中国的分支机构,目前包含多个工作组,BPV Ⅲ CIWG 于 2011 年 4 月首先获批成立,BPV Ⅺ CIWG 于 2013 年 12 月获批成立。该机构旨在打造 ASME 标准和规范在中国核电领域的专家平台,以推进建立一个由国内核电业界广泛参与的开放式平台,实现直接参与 ASME 规范标准建设活动和促进对 ASME 的正确理解和运用。成员单位包括国家电力投资集团公司、中国核工业集团有限公司、中国广核集团有限公司、上海电气集团股份有限公司、中国东方电气集团有限公司、哈尔滨电气集团有限公司、中国一重集团有限公司、中国第二重型机械集团公司等国内主要的核电设计院、业主单位和制造厂。在设计和分析中遇到的 ASME 规范使用和理解的问题,可以提到 CIWG 会议上讨论。

2.3.3 ASTM 标准

ASTM 是一个科技组织，负责研究工程材料性能及标准化，并制定产品技术条件和材料试验方法。该学会是美国制定材料和试验标准的主要机构之一，它所制定的标准不仅为美国所采用，而且也广泛为世界各国标准化机构所采用。

ASTM 标准共有 48 册，分为 7 类，其标准号用以下字母区分：ASTM A——黑色金属；ASTM B——有色金属；ASTM C——水泥、陶瓷等；ASTM D——油漆、橡胶、纺织物等；ASTM E——杂项标准（核材料、试验方法、分析方法等）；ASTM F——专用材料；ASTM G——材料腐蚀等。

ASTM 标准内容包括标准中引用的术语定义、推荐实施的标准方法、试验测量标准方法、标准分类法、标准技术条件或规格 5 个方面。

用于 RPV 方面的标准集中在第 45 册，多数是由第十委员会（核技术和应用委员会）提出的。这个委员会主要工作是对辐照效应和剂量测量技术及其技术条件进行标准化，对核工业应用、试验与测量方法采用的术语和定义进行标准化，发展核科学和技术应用方面的专门技术，特别侧重反应堆环境辐照效应测量技术，发展放射性同位素应用的专门技术，组织专题学术会议出版专集等。

如上节所述，以 ASME 体系开展的 RPV 设计采用了大量的 ASTM 标准，例如以下各方面。

（1）辐照监督、剂量测量与退火方面：包括 E185、E184、E428、E706、E261、E263、E264、E482、E509 等。

（2）材料性能试验方面：拉伸试验（E8、E21），剪切试验（E229），硬度试验（E10、E18、E92），三种硬度换算（E140），低周疲劳试验（E606、E517），弯曲疲劳通用要求（E466），冲击试验（E370），落锤试验（E208），断裂韧性试验（E399、E182），动态撕裂试验（E604），落锤撕裂试验（E436），接头性能试验（E290、E191）等。

（3）理化性能方面：如非金属夹杂物（E45），晶粒度（E112），晶间腐蚀（A262），应力腐蚀（G39、G35、G30）等。

（4）无损检测方面：如焊缝射线检测（E94、E99、E52、E71、E142），管材超声检测（E213）、大锻件超声检测（E388），磁粉检测（E109、E138、E125），液体渗透检测（E16）等。

需要注意的是，ASME 规范采用的材料标准都可以在 ASTM 标准中找到,其区别在于被 ASME 采用后在标准号前加"S",以表示是被 ASME B&PVC 委员会认可的材料,采用情况会在括号内简述。

2.4　其他国家法规与标准介绍

除了法国与美国,世界上还有多个国家也在发展核电过程中形成自身独立的法规与标准体系,本书选择俄罗斯、德国和韩国作为代表进行介绍。

2.4.1　俄罗斯法规与标准体系

俄罗斯核电起步较早,1954 年,苏联建造了世界第一座核电站,自此步入核能发展的历史。

俄罗斯的核安全法规与标准主要由联邦宪法、国际公约、联邦法律、总统和政府命令、通用技术法规(或称技术规范)、联邦标准和条例、行政法规、特殊的技术法规,以及安全导则、行业标准和规范、指导文件等组成。其体系分为以下三个层次。

第一个层次由俄罗斯联邦宪法、国际公约、联邦法律,以及由总统颁布实施的政府法律法规和技术法规组成,其中最重要的三部法律是《原子能利用法》《居民辐射安全法》《放射性废物管理法》。除了这三部法律,还包含政府采用的核领域的五个国际公约:核安全公约、乏燃料和放射性废物管理联合公约、核材料实物保护公约、核事故损害民事责任公约、及早通报核事故公约。

第二个层次由俄罗斯核安全监管当局颁布并实施的原子能利用领域的联邦标准和条例、行政管理条例、指导文件及安全指南等特殊的技术法规组成。

第三个层次主要是由非强制性的国家标准及企业标准等组成。

俄罗斯的核能标准化也起步较早,目前俄罗斯境内及出口的压力管式石墨慢化沸水堆(RBMK)和水-水动力反应堆(VVER)机组的设计和运行都遵守俄罗斯核电标准文件 PNAE G-7 系列文件或 PNAE G-7 旧版文件的要求。

表 2-4 给出了 PNAE G-7 系列文件列表,其中 PNAE G-7-002-86、PNAE G-7-003-87 及 PNAE G-7-X-89 系列(其中 X 对应于表 2-4 编号中变化的序号)属于 1989 年 PNAE G-7 系列文件第一次出版时已有的内容。俄罗斯分别于 1990 年和 1991 年对其进行了增补,详见表 2-4 中的 PNAE G-7-X-90 和 PNAE G-7-X-91。1995 年,俄罗斯通过的核能领域的第一部联邦法律《原子能利用法》将 PNAE G-7 系列文件中的一部分纳

入了强制性文件列表,特别是 PNAE G‑7‑002‑86、PNAE G‑7‑008‑89、PNAE G‑7‑009‑89 及 PNAE G‑7‑010‑89。

表 2‑4　PNAE G‑7 系列文件

编　号	名　　称
PNAE G‑7‑002‑86	核动力装置设备和管道强度计算规范
PNAE G‑7‑003‑87	核动力装置设备和管道的焊接认证规范
PNAE G‑7‑008‑89	核动力装置设备和管道的设置和安全运行规范
PNAE G‑7‑009‑89	核动力装置设备和管道焊接和堆焊基本规则
PNAE G‑7‑010‑89	核动力装置设备和管道焊接和堆焊的检验规程
PNAE G‑7‑013‑89	反应堆控制装置驱动机构的设置和安全运行规范
PNAE G‑7‑014‑89	核动力装置设备和管道母材(半成品)、焊接接头和堆焊统一检验方法:超声波检验第一部分——母材(半成品)的检验
PNAE G‑7‑015‑89	核动力装置设备和管道母材(半成品)、焊接接头和堆焊统一检验方法:磁粉检测
PNAE G‑7‑016‑89	核动力装置设备和管道母材(半成品)、焊接接头和堆焊统一检验方法:目视与测量检测
PNAE G‑7‑017‑89	核动力装置设备和管道母材(半成品)、焊接接头和堆焊统一检验方法:射线照相检验
PNAE G‑7‑018‑89	核动力装置设备和管道母材(半成品)、焊接接头和堆焊统一检验方法:渗透检测
PNAE G‑7‑019‑89	核动力装置设备和管道母材(半成品)、焊接接头和堆焊统一检验方法:密封性检测——气、液法
PNAE G‑7‑022‑90	核动力装置设备和管道铝合金气体保护电弧焊主要规范
PNAE G‑7‑023‑90	核动力装置设备和管道铝合金焊接接头控制规范
PNAE G‑7‑025‑90	核电厂铸钢件控制规范
PNAE G‑7‑030‑91	核动力装置设备和管道母材(半成品)、焊接接头和堆焊统一检验方法:超声波检验第二部分——焊接接头和堆焊的检验

（续表）

编　　号	名　　　称
PNAE G‑7‑031‑91	核动力装置设备和管道母材（半成品）、焊接接头和堆焊统一检验方法：超声波检验第三部分——单金属、双金属和防腐层厚度的测量
PNAE G‑7‑032‑91	核动力装置设备和管道母材（半成品）、焊接接头和堆焊统一检验方法：超声波检验第四部分——奥氏体钢焊接接头的检验

  PNAE G‑7 系列的制定参考了 1977 年版和 1980 年版的 ASME 规范。但是，由于 20 世纪政治和经济因素的影响，苏联核能监管的发展几乎独立于其他国家。虽然 PNAE G‑7 的制定参考了 ASME 和 RCC‑M 规范的相应版本。但 PNAE G‑7 的主要关注点在于国内产业的特点、标准化体系的适用性和核电厂组件的设计与运行经验。因此，PNAE G‑7 系列在结构和技术内容上都与其他国家的相关标准存在显著差异。从总体布局来看，PNAE G‑7 系列文件具有独特的结构，只能部分与 ASME 规范近似对应，如表 2‑5 所示。虽然在技术内容上，PNAE G‑7 系列与 ASME 规范存在较大差异，但它们的主要目标仍然是相同的。

表 2‑5　PNAE G‑7 和 ASME 规范总体布局比较

PNAE G‑7	ASEM 规范
PNAE G‑7‑002‑86	ASEM 规范第 Ⅱ 卷《材料》 ASEM 规范第 Ⅲ 卷《核设施部件建造规则》 （分卷 NCA 第 1 册和第 2 册总要求，分卷 NB 1 级部件，分卷 NC 2 级部件，分卷 ND 3 级部件，附录）
PNAE G‑7‑008‑89	ASEM 规范第 Ⅱ 卷《材料》 ASEM 规范第 Ⅲ 卷《核设施部件建造规则》（NCA、NB、NC、ND） ASEM 规范第 Ⅴ 卷《无损检测》 ASEM 规范第 Ⅺ 卷《核动力厂部件在役检验规则》
PNAE G‑7‑009‑89	ASEM 规范第 Ⅲ 卷《核设施部件建造规则》（NB、NC、ND） ASEM 规范第 Ⅸ 卷《焊接和钎焊评定》

PNAE G-7	ASEM 规范
PNAE G-7-010-89	ASEM 规范第Ⅲ卷《核设施部件建造规则》(NB、NC、ND) ASEM 规范第Ⅴ卷《无损检测》 ASEM 规范第Ⅸ卷《焊接和钎焊评定》

2005 年以来，俄罗斯正在开发制定针对不同类型反应堆和相关组件的条例。俄罗斯希望未来新标准的结构能部分与主要的国家规范性文件达到一致，如 ASME 和 RCC-M 规范，未来可能将采用相对现代的 SPiR 系列标准取代 PNAE G-7。

2.4.2　德国法规与标准体系

德国在早期发展核电过程中已形成了核电法规及标准体系，其核安全法规体系如图 2-7 所示，这个体系由 6 个层次构成。

第一个层次是原子能法（关于和平利用核能和防止核损害法）。它是联邦德国宪法下的一个基本法，规定了和平利用和发展研究原子能的基本原则，即促进和平利用核能的研究和发展，保护公众生命健康和财产安全，确保在国内和国际上承担的义务。原子能法共有 6 章，即总则、监督规章、管理部门、责任制度、刑事和罚款规章、最终规定。

第二个层次是法令和规定。法令和规定是根据原子能法制定的，已颁布的 5 个法令和规定如下：① 辐射防护法令；② 伦琴射线防护规定；③ 核设施审批程序规定；④ 核设施财政保证法；⑤ 核设施成本费用规定。

第三个层次是安全准则和指南。核电厂安全准则是由联邦内务部（BMI）制定的，它包括核电厂安全的基本原则、质量保证、反应堆安全设计、冷却剂压力边界、安全级设备、系统设计、电厂应急措施、环境防护、厂内辐射、外部事件防护、监测手段、防火、通信等。同时，为方便执行，还给出了安全准则的实施细则及相应的说明。为满足核电厂的安全准则，反应堆安全委员会（RSK）还编制了轻水堆安全指南，按照这个安全指南完成反应堆设计和提交审批资料便容易通过审批，因而安全准则和指南成为审批当局用来证明申请者的核电厂是否满足审批一般要求的判断依据。

第四个层次是核安全标准。核安全标准委员会（KTA）根据原子能法、法令和规定、安全准则和指南制定了一套核安全标准,德国标准学会(DIN)也制定了部分安全标准,这些标准是核电厂设计、建造必须遵守执行的。值得注意的是欧洲用户安全要求 EUR,EUR 于 1991 年底由欧洲 10 个国家的核电设备生产商和电力部门共同参加制定,以明确共同安全和环保目标。目前,核电站建设时标准的选用还需满足 EUR。

第五个层次是一般工业技术标准。包括德国国家标准(DIN)、压力容器协会标准(AD)、德国蒸汽锅炉技术规程(TRD)、德国焊接协会标准(DVS)、德国钢结构标准(DASt)、德国钢铁冶金协会标准(SEL、SEP、SEW)、德国电气工程师协会标准(VED)等。

第六个层次是企业技术规范。企业一级的技术规范主要是联邦德国电站联盟公司(KWU)和技术监督协会联合会的一些技术规范,它根据核电厂的设计和技术要求,建立设计、材料、制造加工、质量检验、在役检查等企业内部的规范体系,如图 2-7 所示。

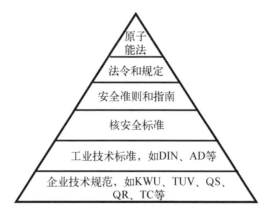

图 2-7　联邦德国核安全法规体系

就 RPV 设计而言,AD 标准(压力容器协会标准)最具参考价值的是 AD-A(压力容器设备)、AD-B(压力容器设计计算)和 AD-W(材料)三类,DIN标准中有关核电厂的标准集中在 DIN25401~DIN25482 中,技术监督协会联合会标准中 RPV 材料标准(高温用调质钢 20MnMoNi55)很值得参考。

德国在核电厂的设计、建造、运行与维护中也参考了国际和其他先进国家的标准如 IAEA 的实施法规和导则、国际标准化组织(ISO)、国际电工委员会(IEC)、美国国家标准(ANSI)、美国核学会(ANI)、美国材料试验协会(ASTM)、ASME-Ⅲ、ASME-Ⅺ、美国核管会法规及其导则,以及法国标准(RCC 系列标准)。

2.4.3 韩国法规与标准体系

在韩国,核安全与安保委员会(Nuclear Safety and Security Commision,NSSC)负责通过监管手段保证工作健康和环境安全免受核能和平利用中可能产生的辐射危害的影响。韩国核设施监管的法律框架主要包括四个部分:法案、强制性法令、强制性条例和 NSSC 公告。其中,韩国政府颁布的有关核能的法案包括核安全法案、核责任法案、辐射与防护应急法案等。强制性法令以法令的形式将核安全法案等法案之中的理念具体化,强制性条例依据法案规定了一般化的程序性条款,而 NSSC 公告会提出涵盖电力工业规范在实际应用中的具体法规要求。韩国核安全研究所由 NSSC 授权负责管理工作,并依据授权管理活动制定了一系列管理标准和管理导则。此外,审查和监督导则也用作管理工作中的参考。

上述法律、法规和导则共同规定了某一项具体授权(如建造许可、运营许可等)的要求和条件。其中核电站建造及运营的安全评估在核安全法案中进行了规定,如核安全法案第 10 条对建造许可进行了规定,第 12 条对设计标准的批准进行了规定。对于授权中的细节问题,通常由强制性法令和强制性条例进行详细规定,在必要情况下,由 NSSC 公告对更多细节进行补充说明。

韩国核电起步于 1959 年,通过 60 余年的努力,成功地走出了一条引进、消化、吸收,再自主创造走出去的道路。从蔚珍 5 号、6 号机组开始,韩国所有的新建核电站机组均采用本国的核电标准——韩国电力工业规范(Korea Electric Power Industry Code,KEPIC)。KEPIC 是在政府支持下由行业组织制定的团体标准。KEPIC 是适用于设计、制造、安装、运行、测试、检验和维护等各阶段的综合技术标准,KEPIC 的建立旨在确保包括核电站在内的电力设施及其部件的安全和可靠性,其应用范围涵盖电力工业领域,如核电厂、热电厂、输配电设施等。其中,与 RCC-M 对应的为 KEPIC-M。

KEPIC 的内容主要包括两个部分:技术部分要求和行政管理要求。KEPIC 的行政管理要求基于 ASME 第Ⅲ卷对核设施组件的通用要求,并根据韩国的工业环境进行改编。KEPIC 的技术要求在遵守国家有关规定(如电力法、原子能法、建筑法等)的基础上,将国外相关标准引入韩国的电力设施技术中。对于技术要求基本相同的情况,只对引入标准进行一些编辑性的修改(如使用 KEPIC 自己的分类和编号系统);对于缺乏国外合适标准的先进技术,则自行编写相关标准。KEPIC-M 不加修改地采用了 ASME 的技术要求,遵循

ASME 的安全精神，按照本国的条件制定了系统和操作的要求。表 2-6 列出了 KEPIC 的各章节内容及其参考的标准。

表 2-6　KEPIC 的各章节内容

章　节	子　章　节	参　考　标　准
质量保证(KEPIC-Q)	QAP：核质量保证 QAI：授权检验 QAR：注册专业工程师	ASME NQA-1 ASME NA1-1 ASME See. Ⅱ. App. XXⅢ
机械(KEPIC-M)	MN：核机械部件 MG：非核机械部件 MC：起重机 MH：核空气和气体处理 MD：材料 ME：无损检验 MW：焊接及钎焊质量评定 MI：在役检查 MO：在役测试 MF：机械设备质量评定 MB：电站锅炉 MT：汽轮机和发电机 MP：性能测试 MM：维护	ASME See. Ⅱ. Dir. I ASME See. Ⅷ. HEI. API ASME NOG-1, CMAA 70 ASME AG-1 ASME See. Ⅱ ASME See. V ASME See. Ⅸ ASME See. Ⅺ ASME OM ASME QME-1 ASME See. Ⅰ Manufactur's Spee. ASME PTC ASME PCC
电力(KEPIC-E)	EN：1E 级设备 EM：测量及控制设备 EE：电气设备 EC：电缆和线槽 ET：输电/转换/配电	IEEE, ANSI, ISA, 等 IEEE, ISA, IEC, 等 NEMA, IEC, ANSI, 等 ASTM, NEMA, IEEE, 等 IEC, IEEE, 等
结构(KEPIC-S)	SN：核电厂结构 SG：非核结构 ST：对于结构的额外规定 SW：结构焊接	ASME See. Ⅲ, ACI 349, 等 ACI 318, AISC, 等 ASCE 4,7 AWS D1.1, D1.3
核能(KEPIC-N)	NF：核燃料 ND：核电厂设计 NR：辐射防护设计 NW：放射性废物管理 NP：核安全概率分析	RCC-C, ASTM, 等 ANS 51.1, 等 ANS 6.4, 等 ANS 55.1, 等 ASME RA-S, ANS 58.21
消防(KEPIC-F)	FN：核电厂消防	NFPA. 803、804、805, 等

（续表）

章　节	子　章　节	参　考　标　准
环保（KEPIC - G）	GG：空气污染 GS：噪声/振动 GW：水处理	无 无 无

参考文献

［1］　花明,陈润羊.我国核安全法律体系研究[J].核安全,2009(1)：39 - 45.

［2］　袁昀,杜照熙.核安全法出台的重要意义[J].海外文摘·学术,2018(6)：49 - 50.

［3］　马立毅,王建英.我国核安全法规概述[J].辐射防护通讯,2007,27(2)：39 - 42.

［4］　王泽平,周涛,付涛.中、美、法核电标准比较研究[J].华北电力大学学报(社会科学版),2009(4)：1 - 5.

反应堆压力容器的设计输入包括设计所依据的准则、参数、基准或其他要求。本章主要介绍总体性的设计输入,其中设计遵循的国家法律法规和设计建造规范标准等在第 2 章中已有介绍,此外还包括总体布置要求、功能要求、设备等级、设计条件、载荷条件、环境条件等。

3.1 电厂及系统参数

对于一个新建造的核电厂,在进行总体方案设计前,首先应确认电厂总参数,总参数是表征该核电厂在安全可靠性、经济实用性、运行合理性、技术先进性方面的设计指标,也是开展反应堆压力容器设备设计的顶层输入条件。

一般来说,总参数包括下列内容:电厂类型,环路数,电厂设计寿命,换料周期,机组额定功率,电厂可利用率,极限安全地震动和运行安全地震动,电厂布置方式(单堆或双堆),电厂运行方式,堆芯损坏概率,大量放射性物质释放至环境的概率,集体剂量设计目标,堆芯热工裕量,负荷因子,反应堆冷却剂系统运行压力、设计压力、设计温度、平均温度、设计流量,燃料组件类型和数量,堆芯平均线功率密度,控制棒组件数量。

在反应堆及反应堆冷却剂系统设计中,通常会在电厂总参数基础上形成一份本系统的主要技术参数文件,包括系统运行参数和整定值、反应堆堆芯核设计参数、燃料组件和控制棒组件参数、热工水力参数、系统各设备总体参数等,该文件同样是开展反应堆压力容器设备设计的重要输入条件。

以上提到的参数中,设计压力和设计温度是反应堆压力容器设计中非常重要的两个参数,反应堆压力容器的设计压力和设计温度一般选取与反应堆冷却剂系统的一致。设计压力和设计温度这两个概念在不同规范中的定义略有差异，设计者应根据项目采用的设计规范进行区分和使用。

GB 150.1—2011 对压力容器的设计压力定义为"设定的容器顶部的最高压力，与相应的设计温度一起作为容器的基本设计载荷条件，其值不低于工作压力"；对设计温度定义为"容器在正常工作情况下，设定的元件的金属温度（沿元件金属截面的温度平均值）"。

RCC-M 对 1 级设备设计压力定义为"应不低于在第二类工况中可能出现的最大内外压差，设计压力用于分析是否满足本规范相应章节规定的应力强度限值"；设计温度定义为"对于给定区域的设计温度不应低于第二类工况中该区域上每一点可能存在的最高温度，它应该用于确定基准工况中许用应力强度"。对 2、3 级设备，设计压力定义中的第二类工况则变为正常工况，设计温度定义为"对于给定区域的设计温度不应低于在正常运行工况下，该区域可能出现的最大平均壁温，设计温度可取正常运行工况下所接触的流体的最高温度"。

ASME 对设计压力定义为"规定的内部和外部的设计压力不应小于产品内外侧的最大压差，或者不小于一个组合单元的任何两个腔室之间的最大压差，这种压差存在于适用 A 级使用限制的最严重的载荷作用下"。该设计压力应包括下列容差值：压力波动、控制系统误差和系统布置的影响，如静压头。设计温度定义为"应不低于在所考虑的零件整个厚度上预期最高平均金属温度，该零件被规定采用 A 级使用限制，对于受到微量加热的部件，例如感应线圈加热、夹套加热或受到内部发热，在确定其设计温度时应考虑这类热输入的影响。设计温度还应考虑控制系统误差和系统布置的影响"。

3.2 设备分级

核电厂物项（构筑物、系统和部件）的分级主要有安全等级、抗震分类、规范等级和质量保证等级。根据不同物项对核电厂安全的重要性进行安全分级，再根据不同的安全等级选用不同的设计和制造规范等级、抗震类别和质量保证等级，这样既可以保证安全物项执行安全功能的能力，提高核电厂安全可靠性，又可以合理控制设计分析工作量和建造成本。

物项分级除需遵守 HAF102、HAD102/03、HAF·J0066 等法规和导则外，不同项目在不同规范体系下设计，其分级原则也略有差异，本节主要基于

"华龙一号"机械设备的物项分级展开介绍。表 3-1 给出了"华龙一号"部分主设备的物项分级,各项分级的含义在后续章节中具体介绍。

表 3-1 "华龙一号"部分主设备的物项分级

设 备		安全等级	抗震类别	规范等级	质保等级
反应堆压力容器		1	1I	1	QA1
堆内构件	堆芯支承结构(CS)	LS	1I	Vol.G	QA1
	其他内部构件(IS)	LS	1I	NA	QA1
控制棒驱动机构	驱动机构	LS	1I	RCC-M	QA1
	耐压壳	1	1I	1	QA1
反应堆压力容器支承		LS	1I	Vol.H (class S1)	QA1
蒸汽发生器	管侧	1	1I	1	QA1
	壳侧	2	1I	1	QA1
稳压器		1	1I	1	QA1

3.2.1 安全等级

HAF102 规定,必须识别所有安全重要物项,并根据其功能和安全重要性对其进行分级。安全等级是其他各类分级的基础,对每一个具体物项,应首先确定其安全等级,然后再确定抗震分类、规范等级和质量保证等级。在确定物项安全等级时,既要考虑物项是否承担安全功能,又要考虑物项所承担安全功能的重要程度。HAF102 对设计提出了三项基本安全功能:① 控制反应性;② 排除堆芯余热,导出乏燃料储存设施所储存燃料的热量;③ 包容放射性物质、屏蔽辐射、控制放射性的计划排放,以及限制事故的放射性释放。这三项基本安全功能是安全分级的基本依据。

核电厂的全部物项分为安全级和非安全级两大类,凡承担和支持上述三条基本安全功能的物项,其损坏会直接或间接造成事故的物项,以及其他具有防止或缓解事故功能的物项为安全级物项,其他物项为非安全级物项。

构成压力边界和执行安全功能的机械和流体系统的承压设备和部件,其安全级分为安全1级、2级、3级,其他承压设备和部件为非安全级(NC)。

(1)安全1级适用于组成反应堆冷却剂系统压力边界中那些失效会引起失水事故的物项。流体系统中的某些部件虽然也是反应堆冷却剂压力边界的一部分,但却不属于安全1级,这些部件的损坏所引起的反应堆冷却剂流失不超过正常运行冷却剂总量控制系统为维持有次序的停堆或冷却所需的冷却剂总量的补给能力。

(2)安全2级适用于反应堆冷却剂系统边界组成部分内不属于安全1级的部件,以及用于防止预计运行事件导致事故工况和减轻事故工况后果的物项。

(3)安全3级适用于反应性慢化控制、保持反应堆冷却剂装量、保证反应堆冷却剂以外的放射源安全和对安全级设备运行起支持作用的物项。

(4)非安全级包括为执行将放射性废物和气载放射性物质排放或释放限制在规定的限值以内的安全功能所必需的那些部件,还包括其他与安全无关的机械设备。

执行安全功能的非承压机械设备为安全相关级(LS),其他与安全无关的非承压机械设备为非安全级。

3.2.2 抗震分类

根据HAD102/02规定,核电厂物项都要经受任何可能发生的地震作用,而地震事件发生时所要求的性能可以不同于在安全分级中考虑的安全功能。这些安全功能是基于在所有设计基准工况下要求最高的安全功能。因此,对于从安全出发的设计方法,除安全分级外,还要根据其在地震期间和地震后的安全重要性将物项进行分类。核电厂物项的抗震类别分为抗震Ⅰ类、抗震Ⅱ类和非核抗震类。

抗震Ⅰ类的含义是指设计的物项能承受极限安全地震动(SL-2)荷载。抗震Ⅰ类物项应包括下列物项及其支承结构。

(1)作为SL-2的后果,其失效会直接或间接导致事故工况的物项。

(2)使反应堆停堆,保持反应堆处于停堆状态,在要求期间内排出余热所需的物项,以及对上述功能的参数进行监测所必需的物项。

(3)预防或缓解设计中考虑的任何假设始发事件(不论其发生的概率如何)引起的放射性释放超过限值所必需的物项。

（4）预防或缓解乏燃料池不可接受的放射性释放后果所需的物项。

抗震Ⅱ类物项应包括如下物项。

（1）所有具有放射性风险但与反应堆无关的物项（如乏燃料厂房和放射性废物厂房）。要求这些物项具有的安全裕度与其潜在放射性后果相一致。由于这些物项一般来说与不同的释放机理有关（如废物泄漏、乏燃料筒损坏），其预期后果与反应堆的潜在后果不同。

（2）不属于抗震Ⅰ类，但在足够长的时间内（在该时间段内具有合理地发生 SL-2 或 SL-1 的可能性）预防或缓解核动力厂事故工况（由地震以外的假设始发事件引起的）所需要的物项。

（3）与场址可达性相关的物项及实施应急撤离计划所需的物项。

"华龙一号"抗震分类中与安全有关的所有机械设备包括安全 1 级、2 级、3 级和 LS 级机械设备，均为抗震Ⅰ类。根据机械设备和部件的不同特性和要求，又进一步将抗震Ⅰ类分为以下 3 种。

（1）1I 类：在 SL-2 载荷作用下必须保持其完整性和密封性的设备和部件。

（2）1F 类：专设安全设施及其支持系统中的非能动设备，在经受到 SL-2 荷载作用时需保持其功能的设备和部件。

（3）1A 类：在经受 SL-2 载荷作用下，仍要求保证其安全功能的能动设备和部件。

3.2.3　规范等级

为了使安全重要的机械部件在质量和性能上与所赋予的安全等级相适应，应确定核电厂物项的规范等级。核电厂物项的规范等级取决于所采用的设计建造规范。与安全有关的机械设备，其规范等级至少与安全级相对应，但也可根据设计运行参数值提高规范等级。

规范 1 级、2 级和 3 级规定了同核安全有关或无关的承压设备的设计、制造、检查和验收方面的要求。在一般情况下，属于安全 1 级的设备采用规范 1 级；属于安全 2 级的设备，如蒸汽发生器壳侧，采用规范 1 级，其他安全 2 级设备采用规范 2 级；属于安全 3 级的设备，根据设计压力、温度和循环荷载工况（如设计压力超过 5.0 MPa 或设计温度超过 250 ℃），可采用规范 2 级，其他安全 3 级设备采用规范 3 级。安装在核岛厂房中的核岛机械和流体系统的设备和部件，它们是压力边界的一部分但不执行安全功能，按其设计运行工况可以

(也可不)定为某一规范级。

安全等级为 LS 级和 NC 级的设备,一般无规范等级。需要注意的是,LS 级的堆内构件、与安全有关的承压设备支承等设备,规范规定了专用原则,因此其规范等级写为"Vol. G"和"Vol. H"。

3.2.4 质量保证等级

为了在核电厂物项设计、采购、制造、施工、运行和维护等活动中实施合理的质量保证措施,应对物项进行质量保证分级。核电厂物项的质量保证分级应与其所采用的安全准则一致,同时考虑抗震类别、对核电厂运行的重要性,以及建造经验、工艺成熟性、标准化程度等多方面因素。

执行安全功能的机械承压设备其最低的质量保证等级如表 3-2 所示,采购方可以根据需要选择更高的质保等级开展采购和制造。RPV 质量保证等级无疑是 QA1 级,反应堆其他安全等级为 LS 级的机械设备,如堆内构件、控制棒驱动机构和 RPV 支承,其质量保证等级也均为 QA1 级。非安全级设备属于质量保证分级中的 QA3 或 QNC 级。

表 3-2 承压设备的安全等级与质量保证等级的对应

安全等级	QA 等级
1	QA1
2 3	除下列设施和系统中的泵和自动阀门属于 QA1 级外,其余都是 QA2 级: ——专设安全设施 ——专设安全设施的支持系统

不同的质量保证等级,规定了相应的质保要求。比如:对于质保等级为 QA1、QA2 和 QA3 的设备,供货方应遵照 HAF003 中的全部要求,制订和实施质量保证大纲等,但根据质保等级分级管理要求,不同质保等级在执行 HAF003 的要求时严格程度不同;对于质保等级为 QNC 的设备,供货方应有质保体系和质保程序,不要求提供业主,不要求遵照核安全法规及导则,但应遵照其他质保体系标准,如 ISO9000。

对于没有质保等级要求的设备,供货商也要有监督规程,因此 QNC 类又可分为三类。

（1）QNCa 设备在订货阶段提出少量通知点，并在提供给供货商的指导书中关于非质保等级条目中定义这些通知点。

（2）QNCb 设备仅在最后验收阶段要求提供验收报告和合格证。

（3）QNCc 设备仅要求提供合格证。

包含多个部件的设备，其各个部件的质保等级并不要求完全相同，高质保等级的设备可以包含低质保等级的部件。一般来说，设备的质保等级与其部件的最高质保等级是一致的，但在某些情况下，QA1 或 QA2 级设备可以全部由 QA3 或 QNC 级部件组成。

3.2.5　SSG‐30 体系的物项分级

部分新建核电项目依据基于 IAEA SSG‐30 的体系来进行核电厂物项分级。在 IAEA SSG‐30 中简要地给出了功能分类和安全分级的基本流程，如图 3‐1 所示。

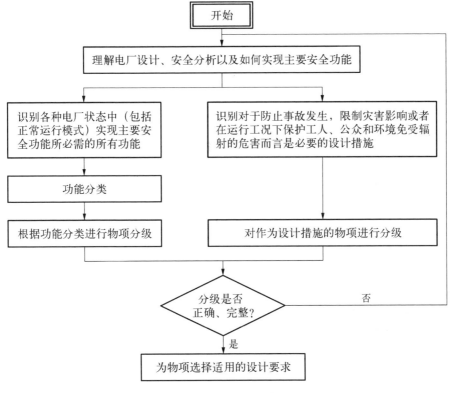

图 3‐1　安全分级流程

安全分级工作开始之前,需要对电厂设计有一个全面的了解。通过安全分析(包括对始发事件的分析),确定主要的安全功能是如何实现的,系统地识别所有电厂状态(包括在正常运行工况中机组的各种运行模式)下需要执行的安全功能;根据安全分析结果,识别各安全功能对安全目标实现的重要性,并对其进行分类,再根据物项在安全功能实现过程中的重要性对物项进行分级。对于一些直接实施设计措施的物项,在机组正常运行期间,可以直接根据其失效后的后果进行分级;在事故工况下,其分级需要考虑事故工况本身发生的可能性,即考虑需要物项实施其设计措施的可能性。

如果物项分级结果不能满足确定论或概率论的安全分析要求,或是分级清单不完整,则需要重新核实或调整物项的设计和分级,直到清单完整并满足确定论和概率论安全分析要求。在确定物项的分级后,给出每个物项相应的设计要求。

对于机械设备而言,采用 SSG-30 体系的物项分级与 3.2.1 节~3.2.4 节的最大差别主要在于安全等级的划分。在 SSG-30 体系中,机械设备按功能等级分为 F-SC1、F-SC2、F-SC3 和 NC 级,按屏障等级分为 B-SC1、B-SC2、B-SC3 和 NC 级。对于 SSG-30 体系中设备的功能等级和屏障等级与前述安全等级的对应关系如表 3-3 所示。

表 3-3　SSG-30 体系中设备的功能等级和屏障等级与安全等级的对应关系

设备类型	功能等级	屏 障 等 级			
		B-SC1	B-SC2	B-SC3	NC
承压机械设备	F-SC1	1	2	3	3
	F-SC2	1	2	3	3
	F-SC3	1	2	3 或 NC	NC
	NC	1	2	3	NC
非承压机械设备	F-SC1	LS	LS	LS	LS
	F-SC2	LS	LS	LS	LS
	F-SC3	LS	LS	NC	NC
	NC	LS	LS	NC	NC

确定物项的功能等级和屏障等级后,抗震类别、规范等级和质保等级也随之确定。

1) 抗震类别

等级划分为 B-SC1、B-SC2、B-SC3、F-SC1 和 F-SC2 的物项一般按抗震 1 类设计。通常 F-SC3 的物项不需要按抗震 1 类设计,但以下情况必须按抗震 1 类设计:① 用于缓解设计扩展工况(DEC)的系统;② 执行 FC1(控制消防燃气管路电磁阀与点火装置)和 FC2(采集温度、液位等)功能的机械、电气或仪控设备所在厂房中的分区隔离、火灾探测和消防系统。

2) 规范等级

B-SC1 承压设备采用规范 1 级要求;B-SC2 承压设备采用规范 2 级要求;B-SC3 承压设备采用规范 3 级要求,其中用于实现灾害防护的 B-SC3 承压设备采用常规工业标准要求。

F-SC1 承压设备采用规范 3 级要求,F-SC2 承压设备采用规范 3 级要求,F-SC3 承压设备采用常规工业标准要求。

同一物项,很可能由于不同的分级原则(设计措施和安全功能分级),满足不同等级的规范要求,则物项应选用最高类别的规范设计要求。

3) 质保等级

QA1 级适用于 B-SC1 级和包容反应堆冷却剂的 B-SC2 级承压设备及其支承件(标准支承件除外),F-SC1、F-SC2 级的泵和自动阀门,堆内构件、控制棒驱动机构等非承压机械设备。

QA2 级适用于质量保证 1 级以外的 F-SC1 级和 F-SC2 级承压机械设备和部件,B-SC2 级承压设备及其支承件,部分具有功能级或屏障级的非承压机械部件。

未列入 QA1 或 QA2 的具有功能级或屏障级的设备和部件为 QA3 级。QA1、QA2、QA3 以外的物项归入非核质量保证级 QNC。

3.3 厂房与环境条件

厂房与环境条件是反应堆压力容器设计的重要输入。反应堆压力容器设计既要适应内部装载的反应堆冷却剂,又要适应外部所处的厂房环境条件,同时反应堆压力容器所在厂房位置也直接影响到其地震响应。

3.3.1 内外部环境条件

RPV 设计应适应核电厂运行期间设备所处的内外部环境条件。

RPV 内部环境即为反应堆冷却剂。反应堆冷却剂在不同运行阶段的水质要求略有差异,根据反应堆物理需要,将硼酸加入冷却剂中,通过采用适当的 pH 控制剂来降低材料的均匀腐蚀速率,还严格限制卤素和溶解氧浓度来防止局部腐蚀。

RPV 一般采用低合金钢作为母材,为了提高其耐腐蚀性能,通常在其内壁堆焊耐蚀层。堆焊层的厚度设计一般应考虑堆焊层在冷却剂环境条件下的均匀腐蚀和局部腐蚀两种情况。均匀腐蚀主要包括首次成膜、正常运行、冷却剂冲刷、重新启堆和在安注条件下硼酸腐蚀等类型,局部腐蚀则包括点腐蚀、晶间腐蚀和应力腐蚀等类型。均匀腐蚀是反应堆启停堆和正常运行所无法避免的,堆焊层设计时应结合设计寿命和腐蚀速率考虑足够的腐蚀裕量。局部腐蚀则应在设计中提出要求,避免局部腐蚀成为堆焊层的主要腐蚀形式,比如:

(1)在冷却剂中严格控制 F^-、Cl^- 浓度。

(2)堆焊层采用超低碳不锈钢材料或镍基合金,降低其晶间腐蚀敏感性。

(3)堆焊层制造中进行消除应力热处理及无损检验,确保没有裂纹等缺陷。

(4)堆焊层表面平滑,不存在明显的冷却剂滞留区域。

目前,国内在建压水堆 RPV 的堆焊层厚度一般为 5~8 mm,具备足够的腐蚀裕量。

RPV 外部包覆保温层,但保温层并非封闭结构,RPV 外部环境也可视为 RPV 保温层所在位置附近的反应堆厂房环境。

由于 RPV 容器法兰位置与换料水池钢覆面焊接,整个筒体部分位于钢覆面以下的堆坑位置,在运行阶段,堆坑通风系统由堆坑底部强迫通风,带走 RPV 保温层散热,确保整个堆坑内混凝土及相关结构不超过规定的温度限值。

RPV 顶盖部分又以堆顶结构围筒为界限,围筒以内有控制棒驱动机构通风系统强迫通风,围筒以外则与反应堆厂房其他区域的环境条件一致。

3.3.2 楼层反应谱

反应堆设备开展力学分析需要地震载荷作为输入,计算地震载荷则需要位移、速度、加速度响应谱或位移、速度、加速度时程。反应堆设备承受的地震激励是通过主管道和 RPV 支承两个位置从厂房传递过来的,一般认为主管道相对较柔,计算中可取 RPV 支承位置对应的楼层反应谱来作为计算地震载荷的输入。图 3-2 给出了一张典型的计算得到的楼层反应谱,在实际使用中一般会做包络性处理,其中,g 为重力加速度。

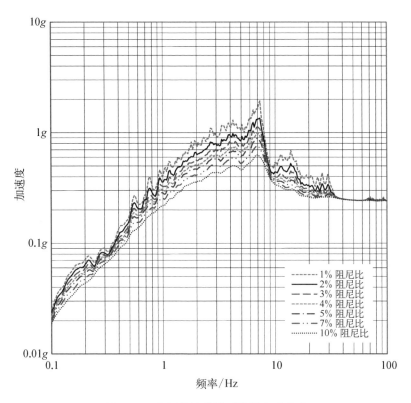

图 3-2　典型的计算得到的楼层反应谱

3.4　设计和分析界限的划分

根据前面介绍的 RPV 功能和结构可以看出,其内、外部还设有许多功能性的附件,同时也与其他设备和部件等有大量的接口。如前所述,RPV 由于其重要性,它的承压部件在设计和分析中都以最严格的准则执行,而与 RPV 连接的其他设备和部件需根据其分级进行相应的设计和分析,采用的准则与 RPV 不尽相同。因此,在 RPV 设计中,明确 RPV 与相连设备的设计分析边界是非常必要的。

成熟堆型一般都以参考电站的设计作为参考,一般不存在边界划分不清的问题,而新堆型或采用较大改进设计的堆型,设计分析界限的划分则是一项非常重要的工作。ASME NB1130 对 ASME 第Ⅲ卷管辖的边界范围规定了划分原则。

以"华龙一号"RPV 为例,它的承压边界与其他设备和部件有焊接和机械连接两种形式,其设计分析界限除了参照规范要求外,也考虑了设计分工的便利性,具体如下。

(1)堆顶结构支承台为焊接在顶盖上的永久性结构功能附件,承受一定载荷但没有承压功能,与堆顶结构通过螺栓连接,分界面为支承面(不含螺栓)。

(2)控制棒驱动机构密封壳为焊接在顶盖上的承压部件,其中贯穿件部分与密封壳上段为异种金属焊缝连接,分界面为贯穿件部分与密封壳上段焊缝(不含焊缝)。

(3)堆芯测量管座为焊接在顶盖上的承压部件,管座与堆芯测量密封结构为法兰螺栓式的机械连接,分界面为堆芯测量管座的法兰面(不含螺栓)。

(4)排气管为焊接在顶盖上的承压部件,与排气管道为焊接连接,分界面为排气管与排气管道焊缝(不含焊缝)。

(5)换料密封支承环为焊接在容器筒体上的永久性非结构功能附件,承受一定载荷但没有承压功能,与换料水池钢覆面为焊缝连接,分界面为换料密封支承环与换料水池钢覆面焊缝(不含焊缝)。

(6)检漏管为焊接在容器筒体上的承压部件,与检漏管道为焊接连接,分界面为检漏管与检漏管道焊缝(不含焊缝)。

(7)容器吊篮支承台阶、出口接管内凸台和径向支承块与堆内构件均为机械连接,分界面为接触面(不含螺栓)。

(8)进出口接管为焊接在容器筒体上的承压部件,接管安全端为焊接在接管上的承压部件,接管安全端与主管道为焊接连接,分界面为接管安全端与主管道焊缝(不含焊缝)。

(9)接管支承台与接管为整体锻造结构,与 RPV 支承为机械连接,分界面为接触面。

第4章

材料设计

材料设计是 RPV 设计流程中的基础性环节。RPV 承受着高温、高压及强辐照的作用,正确地选择其结构材料是保证安全性的关键步骤。材料设计包含选材但又不仅是选材,在根据设备使用条件和可能出现的破坏类型确定合适的材料类型后,还应结合其具体工作条件考虑是否需要在规范标准基础上增加特殊要求。材料设计不仅是结构材料的设计,焊接材料同样是重中之重。除此之外,RPV 设备功能的实现也离不开保温、密封等功能材料的支持。

4.1 选材原则

目前,压水堆 RPV 材料已基本定型,各国 RPV 材料名称虽然不同,实质上都是同一合金系列(Mn-Mo-Ni 系)低合金铁素体钢。由于钢材生产制造过程的每道工艺都会影响材料的最终性能,因此在选用材料时,不仅应考虑材料的使用性能,还应考虑其工艺性,包括所用的制造装备、所要求的制造技术及制造经验等。简言之,应尽量选用已积累了大量成功制造和使用经验的成熟的材料,否则应提供足够的科学论证和试验验证资料,并经严格鉴定后方可使用。

根据 RPV 的工作条件、可能的破坏类型及其制造要求,可以将选材的基本要求归纳为适当的强度级别、高塑韧性、优良的焊接性、低的快中子辐照脆化敏感性,以及适应大型化要求等。

4.1.1 适当的强度级别

金属材料的强度是指在外力作用下,抵抗变形和断裂的能力;金属材料的塑性是指在外力作用下,断裂前材料能够发生塑性变形的能力,通常可用拉伸试验断后伸长率和断面收缩率来表征;韧性是指金属材料在冲击载荷作用下在断裂前吸收变形能量大小的能力。众所周知,强度和塑韧性往往是矛盾的,对 RPV 而言,仅要求提高强度而降低材料塑韧性的做法是不可取的。一方面 RPV 在服役过程中受到快中子辐照后,材料强度提高,而塑韧性则降低。另一方面 RPV 的壁厚取决于三个因素,即容器的内径、设计压力和材料的强度,因此强度并不是越低越好。百万千瓦级的 RPV 内径约为 4 000 mm,质量约为 350 t,若材料强度降低,必然会加大容器的壁厚和质量,这会给材料生产、容器制造,乃至运输与安装造成困难。目前,广泛采用的 RPV 钢材为屈服强度不小于 345 MPa,抗拉强度为 550~725 MPa 的低合金铁素体钢,例如美国的 SA508 - Gr3 - Cl1(本书简称 SA508 - 3 - 1)、法国的 16MND5、国产的508 - Ⅲ 等。

目前,普遍认为 RPV 采用的材料强度级别是适当的,若由于堆型或系统要求变化导致 RPV 结构尺寸向大型化、异型结构发展,那么基于目前的工业能力,就有必要考虑采用更高强度级别的材料,但需要完成大量的科学研究和试验验证。

4.1.2 高塑韧性

金属材料的韧性分为冲击韧性和断裂韧性。冲击韧性通常采用夏比冲击试验测试,即采用带缺口试样,在动态冲击载荷作用下试验,以断裂所消耗的能量、断口底部的侧向膨胀量、断口中的纤维断口的百分数来衡量,即通常所说的吸收能、侧膨胀量及剪切端面率。断裂韧性是采用带疲劳裂纹的试样,在静态或动态载荷作用下,以特定单位的静态或动态断裂韧性指标 K_{Ic} 或 K_{Id} 来衡量。K_{Ic} 表示了材料抵抗脆性断裂的能力,K_{Ic} 越大,则越不易发生脆性断裂。断裂韧性是在金属材料存在裂纹情况下衡量材料强度的指标,它是判断金属材料有裂纹时是否会发生低应力脆性断裂的判据。

RPV 材料要求高塑韧性。一方面是有助于降低发生脆性破坏及低周疲劳破坏的可能性,一般来说,低塑韧性的金属材料对脆性破坏或疲劳破坏具有较大的敏感性,特别是材料经受快中子辐照后,材料的塑性将会有明显的降低,必须要求 RPV 材料具有高的塑韧性后备裕量,以保证其服役后安全性不降低。另一方面是高塑韧性材料有助于反应堆压力容器制造,因其制造经历的各个工序,特别是焊接、热处理及压力加工,都是以材料具有良好的塑韧性为基础的,如在焊接过程中,焊接热影响区金属要经受一系列复杂的物理、化学变化,这些变化可能导致材料性能存在一定程度的降低,高塑韧性储备有助于补偿制造工艺带来的性能劣化。

铁素体型低合金钢普遍存在低温脆化问题,即随着温度的降低,会出现由高韧性到脆性的转变过程或区域,因而,材料韧性的好坏可以由出现这种转变的温度范围的高低和转变区大小来衡量。基准无延性转变温度 $T_{R, NDT}$ 是表征材料的冲击韧性的指标,由落锤试验确定无延性转变温度 T_{NDT},结合夏比冲击试验确定 $T_{R, NDT}$,再通过转换关系给出断裂韧性 K_{Ic},至此材料韧性在设计中得到较好的表述和应用。

4.1.3 优良的焊接性

RPV 通常采用锻件拼焊工艺制造,因而要求锻件具有优良的焊接性,并且在经受长时间的消除应力热处理后仍具有良好的强度和塑韧性及力学性能的均匀性。金属材料的焊接性通常以焊接接头裂纹敏感性高低及焊接接头力学性能好坏来表征,一般以裂纹敏感性和热影响区的淬硬倾向来具体评定材料的焊接性。

4.1.3.1 焊接性与碳当量

影响材料焊接性的因素很多,单从材料角度来看,主要取决于材料的化学成分和杂质含量。在常用的合金元素中,碳含量是影响材料焊接性的最重要因素。碳含量越低,焊接性越好,而其他元素对焊接性的影响程度不及碳的,其影响程度取决于不同元素的含量,故常用"碳当量"这一概念来评价各元素对焊接性的综合影响,尽管碳当量主要是评价焊接热影响区的淬硬倾向或者说是冷裂纹倾向,而并非全部接头性能。国际焊接学会(IIW)推荐用于低合金结构钢的碳含量公式为

$$w(C)_E = w(C) + \frac{w(Mn)}{6} + \frac{w(Cr) + w(Mo) + w(V)}{5} + \frac{w(Ni) + w(Cu)}{15}$$

$$(4-1)$$

式中,$w(C)_E$ 为碳当量,%;$w(C)$、$w(Mn)$、$w(Cr)$、$w(Mo)$、$w(V)$、$w(Ni)$、$w(Cu)$分别表示碳、锰、铬、钼、钒、镍、铜的质量分数,%。

(1) 当 $w(C)_E \leqslant 0.4\%$ 时,钢材基本无淬硬倾向,焊接性优良,不需要采用焊前预热或严格控制焊接线能量等措施。

(2) 当 $w(C)_E=0.4\%\sim0.6\%$ 时,淬硬倾向逐步明显,属于低淬硬倾向的钢材,需要采取较为严格的工艺措施,通常需要进行适当的预热和控制焊接线能量输入,以控制热影响区的冷却速度,从而控制微观组织,以保证其最高硬度不超过产生冷裂纹的临界硬度。反应堆压力容器用的钢材就属于此类,其焊接的关键问题是确定在最低的预热温度下能够避免产生冷裂纹的最低焊接热输入。如果在实际可操作的预热温度下和可能采用的焊接热输入情况下,仍不能避免冷裂纹产生,则应采取如保持较高层温、后热或(和)焊后热处理等措施。

(3) 当 $w(C)_E>0.6\%$ 时,属于高淬硬倾向的钢材,焊接时需要采取更为严密的工艺措施避免冷裂纹产生。

需要提醒的是,碳当量主要评价焊接热影响区的淬硬倾向或者说冷裂纹倾向,并非全部接头性能。同时,碳当量不能反映焊接热循环中温度、时间、冷却速度等其他参数对冷裂纹的影响,因此碳当量公式不能作为准确评定的唯一指标。

4.1.3.2 冷、热裂纹

冷裂纹是焊接接头冷却到较低温度(MS 温度)以下时产生的,影响焊接产生冷裂纹的基本因素是焊缝及热影响区的化学成分、金相组织及接头拘束条件。因此,严格控制焊材成分、焊材干燥条件、焊前预热、控制道间温度及焊后热处理等,均可以防止冷裂纹的产生。还应指出,冷裂纹形成的过程具有延迟特征,造成延迟特征的基本原因是焊缝金属中扩散氢的作用,因而确定焊后无损检验及水压试验时间具有实际意义,如 RCC - M 规范就规定了应进行而未能进行焊后热处理的补焊,其无损检验应在焊后 48 h 后进行。

因为焊缝中的热裂纹是在焊缝结晶过程中产生的沿晶断裂,所以也称为结晶裂纹、凝固裂纹。热裂纹通常沿焊缝中心分布,有时也位于焊缝中心两侧。热裂纹产生的主要原因是焊缝金属在结晶过程中,在固-液相状态下柱状晶之间存在低熔点的液相层,塑性和强度都较低,在焊缝金属凝固收缩时,或在焊缝区受到不均匀加热和冷却时产生的拉应力作用下,包括液相层在内的焊缝金属的形变能力低于拉应力产生的应力应变,从而产生晶间裂纹,即形成热裂纹。

焊缝热影响区的微裂纹亦具有热裂纹性质,也称微热裂纹。微热裂纹多数出现在多层焊盖面焊道熔合线的凹陷处,并且在近表面与熔合线取向基本垂直,其长度或深度一般不超过 1.0 mm。尽管微裂纹的尺寸很小,但它可能成为脆性破坏及疲劳破坏的源头,故必须予以关注。

为了防止热裂纹出现,从选材或冶金方面考虑,应减少有害元素如硫、磷、硅,以及低熔点金属杂质如铅、锌、锡,适当地增加抗热裂元素如锰,保证适当的锰硫比和锰硅比;从设计方面考虑,应尽量减小刚度和拘束条件,恰当选择坡口形状及其参数;从焊接工艺考虑,选择焊接规范时应考虑熔池形状,使其宽深比越大,则抗热裂性越好,装配时应保证装配间隙均匀、点固焊分布合理、仔细考虑焊接顺序及焊道分布等。

4.1.3.3　层状撕裂

在 T 形接头或角接头焊缝或邻近区域,可能产生一种称为"层状撕裂"的裂纹,这种裂纹起源于焊趾或焊根处,但其主要延伸区往往在热影响区之外,这种裂纹的形貌特征是"台阶"式样,如图 4-1 所示,其断口特征是无显著塑性变形及纤维状剪切断口。

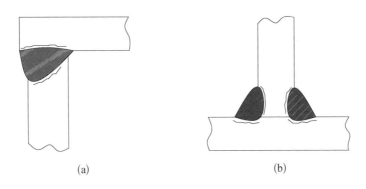

(a)　　　　　　　　　　　　　　(b)

图 4-1　层状撕裂示意图

(a) 角接头;(b) T 形接头

层状撕裂裂纹不一定延伸到工件的表面,若不采用超声探伤则难以发现,故而成为安全性的隐患。层状撕裂修复既困难又不经济,往往需要进行更换处理或修改设计,这也是规范要求限制 T 形接头和角焊缝的原因。产生和影响层状撕裂的主要因素是材料和应力两个方面:材料中心夹杂物大小、形状和分布是决定层状撕裂的主要因素;应力方面则主要考虑垂直于表面的焊接拉应力和拘束应力。焊接接头设计、焊接方法及装配都对层状撕裂有明显的影响,防止层状撕裂的主要措施如下。

(1) 应恰当选择接头类型,尽可能降低焊接接头的拘束度,如尽量采用对接焊缝代替角焊缝,并力求减少熔敷金属量。

（2）应尽力减少材料中的夹杂物，即降低硫、磷、氮含量，通过试验选用层状撕裂敏感性低的材料。

（3）应采取适当的焊接工艺措施，如在焊接 T 形接头双面角焊缝时采用"对称"焊道熔敷序，降低因角变形产生的焊缝根部拉应力，又如采用强度等级低的低氢型焊条焊接根部焊道，以减少根部的应力等。

4.1.3.4　再热裂纹

再热裂纹又称焊后热处理裂纹，是指焊后进行消除应力热处理或用其他工艺进行再加热过程中产生的裂纹。这种裂纹不仅发生在消除应力热处理后，同样也发生在高温使用条件下。该裂纹的特点是发生在紧靠堆焊层下母材热影响区，并呈细小的裂纹，垂直于堆焊方向。产生再热裂纹的母材热影响区是经过两次焊接加热的，即发生在相邻两道堆焊层搭接处，在第一道堆焊层加热到高于 1 200 ℃，第二道堆焊时又加热到 590～700 ℃时，裂纹产生部位如图 4-2 所示。

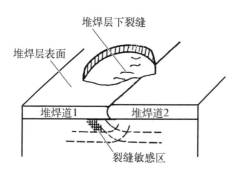

图 4-2　堆焊层下裂纹产生部位示意图

除堆焊层下母材热影响区的再热裂纹外，其他再热裂纹几乎都起源于焊接接头的几何形状不规则处，如角焊缝的焊趾、未焊透的焊缝根部或小的热撕裂处。因消除应力热处理的过程就是蠕变过程，而上述区域恰是蠕变塑性最差区域，同时这些部位的应力集中，因此这些部位的蠕变塑性不足以适应释放应力（包括残余应力）所需要的应变时，即产生了裂纹。对堆焊层而言，由于铁素体钢和奥氏体不锈钢堆焊层的热膨胀系数差别较大，受热时在热影响区的粗晶区产生塑性变形导致了裂纹。综上，再热裂纹产生的原因有三个方面：一是化学成分和金相组织，如沉淀硬化元素含量及晶粒粗大；二是应力状态，如拘束度大的部位存在较大的残余应力；三是温度范围及保温时间，一定的高温不但为消除应力（通过蠕变）创造了条件，也为碳化物的析出创造了条件，因此高温停留的时间也是产生再热裂纹的一个因素。

防止再热裂纹主要有三方面措施。

（1）尽量减少母材中促进形成裂纹的元素，如铬、钼、钒、硼、铜、铌、钛等，适当增加铝含量，防止热影响区晶粒粗大等。

（2）焊接工艺上要尽力降低内应力，如采用强度稍低的焊材，采用热输入小的工艺提高预热温度,焊后进行后热,避免咬边,消除应力集中,尽量不采用角焊缝,若不可避免,应采用在焊趾处增加焊道使之平滑过渡等措施。

(3) 合理选择消除应力处理温度,避开再热裂纹敏感温度,降低加热和冷却速率以减小温差应力等。

4.1.4 低的快中子辐照脆化敏感性

RPV 在服役过程中,特别是靠近活性区的堆芯筒体材料,会受到强烈的中子和 γ 射线等照射从而产生辐照效应,导致材料的物理和力学性能发生变化。对 RPV 而言,在快中子($E>1$ MeV)照射下,当快中子注量达到一定程度时,材料会发生强化和脆化。强化是指材料的强度(屈服强度和抗拉强度)升高;脆化主要指冲击韧性和断裂韧性降低,具体表现为无延性转变温度升高及延性区的吸收能[上平台能量(USE)]下降,即冲击曲线向右方下移。这种在快中子辐照后材料变脆的现象称为材料的辐照脆化效应。由于材料脆化直接关系到反应堆的安全和寿命,因此辐照脆化是 RPV 最关注的问题。

4.1.4.1 辐照脆化影响因素

大量研究表明,RPV 材料的主要脆化机制是辐照产生的稳定缺陷团、溶质原子沉淀析出和磷在晶界的偏析。影响辐照脆化的因素较多,影响较显著的有快中子注量、合金及杂质元素成分、辐照温度及微观组织等。如杂质元素铜在受到辐照后的沉淀会提高几个数量级,沉淀出的自由铜对级联碰撞产生的离位效应具有较大的稳定作用,使其不易回复;杂质元素磷受辐照后在晶界的偏析或富集使晶界的表面能或晶界塑韧性降低,增大了材料的脆性。

针对 RPV 材料辐照脆化机理及影响因素分析,为了提高和保证其设计寿期,必须确保 RPV 材料具有优良的初始韧性,同时有低的辐照脆化敏感性,目前主要采取的措施是改进材料、优化结构设计及改进燃料管理。材料改进的主要措施是降低铜、磷等杂质元素,抑制辐照缺陷的产生;控制锰、镍的含量,以达到提高强度、获得良好韧性、提高淬透性、获得均匀的贝氏体组织等目的。结构设计优化主要指适当地增大 RPV 堆芯筒体段的内径,而法兰采取"缩口"设计,从而增大水隙、降低辐照注量;取消堆芯筒体段的焊缝,即采用整体的堆芯段筒体,提高结构可靠性;改进堆内构件设计,将吊篮的围板-成形板设计成带有中子反射层功能的围筒,以减少快中子的泄漏,降低 RPV 的辐照注量。改进燃料管理主要是设计低泄漏堆芯,采用"IN - OUT"换料方式,将乏燃料或哑元(不锈钢燃料元件)放置到快中子注量的峰值位置(即平端组件处),减少 RPV 筒体内壁的快中子注量。

4.1.4.2　辐照脆化评估和预计

对于 RPV 快中子辐照脆化的评估和预计应在设计阶段完成,并满足相关法规规定。在运行中应按 ASTM E 185 设置辐照监督管,并按照辐照监督大纲规定抽取、完成检测和试验,以确定 RPV 材料实际的辐照脆化程度,调整 RPV 的压力-温度限制曲线、定期水压试验温度等。当由辐照监督管测得的材料无延性转变温度高于设计的预计值时,应作为异常事件处理,可能需要对 RPV 完整性,特别是快速断裂分析、承压热冲击分析以及压力-温度运行限制曲线等重新进行评定,同时完成可能的辐照监督大纲调整。

目前,国际上主要的 RPV 辐照脆化预测计算公式有如下几种。

1) 美国 NRC RG 1.99(1988 年 5 月第 2 版)

$$T_{AR} = T_{ini, R, NDT} + \Delta T_{R, NDT} + T_{Margin} \tag{4-2a}$$

$$\Delta T_{R, NDT} = (C_F) f^{(0.28-0.101 \lg f)} \tag{4-2b}$$

$$f = f_{SUR} e^{-0.24X} \tag{4-2c}$$

$$T_{Margin} = 2\sqrt{\sigma_i^2 + \sigma_\Delta^2} \tag{4-2d}$$

式中,T_{AR} 表示 RPV 堆芯筒体材料辐照后的参考无延性转变温度,℉;$T_{ini, R, NDT}$ 表示辐照前初始参考无延性转变温度,℉;$\Delta T_{R, NDT}$ 表示由辐照引起的无延性转变温度变化的平均值,℉,它表示为化学因子 C_F 和注量因子 f 的乘积;C_F 为以铜(Cu)和镍(Ni)为自变量的化学因子,由 RG 1.99 表1(焊缝)和表 2(锻件和板材)根据铜和镍的质量分数的最佳确定值(测量的平均值)查得,并允许线性内插;f 为 RPV 任一壁厚 X 处的快中子($E>1$ MeV)注量,10^{19} cm^{-2};f_{SUR} 为 RPV 内表面(假设的缺陷处)计算的快中子($E>1$ MeV)注量,10^{19} cm^{-2};X 为自内表面起到计算处的距离,in(英寸,1 in=2.54 cm);T_{Margin} 为得到 T_{AR} 的上边界保守值而增加的裕度,℉;σ_i 为 $T_{ini, R, NDT}$ 的标准偏差,若 $T_{ini, R, NDT}$ 采用实测值,则 σ_i 和标准偏差取决于试验的精度,若采用通用的平均值,则应采用确定该通用平均值的这些数据的标准偏差;σ_Δ 为标准差。

2) RCC - M(2007 版)附录 ZG6122 的计算式

$$\Delta T_{R, NDT} = \{22 + 556[w(Cu) - 0.08] + 2778[w(P) - 0.008]\}(f/10^{19})^{1/2}$$

$$(4 - 3)$$

式中, f 为快中子($E > 1$ MeV)注量, cm^{-2}; $w(Cu)$ 表示铜含量(质量分数, 单位为%), 当含量低于 0.08%时, 取 0.08%; $w(P)$ 表示磷含量(质量分数, 单位为%), 当含量低于 0.008%时, 取 0.008%。

3) 日本电气协会标准 JEAC 4201—1991 给出的计算式

$$母材: \Delta T_{R, NDT} = [-16 + 1210w(P) + 215w(Cu) +$$
$$77\sqrt{w(Cu)w(Ni)}](f/10^{19})^{(0.29 - 0.04 \lg f)} \quad (4 - 4a)$$

$$\sigma_\Delta = 12 \ ℃ \quad (4 - 4b)$$

$$焊缝: \Delta T_{R, NDT} = [26 - 24w(Si) - 61w(Ni) + 301\sqrt{w(Cu)w(Ni)}]$$
$$(f/10^{19})^{(0.29 - 0.04 \lg f)} \quad (4 - 5a)$$

$$\sigma_\Delta = 15 \ ℃ \quad (4 - 5b)$$

式中, f 为快中子($E > 1$ MeV)注量, cm^{-2}; $w(Cu)$、$w(Ni)$、$w(Si)$、$w(P)$ 分别代表铜、镍、硅、磷含量(质量分数), %; σ_Δ 为标准偏差。

4) 俄罗斯压水堆核电厂 RPV 预测公式

俄罗斯压水堆核电厂 RPV 使用的钢材为 CrMoV 钢, 如 15Kh2NMFA、15Kh2MFA, 它不同于其他国家采用的 MnNiMo 钢(如 SA508 - 3 - 1、16MND5、508 -Ⅲ等), 它们之间的辐照脆化机理也不尽相同, 无延性转变温度或韧脆转变温度在俄罗斯称为临界温度(T_K):

$$T_K = T_{K0} + \Delta T_F + \Delta T_T + \Delta T_N \quad (4 - 6)$$

式中, T_K 为脆性临界温度; T_{K0} 为初始脆性临界温度; ΔT_F 为快中子($E \geqslant 0.5$ MeV)辐照产生的变化值; ΔT_T 为热时效产生的变化值; ΔT_N 为高应力疲劳损伤产生的变化值, 对堆芯区而言 $\Delta T_N < 20 \ ℃$。

这些公式都考虑两个方面: 一是材料的累积快中子注量, 二是材料中的辐照敏感元素。以此为基础通过拟合试验数据得出经验公式, 但各公式所考虑的辐照敏感元素略有不同, 因而不同公式预测的 $\Delta T_{R, NDT}$ 之间存在差异。美国 NRC RG 1.99 规定, 新电站 RPV 寿期末材料的 $T_{R, NDT}$ 不得高于 93 ℃。10 CFR 50 附录 G 规定, RPV 材料未辐照前的 USE 应不小于 102 J, 寿期末的

USE 不得低于 68 J。10 CFR 50 - 50. 61 规定, 寿期末 RPV 母材和纵焊缝的 $T_{R, PTS}$ 应不高于 132 ℃, 环焊缝的 $T_{R, PTS}$ 应不高于 149 ℃。上述三个指标均可采用寿期末的 $T_{R, NDT}$ (即 T_{AR}) 来衡量。

4.1.5 适应大型化要求

反应堆功率提升等需求对 RPV 提出了大型化的要求, 大型 RPV 则需要制造大型锻件, 除了需要解决大型制造装备的问题外, 也面临着大型锻件质量难以满足技术要求的问题。其主要原因在于大型锻件生产过程中存在冶金效应和尺寸效应, 宏观表现为性能不合, 解决这个问题关键是锻件制造各环节的工艺, 同时要求材料应对制造工艺和方法具有较好的适应性, 能够承受或允许制造工艺参数有合理的波动。目前, 满足高质量要求的反应堆压力容器大型锻件仍是核电工程面临的重要课题。

日本制钢所(JSW)在 1980 年生产的 20MnMoNi55(相当于 SA508 - 3 - 1)钢锭质量已达 570 t(外径为 5 750 mm, 截面厚度为 544 mm), 其性能全部满足技术要求, 标志着大型特厚截面锻件的生产已达到一个新阶段。近年来, 随着核电国产化进程的逐步深入, 国内制造企业在反应堆用大型锻件生产方面成果斐然, 中国一重集团有限公司承制的"华龙一号"RPV 容器法兰-接管段筒体锻件钢锭质量为 499 t、外径达 5 160 mm、壁厚达到 560 mm, 且工艺成熟稳定。对大型锻件的制造要求可归纳为以下几点。

(1) 精选高质量的原材料, 以求最大限度地降低硫、磷、铜、钴、砷、锑、锡、铋、铅等有害杂质和低熔点元素的含量, 以提高韧性、改善焊接性及降低辐照脆化敏感性。

(2) 不能直接采用电弧炉或顶吹转炉生产的粗钢, 必须采用炉外精炼技术进行二次精炼, 以降低钢中的气体含量, 提高纯净度。

(3) 采用多炉连续真空浇铸工艺, 严格控制和调整各炉化学成分及炉温(如杯重计算、适时监测), 以生产出巨型钢锭。

(4) 改进提高锻压技术, 如采用强力压实、深层变形、一定的锻比等, 以消除内部缺陷。

(5) 完善改进热处理设备, 保证调质处理有足够的冷却速度及合适的回火温度和时间, 以获得满意的金相组织和良好的综合力学性能。

(6) 完备和精确的理化检测和无损检测设备和技术能力, 以及时发现问题, 并处理问题。

4.2　结构材料

如前所述,RPV 一般由容器组件、顶盖组件及紧固密封件三部分组成。RPV 主体采用低合金高强度钢制造,靠近堆芯段的筒体材料要求较低的无塑性转变温度;为了防止腐蚀,与冷却剂接触的表面均堆焊不锈钢耐蚀层。顶盖上装有镍基合金制造的控制棒驱动机构(CRDM)管座、堆芯测量管座、排气管的贯穿件,以及不锈钢制造的管座法兰等;容器组件上的进、出口接管端头焊有不锈钢安全端,容器法兰装有不锈钢检漏管,筒体下部内表面装有镍基合金的堆内构件径向支承块。以"华龙一号"为例,表 4 - 1 列出了其主要零部件结构材料。

表 4 - 1　反应堆压力容器结构材料

零部件名称	材料牌号	类型	RCC - M 规范	ASME 参考对应牌号
上封头、下封头	16MND5	锻件	M2131	SA508 - 3 - 1
顶盖法兰	16MND5	锻件	M2113	SA508 - 3 - 1
容器法兰-接管段筒体	16MND5	锻件	M2112＋M2113	SA508 - 3 - 1
进、出口接管	16MND5	锻件	M2114	SA508 - 3 - 1
堆芯段筒体	16MND5	锻件	M2111	SA508 - 3 - 1
下封头过渡段	16MND5	锻件	M2112 或 M2113	SA508 - 3 - 1
CRDM/堆芯测量管座贯穿件	NC30Fe	管材	M4108	SB167M(No. 6990)
堆芯测量管座法兰	Z2CN19 - 10 (控氮)	锻件	M3301	SA182M - F304LN
排气管贯穿件	NC30Fe	锻棒	M4109	SB166M(No. 6690)
排气管安全端	Z2CND17 - 12	管材	M3304	SA312M - TP316L
径向支承块	NC30Fe	锻件	M4102	SB564M(No. 6690)

（续表）

零部件名称	材料牌号	类型	RCC-M 规范	ASME 参考对应牌号
吊耳	16MND5	锻件	M2119	SA508-3-1
主螺栓	40NCDV 7.03	锻棒	M2311+M5140	SA540M-B24V Cl. 3
主螺母、球面垫圈	40NCD 7.03	锻棒	M2312+M5140	SA540M-B24 Cl. 4
进出口接管安全端	Z2CND18-12（控氮）	锻件	M3301	SA182M-F316LN

4.2.1 低合金钢

由于 RPV 在寿期内要承受强烈的高能中子辐照，其材料会发生辐照脆化损伤，若不加以控制将对 RPV 的安全运行构成严重威胁，甚至会导致 RPV 发生脆性破坏的灾难性后果，因此制造 RPV 的材料从 20 世纪 50 年代初至今经历了漫长的发展历程。以美国商用反应堆发展为例，初期选用的材料是在石油化工容器上已有成熟使用经验的 C-Mn 钢，如 A212B（板材）。早期的 C-Mn 钢由于高温性能低和厚截面韧性差，不能满足大型厚壁 RPV 对材料的要求，因此由低强度的 C-Mn 钢发展到加钼改进的具有更高强度的 Mn-Mo 钢，如 A302B（板材），该钢中的锰是强化基体和提高淬透性的元素，钼能提高钢的高温性能及降低回火脆性。随着商用反应堆的大型化和长寿期发展趋势，RPV 材料也向着大型化和不断优化的方向发展，为了进一步提高厚截面钢的淬透性和性能的均匀性，以满足制造更大壁厚 RPV 的需要，相继又研制了加镍的改进型 Mn-Ni-Mo 钢，如 A533（板材）。A533 钢按照镍含量又分为 A533B[w(Ni) 为 0.40%～0.70%]和 A533C[w(Ni) 为 0.70%～1.00%]，A533B 钢按强度又分为 A533B Class 1、A533B Class 2、A533B Class 3，A533B Class 1 钢在调质状态使用，具有回火贝氏体组织。

因为壁厚增加和堆芯区纵焊缝辐照性能差，所以将 RPV 由板焊结构改为环形锻件焊接。初期用于制造 RPV 的锻件也是 C-Mn 钢，其牌号为 A105 和 A182；为了满足制造更大壁厚的 RPV 的需要研制了加镍改进的 Mn-Ni 钢，锻件牌号为 A350-82；后来又研制了加 Ni-Mo 改进的 Mn-Ni-Mo 钢，锻件牌号为 A336，A336 钢具有与 A533B Class 1 钢大致相同的淬透性，更名为 A508 Gr. 2 钢，从 20 世纪 60 年代中开始广泛用于制造压水堆 RPV。由于

A508 Gr. 2 钢具有较高的焊接裂纹敏感性,且商用 RPV 发现存在堆焊层下裂纹,因此,在其基础上通过降低硬化元素碳、铬含量,提高锰、硅含量,发展了 A508 Gr. 3 钢,以减小焊接裂纹敏感性。A508 Gr. 3 钢在法国、日本、联邦德国又得到进一步的改进研制,为弥补减少硬化元素而降低的强度和淬透性,提高了钢中锰的含量,但因锰易增加钢的偏析,又降低了有害杂质元素硫、磷、铜含量,并改进冶炼、铸锭锻造、热处理工艺,使 A508 Gr. 3 钢具有非常优良的综合性能,成为当代大型 RPV 理想和成熟的锻件材料。

简言之,RPV 材料经历了如下发展过程。

(1) 钢种由 C - Mn 钢→Mn - Mo 钢→Mn - Ni - Mo 钢。

(2) 相应的材料牌号:板材由 A212→A302B→A302B(改进型)→A533B;锻件由 A105、A182→A350 - 82→A508 Gr. 2→A508 Gr. 3。

4.2.1.1　低合金钢化学成分要求

对 RPV 用低合金钢,添加合金元素的主要作用是强化、改善塑韧性、提高淬透性及改善焊接性。但是,并非任何合金元素都有这四个作用,因而必须选配并控制其含量。

碳是合金强化的主要元素,它能提高强度和淬透性,但对改善韧性和焊接性不利,根据目前国内制造经验,一般控制在 0.20% 左右。

锰和镍是既能提高强度又能改善韧性的两种元素,同时亦可明显提高淬透性,以获得调质后较为理想的均匀的贝氏体组织,通常为下贝氏体,这是具有良好韧性的组织结构。

钼也有强化和提高淬透性的作用,加入钼的主要目的:一是改善钢的高温强度和稳定性,二是抑止有可能出现的回火脆性。但若其含量超过 0.65%,则对韧性不利,故应适度取中值。

铝对细化晶粒和改善韧性有利,但它能束缚住钢水中的氧和氮,使真空脱气效果降低,对提高纯净度不利。由于大型锻件热处理时奥氏体化的均热时间较长,为抑止晶粒长大,应适当加铝,但应控制固溶氮/铝比值。

钒是具有明显强化和细化晶粒作用的元素,但对韧性和焊接性有害,通常应控制在 0.02% 以下。

钴是强放射性活化元素,通常应控制在 0.04% 以下。

硫和磷是有害元素,硫可以引起热脆,磷可以引起冷脆,同时又是强烈促进快中子辐照脆化的元素,应严格控制到尽量低。

铜也是强烈促进快中子辐照脆化的元素,但是在熔炼中难以消除,因此同样应严格控制到尽量低。

砷、锑、锡是微量低熔点元素,它们的化合物及其组成的夹杂物在受到焊接热作用或高温处理时可能熔化,如液化微裂纹,它又为再热裂纹及延迟裂纹的产生创造了条件,亦应予以严格控制。

RCC-M规范对RPV低合金钢化学成分要求如表4-2所示。

表4-2 低合金钢化学成分要求

元 素	质量分数/%	
	浇 包 分 析	产 品 分 析
C	≤0.20	≤0.22
Si	0.10~0.30	0.10~0.30
Mn	1.15~1.55	1.15~1.60
P	≤0.008	≤0.008
S	≤0.005	≤0.005
Cr	≤0.25	≤0.25
Ni	0.50~0.80	0.50~0.80
Mo	0.45~0.55	0.43~0.57
V	≤0.01	≤0.01
Cu	≤0.08	≤0.08
Al	≤0.04	≤0.04
Co	≤0.03	≤0.03

4.2.1.2 低合金钢力学性能要求

RPV材料应具有适当的强度、足够的塑韧性,具有优良的焊接性和冷、热加工性能,以及为适应大型化生产的性能均匀性。对压水堆RPV安全威胁最大的就是脆性破坏,因为脆性断裂较难预料,常常是爆发性的突然破坏,一旦发生后果十分严重,尤其辐照脆化又增大了这种危险。因此,防脆断是考核RPV安全性的重点。通常用2个重要指标对低合金钢材料的韧性提出要求:

基准无延性转变温度($T_{R,NDT}$)与上平台能量(USE)。由于堆芯区承受更高的中子辐照,因此对该区域材料韧性具有更高的要求,RCC - M 规范对 RPV 堆芯区锻件拉伸、冲击力学性能要求如表 4 - 3 所示。

表 4 - 3 锻件拉伸、冲击力学性能

项　目	试验温度	力学性能	轴　向	周　向
拉伸试验	室温	$R_{p0.2}$/MPa	—	≥400
		R_m/MPa	—	550~670
		A/%(5 d)	—	≥20
		Z/%	—	—
	350 ℃	$R_{p0.2}^t$/MPa	—	≥300
		R_m/MPa	—	≥497
KV 冲击试验	0 ℃	最小平均值/J	80	80
		个别最小值/J	60	60
	−20 ℃	最小平均值/J	40	56
		个别最小值/J	28	40
	20 ℃	个别最小值/J	104[1]/72[2]	120[1]/88[2]
$T_{R,NDT}$	—	℃	−20	
USE	—	USE/J	130	

注: ① 堆芯区锻件要求;② 非堆芯区锻件要求。$R_{p0.2}$ 表示塑性延伸率为 0.2%时的应力;R_m 为抗拉强度;A 为断后伸长率;Z 为断面收缩率;$R_{p0.2}^t$ 表示温度为 t,塑性延伸率为 0.2%时的应力。

4.2.2 不锈钢

奥氏体不锈钢具有良好的耐蚀性、焊接性和冷、热加工性能,并且冷变形后仍具有良好的强度、塑性和韧性等综合性能,因此在反应堆中广泛应用。RPV 中不锈钢主要应用于容器内壁堆焊耐蚀层,以及与一回路其他设备相连的连接部件。

早期用于 RPV 的奥氏体不锈钢材料由于受冶炼工艺和制造成本的限制，具有较高的碳含量，对晶间腐蚀比较敏感，主要通过加钛或铌来稳定碳以提高抗晶间腐蚀的能力，但增加了钛或铌的碳化物夹杂的含量，增加了点腐蚀的倾向。含钛或铌奥氏体不锈钢并不是理想的耐蚀材料，随着冶炼技术的发展，超低碳不锈钢问世，从根本上解决了奥氏体不锈钢抗晶间腐蚀问题，现代 RPV 用不锈钢部件均采用超低碳奥氏体不锈钢，如 F304L、F304LN(控氮)不锈钢，或者 F316L、F316LN 不锈钢。这四种钢相应的法国牌号为 Z2CN18 - 10、Z2CN19 - 10(控氮)、Z2CND17 - 12、Z2CND18 - 12(控氮)。

4.2.2.1 不锈钢材料化学成分及力学性能要求

不锈钢提高耐热、耐蚀和抗氧化性主要依靠增加镍、铬元素含量，并添加钼、硅、铜、钛、铌等合金元素；减小晶间腐蚀主要依靠降低铜含量并添加稳定元素钛或铌；氮是间隙元素，固溶强化作用很强，有利于提高不锈钢耐蚀性和强度。另外，提高钢的纯净度、降低夹杂物含量，降低或消除钢中成分、组织和应力的不均匀，也是提高不锈钢综合性能的重要措施。

RPV 中使用的不锈钢材料分为两类，一类是容器内壁及法兰密封面堆焊的耐蚀层，另一类是与其他设备相连的过渡部件，如进出口接管安全端、堆芯测量管座法兰、排气管安全端等。RCC - M 规范对主要不锈钢材料化学成分要求如表 4 - 4 所示，力学性能要求如表 4 - 5 所示。

表 4 - 4 主要不锈钢材料化学成分要求

元　素	质量分数/%		
	Z2CND18 - 12(控氮)	Z2CN19 - 10(控氮)	Z2CND17 - 12
C	≤0.035	≤0.035	≤0.030
Si	≤1.00	≤1.00	≤1.00
Mn	≤2.00	≤2.00	≤2.00
P	≤0.030	≤0.030	≤0.030
S	≤0.015	≤0.015	≤0.015
Ni	11.50～12.50	9.00～10.00	10.00～14.00
Cr	17.00～18.20	18.50～20.00	16.00～19.00

（续表）

元　素	质量分数/%		
	Z2CND18‑12(控氮)	Z2CN19‑10(控氮)	Z2CND17‑12
Mo	2.25~2.75	—	2.00~2.50
N₂	≤0.080	≤0.080	—
Cu	≤1.00	≤1.00	≤1.00

表 4‑5　主要不锈钢材料力学性能指标

试验项目	试验温度	力学性能	Z2CND18‑12 (控氮)	Z2CN19‑10 (控氮)	Z2CND17‑12
拉伸试验	室温	$R_{p0.2}$/MPa	≥220	≥210	≥175
		R_{m}/MPa	≥520	≥520	≥490
		A/%(5 d)	≥40	≥40	≥45
		Z/%	—	—	≥50
	350 ℃	$R_{p0.2}^{t}$/MPa	≥130	≥125	≥105
		R_{m}/MPa	≥400	≥394	≥382
冲击试验	20 ℃	K_{V} 最小平均值/J	≥100	≥100	≥100

注：K_{V} 表示冲击吸收能量(下标 V 表示缺口几何形状)。

4.2.2.2　不锈钢材料的防腐蚀和热处理要求

奥氏体不锈钢虽然具有优良的耐蚀性和耐热性，但经加工和焊接后，在敏感介质下仍存在晶间腐蚀、应力腐蚀等隐患，因此在工程应用时应注意防止其发生。表 4‑4 中几种不锈钢材料的碳含量均低于 0.04%，这是因为室温下碳在奥氏体中的极限溶解度为 0.03% 左右，当钢中碳含量接近此值时，几乎没有过饱和碳从奥氏体中析出，晶界也就不会出现导致晶间腐蚀的贫铬区。铌与碳的亲和力大于铬，钢中加入少量铌后通过稳定化处理可形成稳定的 NbC，阻止形成 $Cr_{23}C_{6}$，从而也能达到防止晶间腐蚀的目的。同时，"华龙一号"的设计中要求 RPV 采用的不锈钢材料,在加速腐蚀的敏化处理后进行晶间腐蚀试验验证,保证其工程应用的安全性和可靠性。

另外,奥氏体不锈钢对应力腐蚀比较敏感,早期国外压水堆项目曾多次发生 304 非稳定型奥氏体不锈钢零部件的应力腐蚀断裂事故,因此工程中多通过优选不锈钢材料和控制环境条件来减少或避免此类隐患。目前,反应堆用不锈钢主要采用 316 型或 321 型,对于 RPV 而言,为了保证冷却剂压力边界的完整性,采用了超低碳加氮强化的 316LN 型不锈钢,如表 4-4 和表 4-5 中的 Z2CND18-12(控氮)。

不锈钢耐蚀性一方面通过控制合金元素成分,使其达到最优的成分匹配;另一方面通过合理的热处理工艺,充分发挥合金元素作用,从而实现优良的综合性能。RPV 用不锈钢常使用固溶处理,在 1 050~1 150 ℃温度条件下保温,使析出的碳化物重新溶入奥氏体,然后快速冷却使其变为单相奥氏体。因为碳是扩大 γ 相元素,它全部固溶在奥氏体内可稳定 γ 相,所以具有良好的耐蚀性和热强性。对于添加了钛或铌的不锈钢必须进行稳定化处理,使碳化铬转化为 TiC 或 NbC。稳定化处理一般是先经过固溶处理后,再经 850~950 ℃保温一定时间后空冷,此温度高于碳化铬的溶解温度且低于碳化钛的溶解温度,因此碳化铬被溶解,释放出的碳与钛或铌形成碳化物,从而减少晶界贫铬,起到防止晶间腐蚀的作用。

4.2.3 镍基合金

镍基合金具有优良的耐热和耐蚀性能,并且对应力腐蚀不敏感,在反应堆中应用广泛。Inconel 600 是最早发展的镍基高温合金,其特点是镍基奥氏体能溶入大量合金,基体组织在高温下比较稳定,力学性能和工艺性能较好,早期取代奥氏体不锈钢用作压水堆蒸汽发生器传热管材料以及反应堆压力容器 CRDM 管座贯穿件材料。该合金含镍量高,降低了碳在固溶体中的溶解度,从而对晶间应力腐蚀比较敏感,早期商用反应堆曾发生传热管腐蚀断裂等问题。为克服以上问题开发了 Inconel 690 合金,降低了镍和碳的含量,增加了铬含量,有效改善了 Inconel 600 易产生晶间应力腐蚀的问题。

后来为了提高镍基合金热强性能,又在 Inconel 600 的基础上,通过加入铝、钛、铌而得到 γ' 相的强化合金 Inconel X750,其中 γ' 相是保证镍基合金高温强度的主要相;另外,加入铌还能强化固溶体并提高合金的焊接和工艺性能;铝能在合金表面形成致密的 Al_2O_3 保护层,提高抗氧化能力。另一种应用较多的镍基合金是 Inconel 718,该合金在钼、铬固溶强化的基础上,主要依靠钛、铝和铌析出的 γ' 相强化;Inconel 718 具有屈服强度高、塑性好的特点,因此焊接和成形性也较好;同时,由于铬含量较高,还具有较好的耐蚀性和耐辐照性。

镍基材料的合金元素按照作用主要分为三类,即固溶强化元素、γ' 相形成元素和晶界强化元素。铬在镍基合金中既是固溶强化元素又是提高抗氧化、耐腐蚀的主要元素,它能形成致密、牢固的稳定氧化膜 Cr_2O_3,防止氧化和热腐蚀。镍和钼则是强有力的固溶强化元素,Inconel 718 合金就是利用钼强化而提高了耐热温度。铝和钛是 γ' 相的主要形成元素,因 γ' 相在基体内呈弥散分布,能阻止位错运动促使合金强化。硼多富集在晶界附近,填充空位强化晶界,其另一作用是促进碳化物在晶内沉淀,有助于提高蠕变抗力。

RPV 的顶盖上的贯穿件(如 CRDM 管座贯穿件、堆芯测量管座贯穿件和排气管贯穿件)以及简体内壁焊接的径向支承块均采用 Inconel 690 镍基合金,材料类型则为管材和锻件。RCC - M 规范对镍基合金化学成分要求如表 4 - 6 所示,力学性能要求如表 4 - 7 所示。

表 4 - 6 镍基合金化学成分要求

元　　素	Inconel 690 中质量分数/%
C	0.010~0.040
Si	≤0.50
Mn	≤0.50
P	≤0.015
S	≤0.010
Ni	≥58.00
Cr	28.00~31.00
Fe	7.00~11.00
Cu	≤0.50
Ti	≤0.50
Al	≤0.50

表 4 - 7　主要镍基合金材料力学性能指标

试验项目	试验温度	力学性能	Inconel 690
拉伸试验	室温	$R_{p0.2}/MPa$	240～400
		R_{m}/MPa	≥550
		$A/\%(5\,d)$	≥35
		$Z/\%$	—
	350 ℃	$R_{p0.2}^{t}/MPa$	≥180
		R_{m}/MPa	≥497
冲击试验	室温	K_{V} 最小平均值/J	≥100

4.2.4　紧固件材料

早期用于 RPV 的紧固件螺栓材料是高强度低合金钢,如美国杨基、德累斯登等 RPV 采用了 ASTM 标准的 A193(Cr - Mo 钢),该钢适用于制造较小直径的螺栓。由于 RPV 日趋大型化,这就要求螺栓材料具有更高的淬透性以满足大直径的螺栓性能均匀性要求,于是采用了具有更高淬透性的 A320 L43 (Cr - Ni - Mo 钢)。随着 RPV 进一步大型化,采用了更优良的 A540 B24(Cr - Ni - Mo 钢),它相比于 A320 L43 钢具有稍高的锰、钼含量和较低的硫、磷含量,因而具有更优良的性能,适用于制造现代大型 RPV 的紧固件螺栓。为了进一步细化钢的组织和晶粒,提高钢的强度和韧性以满足制造更大直径螺栓需要,研制了加钒改进的 A540 B24V(Cr - Ni - Mo - V 钢),该钢具有很高的淬透性,更细的组织和晶粒,更高的强度和优良的韧性,是现代大型 RPV 通用的螺栓紧固件材料。

RPV 紧固件包括主螺栓、主螺母和垫圈及固定夹,其中主螺栓材料为加钒的改进型 40NCDV 7 - 03,主螺母和垫圈可选用 40NCDV 7 - 03,也可选用不加钒的 40NCD 7 - 03。RCC - M 规范对紧固件材料的化学成分要求如表 4 - 8 所示,力学性能要求如表 4 - 9 所示。

表 4-8　紧固件材料化学成分

元　素	质量分数/%		
	40NCDV 7-03（主螺栓）	40NCD 7-03（螺母、垫圈）	40NCDV 7-03（螺母、垫圈）
C	0.35～0.46	0.35～0.46	0.35～0.46
Mn	0.55～0.95	0.65～0.95	0.55～1.00
Si	≤0.35	≤0.35	≤0.35
P	≤0.025	≤0.025	≤0.025
S	≤0.025	≤0.015	≤0.015
Ni	1.55～2.05	1.60～2.05	1.50～2.05
Cr	0.60～1.00	0.65～1.00	0.55～1.00
Mo	0.35～0.60	0.28～0.42	0.35～0.60
Cu	≤0.20	≤0.20	≤0.20
V	0.04～0.10	—	0.04～0.10

表 4-9　紧固件材料力学性能

试验项目	试验温度	力学性能	40NCDV 7-03	40NCD 7-03（A 级）
拉伸试验	室温	$R_{p0.2}$/MPa	≥900	≥830
		R_m/MPa	1 000～1 170	≥930
		A/%(5 d)	≥12	≥13
		Z/%	≥45	≥45
	350 ℃	$R_{p0.2}^t$/MPa	≥720	≥695
		R_m/MPa	≥920	≥900
		A/%(5 d)	—	—
		Z/%	—	—

（续表）

试验项目	试验温度	力学性能	40NCDV 7-03	40NCD 7-03（A级）
K_V 冲击试验	0 ℃	最小平均值/J	48	—
		个别最小值/J	36	64
		侧向膨胀值/mm	—	≥0.64
	20 ℃	个别最小值/J	64	—
		侧向膨胀值/mm	≥0.64	—
硬度试验	室温	硬度（HBW）	302～375	277～352

4.3 焊接材料

RPV作为安全一级设备，在运行期间长期处于高温、高压、强中子辐照的恶劣环境，承受着循环载荷、交变载荷等复杂载荷的作用，因此对其焊接接头性能要求也极为严格。焊接材料的性能优异与稳定是RPV焊接接头性能优异、质量可靠的基本前提。在寿期内，由于RPV不可更换，维修也极其困难，堆芯区焊接接头长期承受着强中子辐照作用，同时未来可能还面临着延寿的需求，因此RPV焊接材料是核岛主设备中要求最为严苛的材料之一。

RPV用焊接材料按照材料类型主要分为以下四大类：低合金钢焊接材料、不锈钢焊接材料、镍基合金焊接材料、碳钢焊接材料。与一般焊接材料相比，RPV用焊接材料具有以下要求和特点：

（1）焊材熔敷金属应具有良好的抗辐照脆化及硬化能力。

（2）对焊材化学成分设计、杂质元素控制、微量元素过渡等要求极高。

（3）钴含量应尽可能地低。

（4）焊接工艺性能要求高。

（5）质量稳定性好，各批次之间质量一致性强。

（6）工艺适用性较强，工艺适用范围宽泛合理。

RPV焊接材料的选择主要依据基体材料及焊接结构、焊缝金属及接头性能要求、经济性要求。基体材料及焊接结构的要求主要如下：基体材料成分、力学性能；焊接结构特点如工艺坡口与拘束度；焊接接头的使用条件，如载荷及其特点、温度、受辐照情况及其他环境条件；焊接设备、焊接条件及焊接工作量。焊缝金属及接头性能要求主要如下：焊缝金属化学成分及力学性能等使用焊接性要求；抗裂纹、气孔、夹杂、未熔合等工艺焊接性要求；对焊缝金属及焊接接头的特殊性要求，如韧性、疲劳、抗腐蚀性、抗辐照敏感性等要求；无损检验及热处理等方面的要求。经济性要求主要如下：降低成本；提高焊接效率，改善焊接条件；标准化规范化要求。

4.3.1　低合金钢焊材

低合金钢焊材主要用于 RPV 低合金钢锻件间的焊接。目前，常用的压水堆 RPV 为低合金钢锻焊结构，各组件（筒体组件、顶盖组件）通过焊接的方式将各锻件（上封头、顶盖法兰、法兰接管段筒体、堆芯筒体、底封头、进/出口接管等）连接而成，其连接焊缝称为主焊缝。主焊缝是 RPV 上最重要的焊缝，是一回路系统的压力边界，长期承受高温、高压、强辐照、复杂载荷的共同作用。因此，低合金钢焊材是 RPV 用焊材最重要的一类焊材。RPV 用低合金钢焊材主要为 Mn‐Ni‐Mo 低合金钢手工电弧焊焊条与埋弧焊焊丝/焊剂，有时也会根据 RPV 结构及焊接位置采用低合金钢氩弧焊焊丝。

低合金钢焊材一般用于主承压焊缝，对焊接材料熔敷金属的韧性及强度要求较高，同时要兼顾抗辐照脆化及良好的焊接工艺性能。因此，对低合金钢焊材的成分配比和焊条渣系、焊剂的选择提出了很高的要求，其中对于化学成分的主要考虑如下。

（1）碳含量的增加有利于提高焊缝强度，但会降低韧塑性及增大裂纹倾向，也是对辐照有害的间隙元素。

（2）锰元素具有扩大 γ 相、细化晶粒、提高淬透性的作用，能显著提升焊缝强度，改善塑韧性。但锰含量达到一定程度后，对强度的贡献将急剧下降，同时试验表明，锰元素可能增大辐照脆化倾向。

（3）镍元素有利于提高焊缝金属的屈服强度及低温韧性，同时对降低低温韧性有明显作用。但在碳含量相对较低时，镍元素含量过多却不利于韧性。

（4）钼元素为扩大 α 相元素，与碳、氮、氧的亲和力较强，有显著抑制辐照硬化的效果。

（5）钛是强氮、碳化物形成元素，能显著细化晶粒，提升韧塑性。

（6）硫元素有加速辐照脆化的倾向，硫含量的进一步降低有利于降低低合金钢焊材的辐照脆化倾向，有利于减少低熔点的 FeS 与 MnS，从而提升熔敷金属的冲击韧性。

（7）焊条药皮采用低氢型，碱度指数 $B \geqslant 2$，焊剂为低氢烧结型，碱度指数 $B \geqslant 2$，以提升焊缝韧性及抗冷裂倾向。

RCC-M—2007 规定的典型低合金钢焊接材料熔敷金属化学成分要求如表 4-10 所示。

表 4-10　低合金钢焊接材料熔敷金属化学成分

焊　材	熔敷金属化学成分质量分数/%										
	C	Si	Mn	P	S	Ni	Cr	Mo	Co	Cu	V
手工电弧焊焊条 E8018	≤0.10	0.15～0.60	0.80～1.80	≤0.012	≤0.015	≤1.20	≤0.30	0.35～0.65	≤0.03	≤0.06	≤0.02
低合金钢埋弧焊焊丝/焊剂 EF2	≤0.10	0.15～0.60	0.80～1.80	≤0.010	≤0.015	≤1.20	≤0.30	0.35～0.65	≤0.03	≤0.07	≤0.02

在具体的 RPV 设计中，低合金钢焊材的选择除必须满足相应的标准外，还应根据具体情况，如 RPV 锻件材料力学性能、化学成分、焊接工艺等，确定相应的焊材技术要求。以中国核工业集团有限公司"华龙一号"为例：RPV 用低合金钢焊材对锰、镍、铬元素的限制更加严格；对磷、硫两种有害元素的要求更高，分别限制为≤0.010% 及≤0.010%；钴和铜对辐照危害甚大，因此为进一步提升焊缝抗中子辐照性能，对钴和铜两种元素含量的要求也相比标准要求更低；其他残余（痕迹）元素，如锡、锑、硼、砷，在焊材中含量甚少，但其对辐照性能的影响较大，标准中对其未有相应的要求，但在实际设计中也增加了对这几种元素的要求。

低合金钢焊材除对其熔敷金属化学成分、力学性能等有相应要求外，对于低合金钢焊条的尺寸、药皮、批次、熔敷金属扩散氢含量等都有相应的要求，同时还需进行 T 形接头角焊缝检验；对于低合金钢埋弧焊焊丝/焊剂，其焊剂类型、碱度、颗粒度、含水量、夹杂物、磷含量、硫含量、工艺性能、焊丝尺寸、外观质量、缠绕质量、熔敷金属扩散氢含量等也有相应的要求。

4.3.2　不锈钢焊材

在役期间,RPV内表面与冷却介质直接接触,低合金钢难以满足RPV内表面的耐蚀性要求,因此采用内表面堆焊不锈钢的方式提升耐蚀性。综合考量不锈钢的耐蚀性、焊接性、韧性及强度等性能,RPV内表面选用奥氏体不锈钢作为堆焊材料。堆焊层分为过渡层及耐蚀层,首先采用309L不锈钢焊材在低合金钢表面进行堆焊,再使用308L不锈钢焊材在309L堆焊层上进行堆焊。RPV内表面面积较大且需要进行大面积堆焊,因此在RPV的制造过程中,奥氏体不锈钢焊接材料的用量十分巨大,一般为20 t左右。RPV用不锈钢焊材主要为308L和309L,包括埋弧/电渣焊焊带/焊剂、手工电弧焊焊条、TIG焊(tungsten Inert gas welding,又称为钨极惰性气体保护焊)焊丝。

为保证不锈钢堆焊层具有良好的耐蚀性、焊接性、韧性及强度,不锈钢焊材的化学成分配比要求十分严格,主要考虑如下。

(1)碳含量的增加有利于提高奥氏体不锈钢强度,但会降低抗晶间腐蚀能力,因此需严格控制碳含量。

(2)铬元素钝化能力很强,使钢的表面产生一层致密氧化膜的同时,提高铁的电极电位,从而防止化学及电化学腐蚀。

(3)镍元素为形成奥氏体的有效元素,与铬元素配合使用能有效提高钢的耐蚀性。

(4)磷元素含量适当降低有利于保证熔敷金属性能与质量。

(5)一方面铁素体具有较高的韧性且强度高于奥氏体,δ相可减少杂质元素在晶界的偏聚,因此δ铁素体能有效抑制熔敷金属与热影响区的微裂纹产生及提升抗晶间腐蚀与应力腐蚀性能;另一方面δ铁素体过高易产生脆性,综合考虑,对δ铁素体的含量也有相应的要求。同时,铬、镍、钼、碳、氮、锰等元素的含量对δ铁素体的含量会产生影响。

RCC-M—2007规定的典型不锈钢焊接材料熔敷金属/焊接材料化学成分要求如表4-11所示。

与低合金钢焊材相似,不锈钢焊材除必须满足相应的标准外,还应根据具体情况,确定相应的焊材技术要求。以中国核工业集团有限公司"华龙一号"为例,RPV用不锈钢焊材的化学成分与RCC-M—2007的主要差别如下。

(1)308L不锈钢焊材:对碳、锰、磷、硫、钴元素含量的要求更严,增加硼、铜、钒元素含量的要求,要求提供氮与铌含量数据。

表4-11 不锈钢焊接材料熔敷金属/焊接材料化学成分

焊材		熔敷金属/焊接材料化学成分质量分数/%									
		C	Si	Mn	P	S	Ni	Cr	Mo	Co	δ铁素体
手工电弧焊焊条	E308L	≤0.035	≤0.90	≤2.50	≤0.025	≤0.025	9.00~12.00	18.00~21.00	≤0.50	≤0.20 ≤0.15(最好)	5.00~15.00 ≤12.00(最好)
	E309L	≤0.030	≤0.90	≤2.50	≤0.025	≤0.025	11.00~14.00	22.00~25.00	≤0.50	≤0.20 ≤0.15(最好)	8.00~18.00
TIG焊丝 ER308L（焊材）		≤0.030	≤0.60	1.00~2.50	≤0.025	≤0.020	9.00~11.00	19.00~21.50	≤0.50	≤0.20	5.00~15.00 ≤12.00(最好)
焊剂焊带组合 EQ308L	焊带	≤0.020	≤0.60	≤2.00	≤0.025	≤0.025	10.00~12.00	19.00~23.00	—	≤0.20 ≤0.15(最好)	—
	熔敷金属	≤0.030	≤1.50,90 mm宽≤1.20	≤2.00	≤0.025	≤0.025	9.50~11.50	19.00~21.00	—	≤0.20 ≤0.15(最好)	7.00~17.00 ≤12.00(最好)
焊剂焊带组合 EQ309L	焊带	≤0.025	≤0.60	≤2.00	≤0.025	≤0.025	11.50~14.00	22.00~25.00	—	对于容器 ≤0.20 ≤0.15(最好)	—
	熔敷金属	≤0.040	≤1.50,90 mm宽≤1.20	≤2.00	≤0.025	≤0.025	11.50~13.50	22.00~26.00	≤0.50	≤0.20 ≤0.15(最好)	12.00~22.00

（2）309L 不锈钢焊材：放宽了碳元素含量的要求，对锰、磷、硫、钴元素含量的要求更严，增加铜元素含量要求，要求提供氮与铌含量数据。

不锈钢焊接材料除对其熔敷金属化学成分、力学性能等有相应要求外，对于不锈钢钢焊条的尺寸、药皮、批次、δ 铁素体含量等都有相应的要求；对于不锈钢 TIG 焊丝，缠绕性能、工艺性能等也有相应的要求；对于不锈钢焊带/焊剂的焊剂类型、碱度、颗粒度、夹杂物、磷/硫含量、工艺性能、焊带尺寸、外观质量、熔敷金属等也有相应的要求；308L 熔敷金属还需进行晶间腐蚀加速试验。

4.3.3　镍基合金焊材

RPV 用镍基合金焊材为 Ni-Cr-Fe 合金。镍基合金具备良好的耐腐蚀性、耐高温性能，抗中子辐照、抗疲劳蠕变性能。镍基合金焊材的热膨胀系数介于低合金钢及不锈钢之间，因此用于不锈钢与低合金钢的异种金属对接焊缝，主要包括 J 形坡口的角焊缝、密封焊、接管与安全端的隔离层及对接焊缝、径向支承块焊缝等。目前，常用的镍基焊材为 NiCrFe-7 或 NiCrFe-7A。由于镍基合金具有较高的热裂纹敏感性、流动性能较差、导热性能低于低合金钢，其焊接工艺性能要差于低合金钢和不锈钢。

4.3.3.1　镍基合金焊材基本要求

镍基合金以镍元素为基体，镍含量大于 50%，主要组织为奥氏体，无固态相变，在 1 100 ℃ 内具备较好的耐蚀性能及一定的力学性能。其低温力学性能及耐蚀性与不锈钢的相似，但其高温力学性能及耐蚀性能显著优于不锈钢的。对其化学成分的考虑主要如下。

（1）镍元素作为基体形成奥氏体，具备优良的耐蚀性能与耐高温性能，尤其是耐氯离子性能。

（2）铬元素主要起抗氧化作用，与氧结合形成致密的 Cr_2O_3 薄膜，防止进一步的氧化与腐蚀，降低在高温环境下的应力腐蚀敏感性。

（3）铌元素具有抑制晶粒长大、细化晶粒、抑制裂纹扩展等作用。同时，铌与碳形成碳化物析出相，起到钉扎晶界等作用。

（4）通过添加铬、铁、锰、钼、钛、铌等元素，进一步提升其耐蚀性能、抗中子辐照与高温力学性能。

RCC-M—2007 规定的典型镍基合金焊接材料熔敷金属化学成分要求如表 4-12 所示。

表 4-12　镍基合金焊接材料熔敷金属化学成分

焊　材		质量分数/%			
		手工电弧焊焊条		TIG 焊丝	
		E NiCrFe-7	E NiCrFe-3	ER NiCrFe-7	ER NiCrFe-3
熔敷金属化学成分	C	≤0.045	≤0.100	≤0.040	≤0.100
	Si	≤0.65	≤1.00 最好≤0.60	≤0.50	≤0.50
	Mn	≤5.00	5.00～9.50	≤1.00	2.50～3.50
	P	≤0.020	≤0.020	≤0.020	≤0.020
	S	≤0.010	≤0.015	≤0.010	≤0.015
	Ni	其余	≥59.00	其余	≥67.00
	Cr	28.00～31.50	13.00～17.00	28.00～31.50	18.00～22.00
	Mo	≤0.50	—	≤0.50	—
	Co	≤0.10	≤0.10	≤0.10	≤0.10
	Cu	≤0.50	≤0.50	≤0.30	≤0.50
	Ti	≤0.50	≤1.00	≤1.00	≤0.75
	Fe	8.00～12.00	6.00～10.00	8.00～12.00	≤3.00
	Nb+Ta	1.20～2.20	1.00～2.50 最好<1.80	≤0.10	2.00～3.00
	N_2	—	—	≤0.030	≤0.50
	Al	—	—	≤1.10	—

　　与低合金钢及不锈钢焊材一致,镍基合金焊材除应满足相应标准外,还需根据具体情况确定相应的焊材技术要求。以中国核工业集团有限公司"华龙一号"为例,RPV 用镍基合金焊材化学成分与 RCC-M—2007 的主要差别如下:

　　(1) 磷、钴、铜元素要求更严。

（2）增加铝元素含量的要求。

4.3.3.2　高温失塑性裂纹

焊接裂纹是对焊缝质量影响最为严重的焊接缺陷之一,焊接裂纹是在焊接过程中及焊后由内应力及其他因素共同作用导致的。焊接裂纹主要包括结晶裂纹、高温液化裂纹、再热裂纹及高温失塑性裂纹(DDC 裂纹)等,对于结晶裂纹、再热裂纹等在 4.1.3.2 节和 4.1.3.3 节中已介绍过,此处主要介绍对于镍基合金需要重点考虑的 DDC 裂纹。

一般金属材料的塑性随着温度的升高而逐渐增加。对于奥氏体材料,当温度趋近于材料熔点时,塑性发生急剧降低,此温度区间称为脆性温度区间(BTR 区),而当温度进一步降低至熔点的 $50\% \sim 80\%$ 后,塑性也会出现一个急剧下降的区域(DTR 区),在此温度区间奥氏体材料出现的微裂纹称为 DDC 裂纹。DDC 裂纹一般产生于低于固相线温度的高温阶段。镍基合金 DDC 裂纹具有以下主要特点。

（1）DDC 裂纹一般存在于单相奥氏体焊缝中,也出现于热影响区中,多沿柱状晶晶界开裂。

（2）DDC 裂纹晚于再结晶出现,裂纹附近常伴随着再结晶晶粒出现。

（3）DDC 裂纹产生于 DTR 区,断口呈现晶界断裂形貌,断口表面平坦存在明显树枝结构,无明显韧窝特征。

（4）镍基合金焊缝金属在冷却过程中产生内应力,当经过 DTR 区域时,塑性降低,易产生 DDC 裂纹。

DDC 裂纹的主要影响因素包括温度、化学成分与杂质元素、晶界特征、析出相等。

1）温度影响

DDC 裂纹产生于 DTR 区,长时间处于该温度区间,可能增加裂纹产生概率。温度越高,晶格缺陷的聚集越快,裂纹的形成倾向越大。

2）化学成分及杂质元素

化学成分及杂质元素对 DDC 裂纹的影响主要通过杂质成分的偏析及析出相的形成,硫、磷元素在奥氏体中溶解度极低,易在奥氏体晶界之间发生偏聚,引起固态沿晶裂纹。磷元素还易与镍形成 Ni-S-P 三元相,降低液相与固相线温度,造成偏析加剧,增强结晶裂纹敏感性。因此,硫、磷等杂质元素将增加 DDC 裂纹敏感性。

铌元素能与碳形成多种碳化物,能够起到钉扎晶界、降低晶界滑动的可能性,提高抗 DDC 裂纹性能。但当铌元素含量过高时,易出现部分熔化现象,促进了凝固裂纹及液化裂纹的产生,降低了抗裂性。铌与钽为共生关系,试验发现,铌与钽的含量达到一个最佳比例时,可提高镍基合金抗 DDC 裂纹敏感性。

锰元素含量增加会降低材料的抗 DDC 裂纹敏感性,而其加入又能与硫结合形成 MnS,降低硫含量,提升抗裂纹能力;其次,锰还能起到脱氧的效果,进而降低热裂纹敏感性。

3）晶界特征

晶界特征主要指晶界间的位置关系及晶界与析出物的位置关系,晶粒大小直接影响材料性能,三晶界交汇点影响材料塑性、韧性等。当晶界滑动至三晶界交汇处易产生应力集中。有研究表明,DDC 裂纹的扩展主要是沿着平直晶界和运动不协调的晶界。晶界析出物会阻碍晶界滑动,降低 DDC 裂纹敏感性。但当晶界析出物在晶界上产生晶格畸变时,造成应力集中形成裂纹源。

4）析出相

镍基合金焊缝析出物主要有两类：MC 析出相与 $M_{23}C_6$。MC 析出相在凝固过程中析出起到钉扎晶界及阻碍晶界滑动的作用,降低 DDC 敏感性。$M_{23}C_6$ 易与基体之间形成很大的错配度,导致碳化物两端应力集中,促进裂纹的形成。

DDC 裂纹对 RPV 的设计与制造产生了较大的影响,镍基合金焊材在 RPV 制造过程中主要应用于异种金属对接焊缝、隔离层、密封角焊缝。接管与安全端异种金属对接焊缝,隔离层与对接焊缝均采用镍基合金焊材,该焊缝焊接厚度大且为承压边界。贯穿件与封头密封角焊缝,焊接坡口异形,不利于熔敷金属的流动,同时也为承压边界。对于上述两种镍基合金焊缝,控制与防止 DDC 裂纹的产生对保证 RPV 固有安全性具有重要影响。此外,通过国内某制造厂的试验验证表明,在 RPV 的制造过程中,难以完全避免焊接接头或堆焊层 DDC 裂纹的产生。因此,在 RPV 的设计及制造过程中必须考虑镍基合金焊材的选用、焊接接头设置、形状及工艺控制与优化。

4.4 功能材料

除本体结构外,RPV 还配置有承担特殊功能的零部件,主要包括承担保温隔热功能的 RPV 保温层、承担密封功能的 RPV 密封元件等。

上述零部件所使用的主体材料由于其功能特殊性,对其性能要求与结构材料和焊接材料的要求有所不同,此处统一归纳为 RPV 功能材料进行介绍,主要有以下类型。

(1)保温材料:分为金属保温材料及非金属保温材料。金属保温材料主要包括 RPV 金属反射式保温层所用的内部箔片、外部壳板等材料,非金属保温材料主要包括 RPV 保温层间隙填塞所用的玻璃纤维、矿物棉等材料。

(2)密封材料:主要为 RPV 主密封元件用金属材料,主要包括镍基合金、银层等材料。

4.4.1　保温材料

根据传热机理的不同,热的传递分为三种基本方式:热传导、对流传热、辐射传热。

(1)热传导:指热量不依靠宏观混合运动而从物体中的高温区向低温区移动的过程,是由于相互接触的流体或固体之间存在温度差,造成高能分子碰撞低能分子(对于流体)或者自由电子流动(对于固体)从而产生热量传递的方式。

(2)对流传热:指流体内部各部分质点发生宏观运动而引起的过程,是由于外力(对于强制对流)或者流体内部温度差引发的密度差(对于自然对流),造成流体微团运动从而产生热量传递的方式。

(3)辐射传热:指因热的原因而产生的电磁波在空间的传递,是由于高温物体处热能转化为辐射能并以电磁波形式发射,而遇到能吸收辐射的低温物体时再将辐射能转化为热能从而产生热量传递的方式。

热量传递可以上述的任一种方式进行,也可结合两种或三种方式同时进行。对于 RPV 保温层来说,保温板块热面与 RPV 通过空气隔开、部分支撑零部件可能与 RPV 直接接触,因此存在流体-固体界面和固体-固体界面的热传导;保温板块冷面部分与堆坑通风系统产生的强制通风接触、部分与核岛环境空气接触,保温板块间的缝隙也会导致保温板块冷、热面两侧的流体产生局部对流,因此存在对流传热;保温板块冷面与 RPV 外壁面温差较大,因此辐射传热作用也较为明显。因此,RPV 保温层中发生的热量传递包含全部三种基本传热方式,而为实现保温层的隔热效果,其材料的选择、使用也应满足最大限度地抑制三种基本传热方式的原则。

RPV 保温层材料的选择还应以满足其使用环境与相关设计要求为前提。以"华龙一号"RPV 保温层为例,其设计寿命需达到 60 a,正常工况工作温度在

300 ℃以上,并承受一定的中子和γ辐照,同时需满足在地震工况下的结构完整性等抗震要求,以及在厂房环境下的耐腐蚀要求。此外,保温材料的使用还需考虑碎片源项等安全分析要求。

综合上述选材前提及抑制传热的功能需求,目前包括"华龙一号"在内的世界主流三代核电机型 RPV 保温层均执行金属保温材料作为主体、非金属保温材料作为辅助的选材路线。以下分别对金属保温材料及非金属保温材料的材料原理、选材原则、材料要求进行介绍。

4.4.1.1 金属保温材料

在三种基本传热方式中,热传导与对流传热均可通过结构设计予以抑制,唯有对辐射传热效应的抑制更加依赖于材料本身的特性。作为高温放热源,RPV 主体材料相关性能是既定的,无法更改,因此作为低温吸热源的 RPV 保温层,其主体隔热材料需要具备较强的辐射反射能力,才能够实现抑制辐射传热效应的目的。式(4-7)为材料反射率公式。

$$\rho = 1 - \varepsilon \qquad (4-7)$$

式中,ρ 为材料反射率;ε 为材料发射率(或辐射率)。

根据式(4-7)可知,材料发射率(或辐射率)越低,其反射率越高,对辐射的反射能力越强。而材料发射率与材料表面粗糙度(或光洁度)直接相关,材料表面粗糙度越低,表面光亮化程度越高,其发射率越低。同时,为满足前面所述的 RPV 保温层材料选材前提,RPV 保温层所使用的主体材料应能够在高辐照环境及长寿期下均保持相应的稳定性,且具备足够的强度(特别是高温强度)。此外,为实现热传导及对流传热效应的抑制,保温材料需具备优良的可加工性、焊接性,以便加工组装成能够产生相应抑制作用的结构。

综上所述,RPV 主体保温层材料应选择耐高辐照、可实现表面光亮处理、具有低表面发射率、具备足够高温强度、抗腐蚀倾向、长寿期稳定性与优良加工焊接性的材料。

由于具有极低的辐照敏感性、可通过表面处理实现较低发射率、优的高温综合力学性能及焊接性与抗蚀性等优势,奥氏体不锈钢是最适用于 RPV 保温层的主体材料,而国外部分核电站也有采用铝合金、镀锌钢等金属材料作为 RPV 保温层主体材料的案例。

以"华龙一号"RPV 保温层为例,其金属保温块结构如图 4-3 所示,主体金属保温材料如保温块的壳板、箔片、支承结构件和紧固连接件等,均采用

RCC - M Z6CN18. 10 牌号（等效国产牌号为 06Cr19Ni10）奥氏体不锈钢或与之等效的其他奥氏体不锈钢材料。

除箔片外的其余结构材料在常规的材料性能检验外,考虑运行后辐射防护要求,需限制其活化元素钴的含量,一般在 0.10% 以下;考虑失水情况,应能经受一定浓度含硼或含氢氧化钠水的短期浸泡而不损坏。

箔片材料应具备良好的可加工性,且需要压制为特殊的隔热形状,以更好地抑制热传导及对流传热效应。箔片材料应进行双面光亮处理,使表面粗糙

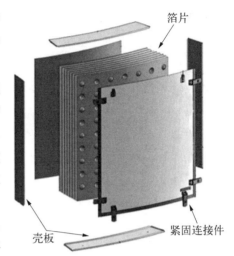

图 4 - 3　金属保温块结构示意图

度达到镜面要求,表面应平整、光亮且无任何氧化痕迹,不得有任何局部凸凹、起皱、皱褶、擦伤、划痕、辊印和麻点等。箔片材料表面冷态和热态的法向发射率应分别进行测量。

4.4.1.2　非金属保温材料

非金属保温材料广泛应用于建筑、化工等行业,其实现隔热功能的基本原理如下：将非金属材料制成极细的纤维状物质,并在一定空间内进行封装,由于玻璃纤维的数量极大且直径极小,材料孔隙率增大且孔隙为封闭微小孔,共同形成了纤维间大量的空气间隙,相邻空气间隙之间被纤维隔绝,内部空气与外部环境之间也被纤维隔绝,无法相互流通,从而实现对空气对流传热及热传导过程的抑制。

由于 RPV 保温层主体材料选用金属材料,制成的保温板块为刚性结构,其板块与板块之间、板块开孔与贯穿件之间等位置处必然存在不规则缝隙,上述缝隙很可能加剧空气对流,形成烟囱效应,从而导致隔热效果减弱,需采取措施封堵缝隙。使用具有一定柔性的非金属保温材料,在封堵缝隙的同时,还能保证封堵处的隔热效果,因此,采用一定量的非金属保温材料作为缝隙封堵的辅助材料,是 RPV 保温层的常用选材路线。

但是,非金属保温材料的使用增加了事故工况下产生纤维冲击碎片和化学沉淀的可能性,它们有可能迁移到安全壳地坑滤网,造成滤网堵塞,影响事故后堆芯长期再循环冷却。例如,基于美国核电站曾经发生的安注系统地坑

滤网堵塞事件,NRC 发起了通用安全事项 GSI - 191 和通用函件 GL 2004 - 02,其目的是评估发生失水事故(LOCA)时地坑水再循环工况下由于安全壳内纤维碎片引起净正吸入压头裕量丧失的可能性,并要求采取相应措施,确保不影响发生冷却剂丧失事故(LOCA)后的再循环冷却。因此,RPV 保温层中非金属保温材料的化学成分、性能及总的使用量(包括体积与质量参数)必须满足地坑过滤器碎片源项的安全分析要求。

常用的非金属保温材料包括矿物纤维、超细玻璃棉等,除导热系数等物性参数要求外,还应考虑其物理和化学稳定性等要求,具体如下。

(1) 材料在承受寿期末累积快中子注量一定剂量的辐照后不会出现不利影响,不产生明显的脆化、收缩和导热系数增加。

(2) 材料中不应含有任何有机黏结剂。

(3) 材料在使用寿期内应不霉、不烂、不燃烧,并且无明显老化现象。

(4) 材料在使用工况下应抗蒸汽、不膨胀。

(5) 材料化学成分对人体无害,且钴含量应小于 0.10%。每一批非金属保温材料在用于实际产品制造之前还必须通过腐蚀性验证试验,其可溶出氯化物和氟化物的含量不致造成保温块不锈钢应力腐蚀开裂的危险。

(6) 材料应具有良好的化学稳定性,遇汽水混合物、硼水、氢氧化物后不得发生化学反应。

(7) 材料经汽水混合物、水或硼水浸泡后,不应有明显的失重。

4.4.2 密封材料

RPV 作为一回路压力边界,必须在规定工况下保持压力边界完整性,而法兰泄漏是 RPV 的主要失效模式之一,为保证法兰处的密封性,必须在顶盖与容器法兰间设置密封结构,主要包括密封面、紧固件和密封件。其中,密封面为上、下法兰面;紧固件包括主螺栓、主螺母、垫圈及固定结构,用于施加预紧力;密封件包括密封环及固定装置,用于在密封面之间形成足够的密封比压。当密封环的密封特性不能够在密封面上实现或维持足够的密封比压时,将产生法兰泄漏从而导致压力容器密封失效。因此,密封环密封特性的优劣直接关系到密封结构的可靠性乃至整个 RPV 的密封性,而密封环的密封性又直接取决于密封材料的性能。

4.4.2.1 材料原理及选材原则

RPV 主密封环主要采用 C 形密封环("华龙一号"等机型)及 O 形密封环

（AP1000 等机型），两类密封环均为多层结构组成的环状密封元件，材料体系均为镍基合金主体材料＋软金属包覆，但具体材料选择存在差异。

　　C 形密封环由三层结构组成，内层为金属丝材密绕而成的弹簧基体，中间层为金属板材采用包覆工艺形成的套管，外层为软金属包覆而成的套管，中间层和银层均为外侧开口。O 形密封环由两层结构组成，内层由金属空心管材弯环处理后通过对接焊缝焊接而成，外层是通过电镀工艺在内层外表面上形成的软金属镀层，密封环内侧开设有若干个小孔。两者结构如图 4-4 所示。

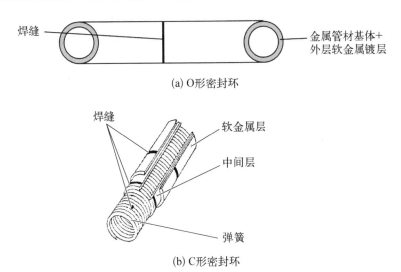

(a) O形密封环

(b) C形密封环

图 4-4　密封环结构示意图

　　C 形密封环与 O 形密封环的基本工作原理类似：将密封环置于上、下密封面之间，通过对上法兰施加轴向压缩力或轴向位移使密封环沿轴向产生压缩变形；密封环由于回弹作用对密封面产生反作用力，从而在接触面上形成密封载荷（密封力或密封比压），以实现对介质的密封；当上、下密封面由于外载荷及热应力的作用发生轴向分离时，密封环产生回弹而在接触面上保持足够的密封载荷，保证密封持续有效。因此，密封环选材需能够支撑密封环实现上述功能。除此之外，RPV 工作在强辐照条件下，且其内部的一回路冷却剂介质存在高温、腐蚀性等特征，这就要求 RPV 密封环能够耐受强烈的中子辐照作用及冷却剂介质的持续接触。而对于一般密封环常用的非金属大分子聚合物而言，在中子辐照条件下其化学键将遭到严重破坏从而出现快速老化。因此，RPV 密封材料必须采用抗辐照、耐高温、耐腐蚀性能良好的金属材料。

针对密封环材料的力学性能,不同结构则有着不同的要求。对于起到回弹作用的主体材料,由于其在密封工况下通常处于弹塑性状态,故为了实现密封的有效性和持续性,需要主体材料具备一定的综合强度:首先,材料需要具有一定的屈服强度,使密封环具有足够的弹性变形和回弹的能力;其次,材料需要具有良好的塑性变形能力,防止密封环在一定的压缩量范围内出现塌陷、开裂等破坏行为;最后,材料的硬度不能过大,以防使密封面产生较大的压痕而影响密封效果。对于外侧起到包覆与弥补微观间隙作用的软金属材料,需要其具备纯度高、屈服强度小、塑性变形能力强的性质,从而使得密封环在工作压力下突破屈服强度使其产生塑性变形,填补密封面上的微观不足,形成有效密封。

4.4.2.2 材料要求

1) C 形密封环

如前所述,C 形密封环由三层结构组成。

内层弹簧基体是 C 形密封环最主要的部分,保证了密封环的密封力和回弹量,其材料选用 Inconel X750 合金。弹簧丝材状态为固溶处理后冷拔状态,具有较高的强度。

中间层的主要作用是包裹弹簧基体,使密封环与密封面之间的接触应力均匀化,同时支撑银层,防止银受压后挤入弹簧丝间隙内,其材料选用 Inconel 600 合金。

外层软金属材料选用经退火处理的纯银(质量分数为 99.99%)。

2) O 形密封环

O 形密封环由两层结构组成。内层空心管是其主体部分,材料选用 Inconel 718 合金。

外层软金属镀层材料选用纯银,镀银后进行抛光。

参考文献

[1] 曹良裕,魏战江. 钢的碳当量公式及其在焊接中的应用[J]. 材料开发与应用,1999,14(1):39-43.

[2] 李云良,张汉谦,彭碧草,等. 核电压力容器用钢的发展及研究现状[J]. 压力容器,2010,27(5):36-43.

[3] 柿本英樹,池上智纪. 大型原子力压力容器用材料的锻造技术[J]. 神户制钢技报,2014,64(1):66-71.

[4] 陈红宇,杜军毅,邓林涛,等. 核反应堆压力容器锻件用 SA508 系列钢的比较和分析

　　　　［J］.大型铸锻件,2008(1)：1 - 3.

［ 5 ］　Miller M K, Pareige P, Burke M G. Understanding pressure vessel steels an atom probe perspective［J］. Materials Characterization, 2000, 44：235 - 254.

［ 6 ］　Miller M K, Russell K F, Sokolov M A, et al. Embrittlement of RPV steels：an atom probe tomography perspective［J］. Journal of Nuclear Materials, 2007, 371：145 - 160.

［ 7 ］　杨文斗.反应堆材料学［M］.北京：原子能出版社,2000.

第 5 章

结构设计

RPV 的结构设计应是与材料设计同步开展的基础性环节。提到结构设计，许多人心中会把它简单等同于机械制图或三维建模，实际上一套完整的结构设计远不止于此。RPV 的结构设计是为功能服务的，应满足安全功能要求、结构功能要求和总体布置要求等；同时，结构设计也是串联材料设计、强度设计、制造和安装、运行等的关键环节。

本章在介绍 RPV 总体设计要求之外，也会以 RPV 上的焊接接头、法兰螺栓连接、密封结构、支承结构等典型结构为例，阐述结构设计如何来满足功能要求，以及如何起到串联作用的。

5.1 总体要求

在开展 RPV 详细的结构设计之前，应站在更高层次上理解 RPV 结构设计有哪些总体性要求。

5.1.1 安全功能要求

RPV 的结构设计是为功能服务的，而安全功能则是 RPV 各项功能中最重要的一项。1.1.2 节介绍了 RPV 的 4 项主要功能，其中前 2 项可以归类为安全功能要求。

HAF102 规定，必须保证在核动力厂所有状态下实现基本安全功能，主要包括如下功能：控制反应性；排出堆芯余热，导出乏燃料储存设施所储存燃料的热量；包容放射性物质、屏蔽辐射、控制放射性的计划排放，以及限制事故的放射性释放。

为实现这三项基本安全功能必须设计合适、合理的构筑物、系统和设备,将这三项基本安全功能细分为由构筑物、系统、设备必须执行的安全功能,即安全功能条目,若核电厂构筑物、系统、设备设计制造都能满足安全功能条目,核电厂的安全就可以得到保证。HAD102/03 进一步将基本安全功能细化为安全功能条目,共有 21 项,与 RPV 功能直接相关的主要是条目 5 和条目 13:

在事故工况(不包括反应堆冷却剂压力边界失效事故)期间及之后,保持足够的反应堆冷却剂总量用以冷却堆芯;

保持反应堆冷却剂压力边界的完整性。

因此,对 RPV 结构设计的安全功能要求归纳起来就是保持其压力边界的完整性,保持足够的反应堆冷却剂总量用以冷却堆芯。

5.1.2 结构功能要求

除上述的安全功能外,1.1.2 节介绍的 RPV 主要功能中后两项则可以概括为结构功能要求。结构功能要求主要体现在接口匹配性、检验可达性和制造可行性三个方面。

1) 接口匹配性

RPV 结构设计必须满足反应堆内外部接口要求。内部接口包括与反应堆各设备的接口,外部接口包括与反应堆冷却剂主管道和其他管线、测量仪表贯穿件、土建结构、安装和运维工具等的接口。为便于理解,表 5-1 以"华龙一号"为例,列出了 RPV 部分机械连接和焊接连接的接口,在设计中,通常把机械连接和焊接连接的接口称为"硬接口"。与之对应,还存在大量"软接口",比如相关设备传递到 RPV 的载荷,或对 RPV 传递到相关设备的载荷要求,就属于软接口的范畴。软接口一般不会直接以图纸的尺寸标注等形式出现,但在计算分析中会予以考虑,同样也是结构设计中应满足的要求。

表 5-1 "华龙一号"RPV 部分机械、焊接连接接口

接口设备/部件	连　接　方　式
CRDM	CRDM 密封壳贯穿件以过盈配合装入 RPV 顶盖管孔,并以 J 形焊缝连接
堆芯测量组件	堆芯测量管座贯穿件以过盈配合装入 RPV 顶盖管孔,并以 J 形焊缝连接

(续表)

接口设备/部件	连　接　方　式
堆顶结构	堆顶结构下部围筒的底法兰置于堆顶结构支承台上,并以螺栓连接
振动监测系统	振动监测系统传感器与 RPV 上封头和下封头上支座螺母连接
堆内构件	上部和下部堆内构件法兰和压紧弹簧悬挂于 RPV 吊篮支承台阶上,并被 RPV 顶盖压紧; 堆内构件对中销嵌入 RPV 顶盖法兰和容器法兰键槽中; 堆内构件出口管嘴与 RPV 出口接管内凸台配作; 堆内构件左右 U 形嵌入件与 RPV 径向支承块采用销和螺栓连接
主管道	与 RPV 接管安全端焊接
排气管道	与排气管焊接
检漏管道	与检漏管焊接
CIS 温度测量	CIS 温度测量传感器与 RPV 下封头等温块螺纹连接
RPV 保温层	保温层覆盖 RPV 外表面;上封头保温层置于堆顶结构支承台上;顶盖法兰保温层和辐射屏蔽保温组件置于换料密封支承环上;容器法兰接管段保温层和接管保温层悬挂于进出口接管上;堆坑筒体保温层和下封头保温层支承在堆坑壁上,与 RPV 外壁保持一定流道间隙
换料水池钢覆面	与换料密封支承环焊接
螺栓拉伸机	拉伸机适配器旋入主螺栓顶部螺纹上,并以销固定; 拉伸机的拉伸螺母与主螺栓上部螺纹连接

2) 检验可达性

RPV 的重要焊缝和关键部位在制造中、水压试验后、役前和在役阶段均应根据法规及设计要求进行无损检验,HAF102 中也规定了反应堆冷却剂系统部件的设计和制造,必须具有可检查性,以尽量降低其发生故障的可能性。

相对于役前和在役检查,制造阶段的无损检验更便于实施,比如 RPV 主环焊缝的超声检验,除个别结构不连续位置外,其余均可实现双面双侧的 100% 扫查,而这些个别结构不连续位置,也至少可以实现单面或单侧的 100% 扫查。

在役检查时,由于强放射性且 RPV 筒体部分外表面包覆有保温层而不便于从外表面进行检验,需远距离水下接近 RPV 内表面,因此 RPV 筒体内壁就需要设计成光滑规则的圆柱面以允许检验设备毫无妨碍地接近。同时,连接于内壁的永久性附件如径向支承块等,就应考虑其与邻近焊缝的距离,避免影响邻近焊缝的超声检验。

3)制造可行性

结构设计应符合当时的工业发展水平,具备制造可行性。比如 RPV 通常采用锻件+焊接的工艺制造,从设计角度考虑,更希望采用整体式锻件的设计,从而减少焊缝、提高结构可靠性,有助于提高安全性,同时也可以缩短制造周期和降低成本。但整体式锻件的设计必须有大型的冶炼、铸锭、锻造和热处理的工业能力作为支撑。随着工业水平的提高,RPV 整体封头、整体容器法兰接管段、整体下封头等大型锻件也陆续在不同项目上得到应用。

5.1.3 总体布置要求

从第一代商用核动力厂 RPV 到第四代核电 RPV 结构的对比可知,RPV 总体结构布置具有很强的延续性。比如:为装卸料和在役检查需要,都有一个可装拆顶盖组件和反应堆容器组件,并采用法兰螺栓和密封组件连接;顶盖上部装有控制棒驱动机构,容器内装有堆芯和堆内构件,并为堆内构件提供了支承和定位结构;均设置有反应堆冷却剂进、出口接管,只是具体位置有所不同;RPV 均具有支承,尽管支承方式和位置不同。

RPV 总体结构布置的良好延续性反映了第一代核电 RPV 设计者对其功能的深刻认识和正确理解;而目前的优化设计则应归功于经验反馈、材料及制造工艺的进步及分析法设计的贡献。本章中对结构设计的介绍也可以说是对局部结构优化设计的经验总结。

5.1.4 不连续的概念及分类

"不连续(discontinuity)"这个名词在多个学科领域都有使用,有些时候为了更明确地将其使用在设备设计领域,又称为结构不连续。不连续指因为构件上相邻部位之间或者相连接的构件与构件之间存在的几何形状、尺寸或材料等差异。

从造成不连续的原因来看,可以分为几何不连续和材料不连续两类。以 RPV 为例,容器法兰与接管段筒体、上封头与顶盖法兰、接管与接管段筒体之间几何形状明显不同,存在几何不连续;堆芯筒体与过渡段形状相同,但壁厚有差异,存在不等厚连接,也属于几何不连续;接管与安全端、贯穿件与封头、低合金钢内壁堆焊,则是异种材料焊接,是材料不连续。这些不连续导致该结构受到机械和/或热载荷作用时,产生不同的应力应变行为或状态,对结构功能或失效会产生不同作用。因此,"不连续"这一概念对于反应堆压力容器结构设计具有重要意义。

从不连续对结构应力、应变产生的作用上看,RCC - M 和 ASME 均将不连续分为总体结构不连续(gross structural discontinuity)及局部结构不连续(local structural discontinuity),详见 RCC - M B3221 及 ASME - Ⅲ NB3213。

总体结构不连续的影响是使承压构件沿整个壁厚的应力或应变分布,这种应力或应变是构件实际应力分布的一部分,当沿壁厚积分时可以得到纯弯矩和薄膜应力的合力。因此,总体结构不连续产生的应力性质上属于一次应力,它必须满足力和力矩的平衡条件。

例如图 5 - 1 表示了等厚度的球形封头与筒体连接因总体不连续产生的应力分布,图 5 - 2 表示不等厚的球形封头与筒体连接因总体不连续产生的应力分布。由应力分布可知,它既包括总体或局部一次薄膜应力,又包括因结构变形约束而产生的弯曲应力,这种弯曲应力则属于二次应力。二次应力的基本特性是自限的,它出现一次是不会产生结构失效的,但一次薄膜应力则包括由内压产生的薄膜应力,也与由球壳传递到筒体及总体不连续导致的变形约

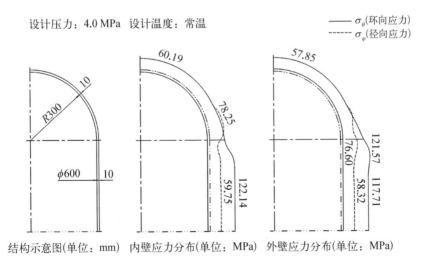

设计压力:4.0 MPa　设计温度:常温　　　—— σ_θ(环向应力)　------ σ_φ(径向应力)

结构示意图(单位:mm)　内壁应力分布(单位:MPa)　外壁应力分布(单位:MPa)

图 5 - 1　球形封头与筒体等厚连接的应力分布

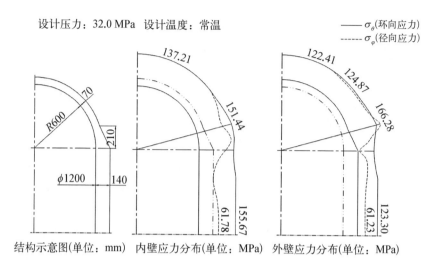

设计压力：32.0 MPa　设计温度：常温

—— σ_φ（环向应力）
---- σ_φ（径向应力）

结构示意图(单位：mm)　内壁应力分布(单位：MPa)　外壁应力分布(单位：MPa)

图 5-2　球形封头与筒体不等厚连接的应力分布

束(即径向变形不同但又必须连接在一起)的力和力矩有关,从保守考虑,尽管这种局部膜应力具有二次应力的特性,但仍归类于一次薄膜应力,并称为局部一次薄膜应力,记作 p_L,以区别沿壁厚均匀分布并等于厚度上平均值的总体一次薄膜应力。

局部结构不连续只影响沿壁厚方向应力或应变分布的一部分,对总体沿壁厚方向的应力或应变没有总的影响,即影响是很局部的。因此,局部结构不连续总是与峰值应力相关的,峰值应力是包括应力集中效应而附加于一次应力和二次应力之和上的应力增量。峰值应力的基本特性是不引起任何明显的变形,仅在进行疲劳分析和/或断裂分析时才考虑的应力,如低合金钢表面上堆焊层内产生的应力,以及承压热冲击产生的表面屈服应力等都属于峰值应力,这种峰值应力亦称为局部热应力,即这种不相同的热膨胀可以看作完全被限制而不产生明显的变形,仅从疲劳角度才考虑这种应力。局部不连续产生的应力属于峰值应力,峰值应力总是与应力集中系数联系在一起,ASME-Ⅲ NB3222.4 就规定可以用应力集中系数来估计局部结构不连续的影响,并对所有情况均必须采用理论的、实验的(或光弹的)或数值应力分析技术来确定应力集中系数。

对于不连续部位的设计,其总的原则是通过材料选型和结构设计,尽量降低因不连续而出现的应力集中,避免构件的失效。本章后续各节,不论是焊接结构还是其他典型的部位,实质都是需要重点考虑的不连续部位,这些部位的设计要求将在下面详细阐述。

5.2　焊接结构

RPV 通常由"锻件＋焊接"制造而成,焊接结构是 RPV 结构设计中的重要环节。焊接结构的设计其核心就是焊接接头设计。不同焊接接头的材料、结构和功能不同,在坡口设计、计算分析和检验要求上也会有差别,设计上通常会先进行焊接接头的分类。焊材的选择在 4.3 节中已经介绍,焊接坡口设计就是接下来需要重点考虑的。

5.2.1　焊接接头分类

在 RCC - M 和 ASME 规范中都有焊接接头的分类,其分类方式有诸多差异。

1) RCC - M B 篇的焊接接头分类

在 RCC - M B3351 中,根据焊接件的几何形状,焊接接头分为四类。

第一类,全焊透的对接接头和夹角不大于 30°的对接接头。第一类接头是指连接两个部件的接头,在焊缝附近,两者的中面以制造公差规定的精度,彼此在对方的延长部分上,或是一方中间纤维层的延长部分与另一方的中间纤维层形成小于 30°的夹角。容器的主焊缝,尤其是锥壳体、圆柱壳体、环及凸形封头之间的连接,应采用第一类接头。

第二类,全焊透的夹角大于 30°的角接接头。第二类接头是指工件间焊接是采用全焊透的接头,并且其中一个工件中间纤维层的延长部分与另一个工件中间纤维层形成大于 30°的夹角。这一类型的接头可用于接管与容器的连接,以及管板、平封头、法兰与筒体的连接。

第三类,部分焊透接头和仅一条焊缝的搭接接头。第三类接头仅适用于容器与外直径小于 150 mm 的接管的连接,且其内直径不超过与之连接的容器内半径的 2/3,并考虑只有一条焊缝的情况,以及同轴圆柱体,其内径最大不超过 80 mm。只有当不存在大的管道的作用力时,才允许采用部分焊透的焊缝在容器壁上固定接管,如控制棒驱动机构管座,加热元件的导管和堆芯仪表导管的安装。

第四类,有隔离层的焊接接头。从设计看,只有满足冶金方面的要求并遵守 RCC - M B3353 规定和计算证明应力小于许用限值,在此条件下才允许下列情况采用隔离层。隔离层可用于管道与容器安全端之间的连接，尤其是这个连接是异种金属的情况。

图 5-3～图 5-6 给出了四类接头的示意图，规范中还有一些具体的尺寸要求，设计者可以根据需要查阅使用。

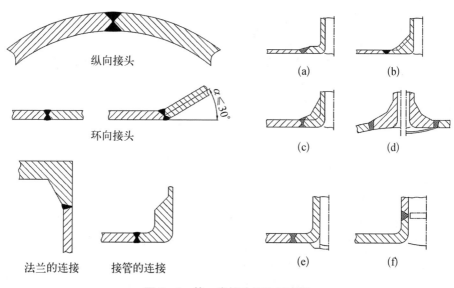

图 5-3　第一类接头结构示意图

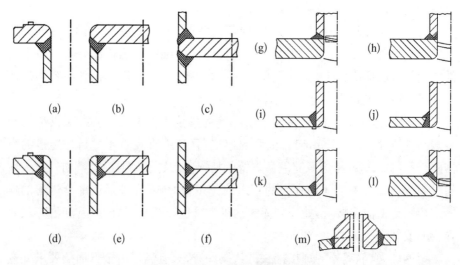

图 5-4　第二类接头结构示意图

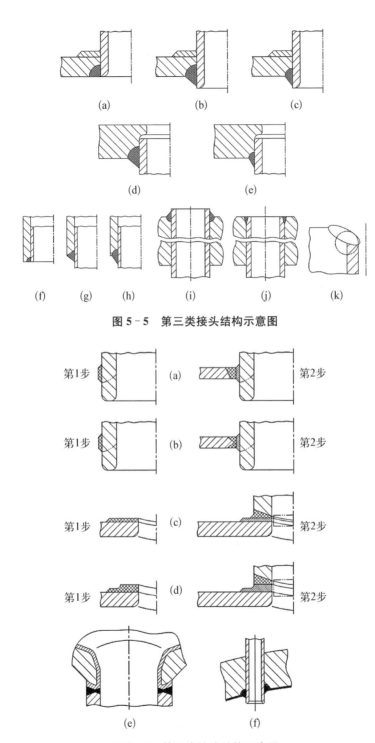

图 5－5　第三类接头结构示意图

图 5－6　第四类接头结构示意图

2）ASME-Ⅲ NB篇的焊接接头分类

在ASME-Ⅲ NB3351中，根据焊接接头在容器上的位置，焊接接头分为四类。

A类接头，包括主壳体、连通室、直径过渡段或接管上的纵向焊接接头；球体、成形封头、平封头及箱型容器的侧板上的任何焊接接头；连接半球形封头与主壳体、直径过渡段、接管或连通室的环向焊接接头。

B类接头，包括主壳体、连通室、直径过渡段（包括过渡段和大端或小端的筒体之间的接头）或接管上的环向焊接接头；连接成形封头（不包括半球形封头）与主壳体、直径过渡段、接管或连通室的环向焊接接头。在板材或其他元件之间，其偏斜角α不超过30°的B类接头被认为是满足对接接头要求的。

C类接头，包括法兰、翻边塔环、管板或平封头与主壳体、成形封头、直径过渡段、接管或连通室连接的焊接接头，以及箱型容器的侧板与侧板相连接的任何焊接接头。

D类接头，包括连通室或接管连接到主壳体、球体、直径过渡段、封头或箱型容器上的焊接接头，以及接管连接到连通室上的焊接接头。

图5-7所示为各类典型接头的位置。

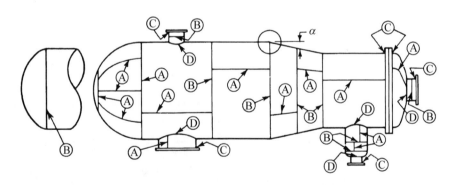

图5-7　ASME-Ⅲ NB篇的焊接接头分类示意图

可以看出，RCC-M B篇和ASME-Ⅲ NB篇中涉及的焊接接头除了都满足焊缝等强度原则外，其分类依据是不同的，RCC-M B篇是根据连接焊件几何形状及焊接接头的功能分类的，ASME-Ⅲ NB篇则是依据焊接接头所在的位置分类的。

两个规范都规定了各类焊接接头的使用范围，包括焊缝接头的尺寸与形状规定，主要是焊缝高度（或深度，或厚度）、焊脚尺寸、焊趾等处的过渡半径等;装配和制造上的一些要求,如不等厚连接、垫板、错边和过渡区斜率等规定。同时,两个规范在细节要求上有些许差异,比如对允许采用部分焊透焊缝及角焊缝的要求不同,从有关焊缝厚度、焊脚尺寸、对中或偏移或错边及过渡半径要求的对比即可看出。

5.2.2　常见类型焊接接头的设计

5.2.1 节所列规范划分的几类焊接接头,在 RPV 上都有采用,不同类别焊接接头也有不同坡口设计、分析和检验要求。这里主要介绍其中比较典型的几种焊接接头,包括用于承压边界的低合金钢对接接头和接管-安全端异种焊接接头,以及用于管座贯穿件与封头密封焊的 J 形焊接接头。

不同的焊接接头会设计成不同形状的坡口,而焊接坡口具有以下作用。

(1)使填充材料,如焊条、焊丝等,可以直接伸到坡口底部,同时可以使焊机的焊枪和导电嘴伸到坡口底部以实现焊接。

(2)便于脱渣或实现气体保护焊时对焊缝的保护。

(3)便于焊条、焊丝或焊枪在坡口内完成必需的摆动,以获得良好的熔合和成形,避免未熔合、未焊透或咬边等缺陷产生。

正因为焊接坡口具有这些作用,并影响到焊接的焊缝质量及焊接效率,因而是焊接接头设计的重要因素之一。

坡口选择应优先考虑可实现全焊透。根据 RCC - M B 篇和 ASME - Ⅲ NB 篇对焊接接头的分类要求,对焊缝最基本的要求是全焊透,虽然对 RCC - M B 篇的第Ⅲ类接头可以采用部分焊透,但是给出了限定条件,如不存在大的管道作用力等。

坡口的选择主要应根据焊接方法和焊件的厚度进行确定。对于 RPV 常用的焊接方法而言,电渣焊不需要开坡口;窄间隙埋弧自动焊只需要一个小角度和宽度较小的坡口(一般坡口角度为 1°～2°,焊缝宽度为 22～24 mm);手工电弧焊则必须开成较大的坡口,如 U 形或 V 形,这是因为手工电弧焊时焊条本身较粗,焊缝表面覆盖了很厚的熔渣层,较大的坡口既方便焊条伸入坡口底部,又便于脱渣;气体保护焊因为焊缝表面无熔渣,且焊丝较细,坡口角度可以小些。

焊缝的宽度是与壁厚有关的,当坡口角度不变时,壁厚越厚则焊缝宽度越大,增大了熔敷金属量,影响了焊接效率,也增大了焊接残余应力,因此厚壁焊缝的焊接坡口中部和上部往往具有不同的坡口角度,这显然是一种合理的坡口设计。具体的坡口角度大小取决于焊接设备、导电嘴的结构与尺寸及焊工的焊接操作技能。坡口的底部必须保持相对平坦并应圆滑无死角,以保证熔合良好,因此坡口根部应有圆角半径,否则必须采取清根,完成封底焊。

焊接不同的钢种时,焊接坡口的形状和尺寸也会有所不同,如焊接普通碳钢,因为这种钢对焊接热输入相对不敏感,可以采用高线能量的焊接参数,为方便操作,坡口可大些;但焊接镍铬不锈钢时,则坡口应小些,因为焊接线能量相对较小。不同钢种对焊接坡口设计的影响并不显著,主要影响因素是焊接工艺和焊件的厚度。

5.2.2.1 低合金钢对接接头

反应堆压力容器低合金钢环焊缝均为全焊透对接接头,对应于 RCC - M B 篇规定的第一类接头或 ASME - Ⅲ NB 篇规定的 B 类接头,检验按一级焊缝要求执行,其位置应具有无损检验的可达性及重复检查的可达性。

焊缝无损检查的可达性是一项通用要求。如图 5-8 所示,从焊缝一面的一侧要实现覆盖全焊缝厚度的扫查,所需扫查距离 S_D 为

$$S_D \geqslant t\tan\alpha + a \qquad (5-1)$$

式中,t 为焊缝厚度;α 为斜探头角度;a 为探头尺寸。

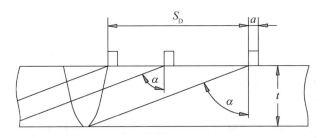

图 5-8　超声检测扫查距离

常用的斜探头角度有 $45°$、$60°$、$70°$,则对应需要的扫查距离为 $1\sim2.75$ 倍的焊缝厚度。通常受邻近结构不连续区的限制,很难保证焊缝双面和双侧均有充足的扫查距离,一般考虑是焊缝两侧的扫查距离应有 $1\sim2$ 倍的焊缝厚度,以保证至少一面或一侧的扫查能够覆盖全体积。

低合金钢对接接头坡口的设计与焊接工艺密切相关。随着焊接技术和工艺的发展,以及反应堆压力容器的大型化,低合金钢对接接头坡口的设计可认为经历了三个阶段,即手工电弧焊用的宽坡口,埋弧焊用的窄坡口及自动埋弧焊用的窄间隙坡口,如图 5-9 所示。

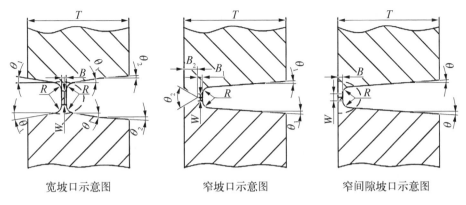

宽坡口示意图　　　　窄坡口示意图　　　　窄间隙坡口示意图

图 5-9　环焊缝坡口示意图

窄间隙埋弧焊坡口设计,应注意以下几点。

1）坡口底部宽度 W

窄间隙埋弧焊坡口一般为单 U 形或 I 形坡口,其底部宽度 W 在 20 mm 左右较为适宜。过窄不便于操作且容易产生缺陷,过宽则大幅度增加焊接填充量,不能充分发挥窄间隙焊的优点。坡口底部宽度 W 确定后,根部的 R 值通过公式（5-2）进行确定。

$$R = \left(\frac{W}{2}\right) \pm 1 \tag{5-2}$$

2）坡口角度 θ

坡口角度 θ 一般为 1°～2°,主要是补偿焊接过程中焊缝的收缩,使得焊缝整个界面上宽窄基本一致。当母材厚度较大时,坡口角度 θ 可适当减小,防止坡口表面过宽。

3）清根方式

窄间隙焊缝的清根主要有内侧清根、外侧清根和钝边清根三种形式。

如图 5-10 所示,（a）和（b）均为内侧清根。（a）为先由外侧手工焊焊一定厚度的打底焊道,然后由内侧清根完成封底焊道,再由外侧焊满。（b）为留有较大的钝边和根部间隙,一次焊满外侧,然后由内侧清根完成封底焊道,这也是较为常用的方式。（c）为外侧清根,先由内侧完成封底焊道,然后由外侧清根,再焊满外侧。（d）和（e）均为机加钝边清根。（d）和（e）为锻件加工时在焊缝处留有一定的局部附加厚度和宽度,然后由外侧一次焊满,再将附加厚度宽度及根部焊缝全部机加掉。相比之下,（e）虽然加大了锻件质量,但在焊缝根部焊接工艺掌握得不太好的情况下是处理根部焊接较好的方法。

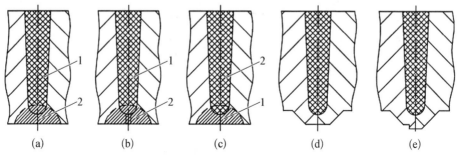

图 5‑10　焊缝根部焊接

4）焊件装配

关于焊接坡口的加工,表面状态、修补、检验、组装及组装后的检验在规范中都有明确的规定,如 RCC‑M S7300"坡口加工与检验"、F4300"焊接装配、对中",ASME‑Ⅲ NB4230"装配和对中",这里强调的是从焊接坡口设计角度应考虑焊前的装配、对中及不等厚焊件的坡口设计,并成为坡口设计的内容之一。

RPV 低合金钢锻件都是机加工成形的,主要靠机加工尺寸保证装配对中和定位,即取消焊件焊接坡口的根部间隙,适当加大钝边尺寸进行装配找正,必要时采用定位焊和临时附件。

在低合金钢对接接头设计中,还需要注意两方面要求。

（1）现代 RPV 上通常不允许设置纵焊缝,现有工业水平也足以实现大型环形锻件的制造,若有个别特殊堆型不可避免采用纵焊缝,则应满足规范中对于纵焊缝边缘距离的规定。

（2）RPV 的低合金钢对接接头应考虑辐照脆化的要求。由于低合金钢熔敷金属的辐照脆化敏感性高于低合金钢母材的,因此低合金钢对接接头应尽量远离强辐照区。

5.2.2.2　接管–安全端异种金属对接接头

RPV 的主体结构由低合金钢制造,而反应堆冷却剂主管道采用不锈钢制造,不锈钢主管道与 RPV 之间的连接通常由 RPV 接管端部焊接的安全端实现,其基本结构形式如图 5‑11 所示。接管与安全端的连接接头包括隔离层（也称为预堆边）和对接焊缝,对应于 RCC‑M B 篇规定的第四类接头或 ASME‑Ⅲ NB 篇规定的 B 类接头。

采用安全端最重要的目的是实现
RPV 与主管道在安装现场的同种金属
焊接。由于不锈钢接头区在焊后状态
具有良好的塑韧性,焊接残余应力的有
害影响较小,同时由于消除应力热处理
温度范围处于不锈钢敏化温度区
(427～800 ℃),消除应力热处理可能
导致耐蚀性下降,因而不锈钢焊件焊后
一般不进行消除应力热处理。如果不
设置不锈钢安全端,不锈钢主管道和低

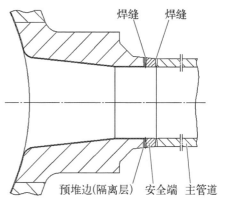

图 5‑11 安全端设置及与管道的连接

合金钢直接焊接,则在焊接热循环作用下,低合金钢侧的热影响区过热区会发
生晶粒长大、正火区发生重结晶、不完全重结晶区亦发生部分相变,其综合结
果使热影响区的塑韧性降低,加之无法实现焊后消除应力热处理,焊接接头的
残余应力、焊缝及热影响区组织无法得到改善,会使得产生脆性断裂、焊缝裂
纹的风险增大。安全端的设置则解决了安装现场焊接的上述问题,目前对该
接头的连接方式主要有以下几种。

(1) 在金属 A(或 B)的坡口表面上先堆焊一定厚度的过渡金属,然后用与
过渡金属和金属 B(或 A)性能相近的填充金属将过渡金属和 B(或 A)焊接。

(2) 在金属 A 的坡口表面上先堆焊金属 B,再用金属 B 作为填充材料将
堆焊 B 和金属 B 焊接。

(3) 选择一种与 A 和 B 适应的过渡材料,将 A 与 B 直接焊接。

以上三种连接方式,在 RPV 上均有应用,如表 5‑2 所示。

表 5‑2 RPV 接管与安全端异种金属对接接头的材料

堆 型	接 管	安全端	隔离层	对接焊缝
M310	16MND5	Z2CND18‑12(控氮)	309L+308L	308L
"华龙一号"	16MND5	Z2CND18‑12(控氮)	NiCrFe‑7/7A	NiCrFe‑7/7A
EPR	16MND5	Z2CND18‑12(控氮)	无	NiCrFe‑7/7A
AP1000	SA508‑3‑1	SA182‑F316LN	NiCrFe‑7/7A	NiCrFe‑7/7A

接管与安全端的异种金属接头属于材料不连续,它离接管结构不连续处

的距离应大于 $2.5\sqrt{2rh}$（r 表示接管半径，h 表示接管壁厚）以避开端部边缘效应，即避开不连续应力区。

若接管和主管道直接对接焊连接，因为两者的线膨胀系数相差较大，在无约束自由膨胀的情况下，接头处为了保持连接在一起，会产生剪力和弯矩，从而产生较大的局部不连续应力。

若在接管和管道之间加安全端，并将隔离层和焊缝材料的线膨胀系数选择得介于低合金钢材料和奥氏体不锈钢材料之间，那么其径向因线膨胀系数不同会产生两处局部不连续应力，但都要小于由不加安全端时产生的不连续应力，可明显地改善应力及分布，提高安全性。

由于局部不连续应力有一个衰减长度，并与衰减系数 β 有关，因此对焊缝的宽度（隔离层加对接焊缝）有一定要求。在 RCC - M B3353 中规定隔离层厚度为最小 20 mm，对接焊缝的宽度则无强制要求，主要与焊接工艺相关。而安全端的长短，理论上也无限制，主要取决于布置、运输和现场焊接的方便。

由于隔离层和安全端对接焊缝的焊接可以采用多种方法，故其坡口设计也比较灵活，考虑到异种金属焊接的难点及装配要求严格，为保证焊接接头的质量，目前通常采用单面 U 形坡口。对于 M310 和"华龙一号"等三环路压水堆堆型，RPV 进出口接管内径为 690～790 mm，异种金属对接接头厚度约为 90 mm。

5.2.2.3 J 形焊接接头

在 RPV 设计中，管座与封头的连接通常采用 J 形焊接接头，如图 5-12 所示，首先在封头内壁的马蹄窝中堆焊隔离层，然后采用部分焊透的角焊缝连接管座与封头。采用这种 J 形接头的目的是保证管座的定位、减少焊后的残余应力和避免焊后的变形。与前面介绍的两种全焊透的接头不同，J 形焊接接头是部分焊透的，对应于 RCC - M B 篇规定的第三类接头或 ASME - Ⅲ NB 篇规定的 D 类接头。

按照 RCC - M B3353.3 的规定：采用 J 形接头连接的管座，其贯穿件外径应小于 150 mm，且其内径不超过与之连接的壳体内径的 2/3；采用部分焊透焊缝时，应基本上不存在接管载荷，当然亦不考虑地震载荷；与连接壳体同

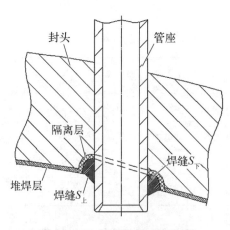

图 5-12　J 形焊接接头示意图

封头　管座　隔离层　焊缝 $S_{下}$　堆焊层　焊缝 $S_{上}$

轴连接的接管,其内径应不超过
80 mm。ASME - Ⅲ NB3350 的 D 类接
头无此规定。

J 形接头坡口设计的原则有三条。

(1) J 形接头应首先遵循等面积设
计原则。所谓等面积,即通过管座和封
头中心线的轴向截面两侧焊缝的截面
积(如图 5 - 13 中的焊缝截面积 $S_\text{上}$ 和
$S_\text{下}$)应尽可能相等,或者说 $S_\text{上}$ 和 $S_\text{下}$ 的
面积差应尽可能地小,以降低残余应力
和减少焊接变形。

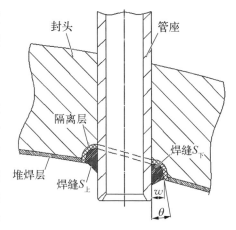

图 5 - 13 J 形接头坡口设计原则

(2) 在满足规范对于 J 形接头尺寸规定的前提下,焊缝金属应尽可能少,
即 $S_\text{上}$ 和 $S_\text{下}$ 应尽可能小。

(3) J 形接头坡口尺寸设计还必须方便施焊,特别是位于封头不同径向位
置的管座,其轴线与封头的夹角不同,贯穿件与隔离层的距离 w 和坡口角度 θ
应有合适的大小。J 形接头可以认为是密封焊缝而不是承载焊缝,但其检验要
求却并不低于承载焊缝,因此也同时要考虑检验的可达性和方便性。图 5 - 14
中给出了位于封头中心位置和边缘位置的 J 形接头设计示例。

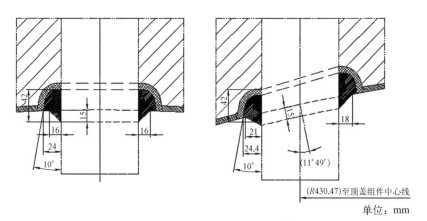

图 5 - 14 J 形接头设计示例

J 形接头连接既可以用于管座与管孔的过盈配合,也可以用于间隙配合,
但必须严格控制过盈量和间隙量,这取决于 J 形接头定位和防止焊接变形
要求。

5.3 法兰-螺栓连接

反应堆压力容器需要定期开盖换料,因此顶盖组件和容器组件之间通常采用法兰-螺栓连接。法兰-螺栓连接结构主要由顶盖法兰、容器法兰、主螺栓、主螺母和球面垫圈组成。法兰-螺栓连接设计的基本要求如下:

(1)强度设计应满足规范要求。

(2)应满足密封环的预紧力要求,保证零泄漏。

(3)应满足反应堆启停堆的升温降温速率要求。

(4)顶盖、螺栓、螺母和垫圈应装拆方便。

为满足上述要求,法兰-螺栓连接设计的主要内容如下:

(1)顶盖法兰和容器法兰的设计。

(2)主螺栓的设计。

(3)主螺母和球面垫圈的设计。

(4)螺栓、螺母和垫圈装拆接口的设计。

5.3.1 顶盖法兰

顶盖法兰通常为厚壁圆筒状结构,与球形(或椭球形)上封头焊接连接或整体成形,如图 5-15 所示。

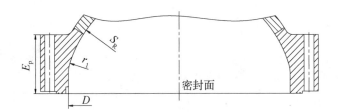

图 5-15 顶盖法兰示意图

根据顶盖贯穿件及堆内构件的布置和尺寸,可以初步确定顶盖法兰的内径 D 和内腔高度,通过内腔高度可进一步确定法兰盘厚度 E_p。顶盖法兰上部尺寸通常与上封头保持一致(例如图 5-15 中顶盖法兰上部球面半径与上封头球面半径一致),并通过过渡段(对应 r_1)与厚壁圆筒结构相连。

顶盖法兰圆周上均布有供主螺栓安装的通孔。主螺栓通孔的高度略小于法兰盘厚度 E_p,以保证主螺栓能得到有效预紧。

顶盖法兰下端面为密封面,密封面上布置有 2 个放置密封环的沟槽,并通过固定夹和固定螺钉将密封环固定在顶盖法兰上。

在顶盖法兰内表面靠近下端面处对称地设置 4 个定位键槽,用于安装定位键。

顶盖法兰的强度计算可参见 6.5 节。

5.3.2　容器法兰

容器法兰通常为厚壁法兰,与接管段筒体焊接连接或整体成形,如图 5‐16 所示。

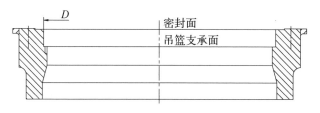

图 5‐16　容器法兰示意图

根据堆内构件的布置和尺寸,可以初步确定容器法兰的内径 D。容器法兰内侧加工有一个吊篮支承台阶,堆内构件及燃料组件等结构置于吊篮支承台阶的支承面上。与顶盖法兰对应,吊篮支承台阶上部内侧也对称地设置 4 个定位键槽,用于安装定位键。

容器法兰上端面为密封面,在密封面外侧均布有供主螺栓安装的螺纹孔。一根检漏管从法兰密封面上斜向下穿过法兰,用于检测内密封环是否存在泄漏。法兰外侧壁上焊有一个换料密封支承环。

容器法兰的强度计算可参见 6.5 节。

5.3.3　主螺栓

在反应堆压力容器法兰‐螺栓结构设计中,螺栓的设计是重点和难点,通常包括螺栓载荷的确定、螺栓的数量及布置、螺栓的结构设计(包括螺纹、光杆、过渡结构、中心测量孔等)。

5.3.3.1　螺栓载荷的确定

主螺栓的载荷与力的来源及工况有关。

力的来源通常如下:① 密封环所需压紧力,这与具体选取的密封环结构类型及材料有关;② 内压产生的轴向力;③ 作用在法兰上的其他轴向力和弯矩,比如压紧弹簧的压紧力、堆内构件和燃料组件的重力,以及由相连设备造成的其他外部力和外部弯矩等。

工况如下:① 设计工况,对应设计温度和设计压力,且仅考虑反应堆压力容器本身;② 运行工况,对应运行温度和运行压力,此时堆内构件和燃料组件均已装载,因此需要考虑其作用力;③ 试验工况,对应试验温度和试验压力,需要考虑设备出厂水压试验、系统水压试验和在役水压试验。需要注意的是,由于螺栓预紧始终是在室温下进行的,因此上述工况下的螺栓预紧力均需要考虑温度的影响,即通过室温和高温(或试验温度)下的螺栓材料弹性模量之比换算为室温下的初始预紧力。

5.3.3.2　螺栓的数量及布置

在确定了螺栓载荷后,即可计算出所需的螺栓总横截面积。此时,通常先假定螺栓的数量 n(一般 n 取 4 的倍数,便于螺栓对称安装),然后得到单根螺栓的最小直径 d(光杆部分的直径),最后假定螺栓的最小设计直径 d_0。

得到上述螺栓数量 n 和最小设计直径 d_0 后,即可在螺栓节圆上进行螺栓排列。在螺栓排列时,既要使得螺栓尽可能紧靠在一起,以保证螺栓的预紧力尽可能均匀地分布在螺栓节圆的整个圆周上,又要使得螺栓之间的间隙能够保证主螺母的安装和螺栓拉伸机的放置。

通过上述过程的迭代计算,最终完成螺栓数量和直径的确定。主螺栓的强度计算可参见 6.4 节。

5.3.3.3　螺栓的结构设计

在确定了螺栓数量和直径后,即可进行螺栓的具体结构设计。主螺栓通常采用带有光杆的双头螺柱类型(由于上部设置有用于拉伸的螺纹,实际为三段螺纹),如图 5 - 17 所示。

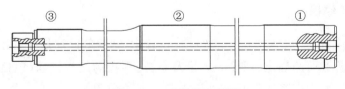

图 5 - 17　主螺栓示意图

1) 螺纹段

主螺栓的螺纹段从底至顶(见图 5 - 17 中从右至左)依次为与容器法兰螺纹孔配合段①、与主螺母配合段②、与螺栓拉伸机配合段③。

（1）主螺栓与容器法兰螺纹孔的配合：该配合段在反应堆运行时为承力螺纹段，对螺纹精度要求高，通常采用基孔制的间隙配合。

（2）主螺栓与主螺母的配合：该配合段在反应堆运行时同样为承力螺纹段，对螺纹精度要求高，也采用间隙配合。

（3）主螺栓与螺栓拉伸机的配合：该配合段（包括适配器安装段和螺纹拉伸段）在螺栓拉伸时使用。在主螺栓顶部安装螺栓拉伸机适配器后，再与拉伸机螺纹段连接，对螺栓进行拉伸。

2）光杆段

主螺栓的光杆段直径小于两侧螺纹段根径，是一种弹性螺栓。RCC‑M 规范要求螺纹根部横截面积至少应为光杆段横截面积的 1.1 倍。弹性螺栓相对于刚性螺栓具有以下优点：

（1）改善螺栓承受循环载荷，降低螺栓前几扣螺纹的应力；

（2）由于螺栓光杆段横截面积小于螺纹段，较易发生弯曲，有助于补偿支承面的不平行，而使弯曲仅发生在光杆部分；

（3）有利于保持螺栓的初始预紧力。

3）过渡结构

螺纹段与光杆段之间应采用过渡结构，RCC‑M 规范要求螺栓的螺纹向光杆过渡处的圆角半径与螺栓光杆直径的比值应不小于 0.06。

4）中心测量孔

主螺栓中心开有通孔，用于放置螺栓伸长测量杆。主螺栓拉伸时，通过测量螺栓顶部与伸长测量杆的相对位移，即可得到螺栓伸长量。

5.3.4　主螺母和球面垫圈

图 5‑18 和图 5‑19 是主螺母和球面垫圈的示意图。主螺母应与所用的螺栓拉伸机相匹配，以便通过拉伸机手动或自动旋转螺母。

主螺栓预紧后，由于法兰相互转动导致主螺栓发生弯曲，将产生附加的弯曲应力，为补偿法兰转动引起的螺栓弯曲，主螺帽和球面垫圈的接触面设计为球形。

每个球面垫圈应通过适当的方法与主螺母锁在一起，便于吊运。

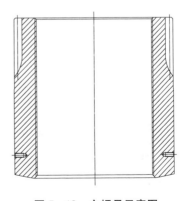

图 5‑18　主螺母示意图

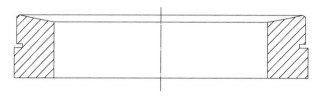

图 5‑19　球面垫圈示意图

5.4　密封结构

反应堆压力容器法兰-螺栓连接结构的密封是 RPV 上最重要的密封,其密封设计也在不断改进和优化。本书从密封的微观机理出发,分析影响密封的各项因素,阐述 RPV 密封元件的选型及密封结构的确定。

5.4.1　密封的微观机理

为深入了解密封连接系统达到密封所必需的重要条件,首先讨论一下密封的微观机理。

对于任何机加工的表面,从微观角度看都是呈现着凸凹不平的状态,即便是所谓光滑的表面,也不是绝对的光滑,这种表面微观几何形状的特征通常以表面粗糙度表示。表面粗糙度可以微观不平度的最大高度,或以微观不平度的算术平均值偏差等表示。不同等级的表面粗糙度表示了不同的表面不平度状态,并可以通过表面不平度的测量仪表测定出具体数值。

当表面相互接触时,由于凸凹不平,因而便在表面形成了许多的"迷宫"隙缝或者微小的通道,若有流体存在,则会因毛细管效应使流体渗透到"迷宫"隙缝内,继而会出现"发汗"渗漏现象,甚至可能有流体逸出,发生泄漏。为了防止泄漏,就必须填补"迷宫"、堵塞隙缝,切断通道,通常有两种方式。

第一种方法:在接触的两表面上施加足够大的法向力,在法向力的作用下使高点坍塌,填补凹处,使更多的表面接触;接触表面面积的增大使得金属间的黏合力或者吸引力增大,实质上也就增大了流体的流动阻力,当流体毛细管效应作用力与两表面之间的吸引力平衡时,流体便不再流动,从而实现密封。换言之,在两表面,即密封面上施加作用力有两方面作用:一方面使密封面表层材料产生屈服流变,填补凸凹不平的表面;另一方面是在两表面间形成一定的引力,阻止流体的流动,达到密封的目的。

第二种方法：在接触的两表面之间，填充一种相对表面材料而言较软的材料，这样在施加的法向力作用下，不必使表面的表层屈服，或者在表层屈服以前，填充材料已经提前产生屈服流变，填平了两表面上的凸凹不平，并分别与两表面形成一定的吸引力，当这个力达到一定数值时(取决于流体的压力)便阻止了流体流动，同样达到密封的目的。

综上可知，因为流体的毛细管效应使流体具有一定的贯穿能力，要达到密封的目的，必须使接触面积上接触比压大到能够克服或平衡流体的贯穿力，这时的接触比压在设计上通常称为临界密封比压或简称为密封比压。为了达到密封比压，则需要施加法向力，但对上述两种情况法向力的作用是不同的。第一种情况所施加的法向力直接作用在密封表面高点，并使相当数量的高点坍塌，即发生屈服流变，从而增大接触表面面积；随之在形成的接触面上形成接触比压，当接触比压大于密封比压时，便形成了密封。对在两表面之间加填充材料(通常称为密封元件)的第二种情况，由于填充材料的屈服强度通常比法兰材料低，在接触比压作用下先屈服，填补了法兰表面的凸凹不平，并形成一定的接触比压，当其达到密封比压时，便形成了密封。与第一种情况相比，第二种情况需要施加的法向力要小，特别是在密封元件表面包覆或镀上更软的密封材料后。另外，密封元件一般具有一定的回弹性能，可以在密封面产生一定的分离状态下维持有效密封。

表面的粗糙度只是表面状态凸凹不平的表征，密封除了与表面粗糙度有关外，还与凸凹不平的分布状态、表面的平面度等有关，如波纹的特征、机加工时刀痕的方向性、刀痕的连续等。因而，除非密封面十分光滑，否则不能随意加工或打磨。

密封介质的泄漏还与接触面宽度和密封元件放置的位置有关。若密封面的接触比压小于介质的压力，介质分子具有足够穿透力而通过了密封面，但在穿透过程中，其穿透力逐步减弱；若接触比压远大于介质压力，介质分子则可能完全不能进入密封面；若接触比压略大于介质内压，则介质在穿透过程中被阻止，因而增加接触宽度是保证密封可靠性的有效手段。另外，密封元件若放置在靠近螺栓处则压得更紧，而远离螺栓处则比压松弛。因此，选择接触宽度和适当的密封元件放置位置亦是影响密封的重要因素。

5.4.2　密封的类型

基于密封的微观泄漏机理，在工程应用上通常有 3 种密封技术。

（1）元件密封：利用螺栓施加法向力，通过采用各种类型的密封元件，依靠其表面屈服变形和回弹性能实现密封。

（2）锁合密封：利用包括钎焊在内的焊接、不同材料热膨胀系数差及过盈配合等技术堵塞泄漏间隙，实现密封。

（3）高精度密封：利用高精度抛光方法去除密封面上各种密封微小缺陷，通过精良的装配达到密封。

对于元件密封技术，根据密封结构及密封元件的不同，主要分为强制密封结构、半自紧密封结构及自紧密封结构 3 种类型。

强制密封结构的基本特征是顶盖法兰-密封元件-容器法兰之间的密封比压完全由螺栓的预紧力保证。强制密封结构的螺栓预紧力必须足够大，以补偿升压、降温时因螺栓变形、法兰变形导致的螺栓预紧力的减小，并保证在运行工况下的密封比压，如采用平垫圈的密封结构就是典型的强制密封结构。

自紧密封结构的基本特征是密封元件与法兰之间的密封比压随内压的升高而加大，因而螺栓预紧力只需提供初始的密封比压要求的法向力即可。螺栓预紧力相对较小，适应高压条件下的可靠密封。

半自紧密封结构的特征是介于强制和自紧密封结构之间的一种密封结构设计，其密封性能具有强制和自紧两种机制，如采用双锥密封环垫圈的结构即为半自紧密封结构。

5.4.3　法兰-螺栓连接结构的密封

为了达到密封性要求，美国和苏联开展了大量的 RPV 密封的理论和试验研究，曾一度成为压水堆核电厂发展的关键技术。初期以希平港核电站（Shipping Port）为代表的 RPV 密封设计采用了强制型密封元件加 Ω 焊接密封，并以焊接密封为主；20 世纪 60 年代，以杨基核电站（Yan Kee-Rowe）为代表的 RPV 密封设计采用了半自紧的双道 O 形环密封，并采用了 Ω 焊接密封，但以双道 O 形环密封为主；20 世纪 70 年代，以奥康尼（Oconee-1）核电厂为代表的 RPV 密封设计采用了双道自紧式 O 形环密封，并取消了 Ω 焊接密封，但并未实现无泄漏；直到 20 世纪 80 年代，西屋公司（Westinghouse）、燃烧公司（Combustion）及巴布科克公司（Babcock）的相关设计才比较好地解决了 RPV 密封问题。我国与美国类似，开展了大量的理论和试验研究，目前较好地解决了 RPV 螺栓-法兰连接的密封问题。

以下主要从密封元件的选择和密封结构的确定这两个方面介绍法兰-螺

栓连接结构的密封设计,读者应注意这两个方面是相互关联、相互影响的。

5.4.3.1　密封元件的选择

如前所述,相比于不加密封元件的密封结构,采用密封元件具有较为明显的优势,如施加的法向力相对较小、密封元件具有回弹补偿能力等,这对于法兰-螺栓连接的强制式密封结构尤为重要,因此 RPV 的主密封结构通常采用密封元件密封。

密封元件应根据流体介质、服役温度和压力、辐照及密封性能要求来选用。正如 4.4.2 节所述,RPV 由于其特殊的工作环境,通常采用金属密封元件,不同的金属密封元件的工作温度可参考表 5-3 选择。压水堆反应堆压力容器常用的密封元件早期采用空心不锈钢密封环或铜垫片等,现代 RPV 主要采用金属 C 形密封环和 O 形密封环,基体材料为因科镍合金,表面电镀或包覆银层。

表 5-3　金属密封元件的工作温度极限

材　　料	最高工作温度/℉①	材　　料	最高工作温度/℉
铅	212	410 型不锈钢	1 200
普通黄铜	500	银	1 200
铜	600	镍	1 400
铝	800	蒙乃尔合金	1 500
304 型不锈钢	800	309 型不锈钢	1 600
316 型不锈钢	800	321 型不锈钢	1 600
软铁(低碳钢)	1 000	347 型不锈钢	1 600
502 型不锈钢	1 150	因科镍合金	2 000

注:① ℉是华氏温度,其与摄氏度(℃)的换算关系为 $\frac{9}{5}℃ = ℉ - 32$。

如前所述,密封的原理是当密封元件接触表面上产生的接触压力,即密封比压,大于密封介质压力时,介质即被密封。在预紧状态下,通过法兰连接螺栓给密封元件施加法向力,密封元件被压缩,法兰密封面上的微观凸凹不平被密封元件或其表面软金属材料填满,并形成一定的接触比压,便形成了初始密封条件。通常采用单位面积上的压紧力(面比压)或单位长度上的压紧力(线比压)来表征密封元件的特性,这只取决于密封元件本身的材料、结构和尺寸,而与流体介质等无关。面比压或线比压随密封元件压缩量的变化曲线称为压缩-回弹特性曲线,通常由压缩-回弹试验来确定;结合氦检漏试验确定初始密封特征点、工作密封特征点和初始泄漏特征点后,则称为密封特性曲线。

以常见的空心金属密封环为例,其密封特性曲线如图 5 - 20 所示,该特性曲线通常分为压缩过程和回弹过程,其中压缩过程大体上可以分为三个阶段:当压缩量较小时,密封比压与压缩量近似为线性关系,称为弹性阶段(Ⅰ);当压缩量继续增大超过密封环的屈服点后进入弹塑性阶段(Ⅱ);当压缩量继续增大,则进入第三阶段,即强化阶段(Ⅲ),此时密封比压快速增大,甚至可能出现断裂破坏。

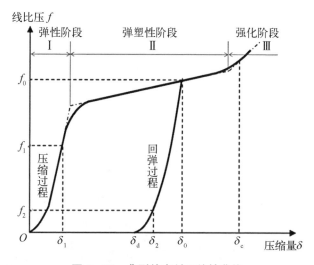

图 5 - 20　典型的密封环特性曲线

根据该特性曲线可以获得如下特征量。

f_0:工作状态点的线比压,对应的压缩量为 δ_0;为了保证足够的密封载荷和回弹量,工作状态点通常选在弹塑性段内。

f_1:压缩过程中的阈值点,只有当密封载荷大于该值时,密封环才能够形成有效密封;对应的压缩量为 δ_1。

f_2:回弹过程中的阈值点,当回弹过程中载荷小于该值时,就会出现泄漏,对应的压缩量为 δ_2;在通常情况下,该值小于 f_1。

δ_d:C 形环完全回弹后的永久变形量。

δ_c：临界压缩量。当压缩量大于该值后，密封环会因为出现塌陷、开裂等破损而失效。

根据上述特征量可以获得 C 形环的总回弹量 Δ_t 和有效回弹量 Δ_e 分别为

$$\Delta_t = (\delta_0 - \delta_d) \tag{5-3}$$

$$\Delta_e = (\delta_0 - \delta_2) \tag{5-4}$$

由图 5-20 可知，密封环压缩后产生了塑性变形，同时提供密封所需的密封比压；另外，当卸掉载荷后会产生弹性回弹，正是这个弹性回弹补偿了因工况变化导致法兰变形产生的密封线处的轴向分离量，才保证了密封的持续有效。因此，密封环的选型设计，包括尺寸（直径、壁厚等）、材料、压缩量等，应以是否可以获得合适的密封比压和较大的弹性回弹量作为基本出发点。

值得注意的是，上述密封环回弹量并非在设计中全部能利用，原因是当密封环上的比压降低到一定值时，即可能发生泄漏，而这时的密封环并非全部回弹，其回弹部分只是密封环总回弹量［见式（5-3）］的一部分，在设计上称这部分可用的回弹量为有效回弹量［见式（5-4）］，在密封系统或密封节点分析中采用的密封分离量判据均指有效回弹量，而不是密封环总回弹量。

另外，压缩量的选择，或称为密封环工作点的选择，是十分重要的设计要求，因为不同的工作点会得到不同的密封比压、不同的回弹特性、不同的侧向变形量及密封线宽度。其中，密封线宽度 b，对一定的密封结构而言通常不是一个常数，它会随密封环的压缩量变化，密封面上的载荷分布亦发生变化。如在压缩量很小时，其密封面上的密封比压近似为均匀分布，如图 5-21(a) 所示；加大压缩量，则可能出现如图 5-21(b) 所示的三角形密封比压分布；若再

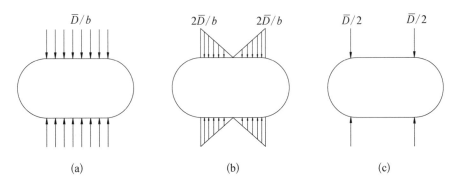

图 5-21　密封环压缩后密封比压分布模型

(a) 均布力作用；(b) 三角形分布力；(c) 集中力作用

加大压缩量,则密封环中间将出现下凹,类似两个链环,此时密封比压呈集中力作用,如图 5 - 21(c)所示。对反应堆压力容器的空心金属密封环设计,其压缩量通常取密封环截面外径的 8%～12%,密封线的宽度为 2～4 mm。

5.4.3.2 密封结构的确定

法兰上用以支承密封元件的面通常称为密封面,从 5.4.1 节所述的密封机理可以看出,密封面的材料和表面状态对密封性能具有重要作用。密封面应适应密封元件、流体介质、密封性能要求、密封面的加工、修复及耐蚀性要求等。因此,通常在反应堆压力容器法兰面上堆焊一定厚度的所谓"密封面材料",如不锈钢或镍基合金材料。密封面的加工,无论是精密机加工、研磨或抛光,均必须是沿周向同心的,具体的粗糙度(常用符号 Ra 表示)等级取决于密封元件的要求,但一般应不低于 0.8 μm。

法兰面上支承密封元件的结构类型,一般称为密封沟槽的结构类型,取决于密封元件型式、对中要求、密封的工作压力及加工装配要求。常见的密封面结构类型有平面型、凸凹型、阶梯型、榫槽型,或者一个法兰面为平面、另一法兰面为凹陷的沟槽。

下面以典型的反应堆压力容器密封结构匹配金属空心密封元件为例,着重介绍放置密封环的密封沟槽设计。沟槽的形状通常为矩形,亦可以设计成三角形。对于矩形沟槽设计,其关键参数显然就是沟槽的深度和宽度。

首先是沟槽的深度设计,它取决于密封环的密封特性。通过 5.4.3.1 节初步选定了密封环并获得其密封特性参数后,其适用的回弹量范围也就确定了。为了保证回弹量,则必须精确地控制密封环的压缩量 δ_0,沟槽的深度即为 $(d_0 - \delta_0)$,d_0 为自由状态的密封环截面直径。密封环一旦被压缩到位,剩余的压缩载荷将被密封面台肩所承受,因此再施加更大的螺栓载荷都不会改变回弹量及密封比压。

其次是沟槽的宽度,它将决定密封线上的比压分布和大小。沟槽的宽度选择一般有两种方案,即"松"环设计和"紧"环设计。所谓紧环设计是指沟槽的宽度不大于 $(d_0 + 2\Delta r)$(Δr 为密封环压缩后的单侧膨胀量),而松环设计是指沟槽的宽度大于 $(d_0 + 2\Delta r)$。对于松环设计,压扁后的密封环在径向是自由的,沟槽侧壁与密封环不接触,不对压扁后的密封环产生任何作用力,密封比压均匀分布。对于紧环设计,沟槽侧壁与压缩后的密封环侧面发生接触,对压扁后的密封环施加了径向力,因而可能改变密封环的密封比压及其分布状态或回弹量。密封环接触沟槽壁后会增大密封比压,有利于密封;但增大的效果有限,同时对密封环的完整性不利。采用松环或紧环密封结构要综合考虑各种因素,如密封介质及参数、密封直径、密封环尺寸及结构,装拆方便及更换频度等,从工程设计上一般考虑密封环压缩后,密封环外侧与外侧沟槽贴合即可。

因此,依据密封环的密封特性设计密封沟槽,并严格控制密封环尺寸和沟槽尺寸的制造公差,是设计人员不可忽视的重要问题。

最后,应特别指出的是,为了减少密封环处法兰的轴向分离量,可以在法兰的一个密封面上加工成很小角度的斜平面,如图 5 - 22 所示,将有助于密封。这个角度应根据两个法兰的相对转角来确定,斜平面的起点应根据法兰转角的支点确定。这种设计在工程中也得到了有效应用。

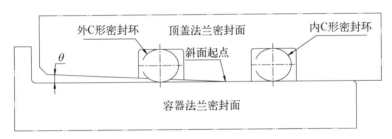

图 5 - 22　斜面式密封面结构

5.5　接管与容器连接

RPV 上连接的常见的接管有进口接管、出口接管和安注接管,进口接管和出口接管为冷却剂进出反应堆提供流道,安注接管用于实现直接安注功能。接管与容器连接的设计,既要考虑接管与筒体的连接形式,又要考虑接管的布置方式。

5.5.1　接管的结构和布置

接管结构如图 5 - 23 所示,根据其功能,接管的结构设计又各有特点,如:进口接管内表面多采用锥形结构,降低回路压降;出口接管伸入筒体的内侧设有凸台,与堆内构件吊篮上的管嘴适应,形成冷却剂流出堆芯的流道,并限制旁漏流;部分接管上设有支承台,使整个 RPV 坐于 RPV 支承上。在 AP1000 等堆型上,安注接管的结构又有特殊考虑,如图 5 - 24 所示,包括安注接管内

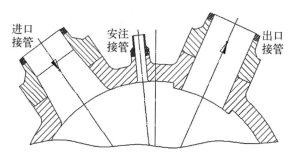

图 5‑23　接管结构示意图

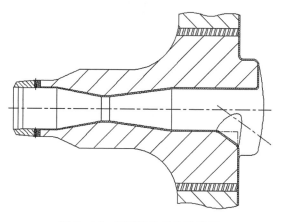

图 5‑24　异型结构的安注接管

壁采用文丘里结构,并在内侧设有导流作用的凸台。

　　接管的周向布置,需考虑系统回路布置和接管数量,还应考虑结构设计的开孔补强、方便接管与筒体的焊接和检验等。不同堆型因功率和回路数的不同,其进口接管、出口接管和安注接管的数量也有差异,表 5‑4 给出了部分堆型接管数量。图 5‑25 给出了典型的未采用直接安注的三环路 RPV 接管周向布置方式。

表 5‑4　各堆型回路数与接管数量

堆　　型	回路数	进口接管数量	出口接管数量	安注接管数量
"华龙一号"	3	3	3	—
EPR	4	4	4	—

（续表）

堆 型	回路数	进口接管数量	出口接管数量	安注接管数量
AP1000	2	4	2	2
M310	3	3	3	—
秦山二期	2	2	2	2

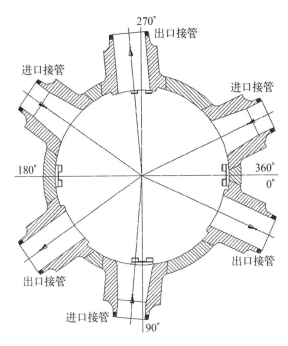

图 5 - 25 典型的三环路接管周向布置

接管的轴向布置主要有同层布置和错层布置两种方式。同层布置即为所有接管中心线均布置在同一水平高度上，如"华龙一号"、EPR、M310等；错层布置则是不同接管布置在不同的水平高度，如图 5 - 26 所示，比如 AP1000 的进口接管中心线比出口接管中心线高 444.5 mm，安注接管中心线又比出口接管中心线低 508 mm。同层布置和错层布置对于 RPV 设计而言并无优劣之分，除了因为环路数较多同层布置无法满足补强要求时考虑错层布置外，AP1000 进口接管高于出口接管的错层布置则是为了允许在堆芯不卸料的情况下对主泵进行检修。

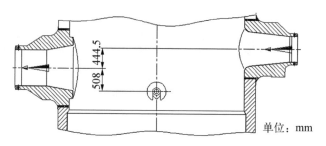

单位：mm

图 5 - 26　接管轴向错层布置示意图

5.5.2　接管与筒体的连接

RPV 接管与筒体的连接形式，主要分为插入式（set-in）和坐入式（set-on）两类。如图 5 - 27 所示，(a)为插入式连接结构，即筒体上开有接管孔，接管与筒体采用马鞍形焊缝连接；(b)(c)(d)均为坐入式连接结构，接管与筒体采用对接环焊缝连接，其区别主要在于与筒体连接焊缝位置。RPV 接管与筒体的连接采用哪一种连接形式，主要取决于两个因素：一是锻件的制造能力，二是接管布置位置和补强设计。

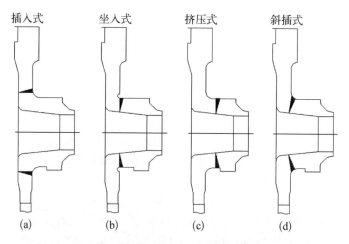

插入式　　　坐入式　　　挤压式　　　斜插式

　　(a)　　　　　(b)　　　　　(c)　　　　　(d)

图 5 - 27　压水堆 RPV 法兰接管连接形式

接管与筒体连接区域属于结构不连续区，而接管与筒体的焊缝则应尽可能避开结构不连续区，从这一角度考虑，图 5 - 27(c)的坐入式结构更为合理。采用该结构需要在筒体上整体制造若干个凸台，这些凸台可以采用翻边制造，也可以由开孔位置局部加厚再加工而成。无论采用哪种方式制造，都会增加锻件制造的难度,尤其是在整体式法兰接管段设计的情况下,整体式法兰接管段已成为 RPV 各锻件中壁厚最大、质量最大、制造难度最大的一件,因此还需结合锻件制造能力综合考虑是否采用图 5 - 27(c)的坐入式结构。

不管是插入式还是坐入式接管,因为结构不连续区的设计从筒体—接管—主管道的壁厚逐渐降低,与筒体过渡位置的接管壁厚都会有较大的厚度裕量,而且这部分厚度裕量也都在补强界限以内,因而在单个接管补强方面一般不需额外设计。相比于插入式接管,坐入式接管因其焊缝位置在筒体外侧,在规范允许的相邻焊缝最小距离范围内,可将多个接管布置得更加紧凑,这时候就需要考虑相邻接管补强界限是否重叠。补强相关的计算在 6.3 节有详细介绍。

5.6　支承与连接结构

RPV 既要接受 RPV 支承的支持以保证自身的稳定,又要为堆顶、驱动机构和堆内构件等设备提供支承以保证整个反应堆的安全运行,因此支承和连接结构是 RPV 设计中需要考虑的重要位置。

5.6.1　容器与支承的连接

本节所说的支承结构,既包含支承 RPV 设备的 RPV 支承,又包含 RPV 上为配合 RPV 支承而设置的支承台等局部结构。ASME 第 Ⅲ 卷 NB3364 规定所有的容器必须有支承,支承件在容器壁上的布置和连接应能承受最大的作用载荷,这是 RPV 支承结构设计的根本要求。RCC - M B3356"支承件与容器之间的连接接头"则只规定这种连接要求应按 RCC - M H 篇进行。

对 RPV 支承结构设计应关注以下几点。

1) 设备和支承间边界的划分

RPV 与其支承的连接有几种方式,即 RPV 直接坐于 RPV 支承上、焊接连接、机械连接等,其中又以第一种最为常见,如图 5 - 28 所示。图 5 - 28(a) 所示为与 RPV 接管整体锻造的支承台,图 5 - 28(b) 所示为焊接在容器筒体上的支承台,两种结构均是坐于 RPV 支承上。这种连接方式的边界划分相对简单,如 3.4 节所述,以 RPV 与 RPV 支承的接触面为边界,因此不管是图 5 - 28(a) 还是图 5 - 28(b),都是属于 RPV 的一部分,即按规范 1 级设备设计和制造。

焊接连接和机械连接两种形式均采用得较少。焊接连接的 RPV 支承可

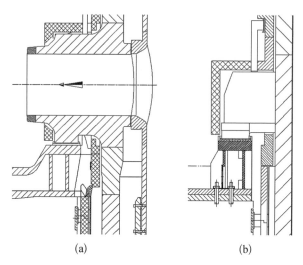

图 5 - 28 RPV 与支承件的连接示意图

(a) 带支承的接管；(b) 焊接式支承台

以不属于 RPV, 而按 RCC - M H 篇或 ASME 第Ⅲ卷 NF 篇设计, 但其连接焊缝应按 1 级焊缝要求进行设计、焊接与检验。焊接连接方式在早期小型堆上有采用, 目前的大型 RPV 较少采用, 其原因在于安装调整困难, 对热变形等补偿能力差, 仅在特殊结构需要时采用。机械连接目前尚有采用, 如中间带滑动槽的对称楔形块。RCC - M 图 H1221 对于这种连接方式下的设备和支承间边界划分有较为明晰的示意。

2) 结构设计应满足功能要求

RPV 支承结构应承受反应堆本体及其相关设备和所包容介质的质量, 以及上述设备和介质在各类工况下产生的载荷, 并将这些载荷传递给反应堆堆坑混凝土基座。

目前的 RPV 支承结构多采用图 5 - 28(a)所示结构, 即将支座和进/出口接管整体锻造, 单个支座底面尺寸大约为 300 mm×700 mm。RPV 支承属于整体环式支承, 它由上、下两个环形法兰、内外两层腹板和若干筋板焊接而成, 在上支承环上设有支承垫板, RPV 接管上的支座坐在支承垫板上, 支承垫板允许适量径向移动以补偿反应堆压力容器热胀冷缩产生的径向伸缩。

采用此类 RPV 支承结构, 需要 RPV 支座的支承面相对 RPV 内部的吊篮支承台肩面满足较严格的平行度要求, 同时为保证 RPV 就位后与 RPV 支承有足够的接触面积(一般不小于 70%), RPV 支座的支承面平面度也应达到一定要求。在 RPV 安装过程中, 吊篮支承台肩面的标高和水平度、RPV 的对中、RPV 支座与 RPV 支承的侧向间隙,都由 RPV 支承的水平板和侧板来调整。这种支座结构的主要缺点是增加了接管横向载荷,使得原结构和载荷较为复杂的接管更为复杂,因此需要特别关注在事故工况下接管破坏的可能性。

3）承载能力

应保证支承结构具有足够的承受静载荷和动载荷的能力,并满足相应的应力限值。对于支承结构强度的校核在 6.6 节中详细介绍。

除了图 5-28(a)的与接管整体锻造的支座,在某些堆型上,采用了其他形式的整体支座,如图 5-29 所示。这两种支座均是充分利用法兰-接管段整体大型锻件制造能力的提升,采用了支座与法兰-接管段的整体设计,其主要优点如下:

(1) 由于支座与法兰接管段成为一体,支承刚度大大增大,应力和变形得到改善,其承载能力得到很大提高,有利于在事故工况下的安全性。

(2) 明显地改善了法兰-接管段的应力状态,优化了承压边界的性能。

(3) 改善了在役检查条件,同时也简化了制造工艺。

(4) 法兰刚度增大,有利于密封和减小螺栓的弯曲应力。

采用整体支座设计方案的最大难点在于大型锻件的制造能力,以及其性能是否能满足规范要求。

(a)　　　　　　　　　　　　(b)

图 5-29　整体容器支座设计

5.6.2　堆顶与顶盖的连接

反应堆堆顶结构位于 RPV 顶盖上方,其全部静载荷和动载荷几乎都由顶盖承担,因此堆顶和顶盖之间应有可靠的连接。同时,堆顶内部的控制棒驱动机构和堆芯测量等设备在役阶段存在检查和检修的需求,必要时需要拆除堆顶,因此堆顶和顶盖之间的连接应设计成方便拆卸的结构。目前,不论是 M310 采用的分散式堆顶结构,还是“华龙一号”和 AP1000 采用的一体化堆顶结构,堆顶与 RPV 顶盖的连接均采用螺栓连接。其差别在于采用分散式堆顶结构,顶盖上一般设有筒形的通风罩支承,如图 5-30 所示,用以与堆顶的通风罩连接;采用一体化堆顶结构,顶盖上则设有若干个支承台,用以与堆顶的围筒组件连接,如图 5-31 所示。

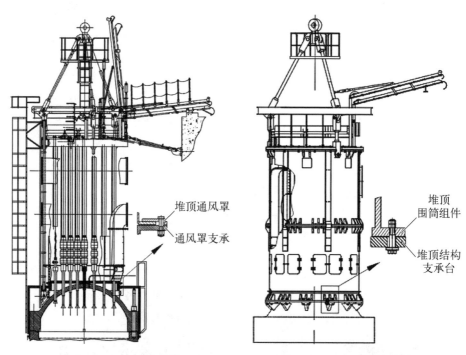

图 5-30 分散式堆顶与顶盖的连接   图 5-31 一体化堆顶与顶盖的连接

根据 3.4 节对 RPV 设计和分析界限的划分,RPV 与堆顶的分界面为支承面(不含螺栓)。作为支承堆顶的结构件,顶盖上的支承结构设计原则与 5.6.1 节中的类似,这里不再赘述,只是该支承结构位置的特殊性,将顶盖球面分割为内外两个区域,因此在其设计中,还需要着重考虑如下需求。

(1) 为顶盖法兰保温层和上封头保温层提供支承或搭接位置。

(2) CRDM 和堆芯测量等若有在役的目视等检查需求,且不易从围筒上的窗口实施时,需在该支承结构位置设置检查窗口或通道。

5.6.3 堆内构件与容器的连接

在 5.1 节 RPV 与其他设备接口表中,可以看到 RPV 与堆内构件的接口数量和位置都是最多的,其中上部和下部各有一处支承和定位结构。

上部的支承和定位结构位于 RPV 吊篮支承台阶位置。堆内构件的吊篮组件吊入 RPV 内时,上部以定位销或定位键来实现精确定位,如图 5-32 所示。此处的支承方式较为简单,在压紧弹簧作用下,堆内构件法兰下表面紧贴 RPV 吊篮支承台阶面,因而吊篮支承台阶面是反应堆安装阶段非常重要的基准面,也是设计中的重要基准面。为确保整个驱动线的对中精度,一方面对吊篮支承台阶面设计和制造时的平面度和垂直度均有严格要求,另一方面对 RPV 就位于堆坑后,吊篮支承台阶面的水平度也有严格的控制。

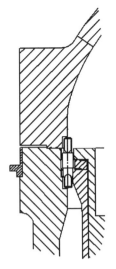

图 5-32　吊篮组件上部与 RPV 的定位及连接结构

下部的支承和定位结构位于 RPV 径向支承块位置。RPV 径向支承块的功能主要包含两个方面,一是最基本的支承功能,限制堆内构件的周向和径向位移,但不限制其轴向位移;二是吊篮组件断裂跌落时的缓冲功能,在某些堆型上径向支承块具备该功能。

对于径向支承结构大体上有两种形式。一种是"华龙一号"、美国和法国采用的焊接在 RPV 上的 M 形径向支承块与吊篮组件下支承板上的径向支承键,并通过两者之间的嵌入件调整配合间隙来实现定位,如图 5-33 所示,该形式的径向支承块只具备上述第一项功能。另一种是联邦德国 Biblis 核电厂反应堆容器与吊篮组件的定位结构,其结构如图 5-34 所示,可以看出其径

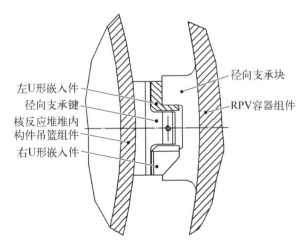

左U形嵌入件
径向支承键
核反应堆内构件吊篮组件
右U形嵌入件
径向支承块
RPV容器组件

图 5-33　"华龙一号"径向支承结构示意图

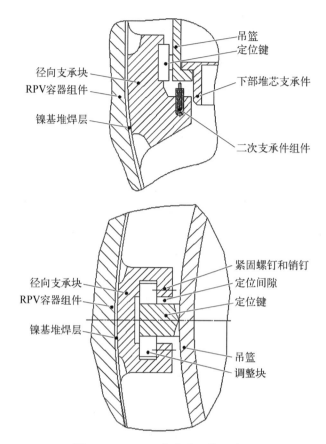

径向支承块
RPV容器组件
镍基堆焊层

吊篮
定位键
下部堆芯支承件
二次支承件组件

径向支承块
RPV容器组件
镍基堆焊层

紧固螺钉和销钉
定位间隙
定位键
吊篮
调整块

图 5 - 34　BibLis 径向支承块示意图

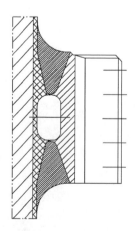

图 5 - 35　M310 径向支承块坡口设计

向支承块设计包括了上述两项功能,其上部为径向支承功能,通过调整块调配切向间隙;其下部为二次支承,当吊篮组件断裂跌落时由四个圆柱体支承,这四个圆柱体置于一个挂在支承外筒的圆筒体内,当圆柱体支承将圆筒体下部穿透时,吊篮便落在支承外筒上,若支承外筒也无法支承,吊篮便落在径向支承块上,因此具有三次缓冲支承作用,类似于法国二次支承件中的能量吸收器设计。

无论哪种形式的径向支承结构,径向支承块都要承受较大的周向载荷,径向支承块与筒体的连接就需设计成具有足够强度的连接焊缝,该焊缝厚度较大,通常都在 200 mm 以上,需要注意的是其焊接空间受限且焊接变形大。在 M310 堆型中采用如图 5 - 35 所示带腰形孔的焊接结构设计,以减少焊接量、减小变形;另一种解决方式则是在制造中将径向支承块上配合面的精加工工序后移,在径向支承块焊接到筒体之后,利用小型专用机床,在容器内部完成精加工,甚至在条件允许的情况下还可采用在安装阶段完成精加工。

5.7　结构设计中的其他注意事项

正如本章起始所说的,结构设计是串联材料设计、强度设计、制造和安装、运行等的关键环节,虽然本章不能将结构设计需要考虑的要素面面俱到地展现出来,但还是可以向大家介绍一些在结构设计中经常会用到的重点,比如公差选择、倒角设计、可达性和工艺性设计等。

5.7.1　公差的选择

公差选择的实质就是正确解决机械零部件使用需求与制造工艺和成本之间的矛盾。选择公差等级的原则是在满足零件使用要求的前提下,尽可能选用较低的公差等级。精度要求应与生产的可能性协调一致,即在必要的情况下可通过提高设备精度和改进工艺的方法来保证产品精度,在非必要的情况下应尽量采用成熟加工工艺、装配工艺和现用设备。对于配合尺寸选择适当的公差等级尤为重要,因为配合尺寸既决定零件的工作性能、使用寿命和可靠性,又决定零件的制造成本和生产效率。

1) 配合公差

轴、孔尺寸公差应按照 GB/T 1801—2009《产品几何技术规范(GPS)极限与配合　公差带和配合的选择》的规定进行选择,尽量选用该标准中的优选公差带,推荐选用 6 级或 7 级公差。轴、孔配合亦可根据配合类型(间隙配合、过渡配合、过盈配合)按照 GB/T 1801—2009 的规定进行选择,尽量选用优先配合,其次选择常用配合,推荐选用 H7/g6、H7/h6 等常用优先配合,孔公差一般比轴公差选择更粗糙的一个等级。过盈配合量可按 GB/T 5371—2004《极限与配合过盈配合的计算和选用》或工程经验进行确定。

普通螺纹公差应按 GB/T 197—2003《普通螺纹　公差》的规定进行选择,并根据精密、中等、粗糙等使用需求优先选用推荐公差带,推荐选用 6 级公差,普通螺纹配合推荐选用 6H/6g 等常用配合。梯形螺纹公差应按 GB/T 5796.4—2005《梯形螺纹　第 4 部分:公差》的规定进行选择,并根据中等、粗糙等使用需求选用合适的公差带,普通螺纹配合推荐选用 7H/7e 等常用配合。

2) 形位公差

根据零件的功能要求,同时考虑加工经济性和零件结构、刚度等情况,按照 GB/T 1184—1996《形状和位置公差 未注公差值》附录 B 的数系确定要素公差。同一要素给出的形位公差应小于位置度公差,如要求平行的两个平面,其平面度公差应小于平行度公差;圆柱形状公差(轴线直线度除外)一般应小于其尺寸公差;平行度公差应小于其相应的距离公差。直线度、平面度、圆度、圆柱度、平行度、垂直度、倾斜度、同轴度、对称度、圆跳动、全跳动等形位公差应选用 GB/T 1184—1996 附录 B 中 5 级及以上公差等级,在特殊功能需求下可选用 4 级公差等级,不建议选用 3 级及以下公差等级;位置度推荐匹配 GB/T 1184—1996 附录 B 中的位置度数系。

3) 未注公差

为简化制图、节省图样设计时间,对于可由一般工艺水平和通常车间精度保证的要素可按 GB/T 1804—2000《一般公差 未注公差的线性和角度尺寸的公差》和 GB/T 1184—1996《形状和位置公差 未注公差值》的相关要求进行选取,同时提高图面清晰性、可读性。推荐选用 GB/T 1804—2000 - m 级的未注线性、角度尺寸公差,推荐选用 GB/T 1184—1996 - H 级的未注形位公差。

5.7.2 圆角与倒角设计的考虑

1) 一般表面倒圆和倒角

一般机械切削加工零件外角、内角取值要适当,外角的倒圆或倒角过大会影响零件工作面,内角的倒圆或倒角过小会产生应力集中。倒圆、倒角可按 GB/T 6403.4—2008《零件倒圆与倒角》进行设置,倒圆、倒角尺寸应满足尺寸系列要求,直径的倒圆、倒角应尽量选用附录 B 的推荐值。内角、外角的倒圆、倒角装配推荐满足 GB/T 6403.4—2008 的相关要求。

2) 螺纹倒圆和倒角

普通螺纹的倒圆和倒角应满足 GB/T 3—1997《普通螺纹收尾、肩距、退刀槽和倒角》的要求。外螺纹始端端面倒角一般为 30°、45°或 60°,推荐采用 45°,倒角深度应不小于螺纹牙型高度;内螺纹入口端倒角一般为 120°,端面倒角直径推荐为 1.05 倍公称直径;螺纹收尾牙底圆弧半径应不小于完整螺纹所规定的最小牙底圆弧半径。

5.7.3　在役检查可达性

RPV 结构设计应充分考虑在役检查需求,确保 RPV 承压焊缝区、高应力区、高辐照区及补焊区(若有)等部位具备良好的在役检查可达性,并满足 NB/T 20191—2012《压水堆核电厂结构设计中在役检查的可达性准则》的相关要求。一些典型的要求如下:不同厚度部件的焊接接头在整个受检区的斜度应尽可能小,对于射线检测允许最大斜度为 1/4;焊缝表面余高应加工或打磨至与母材齐平,表面粗糙度应不大于 6.3 μm;内壁堆焊层粗糙度应满足打磨后不大于 6.3 μm 的要求;焊缝两侧母材直边段应尽量不小于 2 倍焊缝厚度;相邻焊缝之间的距离应尽量不小于 2 倍焊缝部位最大壁厚。

5.7.4　制造工艺在设计上的考虑

RPV 常见机械加工技术手段主要包括车削、铣削、刨削、磨削、钻削和镗削。车削加工精度一般为 IT7～IT8,粗糙度一般为 0.8～1.6 μm;铣削加工精度一般为 IT7～IT8,粗糙度一般为 1.6～6.3 μm;刨削加工精度一般为 IT7～IT9,粗糙度一般为 1.6～6.3 μm;磨削加工精度一般为 IT5～IT8,粗糙度一般为 0.16～2.5 μm;钻削加工精度一般为 IT10,粗糙度一般为 6.3～12.5 μm;镗削加工精度一般为 IT7～IT9,粗糙度一般为 0.16～2.5 μm。RPV 结构设计的公差选择应与制造工艺相匹配,如表 5-5 所示。

表 5-5　RPV 制造工艺及其精度等级

序号	加工方式	加工等级	精度等级	粗糙度等级/μm
1	车削	粗车	IT11	10～20
		半精车/精车	IT7～IT10	0.16～10
		高精车(镜面车)	IT5～IT7	0.01～0.04
2	铣削	粗铣	IT11～IT13	5～20
		半精铣	IT8～IT11	2.5～10
		精铣	IT6～IT8	0.63～5

（续表）

序号	加工方式	加工等级	精度等级	粗糙度等级/μm
3	刨削	粗刨	IT11～IT12	12.5～25
		半精刨	IT9～IT10	3.2～6.3
		精刨	IT7～IT8	1.6～3.2
4	磨削	一般磨	IT5～IT8	0.16～1.25
		精密磨	IT5～IT8	0.04～0.16
		超精磨	—	0.01～0.04
		镜面磨	—	0.01 以下
5	钻削	钻孔（粗加工）	IT11～IT13	6.3～12.5
		扩孔（半精加工）	IT10～IT11	6.3～12.5
		粗铰	IT7～IT8	0.8～1.6
		精铰	IT6～IT7	0.4～0.8
6	镗削	一般镗孔	IT7～IT9	0.16～2.5
		精镗	IT6～IT7	0.08～0.63

5.7.5 设备吊装、运输和安装在设计上的考虑

对于单件质量大于 20 kg 的零部件均应考虑设置吊装结构或吊装接口，以便运输和安装。一般对于单件质量为 10 t 以下的零部件可以参照 GB 825—1988《吊环螺钉》的规定设置吊环螺钉或吊环螺钉接口；对于 10 t 以上的零部件应考虑单独设置吊耳结构或其他吊装接口，如顶盖组件一般设置吊耳，筒体组件可以借助主螺纹孔进行吊装。

RPV 本体运输过程中内侧应充氮防护、外侧应采用防雨篷布加以防护，防雨篷布应保证空气循环顺畅和避免出现凝露。RPV 紧固件等小件应放入防潮密封集装箱中运输。

RPV 在安装过程中应注意防护和保养，在非操作期间应封闭开孔，非焊

接期间应采用不含卤素的塑料薄膜对坡口进行覆盖；在操作和焊接期间应采取有效措施限制污染，并在操作和焊接完成后及时清洁。

参考文献

［1］　董元元,罗英,张丽屏.C 形密封环密封特性数值计算方法研究[J].核动力工程,2015,36(2)：155-159.

［2］　Dong Y Y, Luo Y, Zhang L P. Numerical simulation of sealing behavior of C-ring for reactor pressure vessel[J]. Journal of Nuclear Engineering and Radiation Science，2016，2(4)：041007.

［3］　罗英,米小琴,魏亚东,等.秦山核电二期工程反应堆压力容器管座焊缝设计和制造[C].2006 全国核材料学术交流会论文集,中国核学会材料分会,北京：中国原子能出版社,2006.

第 6 章

强度设计

在反应堆压力容器设计过程中应保证设备在多种载荷作用下都具有必要的安全裕度,因为 RPV 的失效往往带来的是灾难性的后果。强度设计则是为了保证设备在载荷作用下,针对不同类型的失效模式都具有必要的安全裕度。RPV 失效的判定通常包括下列三种情况:

(1) 完全失去原定的功能。

(2) 虽还能运行但已部分失去原有功能或不能良好地达到原定功能。

(3) 虽还能运行但已严重损伤而危及安全,使可靠性降低。

根据失效形式,RPV 失效包括强度失效、刚度失效、稳定性失效和泄漏失效。强度失效是因承受的载荷过大而发生破坏,刚度失效是指变形超出了部件所允许的范围,稳定性失效是指在载荷作用下几何形状无法保持原有的状态而失去平衡,泄漏失效是指 RPV 密封结构的密封功能丧失。根据失效时的服役时间长短,ISO 16528 - 1 - 2007 将 RPV 的失效模式分为短期、长期和循环三大类型:短期失效模式包括脆性断裂、韧性断裂、超量变形引起的接头泄漏、超量局部应变引起的裂纹形成或韧性撕裂、弹性/塑性或弹塑性失稳等;长期失效模式包括蠕变断裂、蠕变失稳、冲蚀腐蚀、应力腐蚀开裂、氢致开裂等;循环失效模式包括渐进的塑性变形,交替塑性、弹性应变疲劳或弹塑性应变疲劳,环境促进疲劳等。

RCC - M 第 I 卷和 ASME Ⅲ- NB 分卷针对压水堆 RPV 或部件,设计中主要考虑六种失效模式:过度变形、塑性失稳、弹性失稳或弹塑性失稳、快速断裂、交变载荷作用下的渐进性变形和疲劳(渐进性开裂)。第一种和第二种失效模式是考核部件的永久变形;第三种失效模式是考查压缩载荷下细长、薄壁构件的屈曲;第四种失效模式是考虑部件的损伤容限;最后两种失效模式是考察部件抵抗交变载荷引起破坏的能力,其中第五种失效模式通常指交变应力下的棘轮破坏或垮塌,而第六种失效模式通常指交变应变下的疲劳破坏。此外,国内学者轩福贞等还指出对于蠕变温度范畴内的压力容器或部件,设计中除了考虑上述六种失效模式外,还应考察六种与时间相关的失效模式:蠕变破裂、过度非弹性变形、应力松弛、蠕变-疲劳耦合、蠕变相关的裂纹扩展致断裂和蠕变屈曲。

可见,RPV 的失效模式是复杂和多样性的。为了确保压力边界的完整性,RCC‐M 第 I 卷在反应堆压力容器的强度设计中,对于每一种失效模式都规定了一个与之相应的准则级别。

(1) O 级准则,为了防止部件发生过度变形、塑性失稳、弹性失稳和弹塑性失稳等失效模式。

(2) A 级准则,为了防止部件发生渐进性变形、疲劳等失效模式。

(3) C 级准则,针对 O 级准则中的失效模式,但其安全裕量更小。

(4) D 级准则,为了防止部件失稳或弹塑性失稳,但不排除过度变形的危险。

6.1 强度理论

RPV 的强度设计也称强度计算,是指应用有关标准或规范给出的设计公式来计算并确定组成部件的最小尺寸,如壁厚、螺栓载荷等。RCC‐M 或 ASME‐Ⅲ 虽然对规范一级设备规定了一整套分析法设计规则,且只要满足这套设计规则,从设计角度也就保证了设备不失效或破坏,但如果据此随意确定承压设备的结构尺寸,既不经济,又需要反复计算、分析方可得到安全可行的设计结果。因此,在进行承压设备完整性分析以前,仍需要采用强度计算来确定 RPV 的基本尺寸,并将其作为分析法设计的几何尺寸依据,当然强度计算确定的尺寸仍需要根据分析设计的结果进行优化修正。

如前所述,强度失效或破坏系指结构部件的材料力学性能不足以抵抗载荷条件产生的应力或应变而丧失其功能或者发生破坏。因而,强度设计可以在载荷确定的条件下,通过控制与失效或破坏相关的材料力学性能、结构中的应力或应变防止强度失效。常用的一种方法就是利用材料力学中规定的强度理论得到各种强度设计公式,主要涉及三个方面:载荷与失效形式相关的设计准则,与材料性能相关的许用应力,以及将失效和材料性能联系起来的强度理论。

6.1.1 几种常见的强度理论

为了适应实际结构中遇到的复杂应力状态,发展了各种强度理论,这些强度理论的目的是在假设材料的简单拉伸或压缩试验的力学性能已知时,预测结构在复杂应力状态下的破坏,这里的破坏是指结构材料达到屈服或实际断裂。对于RPV的强度破坏,存在以下三种观点。

(1) 弹性破坏。认为承受内压的容器内壁(即最高应力点)的应力达到或超过材料的屈服应力(丧失弹性而进入塑性)时,容器即视为发生破坏而不能继续工作。

(2) 塑性破坏。认为容器的内壁达到屈服,不会导致容器破坏;由于外层的金属仍处于弹性状态,它对内壁已经屈服的材料进一步的塑性变形起到了约束作用,只有当塑性区沿断面向外扩展并达到外表面形成全截面屈服时,容器才视为破坏。

(3) 爆破破坏。认为铁素体钢具有明显的应变强化效应,不会像理想塑性材料那样,即使全截面屈服也不会发生无限制的塑性流动,只有当容器发生爆破时才算真正的破坏。

ASME B&PVC-Ⅲ卷、RCC-M等规范规定的各项结构完整性评定准则,基本上是以全截面屈服的塑性破坏观点为依据的,但在RPV的强度设计中,通常以弹性破坏观点为依据,保证了设计的保守性。

根据材料力学和弹性理论,结构内的复杂应力场总是可以通过其三个主应力 σ_1、σ_2、σ_3 来完全确定,而主应力的代数值具有 $\sigma_1 > \sigma_2 > \sigma_3$ 的关系。用于结构部件在复杂应力状态下产生屈服的强度理论有以下四种。

(1) 最大主应力理论,又称第一强度理论或Lame理论。这种理论是以最大或最小主应力作为衡量强度的准则,对延性材料而言,当最大主应力达到材料简单拉伸时的屈服应力或最小应力达到简单压缩时的屈服应力时开始屈服,其屈服条件为

$$\sigma_1 = S_y \text{ 或 } |\sigma_3| = S_y \tag{6-1}$$

式中,S_y 为材料屈服强度。

(2) 最大主应变理论,又称第二强度理论或St. Venent理论。这种理论认为,延性材料在最大应变(伸长)等于简单拉伸屈服点应变时,或在最小应变(缩短)等于简单压缩中的屈服点应变时开始屈服,最大或最小应变为

$$\varepsilon_1 = \frac{1}{E}[\sigma_1 - \mu(\sigma_2 + \sigma_3)] = \frac{1}{E}S_y \qquad (6-2a)$$

$$\varepsilon_3 = \frac{1}{E}[\sigma_3 - \mu(\sigma_1 + \sigma_2)] = \frac{1}{E}S_y \qquad (6-2b)$$

式中，ε_1、ε_3 为与主应力对应的主应变，μ 为泊松比，E 为弹性模量。

按最大主应变理论，其屈服条件可表示为

$$\sigma_1 - \mu(\sigma_2 + \sigma_3) = S_y \qquad (6-2c)$$

$$|\sigma_3 - \mu(\sigma_1 + \sigma_2)| = S_y \qquad (6-2d)$$

（3）最大剪应力理论，又称第三强度理论或 Tresca 理论。这种理论认为，当材料中的最大剪应力等于简单拉伸试验中屈服点的最大剪应力时开始屈服，由于材料中的最大剪应力等于最大与最小主应力之差的一半，即简单拉伸中的最大剪应力等于最大拉应力的一半，因而最大剪应力理论的屈服条件可表示为

$$\sigma_1 - \sigma_3 = S_y \qquad (6-3)$$

对延性材料而言，这是最常用的强度理论，因与材料实验符合良好，简单明确。

（4）最大能量理论，又称第四强度或 Mises 理论。这种理论认为，当材料单位体积内储存的形状变化比能达到简单拉伸中屈服点的形状变化比能时开始屈服，因而最大能量理论的屈服条件可表示为

$$\frac{1+\mu}{6E}[(\sigma_1-\sigma_2)^2 + (\sigma_2-\sigma_3)^2 + (\sigma_3-\sigma_1)^2] = \frac{1+\mu}{3E}S_y^2 \qquad (6-4a)$$

$$或者\ (\sigma_1-\sigma_2)^2 + (\sigma_2-\sigma_3)^2 + (\sigma_3-\sigma_1)^2 = 2S_y^2 \qquad (6-4b)$$

对于二维应力（即 $\sigma_3 = 0$）及材料的拉伸和压缩的屈服点相同时，四种强度理论的二维应力如图 6-1 所示。

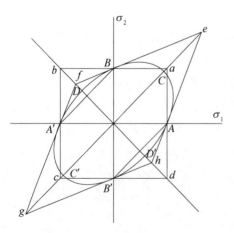

最大主应力理论：正方形 $abcd$；
最大主应变理论：菱形 $efgh$；
最大剪应力理论：不等边六角形 $AaBA'cB'$；
最大能量理论：椭圆 $ACBDA'C'B'D'$。

图 6-1　强度理论二维应力图

6.1.2　许用应力

在采用强度设计公式计算圆柱壳体如筒体壁厚时,如图 6 - 1 所示要采用"许用应力",顾名思义它是设计允许采用的应力。其主要用于两种场合,一种是在用强度设计公式确定容器部件的计算壁厚时使用,另一种是在评定结构完整性分析结果时作为基准值使用。

许用应力是一个强度指标,是材料拉伸力学性能试验强度指标的一部分,其占屈服强度或拉伸强度的比例主要取决于材料力学性能的稳定性、结构设计考虑、应力分析的准确性及 RPV 制造质量等多种因素。这些因素可以称为"不确定性",用不确定性系数表示;或者称为"无知因素",用"无知系数"表示。在我国多称为"安全系数",在 RCC - M 或 ASME - Ⅲ 中则采用了"力学性能特性系数"一词。在确定材料的强度性能指标时,包括随温度的变化,应保证材料性能指标的可靠性,因而材料的性能指标不能随意根据试验确定,应在设定可靠性的前提下,通过试验数据的统计处理,由最概然值确定,称为材料的有效数据或代表性数据,RCC - M 或 ASME - Ⅲ 的规范性附录均给出了相应数据。

实际上可以认为许用应力是一种统称,原因首先是在确定许用应力时,不同使用要求的容器可能有不同的不确定性系数;其次,在应用不同强度理论设计容器部件时可以得到不同的尺寸,如壁厚;最后,不同的材料也有不同的不确定性系数,如容器材料和螺栓材料不确定性系数显然有区别,容器材料也区分为规范一级和规范二级容器等。考虑到这些差异,不同规范在处理许用应力时,用了不同的定名。在 RCC - M 中,规范一级设备采用第三强度理论设计,其许用应力称为"许用基本应力强度值(allowable basic stress intensity values)",符号为 S_m;规范二、三级设备采用第一强度理论设计,其许用应力称为"许用基本应力值(allowable basic stress intensity values)",符号为 S。在 ASME - Ⅲ 中,规范一级设备采用第三强度理论设计,其许用应力称为"设计应力强度值(design stress intensity values)",符号为 S_m;规范二、三级设备采用第一强度理论设计,其许用应力称为"许用应力值"(allowable stress values),符号为 S。RCC - M 和 ASME - Ⅲ 这样定名许用应力,不仅区分了采用的强度理论、规范级别设备,亦区分了采用不同的不确定性系数。RCC - M 的附录 ZⅢ 给出了规范一、二、三级设备许用应力限值的取值方法。

对于规范一级设备,不同类别材料的许用基本应力强度值 S_m 在考察温度下的取值规定如下。

(1) 对于除螺栓材料外的铁素体钢、合金钢和有色金属,许用基本应力强度值 S_m 应取以下四者中的最小值:在室温下最小抗拉强度 R_m 的 1/3,在考察温度下抗拉强度 S_u 的 1/3,在室温下最小屈服强度 R_e 的 2/3,在考察温度下屈服强度 S_y 的 2/3。

(2) 对于除螺栓材料外的奥氏体钢、镍-铬-铁合金、镍-铁-铬合金,许用基本应力强度值 S_m 应取以下四者中最小值:在室温下最小抗拉强度 R_m 的 1/3,在考察温度下抗拉强度 S_u 的 1/3,在室温下最小屈服强度 R_e 的 2/3,在考察温度下屈服强度 S_y 的 90%。

(3) 对于螺栓材料,许用基本应力强度 S_m 应取以下两者中最小值:在室温下最小屈服强度 R_e 的 1/3,在考察温度下屈服强度 S_y 的 1/3。

6.2 壁厚设计

RPV 是由圆柱筒体、球形封头及管道构成的,壁厚的计算需考虑设计参数、结构形式等输入,保证 RPV 的强度满足设计规范要求。根据各部件结构形式不同,可以分为筒体壁厚、封头壁厚和管道壁厚计算;根据受压形式可以分为内压壁厚计算和外压壁厚计算。前面已经介绍了四个强度理论产生屈服的条件,RPV 以弹性失效为设计准则,即认为 RPV 只有在完全弹性状态下才是安全的,一旦结构中某一点计算的最大应力进入塑性范围,即认为整个 RPV 失效。因此,将强度理论公式中的屈服应力替代为许用应力,即可求得给定压力和内径的最小壁厚。对于 RPV,一般采用第三强度理论进行计算。

6.2.1 内压筒体壁厚计算

考虑一个承受均匀内压的圆筒体,其器壁中产生三个薄膜应力,根据 Lame 公式可获得

$$\sigma_\theta(r) = \sigma_1(r) = \frac{P}{k^2-1}\left(1 + \frac{r_o^2}{r^2}\right) \tag{6-5a}$$

$$\sigma_z(r) = \sigma_2(r) = P\left(\frac{1}{k^2-1}\right) \tag{6-5b}$$

$$\sigma_r(r) = \sigma_3(r) = \frac{P}{k^2 - 1}\left(1 - \frac{r_o^2}{r^2}\right) \tag{6-5c}$$

式中，σ 为应力，下标 θ、r、z 分别代表环向、径向和轴向，而下标 1、2、3 分别代表三个主应力；P 为内压；$k = \dfrac{r_o}{r_i} = 1 + \dfrac{t}{r_i}$，为筒体外半径与内半径之比，$t$ 为筒体壁厚；r_i 和 r_o 分别代表筒体内半径和外半径。

当 $r = r_i$ 时，有

$$\sigma_\theta(r_i) = \sigma_1(r_i) = P\frac{k^2 + 1}{k^2 - 1} \tag{6-6a}$$

$$\sigma_z(r_i) = \sigma_2(r_i) = P\left(\frac{1}{k^2 - 1}\right) \tag{6-6b}$$

$$\sigma_r(r_i) = \sigma_3(r_i) = -P \tag{6-6c}$$

当 $r = r_o$ 时，有

$$\sigma_\theta(r_o) = \sigma_1(r_o) = P\left(\frac{2}{k^2 - 1}\right) \tag{6-7a}$$

$$\sigma_z(r_o) = \sigma_2(r_o) = P\left(\frac{1}{k^2 - 1}\right) \tag{6-7b}$$

$$\sigma_r(r_o) = \sigma_3(r_o) = 0 \tag{6-7c}$$

其分布如图 6-2 所示。

由上可知，最大主应力出现在内壁，按弹性准则，将上述主应力分别代入强度理论可得以下公式。

第一强度理论为

$$\frac{P}{S_y} = \frac{k^2 - 1}{k^2 + 1} \tag{6-8a}$$

第二强度理论为

$$\frac{P}{S_y} = \frac{k^2 - 1}{(1 + \mu)k^2 + 1 - 2\mu} \tag{6-8b}$$

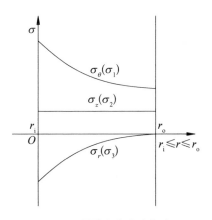

图 6-2　圆筒壳体在均匀内压作用下的应力分布

第三强度理论为

$$\frac{P}{S_y} = \frac{k^2 - 1}{2k^2} \tag{6-8c}$$

第四强度理论为

$$\frac{P}{S_y} = \frac{k^2 - 1}{\sqrt{3}k^2} \tag{6-8d}$$

另外,还有三个常用公式,第一个是修正最大主应力公式:

$$\frac{P}{S_y} = \frac{k - 1}{0.6k + 0.4} \tag{6-8e}$$

第二个是中径公式:

$$\frac{P}{S_y} = \frac{2(k - 1)}{k + 1} \tag{6-8f}$$

第三个是薄壁公式:

$$\frac{P}{S_y} = k - 1 \tag{6-8g}$$

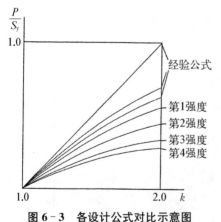

图 6-3 各设计公式对比示意图

如果以 $\dfrac{P}{S_y}$ 为纵坐标,以 k 为横坐标作图,可得到图 6-3。

由图 6-3 可以看出,当 k 较小时,各式差别不大,但是随 k 的增大,各式差别甚大,这就是强度理论不同所致。

如果 $k = 1$,则有

$$\sigma_1(r_i) = P\frac{k^2 + 1}{k^2 - 1} \approx \frac{P}{k - 1} \tag{6-9a}$$

$$\sigma_2(r_i) = P\frac{1}{k^2 - 1} \approx \frac{P}{2(k - 1)} \tag{6-9b}$$

$$\sigma_3(r_i) = -P \tag{6-9c}$$

如果将 $\sigma_1(r)$、$\sigma_2(r)$、$\sigma_3(r)$ 对壁厚求平均值,即薄膜应力为

$$\bar{\sigma}_i = \frac{1}{t}\int_{r_i}^{r_o}\sigma_i(r)\mathrm{d}r \qquad (6-10\mathrm{a})$$

可得

$$\bar{\sigma}_1 = \frac{P}{k-1} = \frac{Pr_i}{t} \qquad (6-10\mathrm{b})$$

$$\bar{\sigma}_2 = \frac{P}{k^2-1} = \frac{Pr_i^2}{r_o^2-r_i^2} \qquad (6-10\mathrm{c})$$

$$\bar{\sigma}_3 = -\frac{P}{k+1} = -\frac{Pr_i}{r_o+r_i} \qquad (6-10\mathrm{d})$$

对薄壁而言:

$$\bar{\sigma}_1 = \frac{P}{k-1} = \frac{Pr_i}{t} \qquad (6-10\mathrm{e})$$

$$\bar{\sigma}_2 = \frac{P}{k^2-1} \qquad (6-10\mathrm{f})$$

$$\bar{\sigma}_3 = -\frac{P}{2} \qquad (6-10\mathrm{g})$$

根据第三强度理论,可得

$$\bar{\sigma}_1 - \bar{\sigma}_3 = S_y \qquad (6-11\mathrm{a})$$

$$\frac{Pr_i}{t} + \frac{P}{2} = S_y \qquad (6-11\mathrm{b})$$

$$t = \frac{Pr_i}{S_y - 0.5P} \qquad (6-11\mathrm{c})$$

将 S_y 换为设计应力强度 S_m,即得 RCC - M - B3320 和 ASME - Ⅲ - NB3324 中的设计公式:

$$t = \frac{Pr_i}{S_m - 0.5P} \qquad (6-12)$$

6.2.2 内压封头壁厚计算

第 5 章对 RPV 采用的各种封头类型没有专门介绍,其实 RPV 所用封头类型与常规压力容器并无区别,主要是球形封头、平封头和椭球形封头,这几种封头在同样的内压条件下应力状态有较大差异,因此壁厚计算也有不同。本节以最常见的球形封头和平封头为例展开介绍。

6.2.2.1 内压作用下的球形封头壁厚计算

虽然 RPV 没有完整的球形壳体结构单元,但多数顶盖和下封头一般都采用球形,可以看作是半个球形壳体。它的强度设计,除了局部开孔和边界效应以外,与完整的球形壳体完全一样。

当承受内压 P 作用时,根据厚壁球形壳体应力状态的弹性力学解,可给出沿切向(即 θ 方向)、纵(经)向(即 φ 方向)和径向(即 r 方向)的三个主应力为

$$\sigma_\theta(r) = P\,\frac{\left(\dfrac{r_o}{r}\right)^3 + 2}{2(k^3 - 1)} \qquad (6-13a)$$

$$\sigma_\varphi(r) = P\,\frac{\left(\dfrac{r_o}{r}\right)^3 + 2}{2(k^3 - 1)} \qquad (6-13b)$$

$$\sigma_r(r) = P\,\frac{1 - \left(\dfrac{r_o}{r}\right)^3}{k^3 - 1} \qquad (6-13c)$$

三个主应力中,切向与纵(经)向主应力相等,即 $\sigma_\theta = \sigma_\varphi$,这是球形壳体的特点,也是由它的形状对称性所决定的。式中有关符号的定义同上一节。

取 $r = r_i$,可得内壁面的三个主应力为

$$\sigma_\theta(r_i) = P\,\frac{k^3 + 2}{2(k^3 - 1)} \qquad (6-14a)$$

$$\sigma_\varphi(r_i) = P\,\frac{k^3 + 2}{2(k^3 - 1)} \qquad (6-14b)$$

$$\sigma_r(r_i) = -P \qquad (6-14c)$$

如果按照弹性失效的观点进行设计,并取内壁面达到设计应力强度值

S_m，则对应于不同的强度理论可给出各自相应的计算公式。其中主要有如下计算公式。

第一强度理论：

$$\frac{P}{S_m} = \frac{2(k^3 - 1)}{k^3 + 2}$$ (6-15a)

第二强度理论：

$$\frac{P}{S_m} = \frac{2(k^3 - 1)}{2 + (1 - 3\mu)k^3}$$ (6-15b)

第三和第四强度理论：

$$\frac{P}{S_m} = \frac{2}{3} \frac{k^3 - 1}{k^3}$$ (6-15c)

由于有两个主应力相等，可以证明第三和第四强度理论具有相同的表达式。

对于 $k < 1.1$ 的薄壁壳体，近似取 $k \approx 1$，可得到薄膜状态沿三个方向的主应力为

$$\sigma_\theta = \frac{P}{2(k-1)}$$ (6-16a)

$$\sigma_\varphi = \frac{P}{2(k-1)}$$ (6-16b)

$$\sigma_r = -\frac{P}{2}$$ (6-16c)

可以看出，薄壁球壳的最大主应力仅为相应圆柱形壳体的一半，这是球形壳体的又一特点，所以在同样内压下它的壁厚也可以减薄一半。最常用于薄壁壳体强度设计的公式如下。

根据第一强度理论：

$$\frac{P}{S_m} = 2(k-1)$$ (6-17a)

由此可得

$$t = \frac{Pr_{\mathrm{i}}}{2S_{\mathrm{m}}} \tag{6-17b}$$

根据第三强度理论：

$$\sigma_\theta - \sigma_r = S_{\mathrm{m}} \tag{6-18a}$$

即

$$\frac{P}{2(k-1)} - \left(-\frac{P}{2}\right) = \frac{P}{2(k-1)} + \frac{P}{2} = S_{\mathrm{m}} \tag{6-18b}$$

由此可得

$$t = \frac{Pr_{\mathrm{i}}}{2S_{\mathrm{m}} - P} \tag{6-18c}$$

这两个球形壳体在内压作用下的壁厚计算公式,正是 RCC-M-B3320 和 ASME-Ⅲ-NB3324 中给出的球形壳体强度设计的壁厚计算公式。

6.2.2.2　内压作用下螺栓连接的圆形平封头

圆形平封头因为具有结构简单、制造时无须焊接、安装后占用空间小等优点,所以在核电厂机械设备中具有广泛的应用,其连接结构如图 6-4 所示。

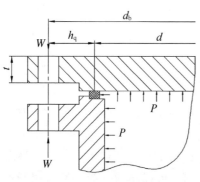

图 6-4　螺栓连接的圆形封头密封结构示意图

1) 弹性设计公式

圆形平封头在均匀载荷内压 P 的作用下将产生弯曲,若弯曲产生的挠度与其厚度相比很小时,可以将平封头弯曲看作是圆平板的纯弯曲,即遵守中平面为一中性面的假设。因此,可以假定内压 P 作用在 $x = t/2$ 的平面上,其连接螺栓可作为简支处理,这样可以得如图 6-5 所示的计算模型。

在轴对称内压载荷 P 作用下,圆平板的主应力及变形公式如下。

径向弯曲应力为

$$\sigma_r = P\,\frac{3x}{4t^3}\big[(3+\mu)(R^2 - r^2)\big] \tag{6-19a}$$

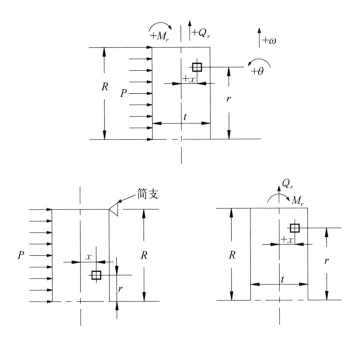

图 6 - 5　简支圆形封头的外力、坐标及符号规定

切向弯曲应力为

$$\sigma_\theta = P\,\frac{3x}{4t^3}\big[(3+\mu)R^2-(1+3\mu)r^2\big] \tag{6-19b}$$

纵向应力为

$$\sigma_z = \frac{P}{t}\Big(x-\frac{t}{2}\Big) \tag{6-19c}$$

中性面转角为

$$v=-P\,\frac{3(1-\mu)}{4t^3E}\big[r^3(1+\mu)-rR^2(3+\mu)\big] \tag{6-19d}$$

中性面外边缘处转角为

$$v=+P\,\frac{3(1-\mu)}{2E}\Big(\frac{R}{t}\Big)^3 \tag{6-19e}$$

径向位移为

$$\omega=+xv \tag{6-19f}$$

在均布的边力矩作用下,在径向位置 r 处横截面中任一点 x 处的主应力和变形如下。

径向和切向应力为

$$\sigma_r = \sigma_\theta = \frac{Q_r}{t} - \frac{12x}{t^3} M_r \qquad (6-20a)$$

中性面转角为

$$\theta = -\frac{12(1-\mu)r}{Et^3} M_r \qquad (6-20b)$$

径向位移为

$$\omega = \frac{(1-v)r}{Et} Q_r + xv \qquad (6-20c)$$

式中,P 为设计压力;M_r 为边缘径向弯矩;Q_r 为径向力;σ_r 为径向应力;σ_θ 为切向应力;σ_z 为纵向应力;ω 为径向位移;v 为转角;d 为密封圆直径,$R = d/2$;r 为自圆平板中心起的径向距离;x 为自圆平板中心起的纵向距离;t 为圆平板厚度。

根据 RCC-M 及 ASME-Ⅲ 采用的第三强度理论,其屈服条件可以表示为 $\sigma_1 - \sigma_3 = S_y$,而当 $r = 0$,$x = \frac{1}{2}t$ 时,有

$$\sigma_{\max} = \sigma_{r\max} = \sigma_{\theta\max} = \sigma_1 = \sigma_2 = \frac{3(3+\mu)}{32} \frac{Pd^2}{t^2} \qquad (6-21a)$$

$$\sigma_{\min} = \sigma_{z\min} = 0 \qquad (6-21b)$$

故有

$$\frac{3(3+\mu)}{32} \frac{Pd^2}{t^2} = S_y \qquad (6-21c)$$

这就是圆形平板中心外表面的屈服条件,若将 S_y 换成 S_m 或 S 即得到圆平板厚度的设计公式:

$$t = d\sqrt{\frac{c_1 P}{S_m}} \qquad (6-22a)$$

$$c_1 = \frac{3(3+\mu)}{32} \tag{6-22b}$$

当 $\mu = 0.3$ 时，$c_1 = 0.309$。

2）弹塑性设计公式

按 RCC - M 和 ASME - Ⅲ 的规定是允许采用塑性分析和极限分析的，对这里分析的四周简支圆形平板而言，其中心外表面发生屈服，不会导致塑性破坏，因周围弹性状态的材料约束了塑性变形，这时整个圆平板是处于弹塑性状态，其产生中心外表面屈服的均布压力为

$$P' = \frac{32kh^2}{\sqrt{3}\,(3+\mu)r^2} \tag{6-23a}$$

$$k = \frac{1}{6}\left[(\sigma_\theta - \sigma_r)^2 + (\sigma_r - \sigma_z)^2 + (\sigma_z - \sigma_\theta)^2\right] \tag{6-23b}$$

当 $h = \frac{1}{2}t$，$r = 0$ 时，存在

$$\sigma_\theta(r=0,\ x=h) = \sigma_r(r=0,\ x=h) = S_y \tag{6-24a}$$

$$\sigma_z(r=0,\ x=h) = 0 \tag{6-24b}$$

$$k = \frac{1}{\sqrt{3}}S_y \tag{6-24c}$$

则有

$$P' = \frac{32S_y h^2}{3(3+\mu)R^2} = \frac{32S_y t^2}{3(3+\mu)d^2} \tag{6-24d}$$

按 RCC - M 和 ASME - Ⅲ 规定，$S_m = \frac{2}{3}S_y$ 或 $P_b = 1.5S_m$，则有

$$P' = \frac{32 \times 1.5 S_m t^2}{3(3+\mu)d^2} \tag{6-24e}$$

将 P' 取为设计压力 P，则圆形平板的厚度为

$$t = d\sqrt{\frac{3(3+\mu)}{32 \times 1.5}\frac{P}{S_m}} \tag{6-25a}$$

若 $\mu = 0.3$，$c_2 = \dfrac{3(3+\mu)}{32 \times 1.5} = 0.206$，则有

$$t = \sqrt{0.206 \frac{P}{S_m}} \qquad (6-25b)$$

3）塑性设计公式

前面所述的弹塑性解是圆形平板的中心外表面已发生了屈服，当载荷继续增大，屈服会由点变为一个小区域，并随载荷的加大而扩展塑性区，最终达到塑性状态，如图 6-6 所示。应特别指出的是，在圆形平板中心整个截面呈现全塑性状态的同时，整个平板也进入了全塑性状态，这是圆形平板弯曲与梁弯曲的主要区别。

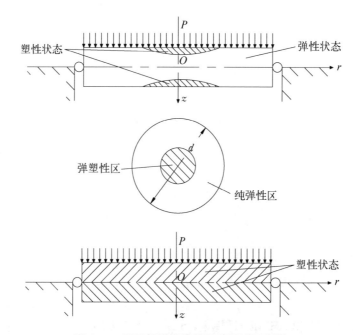

图 6-6 圆平板弹塑性及塑性区域示意图

圆形平板的平衡方程，以弯矩形式表示为

$$\frac{\mathrm{d}M_r}{\mathrm{d}r} + \frac{M_r - M_\theta}{r} = -Q_r r \qquad (6-26a)$$

$$Q_r = -\frac{1}{r}\int_0^r Pr\,\mathrm{d}r = -\frac{1}{2}Pr \qquad (6-26b)$$

当整个圆形平板进入塑性状态时，对中心，$M_r = M_\theta = M_S$；对简支边界，$M_r = 0$，$M_\theta = M_S$。

这里的 M_θ 为边缘环向弯矩，M_S 为屈服弯曲力矩，将 $M_\theta = M_S$，代入平衡方程后可得

$$\frac{\mathrm{d}M_r}{\mathrm{d}r} + \frac{M_r}{r} = -\frac{1}{2}Pr + \frac{M_S}{r} \tag{6-26c}$$

这个一阶非齐次微分方程的解为

$$M_r = M_S - \frac{1}{6}Pr^2 + \frac{A}{r} \tag{6-26d}$$

式中，A 为待定常数，根据边界条件确定。

将中心及边界条件代入，可得 P（极限载荷下限值）为

$$P = \frac{6M_S}{R^2} \tag{6-26e}$$

屈服弯曲力矩 $M_S = \frac{1}{4}t^2 S_y$，故有

$$P = \frac{6t^2 S_y}{d^2} \tag{6-26f}$$

即有

$$t = d\sqrt{\frac{P}{6S_y}} \tag{6-26g}$$

由于 RCC-M 及 ASME-Ⅲ 对许用应力强度 S_m 规定取屈服应力 S_y 的 $\frac{2}{3}$，即 $S_m = \frac{2}{3}S_y$，所以有

$$t = d\sqrt{\frac{P}{6S_m}} \tag{6-26h}$$

则有

$$t = d\sqrt{c_3 \frac{P}{S_m}} \tag{6-26i}$$

$$c_3 = \frac{1}{6} = 0.166 \qquad (6-26\text{j})$$

4）螺栓载荷的附加厚度

上述的圆形平板厚度是均匀内压载荷要求的厚度，它们均可以表示为

$$t = d\sqrt{\frac{cP}{S_{\text{m}}}} \qquad (6-27)$$

c 值对弹性解为 0.309、弹塑性解为 0.206、塑性解为 0.166，三者之比为 $1:0.82:0.73$。

如图 $6-5$ 所示，圆形平封头以螺栓连接，则因螺栓载荷的力矩应增加一个附加厚度，由螺栓力矩作用产生的主应力，可由下式计算：

$$\sigma_r = \sigma_\theta = \frac{Q}{t} - \frac{12x}{t^3}M \qquad (6-28\text{a})$$

当 $r=0$、$x=\dfrac{1}{2}t$ 时，

$$\sigma_r = \sigma_\theta = \frac{Q}{t} - \frac{6M}{t^2} \qquad (6-28\text{b})$$

因为 $\dfrac{Q}{t}$ 与 $\dfrac{6M}{t^2}$ 相比为小量，可以忽略，所以螺栓力矩可表示为

$$M = -\left(W - \frac{1}{4}\pi d^2 P\right)\frac{h_{\text{G}}}{\pi d} \qquad (6-29\text{a})$$

$$h_{\text{G}} = \frac{1}{2}(d_{\text{b}} - d) \qquad (6-29\text{b})$$

式中，d_{b} 为螺栓孔中心圆直径。

如以螺栓载荷系数 k 表示螺栓载荷 W 与圆形平封头轴向推力 H 之比，则有

$$k = \frac{W}{H} = \frac{W}{\dfrac{1}{4}\pi d^2 P} \qquad (6-29\text{c})$$

螺栓力矩可表示为

$$M = -(k-1)\frac{Wh_G}{k\pi d} \tag{6-29d}$$

将 M 代入 σ_r 和 σ_θ 的表达式,略去 $\dfrac{Q}{t}$,并记为 σ_M,则 σ_M 为

$$
\begin{aligned}
\sigma_M &= \frac{6(k-1)Wh_G}{t^2 k\pi d} \\[2mm]
&= \frac{Pd^2}{t^2}\frac{6(k-1)Wh_G}{k\pi Pd^3} \\[2mm]
&= \frac{Pd^2}{t^2}\frac{\dfrac{6}{4}(k-1)Wh_G}{kd\,\dfrac{1}{4}\pi d^2 P} \\[2mm]
&= \frac{Pd^2}{t^2}\frac{\dfrac{3}{2}(k-1)Wh_G}{kdH}
\end{aligned}
\tag{6-30}
$$

由上述 1)~3)可知,由均布内压作用下的圆形平板弯曲应力强度为 $\sigma_p = \dfrac{cPd^2}{t^2}$,而由螺栓载荷的力矩作用在中心外表面产生应力强度为 σ_M,将两者叠加,即为圆形平封头在均布内压及螺栓载荷力矩作用下,$r=0$、$x=\dfrac{1}{2}t$ 处的应力强度 σ,有

$$\sigma = \sigma_p + \sigma_M = \frac{cPd^2}{t^2} + \frac{Pd^2}{t^2}\frac{\dfrac{3}{2}(k-1)Wh_G}{k\pi H} \tag{6-31a}$$

计算厚度表达式为

$$t = d\sqrt{\frac{P}{\sigma}\left[c + \frac{\dfrac{3}{2}(k-1)Wh_G}{kdH}\right]} \tag{6-31b}$$

如将 σ 以 S_m 代入,即可得到 RCC‑M 和 ASME‑Ⅲ给出的螺栓连接的圆形平封头厚度设计公式为

$$t = d\sqrt{\frac{P}{S_\mathrm{m}}\left[c + \frac{\frac{3}{2}(k-1)Wh_\mathrm{G}}{kdH}\right]} \tag{6-32a}$$

这里 $H = \frac{\pi}{4}Pd^2$，代入后可有

$$t = d\sqrt{\frac{P}{S_\mathrm{m}}\left[c + \frac{6(k-1)}{k\pi}\frac{Wh_\mathrm{G}}{Pd^3}\right]} \tag{6-32b}$$

如将上式中的 c 记为 c_1，将 $\frac{6(k-1)}{k\pi}$ 记为 c_2，则有

$$t = d\sqrt{\frac{c_1 P}{S_\mathrm{m}} + \frac{c_2 Wh_\mathrm{G}}{S_\mathrm{m}d^3}} \tag{6-32c}$$

上式中，第一项为均布内压的计算厚度，第二项为螺栓弯矩的计算厚度，因而只要知道螺栓载荷 W、设计内压及螺栓连接的平封头几何尺寸，即可以求得平封头的厚度。螺栓载荷在 RCC-M 的附录 ZV 及 ASME-Ⅲ-附录Ⅺ均给出了计算方法。

5) 对螺栓载荷系数 k 的讨论

根据在 4) 中对螺栓载荷系数 k 的定义：$k = \frac{W}{H}$，式中的 W 为螺栓载荷，并取 W_{m1} 和 W_{m2} 中的较大者，$H = \frac{1}{4}\pi d^2 P$。

运行状态：

$$W_{m1} = \frac{1}{4}\pi d^2 P + 2b\pi dmP \tag{6-33a}$$

预紧状态：

$$W_{m2} = \pi bdy \tag{6-33b}$$

式中，b 为垫片有效宽度或连接件接触面的压紧宽度；m 为垫片系数，即连接件的压紧载荷是内压的 m 倍，取决于垫片的材料及连接件结构形式；y 为垫片或连接件接触面上的单位压紧载荷，取决于材料。

以上的 b、m 及 y 值可在 ASME-Ⅲ-附录Ⅺ的表Ⅺ-3221.1 中查到或者

由垫片供货商提供。

从螺栓连接的顶盖与法兰的密封结构设计来看,当 H 值一定时,增大 k 值即意味着增大螺栓预紧力,这是一种强制型密封结构,如平垫密封结构;若 k 值最小,如 k 趋近 1.0,这表明是一种自紧型密封结构,如自紧的 O 形环密封结构;若 k 值居中,则表明是一种半自紧型密封结构,如双锥型密封结构。因此,螺栓载荷系数 k 值的大小,实际上反映了密封结构设计的类型,或者说它是反映密封性能的一个参数。

从以螺栓连接的顶盖与法兰密封结构设计的尺寸上看,k 值越大,意味着螺栓弯矩要求的附加厚度越大,很显然的是,当 $k=1$ 时,则不需要附加厚度;但 k 亦不可能极大,比如 k 趋向无穷大,则毫无意义,原因是既不能设计出这样的螺栓,又没有能够承受这样载荷的垫片,因此 k 应该有极值。

根据对 k 的定义,虽然有 $1 \leqslant k < \infty$,但由上节讨论可知 $c_2 = \dfrac{6}{\pi}\left(1 - \dfrac{1}{k}\right)$,令 $c_2 = f(k)$,则 c_2 与 k 的关系曲线如图 $6-7$ 所示。c_2 为 k 的单值增函数,并有 $0 \leqslant c_2 < \dfrac{6}{\pi}$ $(1 \leqslant k < \infty)$。

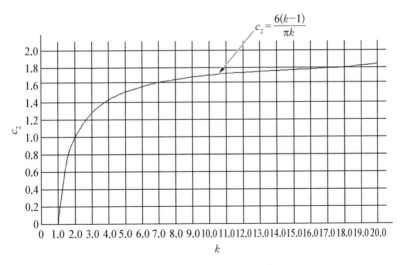

图 6-7　c_2 与 k 的关系曲线

将运行状态和预紧状态的螺栓载荷 W_{m1} 和 W_{m2} 代入 k 的定义式,即可得以下公式。

运行状态:

$$k_1 = 1 + \frac{8bm}{d} \tag{6-34a}$$

预紧状态：

$$k_2 = \frac{4by}{dP} \tag{6-34b}$$

因此，以螺栓连接的圆形平封头厚度的设计公式可表示为

$$t = d\sqrt{\frac{P}{S_m}\left[c_1 + \frac{\frac{3}{2}(k-1)h_G}{d}\right]} \tag{6-35a}$$

或

$$t = d\sqrt{\frac{c_1 P}{S_m} + \frac{c_2 W h_G}{S_m d^3}} \tag{6-35b}$$

式中，c_1 根据失效形式取值；c_2 需查 $c_2 = f(k)$ 曲线；k_1 反映运行状态，$k_1 = 1 + \frac{8bm}{d}$；k_2 反映预紧状态，$k_2 = \frac{4by}{dP}$。

对核电厂的运行参数，$W_{m1} > W_{m2}$，并按弹性设计，则有

$$t = d\sqrt{\frac{P}{S_m}\left(0.3 + \frac{12mbh_G}{d^2}\right)} \tag{6-36}$$

6.2.3 内压管道壁厚计算

进出口接管安全端、排气管及其贯穿件和检漏管及其安全端应按管道部件进行考虑，其厚度由以下公式计算：

$$t_c = \frac{PR}{S_m - 0.6P} \tag{6-37}$$

6.3 开孔与补强

众所周知，开孔和接管连接处会产生应力集中，产生峰值应力，但是这种

应力集中具有明显的局部特性,即在孔边缘或结构不连续处最大,随着距开孔边缘或结构不连续处距离的增大,便会衰减到一般的应力水平。若在孔边缘或结构不连续处适当增加壁厚或在壳体和接管壁适当增加壁厚,应力集中会得到缓和,应力水平可以控制在允许范围内,但这涉及开孔和补强的诸多问题。

6.3.1　不需要补强的开孔

根据分析法设计原则,若开孔和开孔接管连接,只要满足在包括内压和接管载荷在内的设计载荷及运行载荷作用下的应力限值准则,就不需要进行补强,具体准则如下: $P_{\mathrm{m}} < KS_{\mathrm{m}}$, $P_{\mathrm{L}} \leqslant 1.5KS_{\mathrm{m}}$, $P_{\mathrm{L}} + P_{\mathrm{m}} \leqslant 1.5KS_{\mathrm{m}}$, $P_{\mathrm{L}} + P_{\mathrm{b}} + Q \leqslant 3S_{\mathrm{m}}$,以及 $P_{\mathrm{L}} + P_{\mathrm{b}} + Q + F \leqslant 2S_{\mathrm{a}}(N)$ 或疲劳损伤因子 $\leqslant 1.0$ 。满足以下条件的开孔不需要补强。

(1) 单个开孔的直径不超过 $0.2\sqrt{RT}$ 。

(2) 在直径为 $2.5\sqrt{RT}$ 的圆内有两个或两个以上的开孔时,这些不需补强的开孔直径之和不超过 $0.25\sqrt{RT}$ 。

(3) 在容器内壁测得的两个未补强开孔的中心距不小于它们直径和的1.5 倍。

(4) 未补强开孔的中心与任何局部一次薄膜应力强度超过 $1.1S_{\mathrm{m}}$ 的局部应力区域边缘之间的距离不小于 $2.5\sqrt{RT}$ 。

上述中 R 和 T 分别为开孔处的容器壳体或封头的平均半径和名义壁厚。局部应力区域指壳体上一次局部薄膜应力强度超过 $1.1S_{\mathrm{m}}$ 的任何区域,但不包括由于没有补强引起的一次局部薄膜应力的那些区域。

开孔应是圆形、椭圆形或者是圆形或椭圆形筒体与规范允许形状的容器相交而形成的任何形状,但应力指数法除外(应力指数法在 RCC - M 中没有采用)。

在未采用应力指数法的情况下,开孔尺寸受限制。RCC - M 和 ASME -Ⅲ一级设备都有这样的规定,但实际上,基于开孔补强设计的理论根据、实际补强的实施,以及结构设计和制造工艺上的一些考虑,通常做法是当开孔直径 (d) 超过容器和封头直径 (D) 的一半时,还是采用法兰螺栓连接设计为好。

对 ASME -Ⅲ而言,开孔是允许位于焊接接头处的(ASME -Ⅲ- NB3331),但 RCC - M 并没有这样的规定(RCC - MB3330 及附录 ZA)。实际上,由于焊接接头的完整性及性能等与母材的差异,在没有充分地分析和验证的情况下,最好修改设计,使开孔及接管连接不位于接头上。

6.3.2 补强方式

补强是为了弥补开孔造成的容器筒体或封头的削弱。如果从结构设计上无法避免开孔,那么就应该考虑如何采取有效的补强。有效的补强,实质上就是解决用什么材料、在什么位置、补多大范围等问题。

6.3.2.1 等面积补强设计

等面积补强设计就是使补强的金属量等于或大于开孔所挖掉的金属量,金属量是以通过开孔中心线的纵截面上的正投影来量度的,即补强金属在通过开孔中心线的纵截面上的正投影面积必须等于或大于壳体因开孔在这个截面上挖掉的正投影面积(见图 6-8)。补强后,其强度安全系数可控制在 4～5。

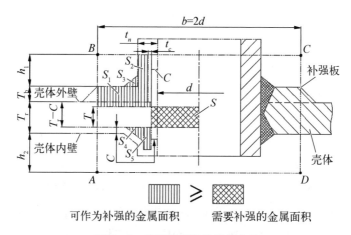

图 6-8 等面积补强的设计方法

1) 需要补强的面积计算

由图 6-8 可见,所需要的补强面积 S 为

$$S = dTF \qquad (6-38)$$

式中,d 为开孔直径,若考虑腐蚀,$d = d_n + 2C$,其中,d_n 为未考虑腐蚀时的接管内径,C 为腐蚀裕量;T 为壳体承受内压时所必需的计算壁厚;F 为用于补偿与容器轴线成不同角度的平面上压力变化的修正系数。

除圆柱形或圆锥形壳体上用的整体式开孔补强可以使用图 6-9 的修正系数外,其余各种形状补强开孔均取 $F = 1.0$。F 值为

$$F = \frac{(1 + \cos^2 \alpha)}{2} = 1 - \frac{1}{2} \sin^2 \alpha \qquad (6-39)$$

式中，α 为开孔补强考虑的截面与容器中心线的夹角。

补强的面积 S_A 为

$$S_A = S_1 + S_2 + S_3 + S_4 + S_5 \qquad (6-40a)$$

$$S_A > S \qquad (6-40b)$$

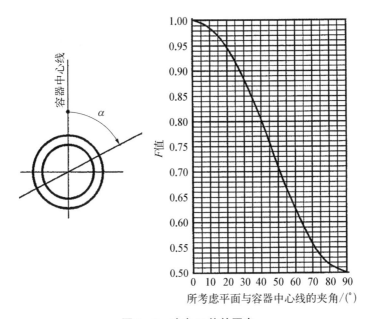

图 6-9 确定 F 值的图表

2) 补强范围

所谓补强范围是指垂直于容器壁通过开孔中心的任一纵截面所限定的一个区域范围,位于该范围内所增加的金属材料具有补强作用,则该范围称为补强范围。

沿名义壁厚的中面上量得的补强范围应满足如下要求。

(1) 所需补强的100%面积应为到开孔轴线的每一侧距离等于下列情况的较大值范围内: ① 不包括腐蚀裕量已经完工的开孔直径;② 不包括腐蚀裕量已完工的开孔半径加上容器壁厚及接管厚的总和。

(2) 所需补强的2/3面积,应在到开孔轴线每一侧的距离等于下列情况的较大值范围内: ① $r + 0.5\sqrt{Rt}$,其中,R 是壳体或封头的平均半径,t 是容器的名义壁厚，r 是不包括腐蚀裕量的完工开孔半径；② 不包括腐蚀裕量的已完工的开孔半径加上 2/3 容器壁厚与接管壁厚的总和。

垂直于容器壁的补强范围应与表面几何外形一致，它离每一表面的距离应等于下列范围，如图 6-10 所示。

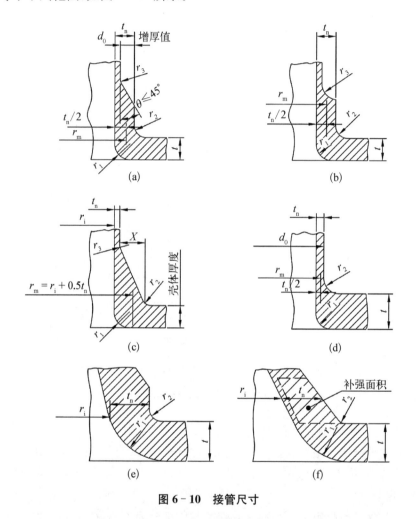

图 6-10　接管尺寸

对于图 6-10(a)(b)(c)和(d)，补强范围 $\varepsilon = 0.5\sqrt{r_m t_n + 0.5 r_2}$，其中，$r_m$ 为平均半径，$r_m = r_i + 0.5 t_n$；r_i 为内半径；t_n 为接管名义厚度；r_2 为接管和容器之间的过渡半径。

对于带有锥形内径的接管，可用容器壁名义外径处的 r_i 和 t_n 值来计算补强范围[见图 6-10(e)]。

对于图 6-10(e)和(f)，补强范围 $\varepsilon = 0.5 r_m t_n$，其中，$t_n = t_p + 0.677X$；$t_p$ 为连接管子的名义厚度；X 为斜面偏移距离。

对于带锥形内径的接管，可用接管补强面积重心处的 r_i 和 t_n 值计算补强范围，这些值应采用试凑法求得图 6-10(f)的数值。

3) 可用作补强的金属

假若金属位于 2)中规定的补强范围内，且符合下列要求，则该金属可作为按 1)所要求的补强面积内的补强金属。

（1）容器壁厚中超过总体一次薄膜应力强度限制要求以外的那部分金属。

（2）接管壁厚中超过总体一次薄膜应力强度限制要求以外的那部分金属，只要接管和容器壁是整体的或该接管与容器壁是全焊透连接。

（3）与容器壁完全连续的焊接金属。

（4）按以上（2）和（3）中所包括的补强金属，该补强金属平均热膨胀系数与容器壁材料的热膨胀系数值的差值应在 15% 以内。

（5）与壳体不完全连续的金属，如用部分焊透连接的接管，不得作为补强部分。

（6）用于补强的金属只能为一个开孔所用。

4) 补强材料的强度

用于补强的材料最好与容器壁的材料相同，如果接管材料和补强材料的设计应力强度值 S_m 比容器材料的低，则由接管壁材料或补强材料提供的总面积应取为实际的面积乘以接管壁材料或补强材料的设计应力强度与容器材料的设计应力强度的比值。即使提高了补强材料的强度或采用设计应力强度高于容器壁材料的焊接金属，也不能降低补强要求。在疲劳分析时，应采用所考虑部位的材料强度。

5) 补强结构

补强结构是指设计上采取什么样的结构将补强金属与要补强的开孔壳体或接管构成一个整体，并应方便制造与检验。目前看来，大体分为两种，即采用补强板焊接结构和整体锻造补强结构。按 ASME-Ⅲ 和 RCC-M 要求，对反应堆压力容器而言，不允许采用加强板补强结构，只能采用整体锻造补强结构。这种结构基本上有如图 6-11 所示的三种类型：同时补强壳体和接管（包括平齐和内凸）、内补和外补，或者说有平衡和非平衡两种类型。对反应堆压力容器而言，都采用壳体和接管同时补强的结构类型。

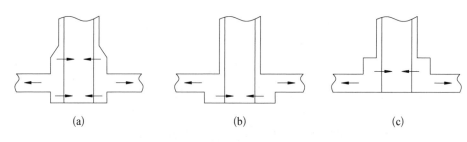

图 6-11 平衡与非平衡补强

(a) 平齐和内凸；(b) 内补；(c) 外补

6.3.2.2 密集补强设计

密集补强方法是以容器安定性作为设计准则的补强方法,即对于承受循环压力作用的容器,在第一次加载出现变形后,在第二次及以后各次重复加载时不再出现塑封变形。但这种塑性变形在重复循环压力作用下是安定的,满足安定性准则要求的最大应力强度应等于或小于 2 倍的材料屈服强度,即 $S \leqslant 2S_y$。

对于规范一级设备而言 $S_y = 1.5S_m$,所以存在 $S \leqslant 3.0S_m$。

这表明,如果将总体一次薄膜应力强度 P_m 控制在 S_m 以下,那么允许补强后接管应力集中系数达到 3.0。

采用这种基于安定性准则的补强方法,由于所允许的最大应力集中系数可达到 3.0,接管与壳体连接处的局部区域已处于塑性状态,故对开孔大小、补强结构、两孔间的间距都有严格的限制。这种方法在 ASME-Ⅲ 中被采用,但在 RCC-M 中并没有被采用。

1) 适用范围

本规则只适用于下列(1)~(6)规定范围内的容器接管。

(1) 具有圆形截面的接管,其轴线垂直于容器或封头表面。

(2) 接管和补强(如需要时)采用全焊透焊缝和容器连成整体。

(3) 就球形壳体和成形封头而言,至少有 40% 的接管补强面积应设置在所需要求的最小容器壁厚的外表面上。

(4) 开孔边缘与其最近的任一其他开孔的边缘相距不得小于 $1.25(d_1 + d_2)$ 或 $2.5\sqrt{Rt}$ 中的较小值,但在任何情况下不得小于 $(d_1 + d_2)$,这里的 d_1 和 d_2 是开孔的内径。

(5) 接管、补强部分和邻近接管的容器壁采用的材料,其 $\dfrac{S_{UT}}{S_Y}$ 比值不应小于 1.5,其中,S_{UT} 为规定的最小抗拉强度,S_Y 为规定的最小屈服强度。

（6）符合如表6-1所示的尺寸范围。

表6-1 容器接管尺寸范围

项　　目	圆筒形容器上的接管	球形容器或半球形封头上的接管
$\dfrac{D}{t}$	10～100	10～100
$\dfrac{d}{D}$	最大0.5	最大0.5
$\dfrac{d}{\sqrt{Dt}}$	—	最大0.8
$\dfrac{d}{\sqrt{\dfrac{Dt_n r_2}{t}}}$	最大1.5	—

注：D 为圆筒形容器、球形容器或球形封头的内径，不包括腐蚀裕量；d 为接管内径，不包括腐蚀裕量；t 为容器或封头的名义壁厚，减去腐蚀余量；t_n 为接管的名义壁厚，减去腐蚀裕量；r_2 为过渡半径，如图6-12所示，要求不小于 $\sqrt{dt_m}$ 或 $t/2$ 中的较大值，其中 t_m 为接管壁厚，按设计计算公式计算。

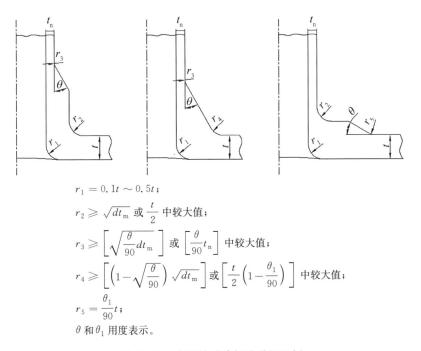

$$r_1 = 0.1t \sim 0.5t;$$

$$r_2 \geqslant \sqrt{dt_m} \text{ 或 } \frac{t}{2} \text{ 中较大值;}$$

$$r_3 \geqslant \left[\sqrt{\frac{\theta}{90}dt_m}\right] \text{ 或 } \left[\frac{\theta}{90}t_n\right] \text{ 中较大值;}$$

$$r_4 \geqslant \left[\left(1-\sqrt{\frac{\theta}{90}}\right)\sqrt{dt_m}\right] \text{ 或 } \left[\frac{t}{2}\left(1-\frac{\theta_1}{90}\right)\right] \text{ 中较大值;}$$

$$r_5 = \frac{\theta_1}{90}t;$$

θ 和 θ_1 用度表示。

图6-12 许用的过渡部分详细示例

2）需要的补强面积

在图6-13中阴影部分区域表示可用作补强面积。在补强区边界范围内，除基本壳体相交构成的面积以外的金属面积应认为是所需的最小补强面积A_r，其与$d/\sqrt{Rt_r}$值有关，如表6-2所示。在包含接管轴线的所有平面上都应具有所需要的最小补强面积；同时，在包含接管轴线的任一平面内，在接管中心线的每一侧的有效补强面积A_a至少应等于$A_r/2$。

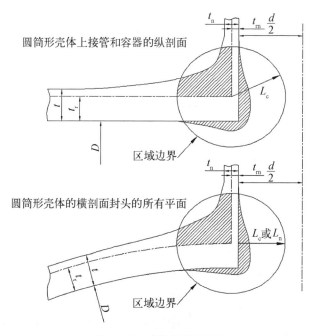

图6-13 补强区的范围

表6-2 需要的最小补强面积

$d/\sqrt{Rt_r}$	A_r	
	筒体上的接管	球形容器或封头上的接管
<0.20	不补强[①]	不补强[①]
0.20~0.40	$[4.05(d/\sqrt{Rt_r})^{1/2}-1.81]dt_r$	$[5.40(d/\sqrt{Rt_r})^{1/2}-2.41]dt_r$
>0.40	$0.75dt_r$	$dt_r\cos\phi,\ \phi=\arcsin(d/D)$

注：① 要求满足如图6-12中所示的过渡半径r_2，或等效的措施。表中，R为圆筒形容器、球形容器或球形封头的内半径，不包括腐蚀裕量；t_r为容器和封头的壁厚，按设计计算公式计算。

凡符合本节中补强面积要求,且具有相当的或较平坦过渡的其他结构形式也是可接受的,例如较大的半径和厚度之比。

3) 补强区的范围

符合表 6-2 规定的最小需要补强面积的补强金属应位于如图 6-13 所示的补强区的边界之内,在该图中:

(1) $L_c = 0.75 \left(\dfrac{T}{D} \right)^{2/3} D$,对圆筒形壳体上的接管。

(2) $L_n = \left(\dfrac{T}{D} \right)^{2/3} \left(\dfrac{d}{D} + 0.5 \right) D$,对封头上的接管。

(3) L_c 或 L_n 的中心是在厚度分别为 T 的壳体和厚度为 t 的接管外表面的交点上。

(4) 在补强区域边界—均匀壁厚的扇形段的结构中,补强区边界可看作是从 L_c 或 L_n 通过厚度。

4) 补强材料的强度要求

所用的接管壁上的补强材料最好应与容器壁的材料相同,如果采用了较低设计强度的材料,则由该材料提供的面积应按接管和容器壁材料的应力反比例地增加。对于提高了接管材料强度或使用设计应力强度高于容器壁材料数值的焊接金属,则不应减小所需的补强面积。在疲劳分析时,应采用所考虑点处的材料强度。补强金属的平均热膨胀系数与容器壁系数的差值应在 15%以内。

5) 应力指数

当满足 1)~4)的条件时,可采用表 6-3 中的应力指数。这些应力指数仅涉及在一定的常用部位上由内压引起的最大应力。在评定容器开孔和连接件上或其邻近处的应力时,经常需要考虑出于外载荷产生的应力或热应力的效应。在这种情况下,某一给定点的总应力可用叠加法确定。在内压和接管载荷引起的组合应力情况下,最大应力考虑为作用在同一点上并取其代数值相加,如果应力是采用其他更为精确的分析方法来确定,或用实验应力分析步骤来测定,则应力仍取其代数相加。

上述"应力指数"的定义为所考虑的应力分量 σ_t、σ_n、σ_r(见图 6-14)与计算应力 σ 的数值比。计算应力 σ、σ_t、σ_n、σ_r 及 S 的定义如下。

σ_n:垂直于截面的应力分量(通常指壳体开孔周围的应力)。

σ_r:垂直于截面边界的应力分量。

表 6-3　用于内压载荷的应力指数

在球形壳体或封头上的接管			在圆筒壳体上的接管				
				纵截面		横截面	
应力	内侧	外侧	应力	内侧	外侧	内侧	外侧
σ_n	$2.0 - \dfrac{d}{D}$	$2.0 - \dfrac{d}{D}$	σ_n	3.1	1.2	1.0	2.1
σ_t	-0.2	$2.0 - \dfrac{d}{D}$	σ_t	-0.2	1.0	-0.2	2.6
σ_r	$-\dfrac{4t}{D+t}$	0	σ_r	$-\dfrac{2t}{D+t}$	0	$-\dfrac{2t}{D+t}$	0
S	$2.2 - \dfrac{d}{D}$ 或 $2.0 + \left(\dfrac{4t}{D} + t\right) - \dfrac{d}{D}$，取其中较大值	$2.0 - \dfrac{d}{D}$	S	3.3	1.2	1.2	2.6

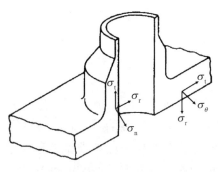

图 6-14　应力分量的方向

σ_t：在所考虑的截面上并和截面边界平行的应力分量。

σ：对于球形容器或封头上的接管，$\sigma = P\dfrac{D+t}{4t}$；对于圆筒形容器上的接管，$\sigma = P\dfrac{D+t}{2t}$。其中，$P$ 为使用应力。

S：在所考虑点的应力强度（组合应力）。

6.3.2.3　基于极限分析的补强设计

如果容器受恒定的压力作用，可以采用基于极限分析的补强方法。采用这种补强方法可以使各种接管补强后具有相同的应力集中系数 2.25。即在 $P_m \leqslant S_m$ 时，应力集中区的最大应力强度 S 为

$$S = 2.25S_m = 1.5S_y$$

这表明，当总体一次薄膜应力小于或等于设计应力值时，接管应力集中区

的最大应力可达 1.5 倍的材料屈服强度。

这种方法的补强设计过程是按图解法进行的。

图 6-15 和图 6-16 分别给出了平齐接管和内凸接管的补强设计曲线,图中的横坐标为开孔系数 ρ,其计算公式为

$$\rho = \frac{d}{D}\sqrt{\frac{D}{2T_r}} \tag{6-41}$$

在式(6-41)及图 6-15 和图 6-16 中,D 为壳体与接管连接处未经补强实际壁厚时的平均直径,而对椭球封头则为当量直径,即 $D = K_1 D_n$,其中 K_1 值如表 6-4 所列,D_n 为椭球封头内径;d 为未经补强实际壁厚时的接管平均直径;T 为壳体承受内压时的计算壁厚,不包括腐蚀裕量;t 为接管承受内压时的计算壁厚;T_r 为壳体上开孔或与接管连接处的实际壁厚(包括补强);t_r 为接管与壳体连接处的实际壁厚(包括补强)。

表 6-4　确定椭球封头当量半径的修正系数

$D_n/2h$	1.0	1.2	1.4	1.6	1.8	2.0	2.2	2.4	2.6	2.8	3.0
K_1	1.00	1.14	1.30	1.46	1.62	1.80	1.98	2.16	2.36	2.54	2.72

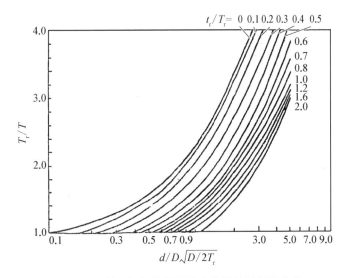

图 6-15　基于极限分析的平齐接管补强设计曲线

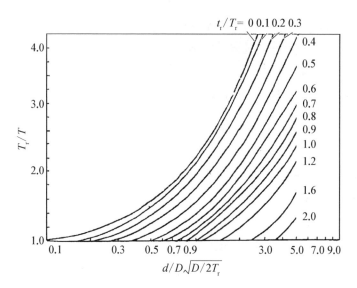

图 6 - 16　基于极限分析的凸出接管补强设计曲线

设计过程大致如下。

（1）确定承受内压的壳体的计算壁厚 T 和 t。

（2）假设补强后的实际壁厚 T_r 和 t_r。

（3）计算连接处平均直径 d 和 D：

$$d = d_n + t_r$$
$$D = D_n + T_r$$

（4）计算开孔系数 ρ：

$$\rho = \frac{d}{D}\sqrt{\frac{D}{2T_r}}$$

（5）利用图 6 - 15 或图 6 - 16，校核、修改 T_r 和 t_r 是否合适，若不满足要求，则应增加 T_r 和 t_r，直至满足条件。

（6）确定补强范围，在接管上的补强高度 $h \geqslant \sqrt{DT_r}$，在壳体上的补强宽度取 $b = \dfrac{d}{2}$ 和 $b = \sqrt{DT_r}$ 中的较小者。

6.3.2.4　多个开孔补强设计

上述所介绍的开孔补强是适用于不满足 6.3.1.1 节要求的单个或孤立的开孔与补强，包括等面积补强设计、基于安定性准则的密集补强设计及基于极限分析的补强设计。对于多个开孔与补强,多数规范并没有像单个开孔与补强那样做出详细规定,有的规范如 ASME-Ⅷ-1、ASME-Ⅷ-2、联邦德国的 AD 规范、BS3915 及美国 PVRC 建议方法指出,对于多个开孔采用等面积法补强,这里仅做简单介绍。

1) 多开孔联合补强法

如果两个开孔的中心距不超过 (d_1+d_2),按照 6.3.2.2 节"1) 适用范围"的规定,补强范围要发生重叠,如图 6-17(a)所示。这时对两个开孔应采用联合补强法,即联合补强的总面积应不小于按单个开孔分别计算各开孔补强面积之和,但为了减小两开孔相邻处应力集中的相互作用,应使两孔间的补强面积不小于总补强面积的一半。对于图 6-17(b)有多个开孔的情况,亦应采用联合补强,并使任意相邻两孔间的补强面积不小于该多孔所需补强面积的 50%。

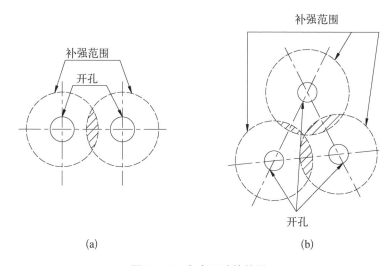

(a)   (b)

图 6-17 多个开孔的补强

2) 包络多开孔的单孔补强

若壳体上具有多个开孔,且各孔间距均小于单孔补强范围,则可以假设一个单孔,按单孔等面积补强法处理,遵守单开孔等面积补强各项规定。

3) 排孔整体补强

若壳体上(如圆筒形壳体)开了平行轴线或垂直于轴线的纵向排列或横向排列的排孔,当然可以采用联合补强,但从材料制造工艺考虑,宜采用整体补强,即在这种情况下,可以引入一个轴向排孔减弱系数 v_1。

当各孔中心距相等时:

$$v_1 = \frac{S_1 - d}{S_1} \qquad\qquad (6-42a)$$

当各孔中心距不相等时：

$$v_1 = \frac{S_1 - nd}{S_1} \qquad\qquad (6-42b)$$

式中，S_1 为轴向排孔间距；n 为在使 v_1 最大的间距 S_1 内的孔数；d 为相同的各开孔直径。

然后，将 v_1 代入计算壳体壁厚的公式，如圆筒体壳体：

$$t = \frac{PR}{v_1 S_m - 0.5P}$$

将 t 作为开孔筒体的设计计算厚度。同样地，可以计算横向排孔的开孔减弱系数 v_2，然后代入壳体壁厚计算公式得到壳体的计算壁厚。

6.3.3 补强计算实例

如上所述，反应堆压力容器开孔补强设计方法包括等面积补强设计、密集补强设计、基于极限分析的补强设计和多个开孔补强设计，但是各种方法的补强计算步骤基本一致，下面将以一个等面积补强算例来具体介绍开孔补强计算流程。

反应堆压力容器通常是上封头开孔最多，开孔计算最为复杂，包括 CRDM 密封壳孔、排气管贯穿孔及堆芯测量管座孔。如图 6-18 所示，1、2、3、4 和 6 号开孔为 CRDM 密封壳孔，7 和 8 号开孔为堆芯测量管座孔，5 号开孔为排气管贯穿件孔。其中，d 为开孔直径，T_c 为上封头计算厚度，t_n 为接管名义厚度（取 $t_n = 0$）。

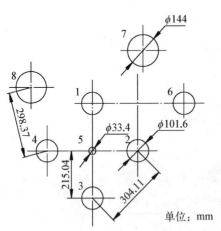

图 6-18 上封头开孔示意图

单位：mm

6.3.3.1 确定是否需要进行开孔补强

根据 RCC-MB3332.1 a)的规定，如果在直径为 $2.5\sqrt{R_m T_n}$ 的圆内有 2

个或 2 个以上开孔,那么这些未补强开孔的直径之和不能超过 $0.25\sqrt{R_m T_n}$。其中,R_m 为封头的平均半径,T_n 为封头的名义厚度。

$$2.5\sqrt{R_m T_n} = 2.5 \times \sqrt{(2\ 107 + 198/2) \times 198} = 1\ 652.25\ (\text{mm})$$

$$0.25\sqrt{R_m T_n} = 165.23\ (\text{mm})$$

根据图 6 - 18 可知,直径为 $2.5\sqrt{R_m T_n}$ 圆的范围内至少有 2 个以上 CRDM 密封壳孔或 1 个排气管贯穿件孔和若干个 CRDM 密封壳孔或 1 个堆芯测量管座孔和若干个 CRDM 密封壳孔,且 2 个 CRDM 管座孔的直径之和:

$$101.6 \times 2 = 203.2\ (\text{mm}) > 0.25\sqrt{R_m T_n} = 165.23\ (\text{mm})$$

因此,上封头上的 CRDM 密封壳孔、堆芯测量管座孔及排气管贯穿件孔需要进行补强。

6.3.3.2　单个 CRDM 管座开孔补强

所需补强面积:

$$A_0 = dT_c = 101.6 \times 102.87 = 10\ 451.59\ (\text{mm}^2)$$

沿上封头表面的补强界限:

$$L_A^1 = \max\left\{d, \frac{d}{2} + T_n + t_n\right\} = \max\left\{101.6, \frac{101.6}{2} + 198 + 0\right\} = 248.8\ (\text{mm})$$

补强面积:

$$A = 2\left(L_A^1 - \frac{d}{2}\right)(T_n - T_c) = 2 \times \left(248.8 - \frac{101.6}{2}\right) \times (198 - 102.87)$$

$$= 37\ 672.71\ (\text{mm}^2) > A_0$$

故 CRDM 密封壳孔补强满足 ZA210 的要求。

另外,根据 ZA310 b)的要求,2/3 开孔所需补强面积应位于与开孔同轴,且半径等于下列值的圆柱面中:

$$r_{2/3} = \max\left\{\frac{d}{2} + 0.5\sqrt{R_m T_n}, \frac{d}{2} + 2/3 T_n + 2/3 t_n\right\}$$

$$= \max\left\{\frac{101.6}{2} + 0.5 \times \sqrt{\left(2\ 107 + \frac{198}{2}\right) \times 198}, \frac{101.6}{2} + 2/3 \times 198 + 2/3 \times 0\right\}$$

$$= 381.25\ (\text{mm}) > L_A^1 = 248.8\ \text{mm}$$

由于上述圆柱面半径大于 CRDM 管座孔沿上封头表面的补强界限,因此 CRDM 管座孔的补强面积计算值均位于上述的圆柱面内,即满足 ZA310 b)的要求。

6.3.3.3　单个堆芯测量管座孔开孔补强

所需补强面积:

$$A_0 = dT_c = 144 \times 102.87 = 14\,813.28\,(\text{mm}^2)$$

沿上封头表面的补强界限:

$$L_A^2 = \max\left\{d,\ \frac{d}{2} + T_n + t_n\right\} = \max\left\{144,\ \frac{144}{2} + 198 + 0\right\} = 270\,(\text{mm})$$

补强面积:

$$A = 2\left(L_A^2 - \frac{d}{2}\right)(T_n - T_c) = 2 \times \left(270 - \frac{144}{2}\right) \times (198 - 102.87)$$

$$= 37\,672.71\,(\text{mm}^2) > A_0$$

故堆芯测量管座孔补强满足 ZA210 的要求。

另外,根据 ZA310 b)的要求,2/3 开孔所需补强面积应位于与开孔同轴,且半径等于下列值的圆柱面中:

$$r_{2/3} = \max\left\{\frac{d}{2} + 0.5\sqrt{R_m T_n},\ \frac{d}{2} + 2/3 T_n + 2/3 t_n\right\}$$

$$= \max\left\{\frac{144}{2} + 0.5 \times \sqrt{\left(2\,107 + \frac{198}{2}\right) \times 198},\ \frac{144}{2} + 2/3 \times 198 + 2/3 \times 0\right\}$$

$$= 402.45\,(\text{mm}) > L_A^2 = 270\,\text{mm}$$

由于上述圆柱面半径大于堆芯测量管座孔沿上封头表面的补强界限,因此堆芯测量管座孔的补强面积计算值均位于上述的圆柱面内,即满足 ZA310 b)的要求。

6.3.3.4　开孔补强面积是否重叠的校核

根据 ZA400 f)的要求,一个开孔的补强面积不能作为另一个开孔的补强面积。根据各开孔在上封头上的布置情况,结合 6.1.2 节各开孔的补强界限值可知:

$$2L_A^1 = 497.6\,\text{mm} > 304.11\,\text{mm}$$

$$L_A^1 + L_A^2 = 518.8 \text{ mm} > 298.37 \text{ mm}$$

$$L_A^1 + L_A^3 = 463.5 \text{ mm} > 215.04 \text{ mm}$$

相邻开孔的补强限制均互相重叠。

下面考虑相邻开孔所需的最小补强边界。最小补强边界通过开孔所需的最小补强面积来确定,即

$$L_{1\min} = \frac{101.6 \times 102.87}{2 \times (198 - 102.87)} + \frac{101.6}{2} = 105.73 \text{ (mm)}$$

$$L_{2\min} = \frac{144 \times 102.87}{2 \times (198 - 102.87)} + \frac{144}{2} = 149.85 \text{ (mm)}$$

$$L_{3\min} = \frac{33.4 \times 102.87}{2 \times (198 - 102.87)} + \frac{33.4}{2} = 34.76 \text{ (mm)}$$

$$L_{1\min} + L_{1\min} = 211.46 \text{ mm} < 304.11 \text{ mm}$$

$$L_{1\min} + L_{2\min} = 255.58 \text{ mm} < 298.37 \text{ mm}$$

$$L_{1\min} + L_{3\min} = 140.49 \text{ mm} < 215.04 \text{ mm}$$

因此,相邻两个开孔的最小补强限制互不重叠,即开孔的最小补强面积互不重叠,满足 ZA400 f)的要求。

6.4　紧固件强度设计

反应堆压力容器紧固件主要由顶盖上的螺栓、螺母、垫片及其连接螺纹构成。紧固件强度计算主要分为三个部分:螺栓强度计算,螺栓与螺母、法兰及螺栓拉伸机连接强度计算,螺母、垫圈强度计算。其计算参考 RCC‐M 附录 ZⅤ中的计算步骤及公式进行。紧固件强度计算需针对三种工况(设计工况、运行工况及出厂水压试验工况)分别进行强度校核计算。

6.4.1　螺栓强度计算

螺栓强度计算主要是要获取螺栓最小横截面上的正应力大小,并校核该应力大小是否满足强度校核要求。螺栓上最大载荷为螺栓紧固力,而横截面积最小处为螺栓缩颈段的光杆部分和螺纹小径处截面积较小者。螺栓强度计

算步骤及公式如下。

1）主螺栓初始紧固力计算

$$F_{S_i} = \max\{F_j, F_{S_0}\} \qquad (6-43a)$$

$$F_j = \pi(D'_1 + D'_2)S_0 \qquad (6-43b)$$

$$F_{S_0} = F_S(P)\frac{E_C}{E_h} \qquad (6-43c)$$

$$F_S(P) = F_F(P) + F_M(P) \qquad (6-43d)$$

$$F_F(P) = 1.2D_j^2 P\frac{\pi}{4} \qquad (6-43e)$$

$$F_M(P) = \pi(D'_1 + D'_2)S_2 \qquad (6-43f)$$

$$D_j = \frac{1}{2}(D'_1 + D'_2) \qquad (6-43g)$$

$$P = P_0 + P_{eq} \qquad (6-43h)$$

$$P_{eq} = \frac{16M_f}{\pi D_j^3} + \frac{4F_a}{\pi D_j^2} \qquad (6-43i)$$

$$M_f = \frac{1}{2}F_a(C - D_a) \qquad (6-43j)$$

式中，F_{S_i} 为在室温下施加在螺栓上的预紧力，N；F_j 为在预紧状态下所需密封环最小压紧力，N；F_{S_0} 为保证工作条件下法兰的密封性，在室温下施加在顶盖法兰上的紧固力，N；D'_1 为内侧密封环外径，mm；D'_2 为外侧密封环外径，mm；S_0 为在预紧状态下需要的单位长度上的密封环最小压紧力，N/mm；$F_S(P)$ 为保证工作条件下法兰的密封性，在相应温度下施加在顶盖法兰上的紧固力，N；E_C 为在室温（20 ℃）时主螺栓材料的弹性模量，GPa；E_h 为在相关温度工况下主螺栓材料的弹性模量，GPa；$F_F(P)$ 为在相应工况条件下由内压 P（考虑了等效压力）产生的静压总轴向力，N；$F_M(P)$ 为保证相应工况条件下法兰的密封性所需的密封环压紧力，N；D_j 为密封环压紧力平均作用圆直径，mm；S_2 为在操作状态下需要的单位长度上的密封环最小压紧力，N/mm；P 为反应堆压力容器考虑了等效压力下的内压，MPa，设计工况 P_c、运行工况 P_s 以及出厂水压试验工况 P_e；P_0 为反应堆压力容器的内压，MPa；P_{eq} 为施加在顶盖法兰上的外部载荷引起的等效压力,MPa,设计工况和水压试验工况下为零;M_f 为由外部载荷施加在顶盖法兰上的弯曲力矩,N·mm;F_a 为外部载荷(如压紧弹簧)作用载荷,N;C 为螺栓孔中心圆直径,mm;D_a 为外部载荷施加于顶盖法兰的载荷作用圆直径,mm。

在计算过程中,室温下施加在螺栓上的预紧力 F_{S_i} 取预紧状态下所需密封环最小压紧力 F_j 和室温下施加在顶盖法兰上的紧固力 F_{S_0} 的较大者。同时,需要对设计工况、运行工况以及出厂水压试验工况在室温下的预紧力分别进行计算。

2) 螺栓强度校核计算

根据 RCC - M 标准,针对三种工况,螺栓强度校核的准则不一致,如式(6 - 44)所示。

$$
\begin{cases}
\dfrac{F_S(P_c)}{S_B} \leqslant S_m & \text{设计工况} \\[3mm]
\dfrac{F_{S_i}}{S_B}\dfrac{E_h}{E_c} \leqslant \min\left\{2S_m, \dfrac{2}{3}S_y\right\} & \text{运行工况} \\[3mm]
\dfrac{F_S(P_e)}{S_B} \leqslant \dfrac{2}{3}S_y & \text{试验工况}
\end{cases}
\qquad (6\text{-}44\text{a})
$$

$$
S_B = \min\{[(d - 1.2268p)^2 - d_0^2], [d_A^2 - d_0^2]\}n\dfrac{\pi}{4} \qquad (6\text{-}44\text{b})
$$

式中,S_m 为在相关温度下主螺栓材料的许用应力,MPa;S_y 为在相关温度下主螺栓材料的屈服强度,MPa;S_B 为螺栓实际最小横截面积,mm^2;d 为螺栓公称直径,mm;p 为螺纹节距,mm;d_0 为螺栓中心孔直径,mm;d_A 为螺栓光杆部分直径,mm;n 为螺栓数量。

6.4.2　螺栓与螺母、法兰及螺栓拉伸机联接强度计算

在计算螺栓与螺母联接强度时,需分别对螺栓螺纹和螺母螺纹的强度做校核计算,参照 RCC - M B3238.2 的规定:在运行工况和试验工况下,纯剪切载荷通过某个截面产生的平均一次剪切应力必须限制在 $0.6S_m$ 内,即

$$
\tau \leqslant 0.6S_m \qquad (6\text{-}45\text{a})
$$

式中,τ 为螺纹平均剪切应力,MPa。

以下内容中螺纹剪切应力计算公式均参照 KTA 3201.2 中的计算公式。

1）螺栓外螺纹的强度校核计算

$$\tau = \frac{F_{S_{\max}}}{n A_{SGB}} \qquad (6-45b)$$

$$F_{S_{\max}} = \max\{F_S(P_c), \ F_S(P_s), \ F_S(P_e)\} \qquad (6-45c)$$

$$A_{SGB} = \frac{L}{p} \pi d \left[\frac{p}{2} + (d_2 - D_1) \tan \frac{\alpha}{2} \right] \qquad (6-45d)$$

式中，A_{SGB} 为主螺栓螺纹的剪切面积，mm^2；d_2 为螺栓外螺纹的中径，mm；D_1 为内螺纹的小径，mm；L 为螺栓与螺母、法兰或螺栓拉伸机的螺纹旋合长度，mm；α 为螺纹牙型角，$(°)$；$F_{S_{\max}}$ 为计算所需该条件下的最大螺栓载荷，N。

2）螺母、法兰及螺栓拉伸机等内螺纹的强度计算

$$\tau = \frac{F_{S_{\max}}}{n A_{SGM}} \qquad (6-46a)$$

$$A_{SGM} = \frac{L}{p} \pi d \left[\frac{p}{2} + (d - D_2) \tan \frac{\alpha}{2} \right] \qquad (6-46b)$$

式中，A_{SGM} 为内螺纹的剪切面积，mm^2；D_2 为内螺纹的中径，mm。

在进行螺栓外螺纹强度校核计算时，由于螺栓与螺母、法兰及螺栓拉伸机螺纹配合的尺寸不同，因此需分别计算。

6.4.3　螺母及垫片强度计算

该部分的计算方法与 6.4.1 节中的类似，其计算校核公式如下：

$$\frac{F_{S_{\max}}}{S_0} \leqslant S_y \qquad (6-47)$$

式中，S_0 为螺母或垫片的最小横截面积，mm^2；$F_{S_{\max}}$ 采用式（6-45）的计算值。

6.5　法兰强度设计

针对反应堆压力容器，法兰强度计算主要包括顶盖法兰强度计算和筒体法兰强度计算。法兰强度计算需针对三种工况（设计工况、运行工况及出厂水压试验工况）分别进行强度校核计算。本节法兰强度计算内容参照 RCC-M

ZV300 中的计算步骤及公式进行。由于筒体法兰和顶盖法兰强度计算公式一致,仅以顶盖法兰为例进行阐述。为较好地阐述法兰强度计算过程和便于读者理解,表6-5给出了法兰强度计算的公式符号表,图6-19给出了典型顶盖法兰示意图。

表 6-5 法兰强度计算公式符号说明

项　目	内　　容
A	法兰外径(见图6-19),mm
B	法兰内径(见图6-19),mm
B_1	B 或 $B + g_0$ 或 $B + g_1$(见 ZV360)
C	螺栓孔节圆直径
C_0	螺栓间距过大时使用的修正系数
d	螺栓公称直径
e	F/h_0
E_C	在 20 ℃时螺栓材料的弹性模量
E_{h1}	在 100 ℃时螺栓材料的弹性模量
E_{h2}	在 275 ℃时螺栓材料的弹性模量
E_{h3}	在 350 ℃时螺栓材料的弹性模量
E_p	法兰厚度(见图6-19),mm
F	取决于法兰型式的系数(见图 ZV360.2)
F_S	为保持法兰密封性而确定的螺栓紧固力,N
g_0	法兰颈最薄处的厚度(见图6-19),mm
g_1	法兰颈最厚处的厚度(见图6-19),mm
h_d	螺栓孔节圆与 H_D 力和 H_D' 力的作用圆之间的距离,mm
h_g	螺栓孔节圆与 H_G 力的作用圆之间的距离,mm

（续表）

项　目	内　　　容
h_0	$\sqrt{Bg_0}$
h_t	螺栓孔节圆与 H_T 和 H'_T 力的作用圆之间的距离，mm
H_D	作用于法兰内径面积上的静压轴向力，N
H'_D	以当量压力 P_{eq} 来考虑外部载荷作用时，假想的在法兰内径面积上的静压轴向力，N
H_T	密封环和法兰之间的环形表面上的静压轴向力，N
H'_T	以当量压力 P_{eq} 来考虑外部载荷作用时，假想的在密封环和法兰之间的静压轴向力，N
H_G	密封环上产生的压力，N
K	$\dfrac{A}{B}$
L	$\dfrac{E_P e+1}{T}+\dfrac{V}{U}\dfrac{E_P^3}{h_0 g_0^2}$
M'	考虑螺栓间距修正系数后作用在法兰上的最大力矩，N·mm
M_A	在预紧状态下法兰承受的弯矩，N·mm
M_D	法兰内径面积上静压力产生的力矩，N·mm
M'_D	考虑了当量压力 P_{eq} 的作用，由 H'_D 力产生的力矩，N·mm
M_G	由密封环上的压力 H_G 产生的力矩，N·mm
M_0	作用于法兰上的最大力矩，N·mm
M_T	密封环与法兰内径间的环形表面上的静压力所产生的力矩，N·mm
M'_T	考虑了当量压力 P_{eq} 的作用，由 H'_T 力产生的力矩，N·mm
n	螺栓数量
S_H	法兰颈与封头（或筒体）接头处的纵向应力，MPa

（续表）

项 目	内 容
S_R	法兰盘与法兰颈接头处的径向应力，MPa
S_T	法兰盘与法兰颈接头处的切向应力，MPa
μ	泊松比，一般 $\mu=0.3$
λ	取决于法兰形式的系数（见图 ZV360.1）
T,U,V,Y,Z	取决于法兰形式的系数（见数值表或公式）

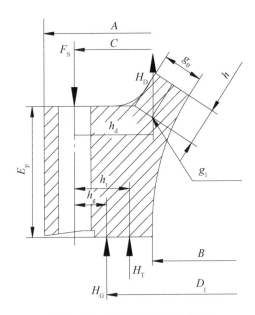

图 6-19　典型顶盖法兰示意图

6.5.1　作用在顶盖法兰上的载荷计算

在该部分计算中，由于运行工况中有外载荷的作用，因此其计算过程需考虑外载荷的影响。设计工况和水压试验工况的计算方式一致。

1）设计工况和水压试验工况下载荷计算

$$H_D = 1.2 B^2 P \frac{\pi}{4} \qquad (6-48a)$$

$$H_T = 1.2(D_j^2 - B^2)P\frac{\pi}{4} \qquad (6-48b)$$

$$F_S = F_S(P) \qquad (6-48c)$$

$$H_G = F_S - H_D - H_T \qquad (6-48d)$$

2）运行工况下载荷计算

$$H_D = 1.2B^2 P_S \frac{\pi}{4} \qquad (6-49a)$$

$$H_T = 1.2(D_j^2 - B^2)P_S \frac{\pi}{4} \qquad (6-49b)$$

$$F_S = F_S(P_S) \qquad (6-49c)$$

$$H'_D = \frac{4M_f B^2}{D_j^3} + \frac{F_a B^2}{D_j^2} \qquad (6-49d)$$

$$H'_T = \frac{4M_f(D_j^2 - B^2)}{D_j^3} + \frac{F_a(D_j^2 - B^2)}{D_j^2} \qquad (6-49e)$$

$$H_G = F_S - H_D - H'_D - H_T - H'_T \qquad (6-49f)$$

6.5.2　作用在顶盖法兰上力矩计算

相应的力臂计算公式为

$$h_d = \frac{C - B - g_1}{2} \qquad (6-50a)$$

$$h_t = \frac{C - 0.5(D_j + B)}{2} \qquad (6-50b)$$

$$h_g = \frac{C - D_j}{2} \qquad (6-50c)$$

相应的载荷在顶盖法兰上引起的力矩计算公式为

$$M_D = H_D h_d \qquad (6-51a)$$

$$M'_D = H'_D h_d \qquad (6-51b)$$

$$M_T = H_T h_t \qquad\qquad (6-51\text{c})$$

$$M'_T = H'_T h_t \qquad\qquad (6-51\text{d})$$

$$M_G = H_G h_g \qquad\qquad (6-51\text{e})$$

确定是否修正力矩：

参照 RCC - M ZV 344 中的规定，若螺栓间距 $\dfrac{\pi C}{n} < 2d + E_P$，则不修正力矩，当螺栓间距超过这个值时，则需修正，修正公式为

$$C_0 = \left[\frac{\pi C}{n(2d + E_P)} \right]^{0.5} \qquad\qquad (6-52)$$

作用在顶盖法兰上的最大弯矩 M' 的计算如下：

$$M' = \max\{ M_A C_0, M_0 C_0 \} \qquad\qquad (6-53\text{a})$$

$$M_A = F_S(P) h_g \frac{E_C}{E_h} \qquad\qquad (6-53\text{b})$$

$$M_0 = M_D + M'_D + M_T + M'_T + M_G \qquad\qquad (6-53\text{c})$$

其中，针对设计工况和水压试验工况，M'_D 和 M'_T 为 0。

6.5.3　顶盖法兰应力计算与校核

相关计算公式如下：

$$S_H = \frac{\lambda M'}{L g_1^2 B_1} + \frac{PB}{4 g_0} \qquad\qquad (6-54\text{a})$$

$$S_R = \frac{\left(\frac{4}{3} E_P e + 1 \right) M'}{L E_P^2 B} \qquad\qquad (6-54\text{b})$$

$$S_T = \frac{Y M'}{E_P^2 B} - Z S_R \qquad\qquad (6-54\text{c})$$

式中各系数的求解和查取参考 RCC - M ZV 360。

在获得各应力值后，其非工况下的校核准则如下。

在设计工况下，需满足：$S_H \leqslant 1.5 S_m$，$S_R \leqslant S_m$，$S_T \leqslant S_m$，$\dfrac{S_H + S_R}{2} \leqslant$

S_m，$\dfrac{S_H + S_T}{2} \leqslant S_m$。

在运行工况下，需满足：$S_H \leqslant 1.5 S_m$，$S_R \leqslant 1.5 S_m$，$S_T \leqslant 1.5 S_m$；

在水压试验工况下，需满足：$S_H \leqslant 1.35 S_y$，$S_R \leqslant 0.9 S_y$，$S_T \leqslant 0.9 S_y$。

6.6　支承与吊装部位校核

针对 RPV，支承与吊装部位校核主要包含密封面支承部位校核和顶盖吊耳校核，校核的内容主要包括支承应力和剪应力校核。图 6-20 是 RPV 内典型的支承面和吊耳结构示意图。

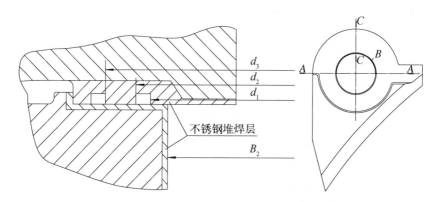

图 6-20　支承面(左)和顶盖吊耳(右)结构示意图

6.6.1　支承校核

1) 支承应力计算

$$\sigma = \frac{F_{S_{max}}}{A} \tag{6-55a}$$

$$A = \left[(d_3^2 - B_2^2) - (d_2^2 - d_1^2) \right] \frac{\pi}{4} \tag{6-55b}$$

式中，σ 为计算支承应力，MPa；A 为计算实际支承面积，mm^2；d_3 为外层密封环环内径，mm；B_2 为筒体法兰内直径(不包括堆焊层)，mm；d_2 为内层密封环环外径，mm；d_1 为内层密封环环内径，mm；$F_{S_{max}}$ 为计算所需的最大螺栓载荷，$F_{S_{max}} = F_S(P_e)$，N。

参照 KTA 3201.2 中的规定：只有在外层密封环环槽的内径和筒体法兰净内直径之间的面积才认为是密封面积。

2）应力校核

参照 RCC‑M B3238.1 中的规定：在运行工况或试验工况期间，最大载荷所产生的平均支承应力必须限制在该温度下的材料屈服极限之内，即

$$\sigma \leqslant S_y \tag{6-56}$$

式中，S_y 为在水压试验温度下法兰材料的屈服强度，MPa。参照 RCC‑M B3238.1 中的规定：对于覆盖层表面，当计算支承应力时，如果所取的支承面积等于下述两个值（A，A'）中较小者，则可采用母材的屈服强度，其中，A 为与覆盖层实际接触的面积，mm²；A' 为支承这一表面的母材表面积，mm²。

6.6.2　顶盖吊耳校核

顶盖吊耳校核应满足如下要求：

（1）一次薄膜应力（截面 A‑A）：$P_m < S_m$。

（2）支承应力（B 表面）：$\sigma < S_y$。

（3）剪应力（截面 C‑C）：$\tau < 0.6S_m$。

吊耳的设计载荷由以下公式计算：

$$T = W_T DL_F \tag{6-57}$$

式中，W_T 为顶盖组件吊装状态下吊耳承受的质量，kg。DL_F 为考虑动态影响的动态载荷系数，一般取 2。

参考文献

［1］　轩福贞,宫建国.基于损伤模式的压力容器设计原理［M］.北京：科学出版社,2022.

第 7 章

制　造

RPV 的制造是实现和验证前面几章所述的材料、结构、强度等各项设计要求的过程。完整的 RPV 设计,应是贯穿 RPV 制造过程的始终,并着重关注制造流程中的关键点。根据 RPV 结构形式和材料属性等特点,目前常规制造方法为先单独进行零部件的制造和检验,然后通过装配、焊接等方式构成顶盖组件、容器组件和紧固密封件三大组件,将其装配组成反应堆压力容器后进行出厂前的水压试验,待验证试验完成后再分拆、清理、包装并发运。

7.1　反应堆压力容器制造工艺流程

制造工艺流程是指通过一定的生产设备,从原材料投入到成品产出,按顺序连续进行加工的全过程。制造工艺流程是由产品的技术特点和制造企业的制造能力决定的。对于 RPV 制造厂,需要通过编制制造工艺流程来保证规定的制造步骤、检验、检查和试验及其要求满足设备规格书等设计文件的要求。

例如 RPV 的容器法兰-接管段筒体,其锻件的制造工序应包括炼钢原材料准备、炼钢装料、粗钢水、精炼钢水、浇铸、化学成分、锻造、锻后热处理、毛坯标记、毛坯中检、校对来料标记、初粗加工、转移标记、超声检测(UT)、尺寸检测(DT)、印记检查、校对来料标记、毛坯初加工、校对标记、粗加工、DT、印记检查、校对来料标记、性能热处理、校对标记、打标记、切取试料、校对来料、加工试样、转移标记、产品化学成分分析、试样模拟焊后热处理、试样精加工、转移标记、力学性能试验、切取归档试料、打标记、精加工、标记转移、UT、磁粉检测(MT)、DT、印记检查、清洁、包装、制造完工报告等。

制造工艺流程图是将设备制造的工艺流程具体表现出来的文件,它将质量形成过程(包括过程步骤、次序、操作及检测等)形象地以图形表示出来。以"华龙一号"机型反应堆压力容器为例,给出顶盖组件、容器组件、紧固密封件及 RPV 组装等的制造工艺流程简图,如图 7-1～图 7-4 所示,其中顶盖组件给出了较为详细地从零件制造到最终组装的流程图(详见图 7-1)。

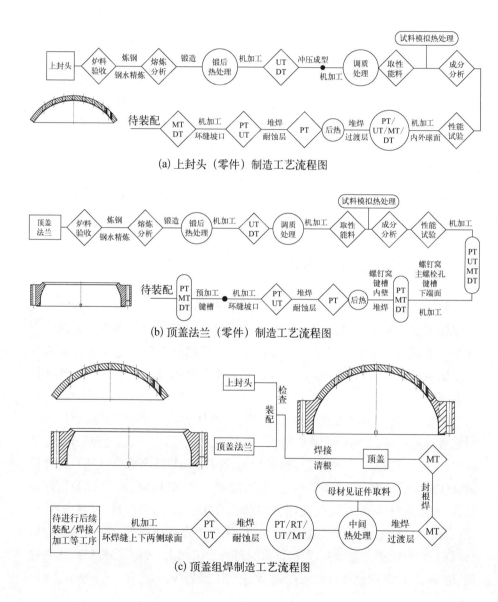

(a) 上封头(零件)制造工艺流程图

(b) 顶盖法兰(零件)制造工艺流程图

(c) 顶盖组焊制造工艺流程图

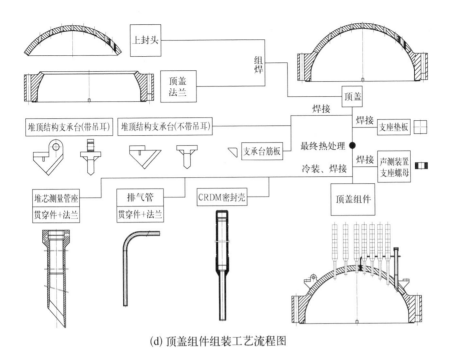

(d) 顶盖组件组装工艺流程图

PT—渗透检测;MT—磁粉检测;UT—超声检测;RT—射线检测;DT—尺寸检测。

图 7 - 1 顶盖组件制造工艺流程图

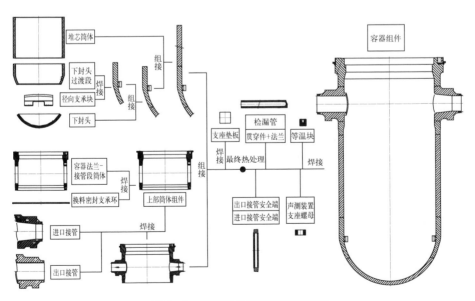

图 7 - 2 容器组件制造工艺流程图

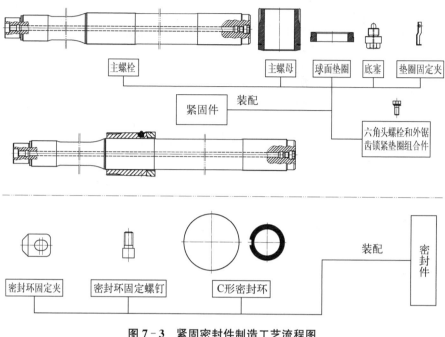

图 7-3 紧固密封件制造工艺流程图

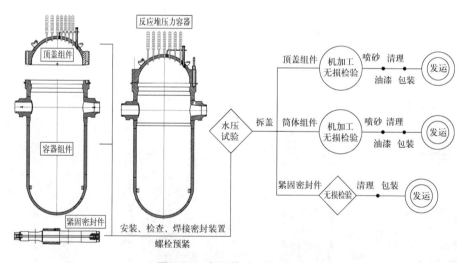

图 7-4 水压前后工艺流程图

7.2 结构材料的采购与制造

RPV 结构材料的采购与制造是保证 RPV 质量的重要环节。从选择炉料、冶炼、铸锭、锻造、热处理、机加工到取样检验存在诸多的制造工艺过程,过程中的每道工艺都会影响材料的最终性能。对于 RPV 而言,尤其要注意避免使用那些不具备正常批量生产的材料,或者是可能导致制造工艺困难与复杂化的材料,或是缺乏大量成功使用经验的材料。换言之,RPV 结构材料的采购与制造应优先选择已积累了大量成功制造和使用经验的成熟材料,否则应提供足够的科学论证和试验验证资料,并经严格鉴定后方可投料生产。

为确保结构材料的制造质量,保证工序进度按要求推进,制造单位在生产前需编制质量计划,且经设计单位确认后方可实施。质量计划中需明确制造过程的质量控制点,包括如下内容。

(1) 文件记录点(R 点):指工序完成后,制造单位需将相关文件和记录提供给见证代表审查。

(2) 见证点(W 点):指有关操作必须由指定的质量代表见证的控制点,但如果该代表不能见证此操作,有关工作也可以继续进行。

(3) 停工待检点(H 点):指在某特定活动中或之后指定的停止点,未经指定组织的书面批准,不得进行超越该点的工作。

制造单位在生产前还需要编制制造大纲,应列出其认为直接影响锻件质量的主要参数,并进行详细说明。制造大纲中至少应包括如下内容:原材料;冶炼工艺;化学成分规定值;钢锭的质量和类型;钢锭头、尾切除百分比;锻件在钢锭中的位置示意图;每个锻造工序后的标注有尺寸的锻坯简图,并注明锻造比;锻件锻造毛坯外形图、热处理外形图、无损检测外形图和交货件外形图;中间热处理和最终热处理(性能热处理)条件;验收试验用试料在锻件上的位置图;试样在试料上的位置图等。应按时间先后顺序列出冶炼、锻造、机加工、热处理、取样、无损检测等工序的工艺流程。

目前,压水堆 RPV 主锻件(如上封头、顶盖法兰、法兰接管段筒体、堆芯筒体、下封头过渡段、下封头、进/出口接管)采用的是低合金钢,接管安全端、管座法兰、检漏管、排气管安全端等部件主要采用的是奥氏体不锈钢,管座贯穿件、径向支承块主要采用的是镍基合金,主螺栓、主螺母和垫圈主要采用的是高强合金钢。不同材料的制造过程有些许差异,但主体流程可大致分为以下几个步骤:炼钢、铸锭——锻造——粗加工——性能热处理——标记、取样检验——精加工——无损检验——标记——报告审查——包装出厂。

7.2.1　冶炼及锻造

冶炼是采用焙烧、熔炼、电解等方法将矿石中的金属提炼出来的技术,为材料性能奠定了基础。对于 RPV 用低合金钢的元素,特别是对杂质元素的控制要求异常苛刻,因此其冶炼用钢必须经过精心挑选,精选铜、钴、磷、硫、砷、锡、锑、硼等元素含量低的优质原材料。为降低有害元素、气体元素以及非金属夹杂物的含量,提高钢的纯净度,通常将熔炼过程分为两步进行:炉内一次精炼和炉外二次精炼。

炉内一次精炼应采用电弧炉,工艺重点是降低钢水中的气体含量,控制夹杂物类别并降低含量。在钢水沸腾期使钢水充分活跃,使气体尤其氢气在强烈沸腾期逸出。在此过程中要严格控制钢水温度,温度过高不利于气体排出,同时也能因炉衬耐火材料浸蚀而增大外来杂质含量;温度过低则可能导致钢水中夹杂物不易排除。

钢水的提纯处理是指钢水的真空除气和浇铸,即先将钢水浇入一个能够实现真空与浇铸的中间钢水包,然后再浇入保持强力抽气状态的大型真空室内的钢锭模中,从而保证浇入钢锭模的钢水充分脱气。

炉外二次精炼(或称二次精炼)就是将钢水的精炼,如脱硫、脱氧、去除夹杂物、合金化成分的调整与均匀化等过程,放到熔炼炉以外完成。炉外精炼工艺有多种,如真空碳脱氧(VCD)、真空模底吹氩(VPA)、氧气顶吹转炉(LD)、电渣重熔(ESR)、钢包精炼(LRF)等。电渣重熔法(ESR)能保证锻造坯料成分(如碳、铬等)的均匀性,抑制有害相(如高温铁素体)形成;同时,利用电渣重熔渣池提纯特点,降低锻造坯料中夹杂物级别。在充分发挥电渣重熔改善元素偏析、减少夹杂物的优势的同时,采用惰性气体保护等工艺实施手段可降低重熔过程中增加有害气体的风险。

电弧炉(EF)熔炼加钢包精炼(LRF)是 RPV 用钢常用的制钢工艺。采用这种工艺的原因:一是精炼在钢包精炼炉内进行,便于成分控制、调整和均匀化,改善夹杂物种类、形态与分布,易于除气;二是炉外精炼可减少占用电弧炉的时间,提高产量;三是炉外精炼易于和多炉合浇技术结合,生产出大型、超大型钢锭。冶炼及铸锭常见的工艺过程如图 7-5 所示。

锻造工艺关系到锻件的微观组织、力学性能、致密性等技术指标。因此,锻造是锻件制造过程中的关键工艺。锻造的基本目的是得到锻件产品的毛坯形状,同时通过加热中的均热及锻压中的热变形,减小或消除钢锭中的各种缺

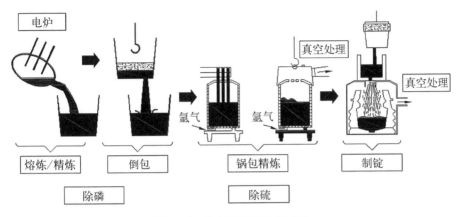

图 7-5 冶炼及铸锭工艺过程

陷,如偏析带、疏松、夹杂、裂纹等。为此,应保证有足够的锻造压力,也就是应在具有足够能力的锻压机上进行锻造,使钢锭深层变形,并在合理应力状态下完成塑性变形,以保证材料组织的密实。钢锭的头、尾应有足够的切除量,以确保无缩孔或严重偏析等缺陷。一般而言,锻件的总锻造比应大于3。

7.2.2 热处理

为了改善锻件加工性能和增强性能热处理的效果,锻件应进行预备热处理,其目的是充分地消除锻造应力,调整内部组织及晶粒度,为后续性能热处理做准备。低合金钢锻件的预备热处理一般采用"正火加回火"的工艺形式,将锻件加热到奥氏体化温度区间保温,充分奥氏体化后空冷,得到均匀细化的组织,之后进行回火。

锻件的性能热处理在粗加工后进行。低合金钢锻件的性能热处理一般采用"淬火加回火"的工艺形式。当热处理截面尺寸很大,并且韧性要求高时,也可采用多级奥氏体化热处理工艺。将锻件在电炉中加热到奥氏体化温度区间保温,使奥氏体组织均匀化,然后进行淬火,使其组织充分转变,得到强度和韧性匹配良好的贝氏体组织。之后,在回火温度下进行回火处理,得到稳定的回火贝氏体组织,保证锻件良好的综合力学性能。

RPV用不锈钢材料都应进行固溶热处理。通过固溶处理的 Cr-Ni 不锈钢在高温组织下固定下来,从而获得被碳过饱和的奥氏体,以改善 Cr-Ni 不锈钢的耐腐蚀性。此外,固溶处理还能提高不锈钢的塑性和韧性。通常不锈钢材料的固溶处理加热温度为 1 050~1 150 ℃。

镍基合金材料都应进行固溶热处理加时效热处理,以获得满足要求的强度和硬度。

在热处理阶段,每个锻件上至少放置 2 个(不同位置)热电偶用来测量锻件温度,实际保温温度的最大偏差为 ±10 ℃。

为获得产品的最终性能,锻件性能热处理后,通常会从锻件上切取力学性能试料和金相检验试料进行模拟消除应力热处理。锻件进行性能试验(详见7.2.3 节)后,因一项或几项力学性能试验结果不合格时,可对其重新热处理,重新热处理不应超过两次。

7.2.3　性能试验

在锻件完成性能热处理后,进行性能试料截取,以进行性能热处理态下和模拟消除应力热处理态(若有)下的各项理化性能试验。

化学成分分析应分别进行熔炼分析和成品分析,熔炼分析试样需取自浇铸时的钢水,成品分析试样需分别取自锻件上对应钢锭顶部和底部的位置。

试样的力学性能试验通常包括拉伸试验、冲击试验、冲击吸收能量-温度曲线试验、上平台能量试验、落锤试验、硬度等,不同规范对力学性能试验的取样位置、试样方向等不尽相同,但均应表明锻件各部位的力学性能均匀。不锈钢材料还需进行晶间腐蚀试验,以验证材料化学成分、热处理和加工工艺的合理性。此外,不锈钢管材还应进行压扁试验和扩口试验,以验证不锈钢管材的变形性能。

对于紧固件材料需注意的是,用于制造主螺栓的锻件(40NCDV7‑03)的硬度应比用于制造主螺母和垫圈的锻件(40NCD7‑03)的棒材的硬度高,以防止螺纹咬死,硬度差一般选择 30~50 HB。

7.2.4　无损检测

在锻件精加工后,应对材料进行无损检测,以全面检测锻件内、外部可能存在的缺陷。低合金钢材料的无损检测包括目视检测、超声检测、液体渗透检测或磁粉检测,不锈钢和镍基材料的无损检测包括目视检测、超声检测和液体渗透检测。无损检测的具体要求可见 7.6 节。

7.2.5　母材见证件

RPV 的母材见证件一般包含两部分:一部分为"验收试验用料",对应产品母材经历 RPV 制造过程中相同的全部热循环,代表 RPV 出厂时对应产品母材的最终状态;另一部分为"档案材料",代表锻件交货时对应产品母材的过程状态。

母材见证件应取自验收合格锻件的延伸段或取自验收合格的验收试验用试环的余料(如果余料足够),母材见证件"验收试验用料"和"档案材料"的尺寸应保证均能切取一套与锻件验收试验所需试样数量基本相同的试样,并考虑可能的复试。

以"华龙一号"RPV 为例,根据各部分的结构及尺寸,共设置了 7 个母材见证件,分别称为 1 号、2 号、3 号、4 号、5 号、6 号及 7 号母材见证件:

1 号——堆芯筒体母材见证件;

2 号——容器法兰-接管段筒体下段母材见证件;

3 号——容器法兰-接管段筒体开孔母材见证件;

4 号——进、出口接管母材见证件;

5 号——容器法兰-接管段筒体上段母材见证件;

6 号——下封头过渡段母材见证件;

7 号——上封头母材见证件。

7.2.6　制品评定

制造中若采用一些新的或未经验证使用过的制造工艺应进行制品工艺评定,以检查按规定的程序制造的制品具有合格的性能。评定过程中需澄清制品特性,尤其是特殊性及可试验性。经评定结果通过后,才允许在制造中采用。所有需进行评定的制品,在采购之前必须出具评定报告。

按照 RCC-M M140 相关要求,锻件评定应该考虑如下评定内容:原材料;冶炼工艺;化学成分要求值;钢锭的质量(及类型);最小头尾切除率;部件在钢锭中的位置;按时间先后排列的各个工序,即冶炼工艺、锻造、机械加工、热处理、取样、无损检测;每次锻造后的部件外形尺寸图,包括按 RCC-M M380 确定的锻造比或总锻造比;部件锻造毛坯外形图、热处理外形图和交货外形图;中间热处理和最终热处理(性能热处理);验收试验试料在部件上的位置;试样在试料上的位置图。

通过以上锻件评定过程,最终确定该锻件的制造工艺路线、冶炼、锻造、锻后热处理、性能热处理和性能取样的关键制造技术,以证明所采用的关键工艺的合理性和可行性。

7.3　焊接材料的采购与制造

RPV焊接用焊接材料质量对焊缝质量及RPV固有安全性至关重要。在国内外核电RPV制造中,曾多次出现因焊材质量问题,导致焊缝探伤不合,需要切除焊缝重新进行焊接的情况。因此,RPV用焊材一般应选用标准中规定的相应型号且成熟、可靠的材料,同时采购相应商业牌号的焊材应对其按标准进行商业牌号的评定。

7.3.1　焊接材料基本要求

按照材料类型,RPV焊接材料主要包括低合金钢焊材、不锈钢焊材和镍基合金焊材,详细情况见4.3节。按照焊接材料的类型,RPV焊接材料又可分为焊条、TIG焊丝、焊丝/焊剂或焊带/焊剂组合三大类。在焊材采购过程中,需对每批次的焊材进行验收,以保证所有批次的焊材质量与焊接工艺评定试验焊材一致,并符合制造厂提出的焊材订货技术条件。在焊材采购过程中,为保证焊材质量,对其几何尺寸、批次、外观、检验方法、性能、试件制备等都应提出相应的要求。每一批次的焊条、焊丝及焊丝/焊剂、焊带/焊剂组合,需采用有效的措施,保证其在储存、搬运及使用期间不降质。

7.3.1.1　焊条

RPV制造过程中常用的焊条包括低合金钢焊条、不锈钢焊条及镍基合金焊条。对焊条的采购及验收一般从标准、几何尺寸、批次、外观、检验方法、性能、试件制备、验收及复验、包装、标记等方面提出相应的要求,对于RPV用焊条,重点考虑以下要求。

(1) 焊条应为相应标准中对应的类别,满足标准中对应卡片号中的相关要求。

(2) 焊条应按批验收,一批焊条指由同一直径、同一炉号的焊芯,同一批号的涂敷原料,以同样的原料配方及制作工艺制成,具体数量满足相关标准要求。

(3) 焊条尺寸包含焊条直径、长度、夹持端长度及其相应的极限偏差等要求;常用的焊条直径有3.2 mm、4.0 mm,其极限偏差根据不同焊材种类而有不同的要求。

(4) 低合金钢焊条要求为碱性低氢型焊条,不锈钢焊条为碱性焊条;低合金钢焊条药皮含水量(质量分数)应不大于 0.10%。

（5）三种焊条都对磷、硫、钴、铜等对辐照性能影响较大的元素有相应的要求。

（6）三种不同种类焊材的力学性能试验项目及试样状态要求不尽相同，一般与其使用的最终状态一致。如：低合金钢焊条要求力学性能为焊后热处理态(PWHT)，包括拉伸性能、KV 冲击韧性、$T_{R, NDT}$、弯曲性能；E308L 焊条要求焊态及 PWHT，包括拉伸性能、KV 冲击韧性、弯曲性能(PWHT)；E309L 要求焊态的拉伸性能；镍基合金焊条要求焊态及焊后热处理态(PWHT)的拉伸性能、KV 冲击韧性、弯曲性能。

（7）低合金钢焊条要求进行 T 形接头角焊缝试验、熔敷金属扩散氢含量测试，不锈钢焊条要求进行铁素体含量测试及晶间腐蚀加速试验，镍基合金焊条要求进行晶间腐蚀加速试验。

7.3.1.2　TIG 焊丝

RPV 制造过程中常用的 TIG 焊丝包括不锈钢焊丝(ER308L、ER309L)及镍基合金焊丝(ER Ni‑Cr‑Fe 7 或 ER Ni‑Cr‑Fe 7A)。TIG 焊丝的采购及验收要求与焊条类似，同时重点考虑以下要求。

（1）焊丝应为相应标准中对应的类别，满足标准中对应卡片号中的相关要求。

（2）焊丝应按批验收，一批焊丝指由同一炉批号、同一热处理制度、同一尺寸、同一供货状态、同一制造工艺制成的焊丝，具体还应满足相关标准的要求。

（3）保护气体要求采用高纯氩气。

（4）缠绕焊丝不得有硬弯和折点，焊丝在无约束状态下应能自由松开，起焊一端的焊丝应固定并加标记。

（5）焊丝及熔敷金属化学成分要求与焊条一样，对磷、硫、钴、铜等对辐照性能影响较大的元素有相应的要求。

（6）熔敷金属力学性能要求：ER308L 焊丝要求焊态及 PWHT，包括拉伸性能、KV 冲击韧性、弯曲性能(PWHT)；ER309L 焊丝要求焊态的拉伸性能；镍基合金焊丝要求焊态及焊后热处理态(PWHT)的拉伸性能、KV 冲击韧性、弯曲性能。

（7）不锈钢焊丝要求进行 δ 铁素体含量及晶间腐蚀加速试验，镍基合金焊丝要求进行晶间腐蚀加速试验。

7.3.1.3　低合金钢焊丝/焊剂与不锈钢焊带/焊剂

低合金钢焊丝/焊剂主要用于 RPV 大厚度主焊缝的焊接,不锈钢焊带/焊剂主要用于 RPV 内壁面大面积堆焊。重点考虑以下要求。

(1) 焊丝应为相应标准中对应的类别,不锈钢焊带为 EQ308L 与 EQ309L,满足标准中对应卡片号中的相关要求。

(2) 焊丝、焊带、焊剂应按批验收。每批焊丝应为同一炉号、同一直径、同一制造工序和同一交货状态下制成的。每批焊带应为同一炉批号、同一热处理炉次、同一规格尺寸、同一制造工艺、同一交货状态下制成的。每批焊剂应为同批号的原材料、按同一配方、同一制造工艺在同一制造周期生产的。

(3) 焊剂均为烧结型焊剂,其中低合金钢焊剂碱度指数 $B \geqslant 2$。

(4) 低合金钢焊丝尺寸推荐 $\varPhi 4$ mm,同时对其椭圆度及成盘焊丝的尺寸和质量都有相应要求;不锈钢焊带尺寸允许偏差及焊带切边镰刀弯均有相应要求。

(5) 低合金钢焊丝冶炼工艺应确保其化学成分的纯度和低含量的有害元素(如铜、钴、磷、硫、砷、锡、锑、硼等),且应注意控制氧、氮的含量。

(6) 低合金钢焊剂及不锈钢焊剂都对颗粒度、机械夹杂物、焊接工艺性能、硫含量、磷含量提出了相关要求,此外低合金钢焊剂还对其含水量提出了要求。

(7) 熔敷金属力学性能要求:低合金钢焊丝/焊剂要求 PWHT 态,包括拉伸性能、KV 冲击韧性、$T_{R, NDT}$、弯曲性能;不锈钢焊带/焊剂要求进行硬度测试。

(8) 试板要求:低合金钢焊丝/焊剂为对接焊试板,不锈钢焊带/焊剂为堆焊试板。

7.3.2　焊材商标牌号的评定

RPV 的制造一般选用成熟可靠且具有一定工程应用经验的焊材。同时,为保证不同焊材供货商所提供的不同商业牌号的焊材能满足 RPV 制造用焊材的使用要求,除对每批次的焊材进行验收试验外,还应对商标牌号进行评定。评定试验包括焊材(供货状态)试验、熔敷金属试验、标准试验件上的焊接接头试验;其中前两项由供货商进行,标准试验件试验由设备制造厂进行,当设备制造厂进行的焊接工艺评定包括了标准试验件上的试验内容时,可免去该部分试验。同时,熔敷金属试验应至少为 5 个批次,新产品时还需专门确定数量。

焊材(供货状态)试验包括几何尺寸检查、物理性能试验。承载焊缝与堆焊用焊材熔敷金属试验、接头试验、试件试验的要求主要包括母材类别、试件尺寸、制备、熔敷金属的取样、检验项目、无损检验、试验结果等。

评定试验的有效范围有相应的要求,主要包括母材的牌号和厚度、几何特性、焊接方法和电流种类、焊缝类型、焊接位置(包括平、横、立、仰四个基本位置)、焊接参数、热处理要求。

评定试验完成后,焊材供货商应根据焊材(供货状态)试验、熔敷金属试验结果及相关标准要求制定评定卡片或数据单;设备制造厂应根据标准试件或焊接工艺评定的评定试验结果出具评定证书,评定证书应参考评定卡片或数据单,并包含焊材评定的有效范围。

7.3.3 焊接材料的制造及国产化应用

目前,我国自主设计的在建及在役核电 RPV,其制造和安装过程中的焊接材料基本采用进口产品。以"华龙一号"为例,RPV 设计与制造都由我国设计单位与制造厂自主设计与制造,具有完全自主知识产权,其各零部件的锻造、机加工、焊接均由国内厂家完成,且所有结构材料均为国产,但 RPV 所用的焊材却基本依赖进口。据估算,一台 RPV 焊材用量约 30 t,采购价格为 1 000 余万元。国内焊接材料行业,在核级焊接材料方面如低合金钢、不锈钢、镍基合金焊材,均进行了研制工作,并取得了一定的研究成果,已逐步推广至工程应用之中。

RPV 焊材的国产化一直是难点问题,其主要原因有以下几点。

焊材金属的超纯冶炼困难,微量元素含量难以控制,合金成分配比难以把控。尤其以镍基合金焊材的制造难度最大,技术要求最高,在国际上主要被 SMC 和 Sandvik 等公司垄断。

国内焊材研发生产企业在焊接材料产品性能、可靠性质量评价体系的建立上还有所欠缺。早期国产 RPV 用焊材质量稳定性较差,批次之间的性能和质量差异较大,这也是目前国产化研制的关注重点。

国产 RPV 用焊材在力学性能方面已能比肩进口焊材,甚至优于进口焊材,但焊接工艺性能,如工艺稳定性、电弧稳定性、脱渣性、成形外观等,却不如进口焊材,导致设备制造厂对于国产焊材使用的担忧。

RPV 用焊材依赖进口为我国核电事业的发展带来了许多弊端。首先,焊材的价格较高,供货周期难以控制,完全受制于人,存在影响项目工期的巨大风险,同时极大提升了 RPV 制造成本。其次,由于我国核电的大规模发展,核级焊材供不应求,导致进口焊材质量日趋下降,对 RPV 制造质量产生影响。最后,鉴于目前的国际形势发展,进口的核级焊材存在断供的风险,核级焊材一旦短缺,将极大影响我国 RPV 的制造与生产。因此,必须大力推进核级焊材国产化进程,研制并完善核级焊材生产全过程质量管控体系,建立与之匹配的焊接材料力学性能及工艺性能评价体系,解决国产焊材目前的存在问题,提升国产焊材质量稳定性,焊接工艺性能,实现核级焊材的自主可控。

7.4 焊接

在 RPV 制造和安装中,焊接是最基本、也是最重要的手段。在焊接过程中,焊缝和热影响区都经历了复杂的热循环冶金过程,焊缝质量受到焊接操作人员、焊材质量、焊接工艺、热处理等因素的共同影响。焊后可能出现焊接残余应力过大、变形、宏观缺陷、晶粒粗大和组织偏析等一系列问题。尤其是承压焊缝,其质量稳定性对设备安全性产生直接影响。在 RPV 制造过程中产生的不符合项,与焊接相关的占比很大。

7.4.1 常用焊接方法

RPV 采用锻焊结构,根据实际情况可采用手工焊、半自动或半机械焊和自动焊工艺进行施焊,常用的焊接方法包括如下几种:

(1) 药皮焊条手工电弧焊(shieded metal arc welding, SMAW)。

(2) 钨极惰性气体保护焊(gas tungsten arc welding, GTAW)。

(3) 埋弧焊(submerged arc welding, SAW)。

(4) 电渣焊(electroslag welding, ESW)。

(5) 电子束焊(electron beam welding, EBW)。

RPV 低合金钢主环焊缝,如顶盖法兰与封头、筒体法兰与堆芯段筒体、堆芯段筒体与过渡段筒体、过渡段筒体与底封头,以及进/出口接管与筒体的焊缝,一般推荐采用 SAW 自动焊工艺;筒体内壁不锈钢堆焊层,大面积堆焊层推荐采用 SAW、ESW 堆焊工艺,局部区域推荐采用 SMAW、TIG 焊工艺;接管安全端隔离层及对接焊缝,推荐采用热丝 TIG 焊工艺;CRDM 异种金属对接焊推荐采用 TIG 焊工艺,制造单位也可根据生产经验采用 EBW 工艺制造。

7.4.2　焊接工艺评定

按照 RCC-M 规定,制造中采用的一些制造工艺应经过工艺评定,并依据工艺评定结果编制工艺规程后,才允许在制造中采用,当工艺参数超出了工艺评定规定范围时,还应重新进行评定。制造单位应根据 RPV 的结构特点、材料类别和厚度尺寸等进行主要制造工艺的工艺评定,并根据工艺评定结果形成工艺规程,焊接工艺评定是其中的重要内容。

关于焊接工艺评定的主要规定如下。

1) 关于焊接工艺

焊接工艺是指整套工序(准备、预热、焊接、后热和热处理),它仅适用于一种或多种已知牌号、形状和尺寸的金属,以保证得到符合规定质量标准的焊接接头、堆焊接头或补焊接头。

焊接工艺评定要求一方面要详细记录各种工艺的性能参数(特别是确定有效范围的主要可变参数),另一方面要验证所得到的焊接接头与要求的质量标准是否相符。

2) 关于焊接方法

焊制一条产品焊缝(按照给定的一种工艺)可以采用多种方法(它们中间的每一种都能够应用不同的重要可变参数)联合进行。

每一种焊接方法及对应的重要可变参数的范围,必须通过焊接工艺评定来确定。这种评定或者在相应的产品焊缝的工艺评定范围内,或者在相应的其他工艺的范围内进行。此外,根据等效原则,要求对将作为标准试件的焊接接头的各部分进行一系列完整的试验。如果把试验接头各部分的每一部分看作对应于只使用一种焊接方法焊成的评定试件,则应进行一系列试验。

3) 关于应编制的文件

任何一种焊接工艺评定,都应根据正式文件的规定进行,但这些文件应符合相关要求,并至少包括如下内容:附在焊接数据包中的评定试件焊接工艺卡片,评定的有效范围,需要进行的试验和评定等级的有关准则,试样取样示意图,焊道的分布及对其中每条焊道所采用的焊接工艺。

4) 关于评定试验

试件的准备、实施和检验必须考虑到对产品焊缝的准备、实施和检验规定的条件。

焊接工艺评定试件的数量和形式,以及要求进行的试验,由所实施的焊接方法和评定有效范围的主要可变参数、确定无损检验种类和准则的质量等级、工作条件等因素决定。

试件的尺寸应根据焊接方法、试验试样和复验试样的取样、规定的无损检验、需要进行的补焊工艺的评定等要求进行确定。另外,在任何情况下,每个被焊试件(或每段管子)的宽度都不应小于 150 mm 或 2e(e 为试样厚度)。

用于评定的母材和焊接填充材料均应进行验收试验,以便确定是否满足要求。在对试件进行焊接之前,必须备有母材和焊接填充材料的验收报告。对于堆焊工艺评定试验所采用的某批填充材料,如果施焊的条件、进行的检验项目、所得到的结果都能满足验收技术条件的要求,则可免去验收试验。

5) 关于复验

如果无损检验发现不合格的缺陷,则应在研究这些缺陷发生的原因后重新评定。

如果在试件的焊接过程中或在试验过程中,发现不合格的缺陷呈规律性的出现,并认为这些缺陷可能与焊接工艺有关,则应拒绝采用这种焊接工艺。如果某一不合格的结果是由试验的实施过程有问题或由在试样中存在缺陷引起的,则有关结果不予认可,并应重新进行试验。

在有冲击试验的情况下,如果试验结果不合格只是由于某一个别的数值低于最小保证值,但平均值合格,并且最多有一个冲击试验结果低于规定的平均值,则可进行复验。在试验结果不合格的这一组试样取样位置附近,取两组试件(每组为三个试样),在与第一组试样相同的温度下进行冲击试验,这两组六个试样中的每一个试样都应给出合格的结果。

6) 关于试验报告

焊接工艺评定试验结果应便于检查人员查阅,试验报告应包括下列内容:在试件上实施焊接的主要条件(验收值和实测值),所进行的无损检验内容及检验结果,所进行的破坏性试验和所要求的数值及所取得的结果,母材和填充材料的验收试验报告。试验报告中必须有车间检验员的结论。

7) 关于评定的有效期

对于 RPV,在一般情况下,若焊接工艺重要可变参数在评定有效范围内,则焊接工艺评定一直有效。如果在制造单位的某一现场或车间完成的焊接工艺评定需要扩展或转移到另一现场或车间,则需要在对该现场或车间评定合格后方可实施,以使该工艺经过扩展或转移后,也能保证其焊接技能和经验的延续性。

针对 RPV 主要的低合金钢对接焊缝和不锈钢堆焊层,表 7-1 分别给出了 RCC - M 和 ASME 关于焊接工艺评定力学试验项目的规定。对焊接工艺评定试验项目,RCC - M - S 比 ASME - Ⅸ 要严得多,其基本原因是 ASME - Ⅸ 适用于锅炉和压力容器,而 RCC - M - S 是专门适用于核电厂核岛机械设备焊接的工艺评定的。因而,在应用这两个规范时应注意各自的共性和个性。

表 7 - 1 RCC - M - S 与 ASME - Ⅸ 试验项目对比

焊 接 结 构		低合金钢对接焊缝		不锈钢堆焊层	
规 范		RCC - M - S	ASME - Ⅸ	RCC - M - S	ASME - Ⅸ
试验项目	熔敷金属化学成分①	√		√	√
	接头拉伸	√	√		
	熔敷金属拉伸(室温)	√			
	熔敷金属拉伸(高温)	√			
	熔敷金属 KV 冲击	√	√		
	热影响区 KV 冲击	√			
	熔敷金属落锤	√	√		
	接头侧弯	√	√	√	√
	接头面弯	√			
	接头根弯	√			
	接头金属	√		√	
	接头硬度	√		√	
	无损检验②	√	√	√	√④
	腐蚀③			√	

注:① 表示铁素体含量;② 表示与产品要求相同,包括 UT 或 RT 及 MT 或 PT;③ 表示当 $w(C) < 0.035\%$ 时可不规定;④ 表示仅要求 PT。表中符号"√"表示相应标准中有这个试验项目。

7.4.3 焊接工艺规程

RPV 在制造前,制造单位应编制制造过程中的工艺文件,其中就包括焊接工艺规程。对于不同的制造单位而言,焊接工艺规程的内容可能存在差异,但编制工艺规程应遵守的原则是相同的,即凡对制造的设备或产品有影响的工艺或加工、制造、检测等活动,都应编制工艺规程或操作指导书,做到有据可依、准确实施。

工艺规程涉及的范围应包括工艺过程中的所有的工艺操作,通用工艺规程及专用工艺规程和/或作业指导书对所有的制造工序及工艺参数的规定要求,以保证该工序完成后的质量满足规定的要求。

焊接工艺规程有两种。一种是根据采购方提供的设计图纸和设计文件编制的预焊接工艺规程(也有制造单位称之为焊接工艺评定指导书),即 pWPS (Preliminary Welding Procedure Specification),作为进行焊接工艺评定的依据和指导;另一种是产品焊缝的焊接工艺规程,即 WPS(Welding Procedure Specification)。

pWPS 作为焊接工艺评定的指导书,规定了该工艺评定试验的全部内容以及整个评定试验的操作工序要求等,以指导整个评定过程满足设计文件的要求,主要包含如下内容:评定的焊接工艺方法;焊接接头的类型及结构尺寸;母材的牌号,评定试件的尺寸及评定的有效范围;焊接填充材料的类别、牌号和批号及尺寸规格;焊接位置和方向;预热和后热,包括最低预热温度、最高道间温度、后热处理的温度范围及时间、加热方式等;焊后热处理,包括升降温速率、加热方式、保温温度及时间等;保护气体的种类、组成及流量等(若有);焊接工艺可变参数,包括焊接电流与电压、焊接速度及最大线能量等;焊接顺序和焊道分布;评定破坏性试验、无损检验的内容及验收要求;破坏性试验试样的取样位置示意图。

WPS 应在焊接工艺试验和评定的基础上编制,根据焊接工艺评定指导书 (pWPS)完成工艺评定试件的准备、焊接、热处理、检验、试验,并依据其结果报告(PQR)编制焊接工艺规程(WPS)。

焊接工艺规程格式无统一规定,可以用任何方法来编制(如表格、卡片、图表、文字及其组合等),但必须将焊接要求和工艺参数表达清楚。

焊接工艺规程有不同的内容规定。一般说明中包括采用的规范、WPS 编号、时间、版次、支持 WPS 的 PQR 编号、焊接工艺、类型(手工、半自动、自动、机械)等;具体内容应包括使用的车间、接头类型、母材类型等级、形状、尺寸、焊接位置、方向、预热、时间、层间温度、热处理、包括温度范围、保温时间等、填充材料(包括类别、牌号,以及对应的标准规范、规格及保护气体等)、工艺参数

（包括电流、类型、大小、电压、焊接速度、热输入等）；最后，还应给出焊接技能的相关要求，包括摆动、焊道、清洁、背面清根或保护等。

典型的 RPV 焊接工艺规程应包括如下类型。

（1）低合金钢锻件主环焊缝的 SAW（Φ4 mm）对接焊。

（2）低合金钢锻件焊缝的 SMAW（Φ3.2 mm、Φ4 mm、Φ5 mm 等）对接焊。

（3）不锈钢堆焊层的 ESW/SAW（60 mm/50 mm×0.5 mm/0.4 mm、30 mm×0.5 mm/0.4 mm、19 mm×0.5 mm/0.4 mm）带极堆焊。

（4）不锈钢堆焊层的 SMAW（Φ3.2 mm、Φ4 mm、Φ5 mm 等）不同位置的堆焊。

（5）不锈钢堆焊层的 TIG（Φ0.9 mm 等）不同位置的堆焊。

（6）低合金钢锻件的镍基合金隔离层热丝 TIG 堆焊及与安全端的 TIG 对接焊。

（7）低合金钢锻件的镍基合金隔离层 SMAW/TIG 堆焊及与径向支承块的 SMAW/TIG 对接焊。

（8）低合金钢锻件的 J 形坡口镍基合金隔离层 SMAW 堆焊及与镍基合金管材的 SMAW 密封角焊。

（9）不锈钢管材与镍基管材的镍基合金 TIG 对接焊。

（10）不锈钢管材与不锈钢锻件的不锈钢 TIG/SMAW 对接焊。

（11）低合金钢锻件对接焊缝（主焊缝）的 SMAW 补焊。

（12）低合金钢锻件不锈钢堆焊层的 SMAW 或 TIG 补焊。

（13）低合金钢锻件隔离层及对接焊的 TIG 补焊。

根据 RPV 结构形式，可能还包括如下其他的焊接工艺规程。

（1）镍基合金堆焊层的 ESW/SAW（60 mm/50 mm×0.5 mm/0.4 mm、30 mm×0.5 mm/0.4 mm、19 mm×0.5 mm/0.4 mm）带极堆焊。

（2）镍基合金堆焊层的 SMAW（Φ3.2 mm、Φ4 mm、Φ5 mm 等）不同位置的堆焊。

（3）镍基合金堆焊层的 TIG（Φ0.9 mm、Φ1.2 mm 等）不同位置的堆焊。

（4）镍基合金隔离层的 SMAW（Φ3.2 mm、Φ4 mm、Φ5 mm 等）不同位置的堆焊。

（5）镍基合金隔离层的 TIG（Φ0.9 mm、Φ1.2 mm 等）不同位置的堆焊。

7.4.4 产品焊接

本书中产品焊接指 RPV 在制造和安装过程中所进行的焊接操作,主要包括待焊表面的准备,焊接材料的使用,焊接方法应用于产品焊缝和设备修补,产品焊缝和修补焊缝的最终加工,焊接相关的热处理(包括预热、后热、消除应力热处理),产品焊接见证件的制备。在本章节及后续章节分别介绍主要的焊接操作实施。

7.4.4.1 一般要求

施焊前,制造单位应准备两种文件。一是焊接填充材料验收与评定试验报告;二是根据焊接工艺评定指导书和焊接工艺评定报告编制的焊接工艺规程,产品焊接、见证件的焊接、材料辐照监督用试料的焊接,以及可能的补焊,均应按照制造单位编制的焊接工艺规程执行。同时,应根据焊接工艺规程编制产品焊接记录卡,记录整个焊接过程中的工艺数据。

所有用于产品焊接(包括用于焊缝的补焊和产品制造阶段对母材可能的补焊)的工艺必须经过评定且合格。

施焊前,被焊工件(包括焊接坡口)应经检验合格,并完成焊接材料的批次验收、焊接工艺评定、焊接人员的考核、焊接材料的评定、生产车间的评定。

产品焊缝的焊接应由专门接受过焊接技术培训、技能熟练且有经验的焊接人员进行施焊,焊接人员的资格应满足生态环境部令第 5 号《民用核安全设备焊接人员资格管理规定》的要求。

焊接过程中使用的设备、仪表和计量器具应处于正常、完好的工作状态,并经有关部门的定期检验、标定。

7.4.4.2 待焊坡口的加工及检验

产品焊缝坡口的形状和尺寸应满足 RPV 设计图纸的要求,制造单位也可以根据具体的工艺对坡口的形状和尺寸进行修改,但坡口的修改设计应预先征得许可。

待焊坡口及表面的加工及检验应满足产品焊接技术条件和焊缝无损检验技术条件的有关要求。待焊坡口表面应保持干燥。

7.4.4.3 产品焊接的实施

产品的焊接、可能的补焊、见证件的焊接以及材料辐照监督用试料的焊接均应按照焊接技术文件的有关规定进行焊接操作,并特别注意以下要求。

(1) 环境温度过低时(如低于 -10 ℃)不允许焊接;焊接工件的温度应大

于 5 ℃,低合金钢母材焊后应缓冷;采用气体保护焊时,工作场所应防止过强的空气流动。气候恶劣时应避免进行焊接操作。

（2）在清渣或修磨后,应对每一焊道熔敷金属进行检查。可以采用凿切、打磨或铣削的方法去除表面可见的裂纹和气孔。打磨应避免出现过热区。

（3）焊接熔池必须充分保护。采用气体保护焊时,保护气体流量应满足产品焊接工艺规程的规定;当根部焊道采用钨极氩弧焊(TIG 焊)时,为防止背面氧化,焊缝的背面应采用惰性气体保护。当采用焊剂保护时,一般不允许循环使用焊剂;若循环使用焊剂,应按照一定比例添加新的焊剂。

（4）不允许在完工的产品工件(包括锻件产品)表面引弧;在采用 TIG 焊时,禁止在铜板上引弧;一旦发现弧坑,即应去除,并进行磁粉检验(MT)或液体渗透检验(PT),确保无裂纹。

（5）多层焊时的接头根部焊道(打底焊道)必须予以清除,背面清根后,应进行 MT 或 PT,合格后才能进行封根焊。

（6）焊前、焊接过程中及焊后,均应采取有效措施来防止电弧焊的烟尘或焊渣污染。

（7）禁止在第一层焊道表面和最终焊缝表面进行锤击。

7.4.4.4　各种接头类型的焊接

1) 低合金钢环焊缝

RPV 低合金钢环焊缝包括封头与顶盖法兰焊缝、接管段筒体与堆芯筒体焊缝、进/出口接管与接管段筒体焊缝、堆芯筒体与过渡段筒体焊缝、过渡段筒体与底封头焊缝等,一般采用窄间隙埋弧自动焊工艺进行施焊,其中进/出口接管与接管段筒体焊缝为插入式焊缝,焊接厚度较大。

RPV 的低合金钢环焊缝为全焊透焊缝,按 ASME-Ⅲ-NB 册规定为 B 类接头,而按 RCC-M-B 册规定为Ⅰ类接头,属于一级焊缝,要求其强度不低于母材,其位置应具有无损检验的可达性及重复检查的可达性,应考虑设置焊接见证件。

随着焊接技术和工艺的发展,低合金钢环焊缝通常采用两种坡口形式和加工方式,如图 7-6 所示。对于上封头与顶盖法兰焊缝、进/出口接管与接管段筒体焊缝、过渡段筒体与底封头焊缝等,采用带钝边的单 U 形坡口,如图 7-6(a)所示,从外侧进行埋弧自动焊接,然后在焊缝背面进行清根,最终采用手工电弧焊进行焊满。对于接管段筒体与堆芯筒体焊缝、堆芯筒体与过渡段筒体焊缝,采用带凸台的单 U 形坡口,如图 7-6(b)所示,在筒体外侧进行埋弧自动焊满,然后采用机加工方式去除根部。

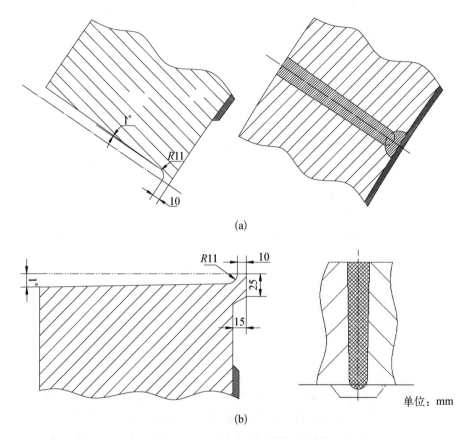

单位:mm

(b)

图 7-6　低合金钢环焊缝示意图

(a)带钝边的单 U 形坡口;(b)带凸台的单 U 形坡口

2)管座马蹄形(J 形)焊缝

J 形焊缝包括测量管座与顶盖焊缝、CRDM 管座(或整体耐压壳)与顶盖焊缝,以及排气管与顶盖焊缝,如图 7-7 所示,J 形焊缝为 ASME-Ⅲ-NB3350"焊接结构设计"中的 D 类接头,或者 RCC-M-B3350"焊接结构设计"中的第Ⅲ类接头,属于部分焊透焊缝。

部分焊透的 J 形坡口连接可用于过盈配合(如 CRDM 管座),亦可用于间隙配合(如测量管座和排气管),但必须严格控制过盈量和间隙。焊缝形式为镍基隔离层+镍基部分焊透角焊缝,一般采用 TIG 焊和 SMAW 焊,焊材采用

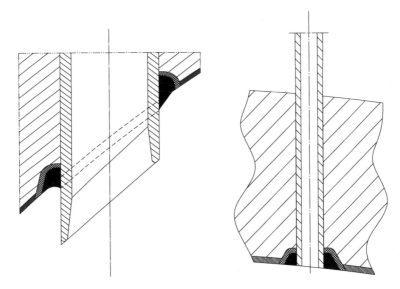

图 7-7　J 形焊缝示意图

ER NiCrFe-7、ER NiCrFe-7A、E NiCrFe-7 等。

　　为保证位置精度,CRDM 管座、测量管座及排气管均安排在顶盖最终热处理之后进行焊接。为保证焊接质量,均在 J 形坡口处堆焊镍基隔离层,经受最终消除应力热处理。部分焊透角焊缝则在室温条件下进行焊接。

　　镍基合金的焊接具有相当的难度,因其裂纹敏感性、气体敏感性都高,故除一般要求高纯度、严格限制母材及焊材杂质含量、控制焊接热输入和层间温度等外,还应采取如下特殊的措施。

　　(1)采用特殊工装,确保装配良好,控制间隙或过盈量,尽量降低焊接应力和变形,将裂纹、微裂纹降为最小。

　　(2)采取快冷措施,防止过热,保证最大限度地逸出熔池气体,将气孔降到最小。

　　(3)根据经验安排好焊接次序,焊道布置,短弧窄焊道焊接,注意引弧、收弧。

　　(4)重视焊条的烘干、使用中的保温、焊丝清洁、保护气体纯度和流量,确保良好的焊接环境。

　　3)安全端焊缝

　　RPV 接管为低合金钢,而反应堆冷却剂主管道为不锈钢,它们之间属于异种金属连接,若接管和管道直接采用对接焊连接,因为两者的线膨胀系数相差较大,易产生不连续应力,降低结构的可靠性,因此通常在 RPV 接管端部焊接安全端,实现现场与管道的同种金属焊接。这是由于不锈钢接头区在焊后状态具有良好的塑韧性,使焊接残余应力的有害影响减小,同时由于消除应力热处理温度范围刚好处于不锈钢敏化温度区(427~800 ℃),消除应力热处理可能导致耐蚀性下降,因此不锈钢焊件焊后一般不进行消除应力热处理。而低合金钢在焊接热循环(加热—高温停留—冷却)作用下,热影响区过热区发生晶粒长大,在不完全重结晶区亦发生部分相变,使热影响区的塑韧性降低,因此低合金钢的焊接接头都要进行焊后热处理,一般采用焊后消除应力热处理。如果没有不锈钢安全端,则在核电安装现场时,不锈钢主管道和低合金钢直接焊接,焊接后是否进行消除应力热处理都会带来相应的问题。

安全端与接管的连接接头一般在制造厂进行焊接,包括了隔离层和对接焊缝,采用这种接头的规范依据是 RCC - M - B3353 的第 Ⅳ 类接头。低合金钢接管与安全端的异种金属焊缝的连接方式主要有以下几种。

(1)在低合金钢接管的坡口表面上先堆焊一定厚度的中间金属(如镍基合金),然后采用镍基焊材将中间金属和不锈钢安全端焊接。

(2)在低合金钢接管的坡口表面上先堆焊不锈钢隔离层,再采用 308L 型不锈钢将隔离层与不锈钢安全端焊接。

(3)选择一种与低合金钢接管和不锈钢安全端适应的填充材料,直接焊接。

以上三种连接方式,在核岛主设备上均有应用。以"华龙一号"RPV 为例,采用第一种工艺实施安全端异种金属的焊接。由于低合金钢碳含量远高于奥氏体不锈钢,因而在熔合区两侧会出现碳含量的浓度差,当焊件在 300~400 ℃下长期工作时,碳会从低合金钢向奥氏体焊缝迁移,导致靠近熔合线的低合金钢侧出现脱碳层而软化,靠近熔合线的奥氏体焊缝出现增碳层而硬化。为防止碳的迁移,可以采取先堆焊镍基过渡层,再选用镍基填充焊接材料进行异种金属间的焊接。这种利用镍基合金作为隔离层和焊缝以减小局部不连续应力的设计得到了广泛的应用。

由于隔离层和安全端对接焊缝的焊接可以采用多种方法,故其坡口设计也比较灵活,考虑到镍基合金焊接的难点及装配要求严格,为保证焊接接头的质量,目前通常采用 U 形坡口单面焊双面成形坡口,如图 7 - 8 所示。为了保证焊根质量,最好采用整体型垫板,焊接完成后通过机加去除焊缝根部,达到保证焊缝质量和装配要求,隔离层的堆焊可以利用小型变位器在平焊位置堆

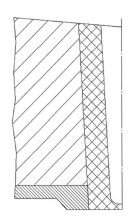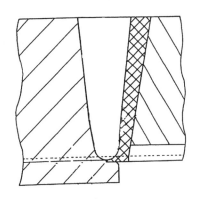

图 7 - 8 　镍基合金预堆边和安全端对接焊缝示意图

焊,堆焊后进炉完成焊后热处理,再加工与安全端的焊接坡口。

隔离层堆焊可以采用焊条电弧堆焊以及填丝钨极氩弧焊堆焊,堆焊用的焊条有 E NiCrFe - 7,氩弧焊丝有 ER NiCrFe - 7 或 ER NiCrFe - 7A。对接焊采用的氩弧焊填充丝有 ER NiCrFe - 7、ER NiCrFe - 7A 或焊条 E NiCrFe - 7。

对于在低合金钢表面上堆焊隔离层,在堆焊第一层时应将低合金钢预热到 150 ℃以上,但堆焊第二层及以后各层时建议不预热,包括隔离层与安全端的对接焊亦建议不预热,即采用所谓"冷堆"或"冷焊"。

4) 径向支承块焊缝

堆内构件的吊篮组件吊入 RPV 后,用上部的定位销或定位键和下部的径向支承块进行定位。径向支承块通常焊接在 RPV 底部,其焊缝为 RCC - M - B3350 的第Ⅲ类连接,为部分焊透的角焊缝。典型的径向支承块焊缝如图 7 - 9 所示,由于径向支承块尺寸大,虽然经机加工但仍需工厂或现场研配。

法国的径向支承块角焊缝的坡口设计采用过两种类型,如图 7 - 10 所示。第一种类型是由于径向支承块的宽度较大,角焊缝难以全焊透,同时为减小冷却剂局部阻力损

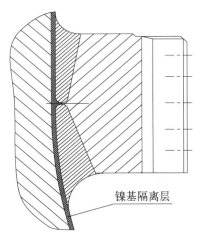

镍基隔离层

图 7 - 9 　径向支承块焊缝示意图

213

失,中间开了一个卵形孔[见图 7 - 10(a)],坡口角度不对称,先用钨极氩弧焊焊透,且背面成形良好,然后用焊条电弧焊焊满,为防止焊接接头变形过大,采取两侧对称焊接顺序。第二种坡口类型如图 7 - 10(b)所示,为全焊透的角焊缝接头,主要目的是改善根部的接头性能和完整性。

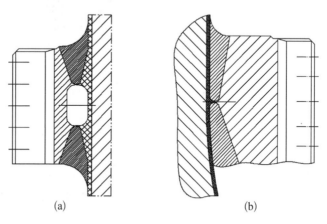

(a)   (b)

图 7 - 10　法国径向支承块坡口设计

径向支承块的焊接可根据不同的坡口设计和制造厂焊机装备及经验采用不同的焊接方法,但是从保证焊缝质量和防止变形出发,一般情况第一层均采用惰性气体保护焊打底,若采用手工焊条电弧焊打底则必须清根。

5) 不锈钢堆焊层

RPV 内壁与一回路冷却剂接触的部位堆焊了超低碳奥氏体不锈钢堆焊层,以防止冷却剂对低合金钢母材的腐蚀。不锈钢堆焊层为 309L 型过渡层及308L 型耐蚀层,堆焊厚度一般为 6~8 mm,308L 耐蚀层的有效厚度在 3 mm以上,以保证 RPV 寿期内的运行安全。大面积堆焊一般推荐采用埋弧堆焊或电渣堆焊,局部及小面积采用 TIG 堆焊或 SMAW 进行堆焊。

根据不锈钢堆焊热处理方式的不同可以分为两种堆焊方式。

(1) 第一种堆焊方式:过渡层在堆焊时,对母材预热,并控制道间温度最大值。过渡层堆焊完成后应立即进行后热处理和/或中间消除应力热处理。后续不锈钢耐蚀层堆焊时,对母材不预热,不锈钢耐蚀层堆焊完成后,再进行最终消除应力热处理。

(2) 第二种堆焊方式:在过渡层和耐蚀层堆焊整个过程中,对母材预热,并控制道间温度最大值。所有不锈钢堆焊层堆焊完成后,再进行最终消除应力热处理。

上述两种堆焊方式即所谓的"冷堆"和"热堆",主要差异在于耐蚀层堆焊时是否继续对母材进行预热。堆焊时工艺要求应尽量避免或降低堆焊过程中焊接热输入对低合金钢母材性能的影响。在堆焊过程中,较大的热输入容易使低合金钢热影响区产生层下裂纹和冷裂纹等缺陷,贯穿性裂纹容易造成低合金钢母材因接触冷却介质产生腐蚀,影响 RPV 运行的安全性和可靠性。

6) 其他焊缝

RPV 重要焊缝除以上几种外,还有测量管座法兰与贯穿件对接焊缝、检漏管对接焊缝等。

测量管座法兰与贯穿件焊缝为不锈钢与镍基合金异种金属对接焊,如图 7-11 所示,坡口形式为带钝边的单 U 形坡口,采用机械 TIG 工艺,焊材为镍基合金焊丝 ER NiCrFe-7 或 ER NiCrFe-7A。由于材料为非铁素体母材,焊接前无须预热,在焊接过程中控制道间温度,焊后无须进行焊后热处理。根部采用机加工的方式去除。

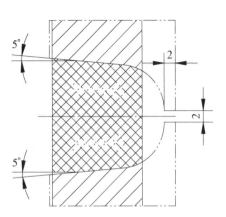

图 7-11 测量管座法兰与贯穿件对接焊缝示意图

检漏管与其安全端焊缝为不锈钢同种金属对接焊,如图 7-12 所示,坡口形式也为带钝边的单 U 形坡口,但由于管径尺寸较小,无法实现背部清根,因此采用了小规范 TIG 焊打底,单面焊接双面成形工艺,焊接前、后无须进行预热和热处理。

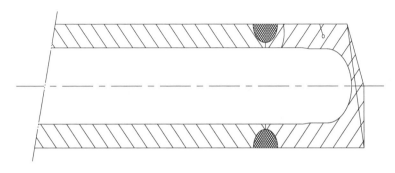

图 7-12 检漏管与其安全端焊缝示意图

7.4.5 补焊

当产品焊缝在无损检验后发现缺陷时,需对该焊缝或邻近的母材进行返修。产品焊缝返修有以下两种方式:一是非焊接方法,当无损检验发现的缺陷是较浅的表面缺陷时,可以采用打磨或机加工等机械方法清除;二是焊接方法,也就是补焊。补焊实际上是一种较为特殊的焊接,补焊既要满足对焊接工艺的一般要求,也要考虑基体材料、补焊沟槽和热处理条件等特殊要求。

7.4.5.1 补焊及焊接工艺评定要求

当无损检验发现的缺陷是内部缺陷或较深的表面缺陷,采用非焊接方法返修不能满足设计要求时,可对该缺陷采用打磨或机加工等机械方法进行清除,并形成待补焊沟槽,为保证补焊质量,沟槽应与周边焊缝或母材平滑过渡,并用无损检验方法证实已彻底清除缺陷后实施补焊。补焊后,应对补焊区域进行与产品焊缝相同的无损检验,检验结果应满足相应产品焊缝的无损检验要求。

对于自动焊方式施焊成形的焊缝,如果其补焊长度超过焊缝总长度的五分之一,且补焊厚度达到焊缝厚度的一半以上时,应质疑该焊缝的整体质量,必须采用机械方法加工去除该整条焊缝及其热影响区,重新进行焊接和检验。

对于产品焊缝的同一部位,可以实施两次补焊作业。在制造厂未提供需第二次补焊的原因分析报告并征得采购方同意之前,不应继续进行补焊。

对于 RPV 母材,原则上不允许进行补焊。在锻件状态时,通过各种表面检测和体积检测确保了锻件的表面和内部质量,但由于锻件的无损检测验收准则和焊缝的验收准则存在差异,在焊缝无损检测时也存在对焊缝邻近母材的复检,以焊缝质量进行考核,存在焊缝邻近区域母材不合格的风险。因此,对于该种情况,一般在锻件阶段对待焊接区域进行焊缝质量等级的无损检测考核,也可去除母材上的缺陷,直接进行焊缝的补焊,并以补焊熔敷金属将母材缺陷沟槽填补完整。

在一般情况下,RPV 焊缝的补焊在最终热处理前进行。若是补焊用的焊接工艺通过焊接工艺评定并满足相应的补充试验验证的情况下,在征得采购方同意后也可在最终热处理之后进行补焊。但是,对于低合金钢焊缝的所有区域,以及非低合金钢焊缝在补焊操作时可能影响低合金钢性能的区域,则必须在最终消除应力热处理之前进行补焊。对于非低合金钢焊缝在补焊操作时不会影响低合金钢性能的区域(如不锈钢堆焊层的耐蚀层,镍基合金堆焊层/

隔离层、镍基合金对接焊缝、不锈钢对接焊缝和远离低合金钢区域的不锈钢角接焊缝等),可在最终消除应力热处理之后进行补焊。

补焊用工艺也应当是评定合格的焊接工艺。无论是产品焊缝焊接工艺的工艺评定,还是产品焊缝补焊工艺的工艺评定,均属于焊接工艺评定。用于产品焊缝补焊的工艺可以采用 RPV 焊缝原有的焊接工艺,也可以采用新的焊接工艺,但在施焊前都应该开展工艺评定,工艺评定合格后才能进行产品焊缝的焊接或补焊操作。

7.4.5.2 模拟补焊试验

对于一些特殊焊缝,如碳钢或低合金钢上的不锈钢堆焊层与隔离层、镍基合金堆焊层与隔离层及对接焊缝等,补焊时可能存在对低合金钢母材已有的热影响区造成二次热影响的情况,则需开展模拟补焊试验,以验证该补焊工艺在上述焊缝上的适应性,RCC - M S3120 和 S3300 中也有相应的模拟补焊要求。ASME NB - 4450 中则没有模拟补焊的特殊要求,仅要求补焊用工艺应经过评定且合格,但 NB - 4622 在免做焊后热处理的焊缝要求中,则规定了焊接工艺评定试板的制备方法,并考虑了焊接技能的评定,如补焊位置等,具有模拟补焊试验的验证性质。

用于模拟补焊试验的工艺应是评定合格的焊接工艺,模拟补焊试验结果合格后才可以进行相应产品焊缝的补焊。模拟补焊试验原则上应当在产品焊缝检测到超标缺陷后根据需要补焊的实际情况开展。但是,在一般情况下制造单位出于制造进度的考虑会提前开展该项试验,这时需要结合生产经验综合考虑产品焊缝可能存在的补焊情况,如补焊厚度、补焊时机、是否需要预热及焊后热处理等因素。模拟补焊试验可以在对应焊缝工艺评定试件上进行,也可以在相应焊接见证件上进行。补焊工艺的评定试验不可代替产品的模拟补焊试验。

对于不锈钢堆焊层、隔离层,以及镍基合金堆焊层、隔离层焊缝,在开展模拟补焊试验时应考虑无须预热的补焊及需要预热的补焊两种情况,甚至还应考虑补焊时涉及母材的情况。对于对接焊缝,应在相应的焊接工艺评定试件上局部去除评定接头厚度的 50%,使补焊区的坡口同时包含未受热影响的母材和熔敷金属。模拟补焊试验包括以下内容:

(1) 补焊区的无损检测。

(2) 在室温和设计要求的高温下的补焊区域熔敷金属拉伸试验。

(3) 包含整个补焊厚度的横向室温拉伸试验。

（4）包含整个补焊厚度的侧弯试验（对于厚度不小于 20 mm 的焊缝）。

（5）在 RCC - M 表 S3201. a 中规定的温度下，补焊区域熔敷金属 KV 冲击试验。

（6）金相检验。

（7）熔敷金属化学分析。

（8）硬度测量。

7.4.5.3　回火焊道

如果焊缝补焊后不可能或无法实现焊后热处理时，为保证对第一层金属焊道在母材金属上所产生的热影响区进行回火处理，应熔敷第二层金属。同样地，填充后应在最后一层焊道上熔敷一层附加焊道，附加焊道不应覆盖到母材金属上，目的是保证对由最后一层焊道在母材中产生的热影响区进行回火处理，如图 7 - 13 所示。

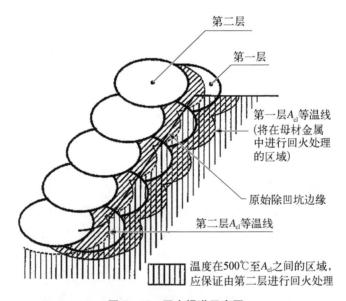

第二层

第一层

第一层A_{cl}等温线
（将在母材金属中进行回火处理的区域）

原始除凹坑边缘

第二层A_{cl}等温线

温度在500℃至A_{cl}之间的区域，应保证由第二层进行回火处理

图 7 - 13　回火焊道示意图

ASME NB - 4622.9 中对回火焊道的补焊进行了专题论述，对回火焊道开展的条件、无损检测、焊材要求、详细步骤及相应焊接工艺评定试板均有详细的要求。

如图 7 - 14 所示，采用 2.5 mm 直径的焊条补焊凹坑。在堆焊第二层前，焊道的不平部分应磨平或通过机加工平整。第二层应采用 3 mm 直径的焊条堆焊,后续的焊层应采用不大于 4 mm 直径的焊条堆焊。完工的焊缝应至少有一层焊缝加强层,然后采用机加工方法去除该加强层,使修补后的最终表面基本上与修补区周围的容器表面齐平。该工艺方法应在工艺评定试验中实施,评定组件材料应与被修补材料具有相同的材质和组别号,组件凹坑深度应为实际补焊深度的一半,且不小于 25 mm。评定试件预热温度不低于 175 ℃,最高层间温度为 230 ℃。焊后材料在 230～290 ℃下至少保温 4 h。根据该标准的要求,该工艺评定试验就是所谓的模拟补焊试验。该回火焊道的补焊应用于 RPV 承压材料的堆焊修补工艺,也同样适用于 RPV 低合金钢上不锈钢或镍基堆焊层最终焊后热处理后的覆盖层的补焊,如 ASME NB - 4622.10 的要求。

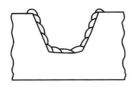

第 1 步:用 2.5 mm 直径的药皮焊条在补焊炕上熔敷一层焊缝金属

第 2 步:磨平第一层焊道的不平部分

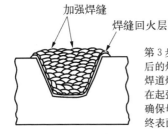

加强焊缝　焊缝回火层

第 3 步:第二层采用 3.0 mm 直径的焊条熔敷,此后的焊层应采用不大于 4.0 mm 直径的焊条熔敷。焊道熔敷应按图示方法进行。焊道回火加强焊缝在起弧落点和这些焊缝的去除上应特别小心,以确保母材热影响区和熔敷的焊缝金属的回火及最终表面的基本平整

图 7 - 14　回火焊道的修补和加强

对于碳钢或低合金钢材料的异种金属焊缝或填充材料为不锈钢或镍基合金的焊缝,如进出口接管与其安全端异种金属焊缝("华龙一号"RPV 采用的镍基合金隔离层＋镍基对接焊缝),其补焊工艺方法见 NB - 4622.11,与 NB - 4622.10 的要求相同,只是在人工沟槽制备上略有差异。异种金属焊缝的补焊仅限于沿非铁素体焊缝与铁素体母材的熔合线的区域,其为缺陷去除后,留在原熔合线上的不大于 3 mm 的非铁素体焊缝熔敷层。如果缺陷深入铁素体母材内,

而母材的补焊深度不超过 10 mm 时,母材补焊可按 NB-4622.11 的规定进行。

由此可见,ASME 标准中的回火焊道的补焊相关工艺评定就是 RCC-M 中的模拟补焊试验,但试验项目上相对较少,仅开展侧弯试验及热影响区的 KV 冲击试验;从工艺上分析,焊前预热、焊后消氢热处理主要是针对铁素体钢(碳钢或低合金钢)母材,降低补焊热输入对铁素体钢母材的热影响。

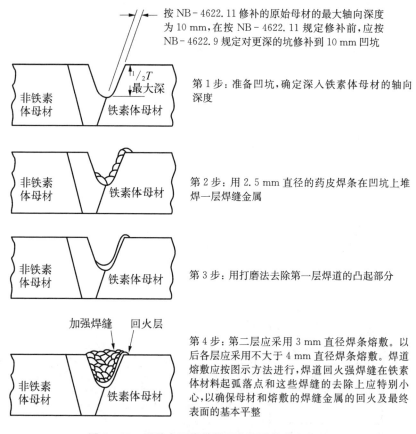

按 NB-4622.11 修补的原始母材的最大轴向深度为 10 mm,在按 NB-4622.11 规定修补前,应按 NB-4622.9 规定对更深的坑修补到 10 mm 凹坑

第 1 步:准备凹坑,确定深入铁素体母材的轴向深度

第 2 步:用 2.5 mm 直径的药皮焊条在凹坑上堆焊一层焊缝金属

第 3 步:用打磨法去除第一层焊道的凸起部分

第 4 步:第二层应采用 3 mm 直径焊条熔敷。以后各层应采用不大于 4 mm 直径焊条熔敷。焊道熔敷应按图示方法进行,焊道回火强焊缝在铁素体材料起弧落点和这些焊缝的去除上应特别小心,以确保母材和熔敷的焊缝金属的回火及最终表面的基本平整

图 7-15 异种金属焊缝的回火焊道修补和加强

7.4.6 焊接见证件

为了验证 RPV 产品焊缝的质量及性能,并保证与由焊接工艺评定所确定的操作工艺的一致性,制造厂应在焊接生产过程中制备产品焊缝见证件。

产品焊接见证件的设置应能代表 RPV 对应的产品焊缝。每一类产品焊接见证件均包含"验收试验用料"和"档案材料"两部分,"验收试验用料"用于

完成所有规定的验收试验项目、可能的复验及模拟补焊,其代表对应产品焊缝在经历 RPV 完整制造过程中全部热循环后出厂时的热处理状态;"档案材料"提供给采购方留存,其代表对应产品焊缝焊接后的焊后热处理状态。

7.4.6.1　产品焊接见证件的设置

以"华龙一号"为例,根据 RPV 产品焊缝的主要类型及焊接工艺,产品焊接见证件共设置为七种类别,分别代表主承压环焊缝、插入式接管焊缝、接管安全端焊缝、管座贯穿件 J 形焊缝、管座贯穿件-法兰环焊缝、不锈钢带极堆焊焊缝、不锈钢手工堆焊焊缝。

对于每一类别的产品焊接见证件,若其所代表的产品焊缝采用了不同的焊接工艺,则针对每种焊接工艺(组合工艺视为一个工艺)均应设置焊接见证件,并且该产品焊接见证件应能代表对应产品焊缝中累积热处理时间最长的焊缝。

制造厂可根据上述要求,对产品焊缝的焊接工艺进行整理,确定每一类别产品焊接见证件的设置数量及其对应的产品焊缝名称,并编制产品焊接见证件的相关设置文件。

7.4.6.2　产品焊接见证件用材料

1) 焊接见证件母材

见证件母材应符合特定的技术要求,应取自相应产品焊缝的母材延伸部分或与相应产品焊缝的母材同炉号的合格材料。若见证件母材取自与对应产品焊缝母材同炉号的合格锻件,其锻造比尽可能与对应产品锻件相近,锻造方向及热处理制度应与相应产品锻件相同。在技术上不能满足上述要求时,制造厂应制订具体取材措施以确保材料具有良好的代表性。

应尽可能标出见证件母材的轧制方向,并应符合焊接工艺评定的条件。

焊接前,产品焊接见证件母材的热处理状态应与对应产品焊缝母材在该焊缝焊接前的热处理状态一致(包括对应产品焊缝母材跟随其他产品焊缝经历的热循环过程)。

产品焊接见证件母材应与对应的产品焊缝母材同炉热处理。若不能和对应的产品焊缝母材同炉热处理时,产品焊接见证件母材可进行模拟热处理,热处理条件(包括热处理种类、加热速度、保温温度、保温时间、冷却速度、冷却方式等)应与对应产品焊缝母材在该焊缝焊接前经受的热处理过程一致。

2) 焊接填充材料

产品焊接见证件用焊接填充材料应符合对应产品焊缝的焊材技术条件的

全部规定,并且焊材应与产品焊缝采用同一批号焊材。

7.4.6.3 产品焊接见证件的焊接及热处理

1) 见证件焊接

产品焊缝见证件应由焊接过与见证件有关的产品的焊接人员施焊,其所使用的焊接设备及工具均应与产品焊接所使用的相同或类似。

产品焊接见证件的焊接应使用与对应产品焊缝焊接相同的焊接方法、焊接参数、相同或相似(同一型号和相同参数)的焊接设备。

产品焊接见证件应按照产品焊缝的要求和规定焊接,坡口形状和尺寸公差应与相应产品焊缝相同,并在车间检验部门、采购方代表的监督下施焊。焊接记录及技术文件的要求应与对应的产品焊缝完全相同。

焊接见证件最终在无损检测时发现的缺陷严禁进行处理,缺陷的尺寸及产生缺陷的原因均应记录在相应的报告中。除非制造厂能够证明焊接工艺无误,否则将对焊接工艺的有效性进行质疑。

2) 见证件的热处理

产品焊接见证件焊接后的"验收试验用料"应经历对应产品焊缝焊接后的焊后热处理及后续制造过程中所经历的全部热循环过程;对于相同类型、相同焊接工艺的产品焊缝见证件,其"验收试验用料"的热处理状态应与对应产品焊缝中累积热处理时间最长的焊缝一致。见证件焊接后的"档案材料"只经历对应产品焊缝焊接后的焊后热处理,不经历对应产品焊缝后续制造过程中的热循环过程。

产品焊接见证件焊接后的热处理可以与对应产品焊缝同炉热处理,也可以采用模拟热处理。当采用模拟热处理时,模拟热处理的所有条件应与对应产品焊缝相同,包括热处理种类、加热速度、保温温度、累积保温时间、冷却速度、冷却方式及热处理规范等。

7.4.6.4 产品焊接见证件的数量

原则上,RPV 作为一级承压设备,焊接见证件的设置应考虑以下要求:

(1) RPV 的主要焊缝均需设置一个焊接见证件。

(2) 制造中的每种焊接工艺评定均需设置一个焊接见证件。

除非已按照 RCC - MS6500 的规定完成焊接工艺评定的转移,还应考虑 RPV 制造所在的车间的评定有效性。

对于 RPV 堆焊层,可不特意制备焊接见证件,但必须按照 RCC - MS7860 的规定在相应堆焊层上取样进行化学分析。

7.4.6.5 产品焊接见证件的试验及检验

产品焊接见证件制造完成后应尽可能快地进行无损检验和破坏性检验，在任何情况下都应在焊接和热处理后的 2 个月之内完成。

见证件应进行与对应产品焊缝同样的无损检验，并执行与其所代表焊缝的最高质量要求相当的验收准则。

焊接见证件试验试样应从无损检验合格的部位切取，在见证件上开展的一系列试验项目及试验结果应与对应焊缝的焊接工艺评定一致。同时，考虑以下几点。

（1）不要求补充试验。

（2）化学分析试样应取自非稀释区，如果无法取样时，可以把与产品焊缝用同批次焊材验收试验中获取的化学分析数据作为焊接见证件的化学分析结果记录，并参考原始报告数据。对于奥氏体-铁素体不锈钢材料，还应进行铁素体含量测定。

（3）对于不锈钢和镍基合金焊缝和热影响区的冲击试验，在室温时的冲击功的平均值为 50 J，单个最小值为 35 J（仅允许一个结果数据低于规定的平均值）。如果一系列的试验和复验结果都不能满足该要求，制造厂应分析该试验结果产生的原因和后果，通过对产品焊缝本身的分析或直接检验所获得的其他结论用以证明产品焊缝的质量状况。

在非常特殊的情况下，如果由于对某一待鉴定见证件的分析或制备不当而使其全部或部分地失去代表性，制造厂应对遗漏的数据及其潜在后果进行分析，并制订可能的补救措施。

7.4.6.6 异种金属焊接接头化学分析的特殊情况

1）不锈钢堆焊层

对于碳钢或低合金钢上的不锈钢堆焊层，化学分析试样应在消除应力热处理之前从最后一层堆焊层上离表面 2 mm 的范围内切取。

若采用带极堆焊工艺进行堆焊，应在第一道焊道上取样一次，然后对每 n 条焊道每隔 600 mm 取样一次；对于尺寸较小的部件，可每隔 300 mm 取样一次。对于两个堆焊部件之间的焊缝区的堆焊层上，只取样一次。当采用新批号的焊接填充材料时，应在更换新批号后开始的第一道焊道上取样。若采用手工焊工艺进行堆焊，每个部件和每两个堆焊件之间的焊缝区的堆焊层上各取样一次。

化学分析结果应满足采用的相应焊材熔敷金属的要求。若碳含量为 0.035%～0.040% 时，在这种情况下必须在同区域再取样 2 次，它们的碳含量均应小于 0.040%。

2）镍基堆焊层

对于碳钢或低合金钢上的镍基合金堆焊层,化学分析试样应在消除应力热处理之前从最后一层堆焊层上离表面 2 mm 的范围内切取。

若采用带极堆焊工艺进行堆焊,应在第一道焊道上取样一次,然后对每 n 条焊道每隔 300 mm 取样一次。若采用手工药皮焊条电弧焊工艺进行堆焊,每个部件和每两个堆焊件之间的焊缝区的堆焊层上各取样一次。若采用其他焊接工艺进行堆焊(如 MIG、MAG、TIG、热丝 TIG 焊等):如果焊道宽度大于 20 mm,按照带极堆焊工艺进行取样;如果焊道宽度≤20 mm,则按照手工药皮焊条电弧焊工艺进行取样。

3）不锈钢隔离层

对于碳钢或低合金钢上的不锈钢隔离层,应在每个接头的熔敷金属区第一层(309L 型过渡层)上进行化学分析取样,试样中的碳、铬、镍含量应满足对应工艺评定的化学分析要求。

7.4.6.7　产品焊接见证件报告

焊接见证件检验及试验完成后,设备制造厂应编制焊接见证件报告,报告应包括下列内容。

(1) 见证件的实施条件(要求的和实际记录的),特别是焊接顺序、焊工姓名,以及所采用的焊接填充材料的批号等。

(2) 所进行的无损检验和检验结果。

(3) 所进行的破坏性检验,以及所要求的值和实际所测得的结果。

7.5　焊接相关的热处理

目前,RPV 大多采用锻焊工艺进行制造,即由较大厚度的锻件拼焊而成,RPV 典型的焊接工艺包括不同部件的焊接连接、RPV 内表面的堆焊及隔离层堆焊。焊接后锻件会随着焊缝经受长时间的消除应力热处理,但是要求这些锻件在经受长时间的消除应力热处理后,仍具有良好的强度、塑韧性及截面上力学性能的均匀性。因此,焊接作为制造过程中的特殊工艺必须给予高度关注,即要求材料必须具有优良的焊接性和焊后热处理稳定性。

焊接与其他连接方式不同,不仅在宏观上形成永久性的接头,而且在微观上建立了材料组织上的内在联系,是一个熔化-凝固的热过程,被焊工件材质由于其化学成分、刚度、拘束度等条件,容易产生焊接质量问题。因此,在材料焊接时应考虑预热及焊后热处理。与焊接有关的热处理应考虑以下要求:实施热处理的必要性、实施的具体时机、热处理温度及保温时间。热处理温度和保温时间是热处理操作的重要参数,一般由材料本身和焊缝厚度决定。根据 RPV 常用的接头类型,其焊缝的等效厚度 E 如图 7 - 16 所示。

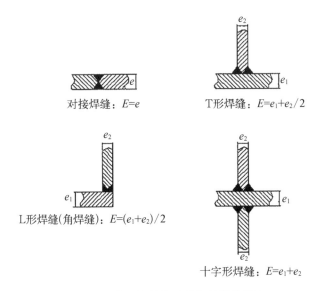

对接焊缝:$E=e$

T形焊缝:$E=e_1+e_2/2$

L形焊缝(角焊缝):$E=(e_1+e_2)/2$

十字形焊缝:$E=e_1+e_2$

图 7 - 16 常见焊接接头的焊缝等效厚度

7.5.1 预热

预热温度指即将焊接前坡口的最低温度,或者是多道焊时,每道焊接前下面邻近焊道金属的最低温度。道间温度是指即将焊接的某一焊道前,下面邻近焊道金属的最高温度。预热的必要性和预热温度取决于许多因素,如化学成分、被焊件约束的程度、高温、物理性能及材料厚度等。

RPV 低合金钢的对接焊、低合金钢上不锈钢及镍基隔离层/堆焊层焊接前,均应对低合金钢进行预热,且把最低预热温度作为影响焊接工艺评定有效性的重要变素之一。最低预热温度一般通过相关的焊接性试验来确定。在焊接工艺中规定最低预热温度,并在焊接工艺评定中予以验证。

RCC - M S1000、NB/T 20002.1 均给出了不同材料的预热温度推荐值,对于低合金钢,预热温度一般应不小于 125 ℃。焊接工艺所要求的预热应采用不影响预热区域材料性能的方法进行,推荐的预热温度可能无法保证获得满意的接头,因此根据具体情况,制造单位可根据设计文件或生产经验确定实际需要的预热温度,该温度可比推荐值更高。

RPV一般采用电加热装置或排式燃气炬的方式进行预热,若采用氧气加热,应满足以下的要求:

(1)只能使用根据设备形状进行调整的排式燃气炬,不得使用手工燃气炬。

(2)只能采用火焰的外焰接触设备,火焰的内焰锥体不得与设备接触(也适用于其他气体加热工艺)。

为使设备加热均匀,避免产生较大的温度梯度,预热区应扩大至待焊接头周围较广的范围内。制造单位应确定从接头坡口边缘开始的预热区宽度,在该区域内应监测焊接工艺所要求的最低预热温度,以免影响焊接工艺评定的有效性。

预热过程中应确保不能中断,除非焊后立即进行后热处理或消除应力热处理。在整个焊接实施过程中定期监测预热温度是否满足焊接工艺规定的预热温度要求,预热温度可采用热电偶、高温计或接触式温度计、测温笔进行测量,但在焊接奥氏体不锈钢时不得采用测温笔测量,以防止低熔点物质对材料或焊缝造成污染。测量点的选择应确保在整个厚度和待焊区域范围内达到所规定的温度。

对于不锈钢与镍基合金异种金属对接焊缝、低合金钢上的不锈钢或镍基隔离层与不锈钢或镍基合金材料对接焊缝,焊接前无须进行预热。

7.5.2 后热处理

后热处理一般与预热匹配使用,主要目的是使氢扩散,避免产生冷裂纹。当按照要求进行预热处理时,则后热温度应不低于预热温度,除非焊后立即进行消除应力热处理,则可以不进行后热处理。

在一般情况下,制造单位根据生产经验制订后热处理的温度范围和保温时间。RPV制造中推荐后热处理温度为$250\sim400\ ℃$,至少保持$1\ h$,以尽可能地降低冷裂纹的产生风险。

经后热处理的设备不能放在空气对流的地方,以避免产生不利的温度梯度,并在焊接工艺规程所规定的保温时间内始终进行监测。

7.5.3 消除应力热处理

RPV产品在制造过程中一般会经历中间消除应力热处理和最终消除应

力热处理。RCC - M S1300、ASME NB - 4600 规定了消除应力热处理的保温温度和保温时间。

对于低合金钢锻件、在制造中经受焊后热处理的锻件、相关焊材的验收试验件、焊接工艺评定试件,以及无法与产品焊缝一同入炉的焊接见证件,应进行模拟消除应力热处理。模拟消除应力热处理是指一次性模拟实际产品在制造过程中经历的各阶段的消除应力热处理,保温温度、保温时间等可由制造单位根据制造工艺进行制订。

1) 热处理温度的要求

在一般情况下,当两种不同牌号的材料焊接在一起时,所要求的热处理温度根据其中要求热处理温度较高的那种材料来确定。但应评价该温度对另一种材料的影响,如果会产生不良影响,则该要求不适用。

保温时间与焊缝的厚度有关,计算保温时间所参考的厚度值如下。

(1) 对接焊缝:接头横截面的厚度。

(2) 角焊缝:焊喉厚度。

(3) 支管:支管和设备之间焊缝的最大厚度。

当含有上述多种类型焊缝的部件进行消除应力热处理时,所考虑的厚度应是它们中的最大厚度。

2) 热处理设备的要求

设备装炉的温度取决于设计结构,特别是取决于热应力引起的变形风险。装炉温度不得超过 400 ℃ 或根据设备情况要求的更低装炉温度。为了防止变形和有害应力的产生,加热速度和冷却速度应足够缓慢。在任何情况下,形状简单的部件在 350 ℃ 以上范围内,加热或冷却速度都不应超过下列限值。

(1) 对于厚度不超过 25 mm 的结构,限值为 220 ℃/h。

(2) 对于厚度大于 25 mm 的结构,取下列两数值中的较大值:① 220 ℃/h 除以用 25 mm 的倍数表示的最大厚度;② 55 ℃/h。

对于热处理设备,其设计应符合所要进行的热处理(尺寸、有效容积、能力、加热速度、控温系统等)的要求,控温系统应能使有效容积中任何两点间的温变差在规定的最大温差之内。加热期间,同一设备上相距最大为 4.5 m 内任意两点间的温度差不应超过 150 ℃,但这个规定不适合局部热处理或分段连续热处理。

在规定炉内气氛类型的整个热处理期间,应能对炉内气氛进行检测。

3）热处理的检测和记录

（1）用热电偶测量温度,将热电偶直接放在处理件(即部件或零件)之上,或固定在与零件紧接触的试块上。应对热电偶加以防护,使之不受炉温的辐射和炉内气氛的影响。热电偶的设置应能满足以下两点需求：① 确保整个批量、整个部件或要进行热处理的部位处于规定的温度范围内。在部件(或其部位)热处理情况下,至少在最厚部位放一根热电偶和在最薄部位放一根热电偶。在包含若干零件构成的批量的情况下,在批量中心处的零件上至少放置一个热电偶。② 证实没有有害的温度梯度存在。

如果给加热炉配置了不与批量件、部件和零件相接触的高温计,则不需要执行上述条款的要求,但制造厂和供应商要提供证明该方法与热电偶测量方法相当的理由,并保留给监督者使用。另外,非接触式测温装置要在测量操作条件下进行标定,标定周期应少于 2 个月。

（2）要连续并自动地记录有关热处理、时间和温度的主要参数及连续进料炉的进料通过速度。不要求对炉外冷却、成形操作和焊接前后的热处理进行连续监督。整个热处理期间都应检验并符合上述(1)的要求。

（3）热处理炉的结构和工作特性应保证整个热处理件各点获得的温度与制造厂规定的保持温度之间的最大偏差为±15 ℃(除非有特定的不同的允许温差的要求)。

（4）各记录卡及测量路线要进行编号,以便能够确认相关的批量热处理件、部件或焊缝的分段。记录卡要附有表明热电偶位置的简图,以便各测量线路与其位置对应。

（5）所有时间、温度和生产量的记录都应保留待用。热处理报告包括这些记录,并要给出热循环特性,以便能与制造厂热处理工艺中预定的循环相比较。

7.5.4 局部热处理

当 RPV 不能一次整体完成所需的热处理时,可对焊缝进行局部热处理。局部热处理有以下几种典型情况。

1）分段在炉中进行热处理

加热段的重叠部分至少等于 1 500 mm,炉外部分应进行保温,以防止温度梯度对焊件的不利影响。重叠区应尽可能避免出现管子接头或几何形状不连续的部位。

由于对重叠区进行了二次热处理,因此应考虑对材料进行二次热处理后的力学性能和腐蚀敏感性的验证。

如果涉及一条或几条焊缝,应考虑到相应的焊接工艺评定。

2)筒体环焊缝的局部热处理

如果加热带的宽度不小于材料厚度的 4 倍,则设备环焊缝的热处理可单独进行。在焊缝的任一侧(从焊缝最宽处算起)所要求达到热处理的加热区域的最小宽度至少等于焊缝厚度和 50 mm 两个数值中的较小值。

3)带有管接头、支管或其他焊接件的环向局部热处理

当必须对带有管接头或其他焊接件的区域进行局部热处理时,其受热部分应设置一个围绕该部分的环状带,环状带应位于与设备轴线垂直的两个平面之间,包括该区域内所有须接受热处理的接管和焊接件的焊缝,并且环状带的宽度应伸展到这些焊接部件的焊缝外侧至少 2 倍的材料厚度。这种方法也适用于补焊的热处理。

7.5.5 焊接见证件的热处理要求

对于焊接见证件,为保证其对对应产品焊缝的代表性,原则上尽可能进行同炉热处理。在对应产品焊缝进行焊后热处理时,焊接见证件应放置在产品部件的内部;如果无法实现时,则可将其放置在部件的旁边,实施与部件相同的热处理,并在见证件上至少固定一个热电偶。

如果无法实现焊接见证件与产品部件同炉热处理时,可以将焊接见证件和产品部件分别进行热处理,但是见证件应与产品部件采用相同的热处理规范,即与产品热处理相同的加热速度、最高加热温度、保温时间和冷却速度。

7.6 无损检测

无损检测是指在不损坏材料、设备和结构及其使用性能的前提下,利用声、光、热、电磁场等与物质的相互作用,对各种内部或表面缺陷、物理性能及整体结构连续性等进行检测、试验,并判定其位置、大小、形状、种类和性能的一种物理学方法。无损检测是目前核电设备制造质量检验和在役检查最常用的检测方法,是控制核电设备质量、保证设备安全运行的重要技术手段。无损检测的工序也是承包商质量计划中必须设立的关键质量控制节点,如停工待检点、见证点等。

7.6.1 无损检测基本要求

超声法、射线法、磁粉法和渗透法是开发较早且应用广泛的探测缺陷的方法,称为四大常规检测方法,它们是目前核电设备最常用的检测方法。超声检测主要用于工件内部缺陷的检测和材料厚度的测量,适用于锻件、板材、管材、棒材、铸件和焊接接头等材料和零件的检测。射线检测主要用于工件内部缺陷的检测,适用于铸件和焊接接头的检测。渗透检测主要用于非多孔性材料工件的表面开口缺陷的检测,适用于锻件、板材、管材、棒材和焊接接头等材料和零件的检测。磁粉检测主要用于铁磁性材料工件的表面和近表面缺陷的检测,适用于锻件、板材、管材、棒材、铸件和焊接接头等材料和零件的检测。

7.6.1.1 无损检测方法的选择

无损检测在应用中,由于各种检测方法自身的局限性,不能适用于所有工件和所有缺陷。为提高检测结果的可靠性,在检测前,应根据被检工件的材质、形状、尺寸及制造工艺等,预计可能产生的缺陷种类、位置及大小,然后根据各种无损检测方法的自身特点选择合适的检测方法。例如,锻件的缺陷多与锻件表面平行,适于选择超声检测而非射线检测;检查奥氏体不锈钢等非铁磁性材料的表面缺陷应选择液体渗透而非磁粉检测。

此外,各种无损检测方法都有各自的优点和缺点,应尽可能多地同时采用几种方法,以便互相取长补短,从而获得更多的缺陷信息。例如超声对裂纹缺陷探测灵敏度较高,但定性不准,而射线对缺陷定性准确度较高,将两者配合使用,可提高检测结果的准确性。

7.6.1.2 无损检测时机的选择

实施无损检测的时机必须是评定质量的最适合时间。例如,锻件超声检测,一般在锻造完成且粗加工后,钻孔、铣槽等精加工之前进行,因为此时锻件形状规整,检测条件较好,发现质量问题也易于处理。对于有延迟裂纹倾向的镍基焊缝,无损检测应安排在焊接完成至少 24 h 以后进行。只有正确选择无损检测时机,才能正确评价产品质量。

7.6.1.3 无损检测的其他要求

从事核岛机械设备无损检测的人员,应按照生态环境部令第 6 号《民用核安全设备无损检验人员资格管理规定》的要求取得相应无损检测技术资格。取得不同无损检测方法不同资格等级的人员,应从事与该方法和该资格等级相应的无损检测工作,并承担相应的技术责任。

检测设备和器材应按相关标准进行定期检定或校验。

无损检测应按照无损检测规程及工艺卡等检测文件实施。无损检测文件应根据相关法规、标准和设计文件的要求,并针对被检工件的特点和检测单位的检测能力进行编制。无损检测规程至少应包括适用范围、引用文件、检测人员资质、被检工件材质和尺寸、检测设备和器材、检测表面条件、检测时机、检测工艺和技术、检测结果的评定和验收。

核岛机械设备无损检测结果的评定应以设计文件或采购技术文件的验收标准为准。

7.6.2 材料无损检验

对 RPV 锻件、棒材、管材等材料均要求进行表面检验(液体渗透检验或磁粉检验)及全体积的超声检验。

7.6.2.1 表面检验

材料一般在最终机加工后进行 100% 表面检验;在此之前的加工工序中如发现表面有折叠、裂缝、重皮等缺陷,在清除缺陷过程中和缺陷清除后,应利用表面检验进行控制。焊接坡口部位、堆焊层的预堆焊面在完成机加工后必须进行表面检验,如碳钢、低合金钢材料外表面采用磁粉检验,内部待堆焊表面采用渗透检验或磁粉检测,不锈钢及镍基合金材料采用液体渗透检验。在保证检验灵敏度的前提下,根据不同的检验时机、检验对象、表面状态选择检验设备和器材。

1) 渗透检验

RPV 材料渗透检验时机为最终机加工后。检验区域包括低合金钢待堆焊表面,主螺栓、主螺母螺纹加工后区域,其他材料的所有表面。

渗透检验的设备、材料、条件、实施要求均应满足相关法规、标准的要求。由于 RPV 的防污染需求,对渗透剂材料(包括渗透剂、清洗剂、显像剂)有害元素含量应严格要求,例如用于奥氏体不锈钢和镍基合金材料检验的液体渗透材料,氯化物加氟化物的含量及硫的含量均不能高于 200 mg/kg。

检验结果的评定要求如下:显示分为相关显示、非相关显示,相关显示是由缺陷引起的,非相关显示与缺陷无关。相关显示可分为线性显示和非线性显示。

(1) 线性显示:最大尺寸为其最小尺寸的 3 倍以上的缺陷显示。

(2) 非线性显示:其他所有缺陷显示。

由于显示缺陷危害性不同,RPV 材料对线性显示要求更严格,并需考虑密集型缺陷的情况。

2）磁粉检验

RPV 材料磁粉检验时机为最终机加工后,若局部区域无法实施可适当提前检验时机或改用渗透检验。检验区域包括低合金钢表面或非待堆焊面,主螺栓、主螺母螺纹加工前和垫圈所有表面。

磁粉检验的设备、材料、条件、实施要求均应满足相关法规、标准的要求。根据被检验件的几何形状、质量、表面状态和钢种及估计的探测缺陷的取向和深度等,选择磁化方法(通磁磁化法、通电磁化法等),以满足检验要求。

检验结果的评定要求如下:显示分为相关显示、非相关显示,相关显示是由缺陷引起的,非相关显示与缺陷无关。相关显示可分为线性显示和非线性显示。

(1)线性显示:最大尺寸为其最小尺寸的 3 倍以上的缺陷显示。

(2)非线性显示:其他所有缺陷显示。

由于显示缺陷危害性不同,RPV 材料对线性显示要求更严格,并需考虑密集型缺陷的情况。

7.6.2.2 超声检验

RPV 材料内部缺陷的超声检验时机为最终机加工后,对于在最终阶段不能检查的部位,尽可能提前检查,选择检验的时机充分考虑超声检验的可实施性和检验的准确性。RPV 主要结构材料均应进行超声检验,检验区域应包括材料全体积。

超声检验的设备、材料、条件、实施要求均应满足相关法规、标准的要求。根据被检验件的几何形状、加工方法和材料类型及估计的缺陷类型、取向和深度等,选择检验设备、探头类型和角度、检验灵敏度、扫查方式等,以满足检验要求。例如:锻件采用直探头和斜探头检验,以纵波直探头检测为主;管件采用斜探头和双晶直探头检查,以斜探头检测为主。扫查灵敏度应尽可能高,一般应比基准灵敏度(对应于 DAC 曲线)高 6 dB。超声检验应进行精细扫查,原则上应至少从两个相互垂直的方向进行检测,尽可能地检测到被检件的全体积。当锻件出现单晶直探头检测盲区(且该区域又无法被斜射波检测有效覆盖)或锻件被检部位的厚度小于 45 mm 时,应使用双晶直探头进行规定区域的检测或补充检测。

检验结果的评定要求如下:不允许存在白点、裂纹及其他危害性缺陷。体积性缺陷显示根据不同材料的对应要求进行验收。

7.6.3 焊缝无损检验

从所用检测方法上看,焊缝无损检验比材料无损检验多了射线检验,检验时机则一般为焊接完成后或最终消除应力热处理后和水压试验后,检验结果的评定则因为易出现缺陷类型的不同,而与材料无损检验有一定差别。

7.6.3.1 表面检验

在焊接工序中表面检验是使用最多、最频繁的无损检验方法。从焊接坡口制备、预堆焊面的准备到施焊中间过程及焊缝的清根、封根、清除余高等,每次表面状态的改变均应进行表面检验。铁素体材料焊缝(如 RPV 主焊缝)使用磁粉检验方法,奥氏体不锈钢材料及镍基合金材料焊缝(包括堆焊层)使用液体渗透检验方法。

所有完工焊缝在最终消除应力热处理后及制造厂 RPV 水压试验后应进行磁粉检验或液体渗透检验。对于无法实施体积检验的强度或密封角焊缝,应分别在焊接第一层之后、而后每焊接三层之后、焊缝表面最终机加工之后和制造厂 RPV 水压试验之后,各进行一次磁粉检验或液体渗透检验(如果角焊缝尺寸较小,应在焊缝达到一半厚度之后进行一次检验)。若在最终消除应力热处理后进行补焊,则补焊区冷却后至少放置 48 h 才能进行表面检验。

对接焊缝检验区域应包括焊缝金属和焊缝两侧距坡口至少 15 mm 宽的母材区域。角焊缝检验区域应包括焊缝金属和焊缝两侧距焊缝边缘至少 15 mm 宽的两个焊接部件的母材区域。

焊缝表面检验的验收准则与材料的表面检验验收准则基本一致。但是,当缺陷清理沟槽完全处于熔敷金属中时,任何大于 1 mm 的显示都是不被允许的;对于与密封环直接接触的堆焊层区域,应无任何缺陷显示,以保证 RPV 密封可靠。

7.6.3.2 超声检验

超声检验根据焊缝材料类型和焊接接头形式等的不同,检测方法和检验结果评定有显著差别。本节以 RPV 中较为典型的对接焊缝、堆焊层和隔离层为例简要介绍。

1) 对接焊缝

对接焊缝超声检验应分别在最终消除应力热处理之后(对不经受消除应力热处理的,在机加工之后)和工厂水压试验之后进行。若在最终消除应力热处理后进行补焊,则补焊区冷却后至少放置 48 h 才能进行超声检验。检验区域包括整个焊缝金属和距坡口边缘至少 15 mm 宽的母材。在补焊情况下,应包括距缺陷清理沟槽边缘至少 15 mm 宽的区域。

为了使整个焊缝金属、熔合区、热影响区内各种取向的缺陷均能被检测出,应采用直探头、不同折射角的斜探头及适用于浅盲区的双晶直探头和斜探头。探头折射角选择范围应为 $35°\sim70°$,不同折射角探头的折射角标称值至少应相差 $15°$。对于对接焊缝的横波探伤,至少应保证采用两种不同折射角的斜探头,一般应采用 $45°$ 和 $70°$ 折射角的斜探头,必要时应增加其他角度的斜探头。典型的低合金钢焊缝扫查方法如图 7-17 所示。

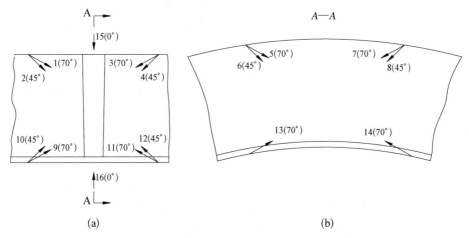

图 7-17　典型的低合金钢对接焊缝检测方向示意图
(a) 焊缝横截面;(b) 焊缝纵截面

为防止缺陷漏探,扫查灵敏度至少应比基准灵敏度高 6 dB。根据缺陷的深度、位置、探头移动长度、波形等确定缺陷的大小,并评估缺陷的性质。对于大于噪声水平的显示,应对其性质加以研究;对于检测人员判定为裂纹等危害性缺陷的显示,则判为不合格;对于大于或等于基准反射波幅值 50% 的任何缺陷显示,应进行记录。当单个缺陷或密集缺陷显示的最大允许长度对应于缺陷回波最大幅度(H_d)与对比试块横孔回波幅度(H_r)的比值超过最大允许长度时,则判为不合格。

2) 堆焊层

堆焊层的超声检验应在焊缝最终消除应力热处理后进行。此外,RPV 水压试验后,所有主焊缝盖面处的堆焊层(主环焊缝中心线两侧各 250 mm 区域)均应进行超声检验。检验区域包括整个堆焊层和堆焊层下至少 4 mm 厚的母材。

考虑 RPV 内表面全部覆盖堆焊层,堆焊层间及堆焊层与母材间可能存在连续的未熔合。为检验该类型缺陷在对比试块设置垂直于结合面的 $\Phi 19\,\mathrm{mm}$ 平底孔,堆焊层及熔合区内其他类型缺陷则用 $\Phi 2\,\mathrm{mm}$ 横孔检验。

为了使整个堆焊金属、熔合区、热影响区内各种取向的缺陷均能被检测出,应采用直探头、45°和 60°(或 70°)折射角的斜探头。

为防止缺陷漏探,扫查灵敏度至少应比基准灵敏度高 6 dB。对于体积型显示, $H_\mathrm{d} > \dfrac{H_\mathrm{r}}{2}$ 且长度大于或等于 100 mm 的任何体积型显示都判为不合格。对于连续未熔合显示,其面积大于或等于基准反射体面积的任何连续未熔合显示都判为不合格。如果焊缝与母材之间各连续未熔合缺陷区域的总面积大于或等于堆焊层总面积的 3%,则整个堆焊层不合格,该堆焊层应予以清除。

3) 隔离层

隔离层超声检验应在隔离层消除应力热处理后进行(对于最终消除应力热处理后检验可达的隔离层,最终消除应力热处理后也应进行)。若在最终消除应力热处理后进行补焊,则补焊区冷却后至少放置 48 h 才能进行检验。检验区域包括整个堆焊层和堆焊层下至少 4 mm 厚的母材。

隔离层采用浅盲区直探头接触法进行检验。所用探头均为纵波探头。

与大面积堆焊层不同,隔离层超声检验不考虑连续未熔合缺陷,对比试块设置垂直于隔离层结合面的平底孔为 $\Phi 3.2\,\mathrm{mm}$ 或更小。为防止缺陷漏探,扫查灵敏度至少应比基准灵敏度高 6 dB。在隔离层中,对于大于或等于基准反射波幅值 50% 的任何缺陷显示应进行记录。单个缺陷或密集缺陷显示的最大允许长度对应于缺陷回波最大幅度(H_d)与对比试块横孔回波幅度(H_r)的比值,当超过最大允许长度时,则判为不合格。对于接管安全端隔离层,大于噪声水平的显示应对其性质加以研究,若发现是危险性显示(如裂纹),则判为不合格。

7.6.3.3 射线检验

低合金钢对接焊缝的射线检验应分别在焊缝表面最终加工后及焊缝最终消除应力热处理后进行;若在最终消除应力热处理后进行补焊,则补焊区冷却后至少放置 48 h 才能进行检验。接管隔离层的射线检验应在隔离层中间消除应力热处理后进行,接管与安全端对接焊缝的射线检验应在焊缝表面最终加工之后进行。管座法兰与贯穿件的对接焊缝的射线检验应在焊缝表面最终加工之后进行。

所有对接焊缝及邻近母材区域都必须进行射线检验。对于厚度大于 30 mm 的焊缝,应包括离实际坡口边缘的距离或在补焊情况下离缺陷清理沟槽边缘的距离至少为 10 mm 宽的区域;当焊缝厚度小于或等于 30 mm 时,应包括离实际坡口边缘的距离或在补焊情况下离缺陷清理沟槽边缘的距离至少为 5 mm 宽的区域。

射线源选择要充分考虑射线源发出的射线对检测件的穿透力、射线照相灵敏度差异、射线设备各自的特点及检测条件。对于低合金焊缝,采用直线或回旋加速器作为射线源。对于接管隔离层、接管与安全端的对接焊缝优先采用铱-192 作为射线源。对于管座法兰与贯穿件的对接焊缝,采用 X 射线发生器作为射线源。

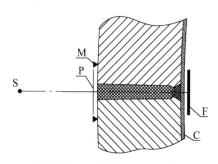

M—标记;S—射线源;P—透度计;
F—胶片;C—堆焊层。

图 7-18　低合金钢焊缝检验示意图

以低合金钢对接焊缝为例,射线检验采用单壁透照法,并采用单个曝光或局部曝光技术。检验时将暗盒和射线源放置在被检件两侧(见图 7-18),射线源与胶片的距离应满足几何不清晰度要求。采取的曝光次数和胶片的重叠应能保证透照到被检验区域的整个体积。同时,还必须满足黑度、透度计和几何不清晰度的要求。

缺陷的评定在射线检验胶片上进行。如果在射线检验底片上发现有缺陷影像,则应对该缺陷进行定性和定量分析与评定。定性分析包括辨别判断缺陷类型,定量分析包括测量缺陷尺寸。存在任何形式的裂纹、未熔合、未焊透、咬边,则判为不合格;单个气孔或夹杂的最大允许直径对应于焊缝厚度,当超过最大允许尺寸时,则判为不合格。在不大于 $12e$ 或 150 mm 的焊缝长度上(取其较小值),存在累积长度大于焊缝厚度 e 的任何线状气孔或蜂窝状气孔(气孔直径总和),判为不合格。在 $12e$ 的长度范围内,对于任何一组夹杂物,其累积长度超过焊缝厚度 e 者,判为不合格。

7.7　加工、成形与装配

为确保 RPV 的零部件最终表面轮廓与设计要求相匹配,主要采用加工、成形、装配、焊接等方法,焊接在前面已介绍过,本节将对前三种方法进行介绍。

7.7.1　加工

RPV 本体的外形结构成形主要采用冷加工的工艺方法,但由于尺寸大、精度要求高,加工有一定难度,如采用一般的加工工艺难以满足精度要求和功能要求。因此,需要对加工工艺技术进行研究和试验,以确定最佳的工艺参数,验证设计制作的工艺辅具,掌握工艺操作技能,才能满足结构设计要求的几何尺寸精度、形位公差要求和粗糙度要求

7.7.1.1　粗加工

RPV 所用锻件,在交货时除工艺要求留有余量外,通常经车削加工内外圆至图纸规定尺寸。因为锻件具有一定的残余应力,将影响机加工后的尺寸精度,所以在最终精加工前,应尽可能将各种因素产生的残余应力减至最小。

所有的配合面,在最终热处理前均应留有精加工余量,即在最终精加工前的粗加工阶段进行预钻、预车、预铣,减少精加工阶段的工作量。

7.7.1.2　精加工

具有接口关系的结构尺寸,主要都在顶盖组件和容器组件最终热处理后,利用如龙门铣、卧式镗铣床、立车等大型数控机床进行精加工,包括吊篮支承面、对中键槽、与管座配合的管孔、主螺栓孔、接管支承面、出口接管马鞍形凸台等结构。

对于密封面,因其粗糙度要求极高,故常在机床精加工后,还需进行研磨。对于径向支承块的最终精加工,既有在整体最终热处理后进行的,又有在局部最终热处理前进行的;既可以采用大型数控镗铣床安装加长刀杆进行,又可以使用移动式数控镗铣床。

7.7.2　成形

RPV 零部件的成形方法主要包括锻件成形、弯管、螺纹滚压等。相关的成形方法,均需对制造工艺进行工艺评定,并依据工艺评定结果编制工艺规程后,才允许在制造中采用;当工艺参数超出了工艺评定规定范围时,还应重新进行评定。

7.7.2.1　锻件矫形

RPV 的主要零件都是锻造成形,在实际生产中,大型锻件常出现变形现象。为挽救锻件变形,保证产品结构,制造厂通常会对发生变形的大型锻件进行矫形。

在实际制造中,常采用"炉内整体加热校正"的矫形工艺。

7.7.2.2 弯管

基于排气管的结构要求,需将其由直管状态通过弯曲工艺实现管座呈 90° 垂直状。

在实际制造中,常采用"机械常温弯曲＋成形后热处理"的弯曲工艺。

7.7.2.3 主螺栓滚压螺纹

主螺栓外螺纹的成形有车削加工和滚压加工两种工艺。基于螺纹表面粗糙度的要求,螺纹大、中、小径根部圆角半径的要求,螺纹抗咬合性能的要求,以及主螺栓加工时对材料强度、疲劳性能的影响,主螺栓外螺纹的成形越来越倾向采用滚压工艺。

螺纹滚压,是无切削式螺纹的成形工艺方法,利用大吨位高精度的螺纹滚丝机借助成形滚压模具采用径向快速切入式滚压使材料产生塑性变形以获得螺纹结构,主要用于外螺纹的加工。

7.7.3 装配

装配是 RPV 制造过程中使用频繁、覆盖面广的一项工艺。在满足功能和尺寸需求的情况下,设计中一般不会对装配工艺有过多要求,只有管座冷装这个特例。

鉴于 RPV 的管座(如 CRDM 管座、堆芯测量管座、中子测量管座等)与管孔的配合间隙极小,或为过盈配合,采用直接装配方式无法满足要求,且装配后还将在容器内部通过密封焊接的方式将管座与设备本体进行连接,因此常采用冷装方式进行管座的装配操作。

管座冷装时,先将管座放入装有液氮的设备中浸泡相应时间,然后通过工装放置于管孔的相应位置,待管座恢复常温一段时间后再撤走工装辅具并检查。

在进行焊接前,待焊零部件需先借助工装辅具进行装配,使其位置精度达到焊接允许的范围内,以确保焊接后的部件仍能满足设计的基本结构要求。

7.8 表面处理和清洁

为了应对第 3 章所述的外部环境条件,RPV 各部件需要考虑适当的表面处理和清洁手段,以实现防腐蚀、防咬死、防污染等各项功能,本节将对表面处理和清洁两方面展开具体介绍。

7.8.1　表面处理

常用的表面处理方式有涂层(包括以喷砂为预处理方法)、磷化和镀铬等,各项要求也是在设计阶段应进行考虑的。

7.8.1.1　喷砂

喷砂处理是一种工业上常用的表面处理工艺,采用压缩空气为动力,通过形成高速喷射流将磨料喷射到需处理的工件表面。由于磨料对工件表面的冲击和切削作用,使工件表面获得一定的清洁度和不同的粗糙度,既可以去除表面锈层,又可以使工件表面的力学性能得到改善,还增加了表面和涂层的附着力。

RPV 上采用的喷砂处理是涂漆前的预处理方法。在进行喷砂处理前,对 RPV 外表面的飞溅物、焊瘤等表面影响喷砂质量的部位进行打磨,打磨后与周围母材平滑过渡。对待喷砂 RPV 的表面,进行目视检查,若表面有油污,用无油的丙酮、无水乙醇手工刷洗除油。

喷砂处理在基体及环境温度大于 5 ℃,相对湿度小于 75% 的环境中采用干燥的磨料进行。喷砂所使用的压缩空气应无油、水和其他有害杂质。允许使用的磨料有渣砂(含硅量小于 3%)、钢丸、玻璃珠和轧碎的金刚砂。

喷砂后基材表面的除锈等级一般应达到 GB/T 8923.1—2011 中的 Sa3 级,表面灰尘、杂物等均被除去,与涂层系统相适应,满足涂漆要求。对于喷砂处理无法实现的部位,可采用手工或动力工具通过刷、铲、磨、刮等方法进行表面处理。对于密封面、封头贯穿件、螺栓孔、配合面等不喷砂部位,以及其他不要求涂漆而不需喷砂的部位,应有合适的防护措施。

一般要求喷砂后尽快涂漆,涂漆前如发现待涂表面出现锈蚀,则应重新进行表面处理。

7.8.1.2　涂层

RPV 上的涂层为设备表面提供长期、短期或临时性防护,因此所有涂层也相应分为永久性涂层和临时性涂层。涂装的时机在 RPV 水压试验合格并完成清洁后;涂装前,待涂表面应进行除锈、除油、喷砂和除尘等处理。

1) 永久性涂层

核岛机械设备的涂层根据设备所处位置和环境条件、设备运行条件、基材性质和涂层检验频率等因素分为多个类别的涂层系统。不同项目根据总体设计要求会对涂层系统有不同的划分方式,通过确定涂层系统,可以较方便地根据该涂层系统确定设备用油漆需要实施的试验项目。比如"华龙一号"RPV 位于反应堆厂房内,设备运行温度不小于 120 ℃ 且包覆保温材料,周边为放射性环境,RPV 上使用的永久涂层应为 PIT105I 系列涂层系统,因此所用永久性油漆应进行附着力、盐雾、人工老化和 400 ℃ 的耐温等多项试验。

除有特殊要求外,RPV 低合金钢外表面均涂覆永久性油漆。在所需涂漆的表面分别涂覆一定厚度的底漆和面漆,永久漆的颜色为黑色,涂覆后的状态如图 7 - 19 所示。

图 7 - 19 涂覆永久性油漆的 RPV 外观

永久漆涂覆后的质量检验包括外观、漆膜厚度和附着力测试,具体要求如下。

(1) 漆膜外观应均匀、平整、光滑,不应有裂纹、漏涂、流挂、起皱和气泡等缺陷。

(2) 漆膜厚度检测频率根据设备涂覆面积确定,一般每 100 m² 检测一次。每次取 10 个以上的测点,对复杂表面应增加测点的数量。要求 80% 以上的测点的膜厚值达到或超过规定的漆膜总厚度,余下的不到 20% 的测点的膜厚值不低于规定漆膜总厚度的 80%。

（3）附着力的测试一般每 1 000 m² 检测一次，在见证试件上用划格法进行测试。

对设置堆腔注水系统的堆型而言，一方面外表面永久漆的存在会降低表面传热系数，不利于堆腔注水系统启动时冷却水带走熔融物热量，另一方面脱落的永久漆可能会堵塞注水流道。因此，RPV 筒体外壁不涂覆永久漆，而采用临时保护措施，在 RPV 就位于堆坑前去除。

在图 7 - 19 中也可以看到，永久性涂层中还有一类用量较少的标记用油漆，用以标记设备重量、重心位置、轴线标记等，采用红色油漆标记在规定位置，一般在永久漆的表面使用。

2）临时性涂层

除以上所述涂覆永久性涂层的表面，RPV 其他表面还采用临时性保护油漆和防锈油进行防护。

临时性保护油漆（又称可剥落漆）涂覆在容器法兰和顶盖法兰的密封面、容器内表面和部分不锈钢和镍基合金表面，对于表面上的开孔，应在涂覆前用胶布完全覆盖。不涂覆永久漆容器的外表面也可涂覆临时性保护油漆，如图 7 - 20 所示。临时性保护油漆应在现场安装的适当阶段去除。

图 7 - 20　涂覆临时性保护油漆的 RPV 外观

防锈油则主要用于不适合涂覆临时性保护油漆的表面，包括顶盖法兰螺孔表面、容器法兰螺孔表面、紧固件表面，容器接管支承面等配合面，需在外表面进行检查的焊缝表面（如上封头-顶盖法兰环焊缝、吊耳与封头焊缝表面等）。

临时性涂层应完全覆盖被涂覆表面,无裸点,表面应均匀、平整。

7.8.1.3 磷化处理

磷化处理是一种化学与电化学反应形成磷酸盐化学转化膜的过程,所形成的磷酸盐转化膜即通常所说的磷化层。根据磷化液成分分类,分别有锌系磷化、锌钙系磷化、铁系磷化、锰系磷化和复合磷化等种类。RPV 紧固件采用锰基磷化处理,其主要目的是给基体金属提供保护,防止金属被腐蚀。磷化处理后的紧固件为黑灰色,如图 7-21 所示。

图 7-21 磷化处理后的紧固件

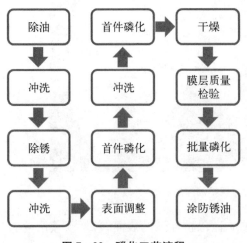

图 7-22 磷化工艺流程

典型磷化工艺流程如图 7-22 所示。在首件磷化时,设有平行试样与工件同批同槽磷化处理,磷化后工件磷化层检查外观、结合性和厚度,平行试样检查外观、耐蚀性、结合性和厚度。

1）外观检查

干燥后,对磷化层进行 100% 的目视检查,灯光照明度≥500 lx（勒克司）。磷化层外观为黑灰色,应均匀、光洁、完整、致密（具有细小结晶组织),不允许过腐蚀、表面存在疏松,且要求无裸点。

2)厚度检查

磷化层厚度一般要求为 $5\sim10~\mu m$。采用显微金相法检测平行试样的磷化层厚度,以此验证同槽处理的工件磷化层厚度,金相法可参照 GB/T 6462—2005 执行。有些厂家会使用磁性测厚仪测量工件磷化层厚度,作为处理现场磷化层厚度工艺过程控制措施。

3)耐蚀性检验

在平行试样上进行耐蚀性检验,如检验不合格,则该批零件视为不合格。耐蚀性检验可参照 GB/T 6807—2001。

4)结合性检验

用白色、干净、不起毛的非合成织物擦拭零件表面,若白布上发现黑灰色印痕,则该磷化层结合性不合格。

若上述检验不合格,应对工件退除磷化层并重新磷化处理和检验。

7.8.1.4　镀铬

镀铬是将金属铬作为镀层镀到其他金属基体上,镀铬层具有硬度高、耐磨、化学稳定性好、耐腐蚀等优良性能。镀铬工艺根据用途不同分为多种,包括防护装饰性镀层、硬质耐磨镀层、乳白铬镀层、多孔铬镀层和黑铬镀层等。RPV上应用镀铬通常在 CRDM 管座螺纹等提高硬度防咬死的场合,以及导向杆等接触换料水需要防腐蚀的场合,所用镀铬工艺为硬质耐磨镀铬。

典型镀铬工艺流程如图 7-23 所示。为了保证所用加工程序可重复地进

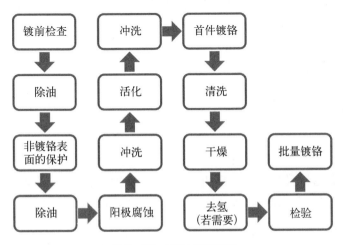

图 7-23　镀铬工艺流程

行生产，并符合技术规范的要求，在产品镀铬前需使用具有代表性的样品开展镀铬工艺评定并编制镀铬工艺规程。

在产品件镀铬过程中，可设置同批镀铬的平行试样用来代表产品件进行镀铬质量检验。产品件的检验主要包括外观、镀层厚度和表面粗糙度检验；平行试样的检验主要包括外观、镀层厚度、结合力、硬度和化学成分等检验。

1) 外观检验

对所有镀层进行 100％的目视检查，镀层表面应是结晶均匀一致的微带蓝色的银白色，无裸点、起泡、划痕、麻点、针孔及烧焦区，对可疑区可使用放大镜进行目视检查。

2) 镀层厚度检验

镀层厚度需满足设计要求，一般为 $5\sim50\ \mu m$。镀层厚度检验可采用显微金相法、微差测量法或磁性法等。螺纹上的镀层厚度范围通常要控制得更为严格，并且在镀铬完成后，需再次用通、止规对螺纹进行检查，通、止规检查应合格。

3) 表面粗糙度检验

产品件表面的粗糙度需符合设计要求。镀层表面一般应达到 $Ra\leqslant3.2\ \mu m$，螺纹上镀层和精配合面镀层会要求 $Ra\leqslant1.6\ \mu m$ 或更严格。

4) 结合力检验

结合力检验在平行试样上进行，一般采用弯曲法或锤击法。弯曲法将试样反复弯曲，直到基体发生断裂，再用放大镜观察，镀层与基体金属之间无脱皮为合格。锤击法则是用铁锤敲击试样在试样表面得到一定深度压痕，合格的镀层应在压痕边缘处被撕裂，在火山口状凹陷表面不允许有镀层剥离。详细的实验方法可以查阅 RCC-M 或 ASTM B571—1997 等标准规范。

5) 硬度检验和成分分析

若设计中有硬度和成分的要求，则在平行试样上检验。可使用能谱仪对试样镀层成分进行分析，通常要求镀铬层至少为 99.9％的纯铬，并限制杂质元素如钴含量在 0.05％以下等。

7.8.2　清洁

与表面处理类似，清洁的目的是避免或降低材料受环境影响和外来污染造成腐蚀的风险，达到设备规定的清洁度，本节将对 RPV 清洁展开具体介绍。

7.8.2.1　清洁度等级

流体系统和设备根据其执行的功能规定了不同的清洁度等级，设计者应首先确定 RPV 不同部位/表面的清洁度等级,RPV 制造、运输、存放、验收、安装和调试的各个阶段,均应根据其清洁度等级要求开展相应的工作。

这里以"华龙一号"为例介绍 RPV 的清洁度等级。"华龙一号"系统和设备清洁度等级分为三个级别——A 级、B 级、C 级,清洁程度要求依次递减。A级清洁度的清洁程度要求最严格,凡是与一回路反应堆冷却剂或注入一回路的流体相接触的设备表面都属于 A 级清洁度。A 级清洁度又根据在建造最终阶段能直接进行清洁和检查,再划分为 A1 级和 A2 级。A2 级清洁度又根据不同设备表面状态进一步划分为 A21 级、A22 级和 A23 级。RPV 容器组件清洁度等级为 A1,顶盖则为 A21。

这些等级确定后,RPV 在制造完工后就应达到相应的清洁要求。在运输、存放和安装操作等活动中,为维持设备在出厂时已达到的清洁度,制造厂或安装单位需采取必要的措施和建立相应的环境条件,如存放区、工作区和工作地带。设备在运输、存放和安装操作等活动中,一旦清洁度下降,制造厂或安装单位就要采用适当的方法进行清洁操作,恢复原清洁度,经检查合格后,进行保护和保养。

7.8.2.2 清洁方法

RPV 上采用的清洁方法主要有以下三种。

1) 机械清理

可采用磨削、刷除或喷砂等机械方法去除表面氧化皮或有害杂质。对工件表面的磨削和刷除应保证对工件的表面质量不造成损伤。磨削时应避免工件的局部发热。喷砂的要求在 7.8.1.1 节中已有介绍。

机械清理去除氧化皮的优点是不会产生导致锈斑、晶间腐蚀或氢脆的物理条件,因而在清洁易敏化的奥氏体不锈钢和淬火-回火态的马氏体不锈钢材料时,这是最优的选择。

超声波清洗也是机械清理的一种,但受使用条件限制只适合清洗小型部件,并辅以溶剂和洗涤剂,超声波清洗后还需用清水冲洗。

2) 化学清洗

化学清洗包括脱脂、除氧化皮、去污和酸洗等。

当采用化学清洗方法去除表面氧化皮或污染时,所用的清洗液应不造成有损零部件的性能和要求保护的表面(如抛光和研磨的表面)的任何化学腐蚀。酸洗和钝化只有在设计上要求时方可实施。

需注意的是化学清洗后,尽快用流动水对表面进行洗涤,在洗涤中可将中和液掺入水中以加速洗涤,通过测定洗涤水的 pH 值,检查表面是否清洗干净。

3）最终清洗

RPV 完成全部制造后,在包装前需进行最终清洗。为确保最终清洗后 RPV 能够达到很好的清洁状态,对最终清洗用水的水质要求较为严格,耐蚀表面一般会选用 A 级水,非耐蚀表面可适当降低要求。洗涤后检查洗涤用水的 pH 值和电导率,当水质稳定在 A 级水质允许的范围内时,洗涤即告完成。最终清洗后,可用干净不起毛的白布擦干、自然干燥或用热空气强迫吹干等方式进行干燥。

水质的分级要求在不同规范中略有差异,以 RCC - M 为例,水质要求如表 7 - 2 所示。

表 7 - 2　水质要求

水质指标	等　　　级			淡　水
	A	B	C	
氯离子含量(最大值)	0.15×10^{-6}	1.0×10^{-6}	25×10^{-6}	100×10^{-6}
氟离子含量(最大值)	0.15×10^{-6}	0.15×10^{-6}	2.0×10^{-6}	5×10^{-6}
电导率/(μS/cm)	2.0	20	400	—
电阻率/$\Omega \cdot$ cm	500.000	50.000	2.500	—
固体最大总量	—	—	—	500
悬浮固体总量(最大值)	0.1×10^{-6}	—	—	—
SiO$_2$ 最大含量	0.1×10^{-6}	0.1×10^{-6}	—	—
pH 值	6.0～8.0	6.0～8.0	6.0～8.0	6.0～8.0
目视透明度	无浑浊,无油,无沉淀物			

7.8.2.3　防污染要求

7.8.1 节的各种表面处理大多是为 RPV 非耐蚀表面考虑的防护措施,而 RPV 上的奥氏体不锈钢和镍基合金表面,本身即是耐蚀表面,则着重考虑防污染要求。所谓污染是指设备材料接触到某些设计上禁止的元素或物品,而存在腐蚀的风险。RPV 制造、清洁、防护、包装、运输和安装的各个阶段,都应贯彻防污染的要求。

污染的来源包括制造过程中使用的工具、工装、溶剂、油漆等。

对于工具工装类物品,主要考虑是否会带来铁素体污染,比如奥氏体不锈钢和镍基合金表面须采用不锈钢刷或尼龙刷,并不得与刷洗其他表面的刷子混用,砂轮打磨须用铝基无铁砂轮等。

对于溶剂、油漆等接触奥氏体不锈钢和镍基合金表面,并可能有析出物的化学物品,需严格限制有害元素和化合物含量,比如:卤素超过限值的溶液,易分解出卤素化合物的物品,氯含量超过限值的塑料和橡胶材料,硫及硫化物,易分解出铅、汞、磷、锌、镉、锡、锑、铋、砷、铜、稀土元素等化学元素(尤其是低熔点的元素及其化合物)的物品等。

7.8.2.4 清洁的检查

RPV 清洁工作一旦结束,全部可达表面都应进行清洁检查,以证明已达到所要求的清洁度。清洁的检查不止在设备出厂前进行,在安装现场也要进行。清洁检查的方法和验收准则依然是由清洁度等级来决定的。以"华龙一号"为例,表 7-3 列举了部分清洁度等级及其检查方法和验收准则。检查 A、B 和 D 分别为目视检查、白布检查和表面钝化检查。RPV 密封面、定位面、配合面等划为关键性表面,内壁堆焊层等其他奥氏体不锈钢和镍基合金表面归为非关键性表面。相关准则的具体要求详见 RCC-M 规范或者核电厂相关文件。

表 7-3　清洁度等级及相关验收准则

清洁度级别	耐 蚀 表 面	
	关 键 性 表 面	非关键性表面
A1	检查 A 准则 2	检查 A 准则 3
	检查 B 准则 6	检查 B 准则 6
	检查 D(或 Da)准则 8	检查 D 准则 9
A21	检查 Ab(或 Aa)准则 1	检查 A 准则 1
	检查 B 准则 6	检查 B 准则 6
	检查 D(或 Da)准则 8	检查 D 准则 8

7.8.2.5 清洁的保持

清洁结束后,需对已清洁的 RPV 持续地施行防护和保养。

1)防护

制造完工后对已清洁的 RPV 的所有开孔应用密封堵塞件封闭,并禁止采用焊接法固定。RPV 进行全封闭包装,以防止尘埃、水汽及其他污染。

2)保养

保养方式有干法保养和湿法保养。在制造和安装阶段,RPV 及其零部件通常采用干法保养,而冷热态功能试验及后续运行阶段多采用湿法保养。

干法保养可采用充保护气体的方法进行保养,充入的保护气体须是露点低于－40 ℃,且干燥、清洁、不含卤素的惰性气体。在保养期间应根据湿度情况和气体的品质适时进行更换和补充保护气体。若在保养期间需拆开包装对部件进行检查,则在检查后必须恢复防护和包装。

湿法保养则可在容器内注入与运行水质相当的水。

7.9 水压试验

RPV 属于内压容器,在制造完成后需进行耐压试验,其目的是考验容器的强度、检验焊接接头的完整性及密封结构的密封性能。在 RPV 的母材和焊接接头的制造中可能会存在一些缺陷,即使经 100%体积检验合格后,也可能存在所用检测方法难以检出的或设计要求允许的缺陷。母材和焊接接头中的贯穿性缺陷会在内压作用下产生泄漏,某些非贯穿性缺陷也可能在内压引起的拉伸应力作用下失稳扩展从而导致容器渗漏或破裂。由于耐压试验压力高于设计压力,因此可以严格考验容器的强度,包括是否产生明显变形、内部缺陷在拉伸应力作用下是否产生失稳扩展等,并能较好地检验焊接接头的完整性和密封结构的密封性能。

耐压试验分为液压试验和气压试验。从安全角度考虑,RPV 的耐压试验优先选择液压试验,本节所述水压试验即以水为介质的液压试验。RPV 在不同阶段会实施不同目的的水压试验,比如在运行阶段实施的重复水压试验和泄漏试验等,本节的水压试验则特指在制造厂实施的强度水压试验。

7.9.1 试验温度和压力

水压试验的温度和压力是最重要的试验参数。

水压试验时容器中的应力水平较高,如果试验温度过低,就有可能因为材料韧性的下降,以及容器中存在的缺陷或某些局部结构不连续部位的缺口效应,导致容器的脆性破坏,因此水压试验时必须采用合适的试验温度,以降低容器发生脆性破坏的风险。RCC‑M 和 ASME 规范都规定了一级设备水压试验的下限温度,RCC‑M 为 $T_{R, NDT, max} + 30$ ℃,ASME 为 $T_{R, NDT, max} + 33$ ℃,其中,$T_{R, NDT, max}$ 为 RPV 承压锻件 $T_{R, NDT}$ 的最高值。

水压试验压力的确定与容器材料和设计安全系数有关。在强度水压试验时,容器壁的一次薄膜应力基本控制在抗拉强度的 40% 和屈服强度的 80% 左右,但一般不超过抗拉强度的 45% 和屈服强度的 90%。当设计安全系数较大时,水压试验压力与设计压力的比值可以取相对较大值,反之则取相对较小值。

RCC‑M 和 ASME 对于水压试验压力的选取均是用相对于设计压力的系数来规定的。在早期的 ASME 中,对常规容器的水压试验压力系数规定有多次变化,从 ASME 第Ⅲ卷颁布后,其对该系数取值要求定为 1.25。RCC‑M 在近年的几个版本中对水压试验压力系数的规定也在不断调整,如表 7‑4 所示,在最近的版本中与 ASME 形成了统一。

表 7‑4 RCC‑M 不同版本的压力系数 k

RCC‑M 版本	压力系数 k 的确定
2000 版	$k = k_1 k_2$ $k_1 = 1.25$(板材或锻件)或 1.5(铸件) $k_2 = S_y$(试验温度)$/S_y$(设计温度) 若 $k_1 = 1.25$ 且 $k_1 k_2 > 1.5$,则取 $k = 1.5$; 若 $k_1 = 1.5$ 且 $k_1 k_2 > 1.8$,则取 $k = 1.8$
2007 版	$k = \max[1.43; 1.25 S_m$(试验温度)$/S_m$(设计温度)$]$
2012 版	$k \geqslant 1.25$
2017 版	$k \geqslant 1.25$

虽然 RPV 采用分析法设计并在制造过程中有严格的质量管控,允许其承受较高的应力水平,但水压试验的压力并非越高越好,也不建议选取的压力系数在规范的基础上再提高。

7.9.2 水压前的准备

水压前的准备工作包括文件准备、水压试验用设备和装置、设备状态三个方面的内容。

7.9.2.1 文件准备

RPV 在水压试验前,制造厂应完成设计要求的水压试验前的各项尺寸测量和无损检验,编制螺栓拉伸操作和水压试验等相关规程并已审查认可;制造厂应向采购方提出进行水压试验的书面申请,且已得到批准。

由于技术上的原因,需要在水压试验后进行的机加工、大面积磨削和焊接等作业,制造厂应提前向设计方和采购方提出申请,在得到认可后方可实施,否则水压试验视为无效。

7.9.2.2 水压试验用设备和装置

水压试验所需的设备和装置主要包括主螺栓拉伸机系统、主螺栓装拆装置、容器密封装置、超压保护装置、应变和变形测量系统和水压试验系统等。制造厂应保证水压试验系统和给水循环系统的设备齐全,性能良好。制造厂有必要进行预备性试验,以检验系统的密封性和安装质量。

7.9.2.3 设备状态

在水压试验前,RPV 的内、外表面应完成清洁和清洁度检查。清洁度检查结果应保证在水压试验时,所有要检查的表面保持干净;不允许有任何油漆痕迹、划线或者液体渗透检验用物的痕迹、润滑油脂痕迹和冷凝水迹。

主螺栓拉伸机系统及主螺栓装拆装置功能性试验应合格,具备使用条件。在水压试验前,RPV 主螺栓按规程完成预紧。

RPV 各接管所采用的机械密封或焊接密封均已装配和焊接完好。

完成应变和变形测量系统在 RPV 上测点的布置。

7.9.3 水压中的检查

水压试验中 RPV 承受着较大压力,因此水压试验中的检查主要针对升降压过程中出现的异常情况与数据展开,同时可通过目视检查 RPV 外壁面与焊缝等位置是否出现渗漏等现象。

7.9.3.1 升压和降压

图 7-24 所示为"华龙一号"RPV 水压试验的升压和降压过程,可以看到其升压和降压均分级进行。在升至最高压力平台前,设置若干个不同压力等

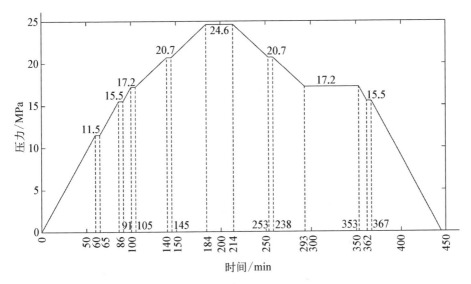

图 7 - 24　升降压时间-压力关系曲线

级的平台,在这些压力平台上均停留一定时间开展泄漏和变形检查。

由于两道密封环之间的环腔在容器内打压时并未受到考核,因此一般需要单独对密封环腔实施水压试验,该试验可选择在 RPV 水压试验的降压阶段开展。

整个升压和降压过程均要限制升降压速度,比如 RCC - M 中就规定应低于 10 bar①/min。尤其是在设计压力以上时,应更严格限定各级升、降压速度。

在试验过程中,若出现异常情况或泄漏,应立即停止升压,必要时立即缓慢卸压。对水压试验中出现的异常情况,必须通过分析判定其原因,并排除不安全因素后,方可再升压。

7.9.3.2　应变和变形测试

水压试验期间,制造厂应根据设计要求对 RPV 进行应变和变形测试,每次应变和变形测试应在压力保持稳定后进行。

图 7 - 25 给出了应变和变形测试测点布置的示意图。应变测点一般布置在设计者关注的容器上的典型位置,可以准确反映测点位置在水压试验时的应力、应变情况,以便与分析计算的数据相互印证。根据测量位置的应力状

---

①　1 bar=10⁵ Pa。

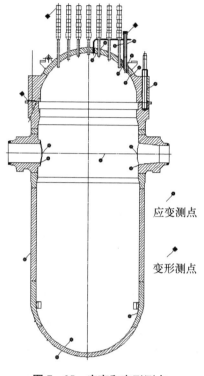

应变测点

变形测点

图 7‑25 应变和变形测点布置示意图

况,选择单轴、二轴或三轴的应变计。用于 RPV 内表面的应变片采用防水保护,防护不得损伤 RPV 的堆焊层,或采用防水应变片,导线应有引线装置,并应采用密封方式。变形测量主要为转角和位移的测量,一般布置在封头贯穿件和法兰等转角和位移量较大的位置。

7.9.3.3 检查

1) 压力和温度

在水压试验期间,应检查压力和温度的变化情况。在升、降压过程中的各级压力保持阶段,压力表的指示应保持不变,并不允许采用加压的方法维持压力。RPV 外表面各部位的温度在整个水压试验期间应保持基本不变。在施压过程中,允许对容器采取保温措施。

2) 目视检查

在升、降压过程中的各级压力保持时间内,应目视检查以下部位,并满足以下要求:

(1) RPV 的外壁面和焊缝,应无渗漏、冒汗及其他异常现象。

(2) 通过检漏管检查 RPV 内部密封环,应无泄漏现象。

密封环腔在水压试验时,目视检查检漏管,应无渗漏现象;检查压力容器外部密封环,应无泄漏现象。

7.9.4 水压后的检验

1) 水压后的无损检验

强度水压试验可通过塑性重新形成、机械法消除应力、切口失效或裂纹钝化等作用机理使容器性能得到改善。在后续运行中容器材料性能没有明显劣化,且重复水压试验压力不高于第一次强度水压试验的情况下,容器发生破坏的可能性极低。但是,第一次强度水压试验时,理论上仍有裂纹扩展的可能,因此虽然规范并未强制要求水压后的无损检验,设计上应考虑对重要焊缝在水压后的检验,如承压主焊缝的 UT、贯穿件与封头 J 形焊缝

PT 等。

2）水压后的尺寸检查

虽然 RPV 的机加工应在水压前完成并进行尺寸测量,但考虑水压会对部分尺寸带来影响,在水压后需对密封面、吊篮支承面、出口接管内凸台等关键配合面和配做尺寸进行检查。

3）水压后的加工

在 7.9.2.1 节所述水压后加工的申请得到认可的情况下,制造厂可在水压后进行加工。一般而言主要是接管密封采用焊接封盖方式,在水压后需要去除封盖,并加工安全端坡口。

另外,水压前后开扣盖的螺栓拆装和拉伸操作容易造成主螺栓和螺母螺纹损伤,这就需要视损伤轻重程度进行修理,同时修理完成后的通止规检验也是必不可少的。

7.9.5 结构材料的水压试验

对于 RPV 使用的管状部件,为规避后续容器水压中管件出现变形或其他问题的风险,通常会在材料采购阶段进行单管水压试验。单管水压试验可选择与容器水压试验相同的试验压力或更高压力。在一些文献中也有建议管状部件试验压力根据式(7-1)选取,保压时间不小于 60 s,采用极限方法使管件在初次压力试验时得到充分变形和应变强化。

$$P = 2SR/D \qquad\qquad (7-1)$$

式中,P 为试验压力;S 为管件公称壁厚;D 为管件公称外径;R 为允许应力,取 $90\% R_{p0.2}$。

7.10 包装、运输和储存

在以上工作完成后,RPV 可进一步由制造厂转至现场进入安装与调试阶段,因此 RPV 各部位的包装、运输与储存是必不可少的,不仅应该保证设备在过程中不会遭受损伤,还应考虑装卸、运输便利等因素。

7.10.1 包装

RPV 的所有零部件均应进行包装。为了保证包装质量和装卸、运输方便,应分成若干件分别进行包装。

RPV 的包装应在 Ⅱ 级工作区中进行,Ⅱ 级工作区的要求应符合 RCC－M F6242 的规定。包装用材料应符合 RCC－M F6400 的要求。

包装箱内应有物项清单。用塑料袋包好清单放入包装箱内,箱外标注"内有物项清单"字样,包装尺寸应符合 RPV 结构特点及运输方式,满足当地运输部门的要求。在对各部件进行包装前,对需要保护的表面应涂敷保护漆(包括永久性涂层和可剥落涂层)和防锈油。

1) 包装箱

包装箱应为木质或铁质结构,箱体牢固且易于启封,经多次搬运和装卸,能保证安全可靠地运抵目的地。箱内表面应光整,不得有造成设备损伤的暴露物。包装箱内的零部件之间,以及零部件和箱体之间,应用软材料(泡沫塑料、纸屑)填塞牢固。箱体上应设置供吊装用的构件,底部应有牢固的刚性拖架,以便装卸和存放。全封闭的包装箱应能防雨、防潮、防尘。

2) 顶盖组件的包装

顶盖组件应单独包装,顶盖上各管座孔应予封闭,并对法兰上的密封面和管座采取适当的保护措施,使其不受损伤。例如,密封面采用乙烯-丙烯型橡胶和胶带保护,管座采用塑料帽或不锈钢帽来保护。

顶盖组件应在法兰上配置密封盖板。组件腔内应放置适量不含卤素的惰性型干燥剂,并充以压力高于大气压约 10%、易于更换的氮气。

顶盖组件包装箱上应标明尺寸、质量和重心,并应采取有效的防雨、防潮、防污染等措施。

3) 容器组件的包装

容器组件应单独包装,各接管孔应予封闭,并配置有利于保护密封面的假顶盖。腔内应放置适量不含卤素的惰性型干燥剂,并充以压力高于大气压约 10%、易于更换的氮气。

容器组件包装时,应预先对进、出口接管安全端和检漏管进行密封,同时应考虑对这些贯穿件在储存、起吊和运输中采取有效的保护措施,如加塑料帽保护接管安全端机加工面,防止其在吊装和运输中受到损伤。

容器组件包装箱上应标明尺寸、质量和重心,并应采取有效的防雨、防潮、防污染等措施。

4) 紧固件的包装

紧固件应单独包装,也可用单件包装后分组成套包装或相同零、部件集装在一起,但每个包装箱内不能超过 10 件。

采用分组包装或将相同零、部件集装在一起时,须用带有软质衬垫物的支承件将其隔开并紧固,螺纹部分应进行防护包扎,以避免在装卸和运输时发生相互碰撞。

包装箱内放置适量不含卤素的惰性型干燥剂。包装箱上应标明主螺栓、主螺母和球面垫圈等的名称和编号,以及该箱的质量和重心,并应采取有效的防雨、防潮、防污染等措施。

5) 工具的包装

专用工具应单独包装,同时应考虑对工具在储存、起吊和运输中采取有效的保护措施,防止发生碰撞和相互干扰,确保不发生任何损伤。

包装箱内放置适量不含卤素的惰性型干燥剂。包装箱上应注明工具的名称和尺寸,以及该箱的质量和重心。

6) 备品备件的包装

备品备件应单独包装,同时应考虑对备品备件在储存、起吊和运输中采取有效的保护措施,防止发生碰撞和相互干扰,确保不发生任何损伤。

包装箱内放置适量不含卤素的惰性型干燥剂。包装箱上应注明备品备件的名称、尺寸和编号,以及该箱的质量和重心。

7) 试料和余料的包装

试料和余料应单独包装,材料表面应涂抹防锈油,同一包装箱内不同的材料之间应有间隔。

包装箱内放置适量不含卤素的惰性型干燥剂。包装箱上应注明试料和余料的名称、尺寸和编号,以及该箱的质量和重心。

8) 标牌

在每件包装箱外的明显部位上应有标牌,其标注应清晰。标牌中的栏目至少应包括设备名称及订货编号、承制厂名称、箱子总数及编号、发货站(港)、到货站(港)、尺寸及体积、毛重及净重、发货单位、收货单位、出厂或装箱日期。

运输包装的标志应符合 GB/T 191—2008 的规定。各包装箱表面应标明重心与起吊位置及醒目的特殊标志:如防雨,防尘,防撞击,轻放,不许倒置等字样或图案。

7.10.2　运输

包装件应按包装标志进行起吊,在吊装过程中,其速度应严格控制在一定范围内。

RPV 属于大件设备,若采用公路运输,应事先与交通部门取得联系,运载设备的车辆前后最好有保护车辆。包装件应平稳地放置在运输工具的适当位置,并采取必要的紧固措施,以防止运输中产生窜动和相撞等事故。

在运输过程中应控制行进速度和加速度,不得突然变换行进速度,转弯处速度应放慢,以避免过度振动和冲击。在运输时气候应加以选择,如风力应小于 6 级。

在运输过程中应根据包装件上的特殊标志和防污染要求而采取相应的保护措施。在运输中应加防雨篷布,其设置应保证空气循环以防止凝结水。在海上运输时,应防海水侵蚀,保证 RPV 始终处于良好的防护和保养状态。

7.10.3 储存

所有的包装件应存放在清洁、通风、干燥的库房内,存放区应符合 RCC - M F6634 规定的 Ⅱ 级工作区,并采取有效的保护措施。存放期间应防止有害物质侵入和污染包装件中的 RPV 物项。不得在存放包装件的位置上方吊装或叠放其他物项。

存放期间应使 RPV 各部件处于良好的防护和保养状态,为此应定期更换干燥剂,对所充的氮气应定期测压和充气。除非进行检查,否则已做好防护和保养的 RPV 在存放期间必须维持原始状态。检查后,必须恢复设备的防护和包装。

7.10.4 长期储存

当设备的存放时间较长时,为了确保储存期间设备不受到碰撞、腐蚀等损伤,应该按照设备的不同状态,对应执行长期储存的要求。

7.10.4.1 通用要求

储存责任方需要制订详细的储存工艺方案。必须在清洁、通风良好、干燥,并能够有效防止雨、洪、雾、雪等侵蚀的室内存放,存放区域不能是常规吊运通道和施工区域,也不允许放置化学制品、工具、涂料、溶剂、低熔点金属和易燃材料等。应放置在托架、垫木等专用工装上,离地垫高。储存包装前要全面清理和清洁。在储存过程中要做好标记,定期检查。储存包装所用的防护材料不能造成设备损失。储存时的保护包装的有限期要明确,到期后需要拆除,检查没有问题后更换防护材料重新包装。

7.10.4.2 初始状态的储存要求

初始状态指设备还处于初始的单个零件的状态,或者零件处在原材料或锻件阶段,或者零件仅内壁堆焊耐蚀层及粗加工的阶段。

此阶段的零件长期储存,可在低合金钢表面涂抹防锈油,在不锈钢表面和镍基表面涂可剥落漆,然后在内部放置干燥剂,并整体用防尘罩包裹,或用强力热缩膜抽真空包裹。

7.10.4.3 半加工状态的储存要求

半加工状态指设备处于零件已进行半精加工的状态,或多个部件独自存在的状态,即零件之间已通过组焊成为部件,但还未构成组件整体。

此阶段的长期储存的主要要求如下:

(1) 低合金钢表面和螺孔涂防锈油,内壁不锈钢和镍基表面涂可剥落漆。

(2) 开口结构的外部要封堵。

(3) 坡口等部位要增加防磕碰保护。

(4) 内部放置干燥剂,整体用防尘罩等防护材料包裹。

(5) 对于小型零部件,应存放在包装箱内。

7.10.4.4 完工状态

完工状态指设备已经作为一个整体存在,处于完工或基本完工的状态,主要针对 RPV 的顶盖组件和容器组件,也包括已经完工的小型零部件。

此阶段的长期储存的主要要求如下。

(1) 顶盖组件的特定要求如下:立式放置;低合金钢表面和螺栓通孔涂防锈油,内壁不锈钢表面涂可剥落漆;内腔密封充氮;排气管、螺栓通孔、CRDM 密封壳或 CRDM 管座、堆芯测量管座或热电偶管座等开口结构的外部要封堵;顶盖外壁的管座部分采用气相防锈膜等材料包覆;顶盖组件内部放置干燥剂,用热缩膜进行整体塑封。

(2) 容器组件的特定要求如下:卧式放置于 V 形支架(除有特殊要求外);主螺栓孔和低合金钢精加工钢表面涂防锈油,内、外壁表面涂可剥落漆;主螺栓孔、进出口接管、检漏管等开口结构的外部要封堵;容器组件内部放置干燥剂,用热缩膜进行整体塑封。

(3) 其他零部件的特定要求如下:零部件类型主要有密封环等密封件、主螺栓等紧固件、专用工具、备品备件、试料余料、辐照监督材料等。产品放在包装箱内储存,其低合金钢及碳钢表面涂防锈油;产品用核电专用塑料布包裹好后,放入包装箱的铝塑罩内,放入干燥剂,再将铝塑罩塑封好。

7.11　验收

在以下各项工作完成的条件下,可开展 RPV 出厂验收:RPV 设备及相关附件按合同规定均已制造加工完成,并已按照有效的质量计划进行了检查、检验和试验,质量检查记录完整、有效;制造厂出厂水压试验已完成并合格;应提交的所有文件资料全部准备就绪;所有不符合项已按质保程序及有关规定处理并关闭。

RPV 出厂验收的依据文件除订货合同、质保文件和设计文件外,还应包括涉及 RPV 制造过程中的所有设计变更单、技术传真件、会议纪要及技术协议等,以及制造厂编制的设备装箱清单。

验收方式一般包括硬件验收和软件验收。

硬件验收的内容有核查合同设备的项目和数量是否符合订货合同的要求,对 RPV 各构件进行质量检查,对合同设备的接口尺寸进行复查,同时检查产品的标记,对合同设备的清洁度和外观进行抽检,对合同设备的包装和装箱清单进行检查等。

软件验收的内容又分为文件验收和质保工作验收。文件验收需核查各项文件是否齐全、有效,提交文件份数满足合同要求,所有的不符合项报告在出厂交货前是否已全部关闭等。质保工作验收需核查质量保证大纲和相关质保程序的签署手续是否完整、有效,是否按批准有效的质量计划要求的控制点进行见证及相关检查记录,核查有关的设计修改、材料代用等的控制是否符合相关程序的要求,手续是否完整且有效。

通常 RPV 出厂验收并不是最终的验收节点,设备采购合同还会规定最终验收的要求。比如,待核电站一回路冷却剂系统安装完成后,包括 RPV 在内的一回路压力边界应在规定的试验压力下进行现场水压试验及在规定的运行压力下主泵连续运行 100 h 后证明 RPV 完全满足技术要求,RPV 结构完整、无泄漏,才可认定为满足 RPV 的最终验收要求,从而正式完成 RPV 的最终验收。

参考文献

[1]　罗英,郑浩,邱天,等. 核级主设备焊接技术探讨及展望[J]. 电焊机,2020,50(9):194-201.

［2］　张敬才,胡幼明. 压力容器水压试验压力及其利弊分析[J]. 核动力工程,2016,37
　　　　(4)：34‐38.

［3］　王小彬,李玉光,罗英,等. 反应堆压力容器 CRDM 管座设计改进[J]. 核动力工程,
　　　　2015,36(4)：103‐106.

第8章

安装、调试、运行与维护

对于 RPV 设备制造而言,设备完成出厂验收可以视为最重要的一个节点;但对于 RPV 设计人员,"行百里者半九十",RPV 交付核电现场后,还面临着一场"大考",也就是安装、调试和运行。安装自不用多说,这是 RPV 成为一回路冷却剂系统中一部分的必经环节,安装的各项要求也是在设计阶段应考虑的。RPV 这类静设备在调试运行阶段的设计参与度虽然不高,并不代表设计人员可以不关注。不管是调试、运行阶段开展的役前及在役检查和水压试验,还是维护维修的各项要求,以及老化和退役等,设计人员应该将这些阶段反馈回来的要求纳入设计阶段来考虑,才能形成一套完整的设计。

8.1 安装与调试

RPV 到达现场后,各组件需要分别完成在反应堆厂房内的安装,然后作为反应堆的安装基准,进行反应堆其余设备的安装,再作为一回路的重要设备经历装料前的功能试验,最后进行装料试验直至并网商运。

8.1.1 安装流程

RPV 到达现场后,容器组件和顶盖组件将分别运输至对应位置进行安装操作,紧固件和密封件将在放射性机修及去污车间(简称"AC 厂房")或库房存放,直至扣盖操作前取出。

核电厂现场主设备的吊装主要有开顶法和非开顶法两种。开顶法是指反应堆厂房的穹顶先不扣装,将主设备直接从地面吊运至反应堆厂房内相应位置,待主设备吊运完成后再将穹顶扣装在反应堆厂房上;非开顶法是指穹顶先扣装在反应堆厂房上,主设备从地面转运至反应堆厂房内,再吊运至相应位置。

8.1.1.1 安装前的准备工作

设备安装前,需要进行开箱检查,包括核对装箱清单与实物是否吻合,包装是否完整,设备表面及保护涂层是否存在缺损,着重检查密封面、主螺栓孔、各接口结构等关键部位是否损伤。

容器组件、顶盖组件、紧固件和密封件的存放和安装的环境要满足相应的等级要求,储存期间应保留保护表面用的保护涂层,防止表面损伤和腐蚀。设备安装前要做好清洁工作,并采用必要的措施以保持合格的清洁度直至安装结束。

设备所带的临时性保护涂层和保护封盖,应尽可能地起到保护作用,直至在设备安装的适当阶段予以清除和拆除。

8.1.1.2 容器组件安装

在容器组件安装前,应确认其已具备如下条件:反应堆厂房已具备安装条件;反应堆安装中心轴线的控制标记已完成;RPV 支承已满足容器安装的要求;堆坑筒体保温层已经安装完毕(带堆腔淹没功能的核电机型);设备通道、起吊设备、翻转及运输设备已安装调试完毕,所有障碍物已清除。无误后便可开始进行容器组件安装工作,典型的工作流程如下。

(1)将容器组件从运输货船通过运输车辆运至反应堆厂房外的地面放置。

(2)将容器组件转运、翻转,准备吊装。若采用开顶法,在反应堆厂房外的地面对容器组件进行翻转;若采用非开顶法,容器组件需通过龙门吊从地面提升至反应堆厂房主安装平台,再通过重载车等设备将容器组件穿过设备闸门转运至反应堆厂房内,然后进行翻转。容器组件通常采用雪橇式翻转支架、V 形支架等方式进行翻转,翻转工具可参见附录 C.5.3 的介绍。

(3)安装 RPV 支承上的调节螺柱及其调整工具。若采用一次就位法,提前加工完成的水平垫板将在此时安装;若采用二次就位法,水平垫板将在容器组件的标高和水平度调整完成后加工并安装。

(4)吊运容器组件至 RPV 支承上初次就位。若采用开顶法,将容器组件通过大吊车从反应堆厂房外的地面吊运至支承上;若采用非开顶法,将容器组件通过环吊从反应堆厂房内的主安装平台吊运至支承上。

(5)测量并调整容器组件的标高、方位及水平度,直至满足要求。

(6)再次起吊容器组件,安装容器法兰-接管段保温层,安装堆坑筒体保温层(不带堆腔淹没功能的核电机型)。

(7)将容器组件在支承上最终准确就位。调整容器组件方位,测量支承与容器组件进出口接管间的侧面间隙,加工侧部垫板并安装。

（8）安装完工检查如下：容器法兰上的堆内构件吊篮支承面的标高和水平度，进、出口接管的方位应满足反应堆系统的要求，容器组件上的方位标记相对于反应堆厂房方位基准的位置偏差，进、出口接管支承部位与支承间的侧面间隙。

8.1.1.3　顶盖组件安装

在顶盖组件安装前，应确认反应堆厂房的顶盖存放间已准备妥善，包括存放顶盖的顶盖存放架或临时存放架，吊装顶盖所使用的吊索、木块垫板等。典型的顶盖组件安装流程如下。

（1）将顶盖组件从运输货船上通过运输车辆运至反应堆厂房外，然后以类似容器组件吊运的方式运至顶盖存放间的顶盖存放架上就位。

（2）将控制棒驱动机构（CRDM）、上封头保温层、堆顶结构等设备分别安装于顶盖上。

（3）顶盖下部保护裙板作为顶盖安装、检查的保护工具，应在合适的时机安装就位。

（4）安装完工检查。

待顶盖与上封头保温层、控制棒驱动机构、堆内测量密封结构、堆顶结构等设备完成装配后，将作为一个整体（即"堆顶"）进行后续的各项操作。

8.1.2　扣盖与开盖流程

RPV 典型的扣盖流程如下。

（1）将密封环等密封件装入堆顶中的顶盖组件密封沟槽内。

（2）拆除容器组件主螺栓孔处的螺栓孔密封塞等保护工具，并在相应主螺栓孔安装导向杆等导向工具。

（3）利用顶盖吊具将堆顶吊起，并在导向工具的导向下将堆顶就位于容器组件上。

（4）拆除导向杆等导向工具。

（5）安装螺栓拉伸机和主螺栓等紧固件，并利用螺栓拉伸机对紧固件进行预紧。在通常情况下，主螺栓、主螺母、球面垫圈和主螺栓孔应按照 RPV 制造厂提供的配对关系对应安装。在不同工况下，RPV 内部承受的压力是不同的，主螺栓的预紧力和剩余伸长量应根据设备所受内压和标定曲线给出。

（6）拆除螺栓拉伸机，安装顶盖法兰保温层等其他设备部件。

RPV 开盖流程与扣盖流程相反。

8.1.3　紧固件的装拆

因为主螺栓、主螺母等紧固件的装拆操作是 RPV 扣盖、开盖操作中极为重要的一环,若出现问题可能造成严重后果,所以对紧固件的安装操作及注意事项一般需要单独进行要求。

(1) 主螺栓孔等结构和主螺栓、主螺母等紧固件在安装前要进行清洁和目视检查,对螺纹部分要特别关注,并使用通止规进行检查。

(2) 将主螺栓、主螺母、球面垫圈、垫圈固定夹、底塞、伸长测量杆等紧固件组装为整体结构,即紧固件组件。

(3) 将紧固件组件吊运至对应的主螺栓孔上部,并缓慢下吊至指定位置。在紧固件组件未下落至指定位置前,禁止旋转紧固件组件。若使用整体螺栓拉伸机,紧固件组件将随拉伸机一起吊运;若采用单体螺栓拉伸机,将使用专用吊装工具将紧固件组件吊运至指定位置。

(4) 紧固件组件的旋入过程一般分为入扣前、旋入和旋入到位等过程。入扣前,对于紧固件组件施加在主螺栓孔上的剩余平衡质量、入扣速度、最大扭矩等要求较精细;入扣并充分旋入后,对于紧固件组件施加在主螺栓孔上的剩余平衡载荷、正常扭矩、最大扭矩、最大转速等具有相应的要求;紧固件组件旋入到位后,一般应旋出 1/4 圈。紧固件组件旋入过程中若发现异常情况,应立即停止操作,待问题处理后继续进行。

(5) 主螺栓的预紧。主螺栓预紧前,容器和主螺栓的温度,以及冷却剂水温均应满足要求。为了保证主螺栓载荷的均匀性和可靠性,预紧通常分三个阶段逐步施加。预紧后测量主螺栓的剩余伸长量,若不满足要求则需调整。

紧固件组件的拆除操作与安装操作步骤相反。

8.1.4　功能调试试验

核电厂的基本部件和系统安装完毕后,便进入了核电厂的调试阶段,在这个阶段要使构筑物、部件和系统运转并验证其性能符合设计要求和满足性能标准。核岛全部调试工作可分为预运行试验阶段,首次装料、初始临界和低功率试验阶段以及功率试验阶段三大阶段。预运行试验阶段包括装料前的所有调试试验工作,冷态性能试验(又称为冷态功能试验)和热态性能试验(又称为热态功能试验)均是该阶段的工作内容,所谓的"冷态"和"热态"是由试验阶段的温度决定的。

8.1.4.1　冷态功能试验

冷态功能试验的主要内容是进行反应堆冷却剂系统的水压试验(又称一回路水压试验)和相关系统的冷态性能试验,目的是获得系统和设备的初始运行数据,并验证相关系统的运行兼容性和这些系统的功能。

在冷态功能试验中,RPV 在常温状态下承受的最大试验压力是设计压力的一定倍数,并在此压力水平上至少维持 10 min。

8.1.4.2　热态功能试验

热态功能试验是在尽可能模拟核电厂实际运行工况的条件下,验证系统的热态性能是否与设计规定要求一致;验证系统与设备在高温运行时的可靠性;同时,在高温下对设备和管道内壁进行钝化。

在热态功能试验中,RPV 将经历从冷停堆到热停堆工况的全部压力和温度。

在不同阶段的功能试验中,RPV 开盖、扣盖操作时,其主螺栓预紧载荷要与设计要求相对应。功能试验完成后,需要对 RPV 进行役前检查,并为核电站投运后的在役检查提供参考。若冷态功能试验完成后,RPV 不开盖,相关役前检查工作可置于热态功能试验完成后进行。

8.2　在役检查、监督与试验

在核电厂的运行寿期内,部件可能受到诸如应力、温度、辐照、氢吸附、腐蚀、振动和磨损等多种因素的影响,从而引起老化、脆化、疲劳,以及缺陷的形成和扩展等材料性能的变化。因此,有必要对核岛承压设备,即核安全 1、2、3 级系统,部件及其支承的材料状态和结构完整性进行一系列的检查、监督和试验活动,以便判断和评定它们是否能继续运行、能否有条件地继续运行,还是需要检修或者更换,从而保证核电厂的安全运行。

8.2.1　在役检查和役前检查

在役检查是在核电厂运行寿期内,对核安全 1、2、3 级系统,部件及其支承所进行的有计划的定期检验,以便及时发现新产生的缺陷和(或)跟踪已知缺陷的扩展,并判断核电厂运行是否可以接受这些缺陷,或是否有必要采取补救措施。役前检查是在核电厂运行开始前,以提供初始状态数据,作为以后检查结果的比较依据(或称"零点")为目的开展的检查。役前检查所使用的方法、技术和设备类型应尽可能与在役检查所使用的相同,役前检查应该至少包括全部在役检查要求的各项检查。

8.2.1.1 在役检查的分类和检查计划

在役检查一般包括全面在役检查和部分在役检查。全面在役检查是按检查计划对核安全1、2、3级设备及其支承进行全部(100%)检验。全面在役检查与系统的水压试验同期进行,可安排在核电厂停堆换料期间进行。部分在役检查是指在两次全面在役检查之间实施的检查,应根据需要,优化后确定部分在役检查。

在役检查必须在一定的检查间隔期内完成。检查间隔期的长短必须按保守的假定来选择,以确保受影响最严重的部件即使有极少损伤也能在导致失效前被检测出来。接近核电厂寿期末时,随着设备的劣化和缺陷的扩展,检查间隔期可做相应的调整。

表 8-1 简单列举了以 RSE-M 规范为基础开展的在役检查计划。核安全1级设备的全面在役检查一般与一回路水压试验同期进行,全面在役检查的部分工作可在重复水压试验之前的 2 年内进行。两次全面在役检查之间实施部分在役检查,相邻两次部分在役检查或全面在役检查和部分在役检查之间的间隔不超过 2 年。

表 8-1 在役检查计划

日 期	水压试验	全面在役检查	部分在役检查
D_0	初始水压试验	役前检查	—
$D_1 < D_0 + 2.5\,a$	第一次重复水压试验	第一次全面在役检查	每次停堆换料进行
$D_2 < D_1 + 10\,a$	第二次重复水压试验	第二次全面在役检查	每次停堆换料进行
$D_n < D_{n-1} + 10\,a$	第 n 次重复水压试验	第 n 次全面在役检查	每次停堆换料进行

8.2.1.2 在役检查方法和项目

检查方法分为目视检验、表面检验、体积检验和其他检测方法。

目视检验即采用目视的方法检验设备表面的缺陷,包括磨损、裂纹、腐蚀、浸蚀及泄漏等。表面检验用以显示或验证表面或近表层缺陷的存在,可采用的方法有磁粉检验、液体渗透检验。体积检验用以查明表面下缺陷的存在、深度或大小，可以在部件外表面或内表面进行，通常包括射线检验、超声检验和涡流检验。其他检测方法有声发射法、泄漏和金相检查等。

各类无损检验方法在 RPV 上的应用已在 7.6 节中有详细介绍，本节则主要针对在役检查阶段与制造过程中这些检验方法实施的一些差异来展开介绍。此外，在附录 D 中列出了典型 RPV 全面和部分在役检查中的检查部位、检查方式和检查方法等。

1）目视检验

目视检验的目的是检测可见的表面异常、运行或水压试验时的泄漏、变形或其他明显缺陷及异物。目视检验可分为直接目视检验和间接目视检验。直接目视检验与制造中的检验并无实质差别，间接目视检验中常用的方法为电视检验（CCTV）。

CCTV 用于对操作人员难以接近的区域进行间接检测，应有一个与被检物项有关的参考定位系统，确定任何显著指示的位置。CCTV 可以方便地记录检查区域的图像，但也相应要求在缺陷位置停留足够时间，以得到静止记录的图像。CCTV 在 RPV 在役检查中使用很多，如 RPV 筒体和顶盖内部堆焊层，贯穿件与封头之间的焊缝等。如容器法兰螺孔这种不便于直接观察的位置，采用 CCTV 获得其全景图像（见图 8-1），在螺孔缺陷分析和处理时非常方便。

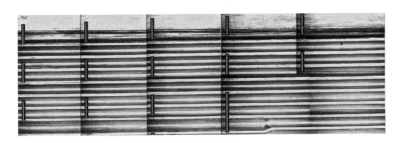

图 8-1　容器法兰螺孔 CCTV 检查

2）射线检验

射线检验在 RPV 在役检查方面的用途非常单一，即用于进出口接管与安全端之间异种金属焊缝、接管安全端与主管道间焊缝这两类位置。检验本身与制造中并无实质差异，射线源放在接管内侧，胶片放在接管外侧，差别在于在役检查阶段接管内部处于充满水的状态，检验前需要特殊装置将水排开。

3）超声检验

在役检查中对 RPV 的超声检验主要采用水下超声方法。

检验区域方面有些部位与制造阶段的超声检验区域有如下差别。

(1) 检查强辐照区堆焊层下的母材,从内表面以下 7~25 mm 深度区域,设计阶段应确定强辐照区的范围。

(2) 以堆芯筒体上下环焊缝和下封头环焊缝的焊缝轴线为中心,检查宽度为 500 mm 范围内的内表面堆焊层与母材的结合区。

(3) 容器法兰的检查至少应沿着两个相互垂直的方向从法兰上表面及容器内壁进行检查,检验区域覆盖法兰上表面至螺纹孔前十牙螺纹深度的范围。

(4) 主螺栓的超声检验覆盖螺栓的整个外表面(螺纹部分及光杆),光杆、光杆与螺纹连接区金属中的表面裂纹都应被探测到。

4) 涡流检验

涡流检验(ET)主要用于薄壁金属管材表面和内部缺陷以及金属部件表面和近表面缺陷的检测,通常能确定缺陷的位置和相对尺寸。在役检查中涡流检验应用于 RPV 主螺栓和主螺母的螺纹区域。

需要注意的是,在制造过程中螺纹区域仅在螺纹加工后进行 PT,并不进行 ET,因此在役检查阶段,通常只规定记录阈值,有超过记录阈值的信号时附加进行 VT 或 PT 来判断。

5) 声发射监测(AET)

声发射监测是在一回路水压试验时,对因保温层不能拆除或人员受限制而不可能进行目视检验的区域进行声发射监测,以发现可能发生的泄漏。RPV 上声发射监测的检验区域一般包括顶盖贯穿件与顶盖焊缝、顶盖贯穿件与法兰的连接焊缝。

声传感器记录的信号值与泄漏处尺寸并无简单关系,泄漏处的距离、周围环境(即干扰噪声)、泄漏处复合振动场上传感器的位置、由于材料特性造成的信号衰减、泄漏处边缘的形状等,都会对泄漏处信号的显示产生影响。因而,在声发射检测系统中,记录限值大致等于水压试验前测量的噪声水平。

8.2.1.3 在役检查的显示处理

在役检查的显示处理可分为役前检查缺陷显示处理与在役检查缺陷显示处理。

役前检查发现的显示,只要有可能都应与制造或安装检验结果进行比较。役前检查的验收标准通常采用制造或安装的验收准则。若役前检查发现超过验收标准的缺陷,对其处理方案应优先考虑维修,相对于不修理的方案,对该缺陷进行修理必须具有较小的危害性或风险。役前检查发现的显示可按照在役检查缺陷显示的处理流程实施。

　　而对于在役检查发现显示,若显示信号没有超过记录阈值,可不必再分析,不采取纠正措施。但若发现超过记录阈值的显示,则其应定义为缺陷显示,要按检验程序要求对其进行分析,首先获得缺陷显示的物理表征如位置、尺寸、当量、取向等,并与先前的在役检查结果及役前检查结果相比较,缺陷显示处理流程如图 8-2 所示。

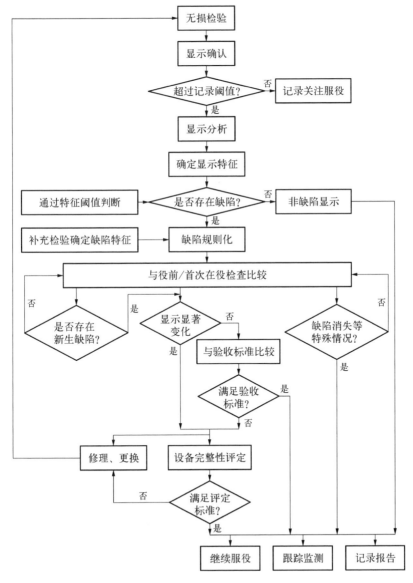

图 8-2　显示处理流程图

8.2.1.4 设计上的关注点

就在役检查而言,设计人员应充分考虑在役检查中涉及的多种因素,具体如下。

1) 在役检查可达性在设计上的考虑

在设计过程中,应尽可能地考虑 RPV 在役检查时的可达性(特别是超声检验和射线检验),以及使用专用检验设备的具体要求。

比如由于强放射性且 RPV 筒体部分外表面包覆有保温层而不便于从外表面进行检验,需远距离水下接近 RPV 内表面,RPV 筒体内壁就需要设计成光滑规则的圆柱面以允许检验设备毫无妨碍地定位,同时连接于内壁的永久性附件,如径向支承块等,就应考虑其与邻近焊缝的距离,避免影响邻近焊缝的超声检验。

在许多情况下,在役检查的不可达是针对特定检验方法的不可达。例如,焊缝附近有无法移除的障碍物可能导致超声探头无法接近,管道中有水导致射线检验无法进行等。在此情况下,应考虑采用其他同类的无损检测方法对不可达区域进行附加检查,例如:超声检验一次波不可达时,考虑用二次波代替一次波的可能性;由于管道排水不充分无法进行射线检验时,考虑用超声检验代替射线检验的可能性;由于空间限制导致无法实施渗透检验时,考虑用目视检验替代渗透检验。

由于现场条件的特殊性,可能导致一些检验部位由于其与构筑物的干涉作用等原因而不可达,这时可以选择与不可达部位运行工况相同或相似的系统或部位进行检查,间接判断不可达部位可能的状态。

2) 在役检查试块

在役检查试块采用与 RPV 相同牌号和相同性能要求的材料,并采用与 RPV 对应部位类似的热处理工艺和焊接工艺制成。

在役检查试块设置的大体流程如下:设计方基于 RPV 结构和在役检查规范要求,列出需进行在役检查的焊缝清单;核电厂业主在设计方清单的基础上,若有需要时,补充部分检查项目;在役检查单位根据这些焊缝结构、材料和检验要求,形成在役检查试块清单。表 8-2 给出了典型的 RPV 在役检查试块清单。

表 8-2 典型 RPV 在役检查试块清单

序号	试块名称	代表部位
1	筒体环焊缝试块	法兰接管段-堆芯筒体焊缝,堆芯筒体-过渡段焊缝,过渡段-下封头焊缝

（续表）

序 号	试 块 名 称	代 表 部 位
2	顶盖环焊缝试块	顶盖法兰-上封头焊缝
3	法兰韧带区试块	容器法兰螺纹孔及韧带区
4	进出口接管焊缝试块	进出口接管-筒体焊缝
5	进出口接管内圆角区试块	进出口接管内圆角区与筒体交贯面
6	进出口接管安全端异种金属焊缝试块	进出口接管-安全端异种金属焊缝
7	进出口接管安全端同种金属焊缝试块	安全端-主管道同种金属焊缝
8	主螺栓试块	主螺栓光杆和螺纹区
9	筒体堆焊层试块	内壁堆焊层及层下母材

3）在役检查大纲

在役检查大纲是对核电厂在役检查的范围、检查的计划、检查所用的装备、技术和方法、检验结果的评价、组织管理等的指导性说明，是开展在役检查活动的纲领性文件。

在役检查大纲一般由设计单位配合核电厂营运单位编制，其内容至少包括在役检查范围，在役检查进度，检验方法、装备和技术，免除表面或体积检验的设备，取样计划，显示处理，验收标准，水压试验和泄漏试验，检验人员资格，无损检验技术鉴定，质量保证和监督。

4）制造中检验与在役检查协调一致的问题

由于制造中检验所遵循的设计规范、检验的条件等与在役检查阶段存在差异，具体到检验方法、检验技术和验收准则上有差异，因而可能会造成满足制造阶段无损检查合格的设备，在役检查时出现超标缺陷的问题。设备设计者应了解和分析制造中检验与在役检查协调一致的问题，尽可能规避该问题出现。

表 8-3 列出了针对 RPV 典型的检查部位，RSE-M 规范的在役检查方法和 RCC-M 规范的制造无损检查方法的对比，可以看到，其主要差异如下。

（1）受现场条件限制，在役检查采用的探伤方法种类和技术与制造阶段有差异。比如对于筒体环焊缝的检查，RSE-M 规范只规定了水下 UT，而

RCC‐M 规范规定了进行 UT、RT 和 MT。

（2）由于检查目的有所不同，对于同一部位的检查区域也有差异。比如对于堆芯筒体堆焊层下母材，因为在役检查考虑在役时堆焊层下裂纹扩展情况，所以 RSE‐M 规范规定超声检查堆焊层至 25 mm 深度范围的母材，而 RCC‐M 规范只规定检查至层下 4 mm 范围。

表 8‐3　RSE‐M 规范与 RCC‐M 规范无损检查方法对比

序号	检 验 部 位	RSE‐M 检查方法	RCC‐M 检查方法
1	筒体环焊缝	水下 UT（内表面）	UT（内、外表面）、RT、MT
2	筒体环焊缝盖面堆焊层（焊缝两侧各 250 mm 宽）	水下 UT（内表面）	UT（内表面）、PT
3	内表面堆焊层（不含序号 2）	水下 CCTV 或 VT	UT（内表面）、PT
4	强辐照区堆焊层下母材	水下 UT（内表面，深度至 25 mm）	UT（内表面，深度至 4 mm）
5	容器法兰螺孔韧带区（含前 10 扣螺纹）	水下 UT（内表面和容器法兰端面）	UT（锻件状态）
6	接管安全端焊缝	水下 UT（内表面）、RT、PT（外表面）	UT（内、外表面）、RT、PT（内、外表面）
7	上封头与顶盖法兰环焊缝	UT（外表面）	UT（内、外表面）、RT、MT
9	径向支承块与过渡段焊缝	VT	UT（隔离层）、分层 PT、VT
10	贯穿件与封头的 J 形焊缝	VT、AET（水压试验期间）	分层 PT、VT
11	贯穿件与法兰的对接焊缝	AET（水压试验期间）、VT	UT、RT、PT
12	吊耳与上封头焊缝	PT	MT
13	主螺栓、主螺母	UT（主螺栓）、ET（螺纹表面）	UT（锻棒状态）、MT（螺纹加工前）、PT（螺纹加工后）

在验收准则方面，RSE‐M 规范充分考虑了与 RCC‐M 的相容性。在

RSE - M B5200 有明确表述,如果满足下列 3 个准则之一,则该缺陷应被认为是可接受的:

（1）RCC - M B4000 的验收准则。

（2）RSE - M 表中所给出的准则,其使用工况和分析符合 RSE - M B5220 要求。

（3）RSE - M B5300 中规定的专门分析准则(根据部件类型做出的一般和特殊规定)。

因为设备的在役维修和更换代价较高或难以实施,所以在役检查更加关注对缺陷的评价,确保设备可以安全运行。同时,在役检查时,记录阈值相对严格一些,其目的是更加详细地对设备状态进行记录和描述,比如 UT 的记录阈值,RSE - M 和 RCC - M 分别为不小于 25% 和不小于 50% 参考回波幅值。

8.2.2　在役监督和监测

RPV 材料受到中子的照射后,会发生硬化和脆化,导致其脆性断裂的风险增高,是 RPV 失效最危险的方式之一,因此辐照脆化是 RPV 最重要的监督目标。RPV 是包容反应堆冷却剂的压力边界,因此通过设置监测装置以实现运行期间监测冷却剂的泄漏情况。

8.2.2.1　辐照监督

RPV 采用铁素体钢制造,在快中子($E \geqslant 1$ MeV)辐照的作用下,其塑韧性下降,表现为参考无延性转变温度($T_{R, NDT}$)上升,从而增加了 RPV 脆性破坏的可能性,应对材料在快中子作用下的辐照脆化进行监督。

工程上通常的做法是每台 RPV 都设置一定数量的辐照监督管,设计方应制订辐照监督大纲和辐照监督计划,营运单位按照监督计划将辐照监督管插入 RPV 内并按计划抽取,将抽取后的试验结果与材料原始的性能相比较,从而掌握 RPV 在整个寿期内的辐照脆化程度,监督 RPV 的安全运行,并为 RPV 可能的延寿提供分析论证的数据。由此,RPV 辐照监督设计应遵循以下原则。

（1）辐照监督应能监测全寿期内 RPV 堆芯区材料经中子辐照后的力学性能及脆化程度。

监测的性能包括材料的强度、辐照修正后的参考转变温度、上平台能量等,因此辐照监督试样的种类和数量应足以完成所要求的各项试验,试样材料类型应能够代表 RPV 受监督的材料(包括母材、焊缝及热影响区)。同种材料的同类型试样应尽量布置在监督管同侧,避免引起试验数据的较大离散。

根据辐照监督管的数据(如 $T_{R, NDT}$ 的变化等)可以调整压力-温度运行限值曲线,进行结构完整性评价(如快速断裂、塑性失稳分析、亚临界裂纹扩展和承压热冲击的分析与评价),以及确定在役水压试验的温度等。

(2)辐照监督管布置在反应堆内合适的位置。

图 8-3 给出了辐照监督管在堆内的布置方式。辐照监督管在堆内的轴向布置应确保装容试样和探测器的有效段位于堆芯区域,应能监测全寿期内 RPV 堆芯区材料承受的中子注量和中子能谱。

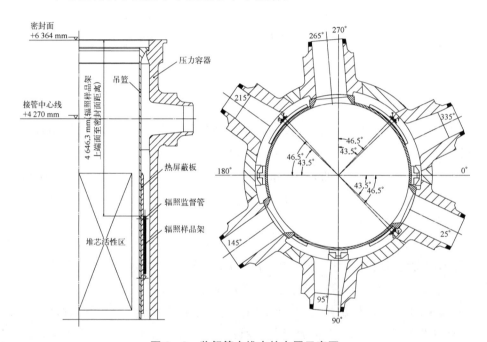

图 8-3 监督管在堆内的布置示意图

辐照监督管在堆内的周向和径向布置最重要的是使超前因子尽量在一个合理的范围内,而超前因子则直接决定了辐照监督管插入和抽取计划。超前因子是辐照监督管位置处的快中子注量与 RPV 内表面快中子注量峰值的比值,代表了监督管内试样相对于 RPV 材料的加速辐照程度,即超前因子越大,意味着监督管内试样能更快地达到所代表的一定寿期 RPV 材料辐照程度。

在 ASTM E185 中推荐超前因子为 $1.5 \sim 5$。超前因子并非越大越好,超前因子大虽然让监督管内试样更快地达到所需的累积快中子注量,但过快的加速辐照条件下,需要评估监督管内试样能否代表 RPV 材料实际辐照脆化程度。ASTM E185 就规定,超前因子超过 5 时需要论证加速辐照数据的有效性。超前因子也并非越小越好,接近 1 的超前因子就无法满足辐照监督提供预先性试验数据的功能要求。

在设计新的反应堆时,设计者通常需要在超前因子和水隙之间权衡。这里水隙指的是堆内构件吊篮筒体与 RPV 内壁之间的水层厚度。若要实现 RPV 母材承受的中子注量尽量低,就需要适当增大水隙,而水隙增大又会导致超前因子偏大。表 8-4 给出了国内主要堆型的水隙、寿期末累积快中子注量和超前因子的对比。

表 8-4 国内主要堆型水隙、快中子注量和超前因子对比

项 目	水隙/mm	寿期末累积快中子注量/(10^{19} n/cm^2)	超 前 因 子
M310	245	7.69(负荷因子 75%)	2.46/2.79
AP1000	270	8.87(负荷因子 93%)	2.28/2.29/2.31
EPR	290	1.26(负荷因子 90%)	1.9/2.2
"华龙一号"	295	2.921(负荷因子 87%)	4.455/4.503
秦山二期	330	1.197(负荷因子 80%)	7.436/8.954

此外,由于辐照温度对钢材的辐照损伤有影响,辐照温度越高,钢材的脆化程度越低。因此,为了使辐照监督试样的测量结果能代表 RPV 材料的性能,辐照监督管处的辐照温度应尽可能地接近 RPV 的辐照温度,并能监测反应堆全寿期内 RPV 堆芯环带区材料曾经受过的最高辐照温度。

(3)制订合理的辐照监督计划,兼顾换料周期、定期安全审查、可能的退火和延寿等需求。

标准规范中并没有对辐照监督计划的合理性给出强制性要求,此处结合 M310 堆型的辐照监督计划实例来介绍如何安排监督管的插入和抽取计划。

M310 核电机组设计寿命为 40 年,设有 8 根辐照监督管,两处放置监督管位置的超前因子分别为 2.46 和 2.79。

8 根辐照监督管(编号为 U、V、Z、Y、W、X、S 和 T)中的 U、V、Z、Y 4 根在首次启动反应堆之前插入堆内,分别代表 10 年、20 年、30 年和 40 年的累积辐照时间。其余 4 根管备用,其中,S 管和 T 管可用于 RPV 可能的延寿,若需要

则分别代表 50 年和 60 年的累积辐照时间;X 管和 W 管则可应对可能的在役退火处理。监督管的插入和抽取计划如图 8-4 所示。

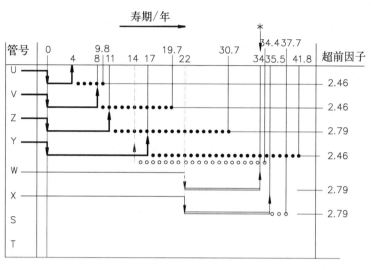

图 8-4　辐照监督管的插入和抽取计划

当然,设计上提出的辐照监督管插入与抽取计划也只是推荐使用,核电厂业主应根据换料周期,以及 RPV 是否退火、延寿等因素,确定具体的抽取时间,后续辐照监督管的抽取计划应与前期抽出辐照监督管的测量结果结合考虑。

8.2.2.2　泄漏监测

RPV 的泄漏监测是一回路泄漏监测的重要组成部分。在 RPV 运行过程中应对两法兰之间的密封是否发生泄漏进行连续的监测,并进行定量测量。若出现泄漏,泄漏的冷却剂在经翅片式换热器冷凝后进入泄漏液收集罐,收集罐设有水位报警定值,如果水位异常将显示报警。

规范对一回路系统总泄漏率有规定,如 RSE-M 要求总泄漏率不超过 2 300 L/h,但并没有明确规定 RPV 法兰密封设计允许的泄漏率。通常在一回路系统设计中要求稳态运行阶段内密封环不应有泄漏,启停堆阶段允许有一定量的泄漏率,而在 RPV 设计中,法兰密封则是按不泄漏进行设计的。

8.2.2.3　松动件监测

松动件监测的目的是减少主回路系统结构的损坏,预报会导致部件失效的异常情况。松动件的监测不是对 RPV 本身松动件的监测,而是借助 RPV 来监测内部构件,如堆内构件、燃料及相关组件等。

松动件的监测方法主要是声学监测,即将声学监测系统的探头置于 RPV 合适位置,如上、下封头或主螺栓上。该监测系统需进行事先标定,如多重的松动件会产生怎样的声学响应,通过测量声学响应来诊断内部件的损伤。

松动件的监测可以通过监测其固有频率的变化来诊断。松动或松脱时,其质量发生变化,频率会相应发生变化,通过监测频率或加速度来诊断其松动或松脱。

8.2.3　在役水压试验与泄漏试验

RPV 除经历制造阶段的出厂水压试验外,在调试和运行阶段还会跟随整个回路一起经历多次在役水压试验,包括初始水压试验和重复水压试验。

初始水压试验在主回路设备按照建造规范制造和安装完成后,首次装料前完成,也就是通常所说的冷态功能试验。重复水压试验则应在燃料卸出后进行。RSE-M 中对重复水压试验计划的规定如表 8-1 所示,第一次重复水压试验应在初始水压试验后 30 个月以内进行。以后相邻两次重复水压试验之间的间隔不应超过 10 年。

初始水压试验的温度和压力依据建造规范来确定,重复水压试验的温度和压力则依据在役检查规范来确定,设计者可以根据需要查阅相关规范。需要注意的是,确定重复水压试验温度时,应考虑辐照对 RPV 材料的影响来修正 $T_{R,NDT}$,同时在整个试验和相关的操作过程中,压力和温度应保持在压力-温度限值曲线允许的范围内,图 8-5 给出了该曲线的示例。

水压试验的压力保持期间检查没有发现设备出现泄漏或明显的永久变形,则认为试验是合格的。在最高压力平台期间,设备的筒体和焊缝不允许出现泄漏和渗漏,但密封部位(如阀门、法兰等)的泄漏不应判定试验无效。

泄漏试验是承压设备在打开并重新关闭之后,或经过修理后,在不低于系统运行压力下进行的密封性试验。泄漏试验通常是针对整个系统的,其边界

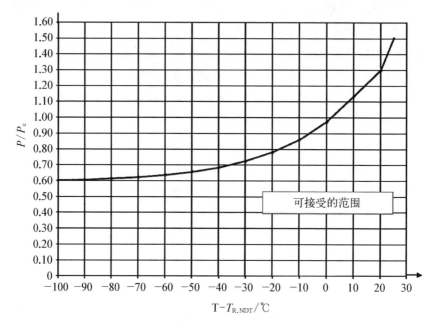

P 为一回路系统规定水压试验保持压力;P_c 为 RPV 设计压力;T 为 RPV 下封头外表面温度;$T_{R,NDT}$ 为 RPV 材料的参考无延性转变温度(附加要求:当 $P > 3$ MPa 时,$T > \max(T_0, 60$ ℃),其中 T_0 为规定的首次水压试验温度)。

图 8-5　水压试验压力-温度限值曲线

包括整个反应堆冷却剂系统及安全相关系统,目的是检验密封性和结构强度。在试验压力保持阶段,通过目视检验对系统和部件进行泄漏或泄漏痕迹检查。

8.3　维护与检修

RPV 在使用过程中,需要定期检查;对于产生的缺陷,需要及时处理,尤其对于密封面和主螺栓孔出现的缺陷,需要特别谨慎。

在维护、检查和修复过程中,一般不允许对容器组件和顶盖组件进行焊接和打磨。

8.3.1　备品备件

随主设备到现场的备品备件的清单如表 8-5 所示。

表 8−5　随主设备到现场的备品备件清单

类　型	名　　称
紧固件	主螺栓、主螺母、球面垫圈、垫圈固定夹、六角头螺栓和锁紧垫圈
密封件	密封环(包括外环、内环及夹持组件)
专用工具	导向杆衬套、导向杆吊耳密封环、衬套密封环、螺栓孔密封塞
其他	润滑剂、清洗剂、松动剂

随主设备到现场的紧固件用润滑剂、松动剂和清洗剂的清单如表 8−6所示。

表 8−6　随主设备到现场的紧固件用润滑剂、松动剂和清洗剂清单

名　称	润　滑　剂	松　动　剂	清　洗　剂
适用部位	主螺栓孔及紧固件螺纹	主螺栓	紧固件螺纹
施工方式	刷涂	喷涂	—
涂覆频率	紧固件每次组装时	紧固件每次拆卸时	紧固件每次拆卸后及组装前

8.3.2　清洗和检查

每次拆卸后需对 RPV 各组件、部件、零件进行相应的清洗和检查,对检查出的缺陷等按照 8.3.3 节相关方法进行处理。

1) 容器组件密封面

对于容器组件密封面,应采用软性的清洁布和纯净挥发性溶剂(乙醇、异丙醇、丙酮等)或去离子水进行表面脱脂处理;经 20% 硝酸浸润的软布进行表面酸洗处理;先使用流动水清洗,然后用 B 级蒸馏水或去离子水漂洗;使用干净的布抹去表面残余清洗用水,然后自然干燥。

清洗后进行表面缺陷检查。主要的缺陷类型包括划伤、点蚀坑、夹杂、平面缺陷、密封环压痕、密封环固定夹压痕、局部开裂等。

2）顶盖组件密封面和密封沟槽

对于顶盖组件密封面和密封沟槽,采用软性的清洁布和纯净挥发性溶剂或去离子水进行表面脱脂处理;经20%硝酸浸润的软布进行表面酸洗处理;先使用流动水清洗,然后用B级蒸馏水或去离子水漂洗;使用干净的布抹去表面残余清洗用水,然后自然干燥。

清洗后进行表面缺陷检查。主要的缺陷类型包括划伤、点蚀坑、夹杂、平面缺陷、上部堆内构件法兰环向压痕、密封沟槽顶部压痕、局部开裂等。

3）容器组件主螺栓孔

主螺栓孔采用尼龙刷清洗螺纹;检查螺纹面及根部是否有异物,检查主螺栓孔止口部位是否有损伤;用清洗剂浸润的尼龙刷对螺纹部分进行脱脂处理;采用压缩空气干燥。

按照特定工艺规程对螺纹进行在役检查。如果需要的话,螺纹修复后进行目视检查。

4）顶盖组件主螺栓通孔

采用经认可的溶剂对通孔进行清洗;采用压缩空气干燥。

5）紧固件

每次从主螺栓孔上拆卸后,紧固件(含主螺栓、主螺母、球面垫圈)应按照以下顺序进行清洗和检查:尼龙刷清洁螺纹部分,检查螺纹面及根部是否有异物,用清洗剂浸润的尼龙刷对螺纹部分进行脱脂处理,采用压缩空气干燥,螺纹部分刷涂润滑剂保存以便于使用。

对于长时间存放情况,上述要求也适用,并须定期进行目视检查,保证表面不能生锈。螺纹表面的任何毛刺或附着物都须小心去除。按照特定工艺规程进行主螺栓的检查,必要时进行修复。

6）螺栓孔密封塞

螺栓孔密封塞每次使用前必须更换密封环(含小密封环、内密封环和外密封环)。在螺栓孔密封塞调试过程中,若发现弹簧不能实施正常有效的回弹,则需要更换弹簧。

8.3.3　常见缺陷的处理

由于RPV在服役过程中长期承受着高压作用,因此在密封面与主螺栓相应部位较常出现缺陷。针对这些常见缺陷,本书给出了所对应的如下处理方法。

8.3.3.1　容器组件密封面

典型的容器组件密封面缺陷处理流程如下。

1）缺陷修复

对于密封压道面(密封环在密封面上的可视压痕及压痕两侧各 3 mm 区域)的缺陷修复要求如下：

(1)对于深度小于 0.2 mm 的划伤、夹杂、开裂及压痕,采用粒度为 P400(砂粒大小的表示)的砂布环向轻抛,不允许引起缺陷深度的增加。

(2)对于深度大于 0.2 mm 的划伤、夹杂、开裂及压痕,联系设备制造厂予以修复。

(3)对于点蚀坑,联系设备制造厂予以检查和修复。

对于密封压道面以外的密封面,对于深度超过 0.2 mm 的划痕、夹杂和压痕等缺陷,采用粒度为 P400 的砂布抛磨圆滑处理,不允许引起缺陷深度的增加。

2）缺陷修复后的验收

缺陷修复的具体验收要求如图 8-6 所示。局部修复后要求缺陷深度 $e \leqslant$ 0.28 mm,斜度 $\leqslant 1/30$。大面积修复后要求 300 mm 区域的最大深度 $e \leqslant$ 0.56 mm。

(a) 局部修复　　　　　　　　　　　(b) 大面积修复

图 8-6　缺陷修复验收要求

8.3.3.2　顶盖组件密封面和密封沟槽

对于密封沟槽以外的密封面,对于深度超过 0.2 mm 的划痕、夹杂和压痕等缺陷,采用粒度为 P400 的砂布抛磨圆滑处理,不允许引起缺陷深度的增加。密封沟槽的缺陷修复要求如下：

(1)对于深度小于 0.2 mm 的划伤、夹杂、开裂及压痕,采用粒度为 P400 的砂布或采用不含铁的特殊砂轮环向轻抛,不允许引起缺陷深度的增加。

(2)对于深度大于 0.2 mm 的划伤、夹杂、开裂及压痕,联系设备制造厂予以修复。

(3)对于点蚀坑,联系设备制造厂予以检查和修复。

8.3.3.3 主螺栓孔

主螺栓孔在核电现场容易出现缺陷的部位主要是螺纹,其次是安装螺栓孔密封塞用的顶部止口结构,以及部分主螺栓孔存在的安装导向杆衬套或导向定位栓用的底部止口结构。

主螺栓孔的缺陷类型主要是储存和旋入过程中出现的磕碰、划伤,以及储存、试验、换料过程中出现的腐蚀;较少会出现因为清洁不当导致的挤伤;在极端情况下,会因为设备故障、异物、违规操作等原因出现与主螺栓卡涩的情况。

对于主螺栓孔缺陷的处理,根据不同的缺陷及缺陷发生的不同部位,通常采用不同的方法。

1) 对于顶部或底部止口结构的缺陷

(1) 对于深度较浅、范围很小的缺陷,常采用"抛磨并圆滑过渡"的方式进行处理,但需控制圆滑过渡的范围不能过大。

(2) 对于相对严重但范围很小的缺陷,也可采用"抛磨并圆滑过渡"的方式进行处理。

(3) 对于范围较大的缺陷,可采用"打磨后补焊"或"机加工后安装套环＋对应重新制造螺栓孔密封塞/衬套"等方式进行处理。

2) 对于螺纹的缺陷

(1) 对于螺纹的一般缺陷,如不影响中径、深度较浅的划痕、磕痕、毛刺等缺陷,常采用"抛磨并圆滑过渡"的方式进行处理。

(2) 对于相对严重但范围很小的缺陷,可采用"去除局部螺纹"的方式进行处理。

(3) 对于影响螺纹中径或深度较严重的凹坑、磕痕等缺陷,需先评估缺陷对螺纹的整体影响,然后根据评价结果给出相应的处理方式。如现有螺纹已无法满足主螺栓孔密封所需的载荷要求,则考虑采用"扩孔"或"加螺纹衬套"等处理方式。

8.3.3.4 主螺栓

主螺栓在核电现场容易出现的缺陷,主要是储存、吊运和在旋入过程中出现的磕碰、划伤,以及在储存过程中出现的腐蚀;较少会出现因为清洁不当导致的挤伤;在极端情况下,会因为设备故障、异物、违规操作等原因出现与主螺栓孔卡涩的情况。

对于主螺栓缺陷的处理,常采用以下方法:

(1) 对于一般缺陷,如不影响中径、深度较浅的划痕、磕痕、毛刺等缺陷,常采用"抛磨并圆滑过渡"的方式进行处理。

（2）对于影响螺纹中径或深度较严重的凹坑、磕痕等缺陷，需先评估缺陷对螺纹或主螺栓的整体影响，然后根据评价结果给出相应的处理方式。

8.4　老化和寿命管理

近年来国内核电机组数量逐年增加，最早的核电厂运行已超过 30 年，保证核电厂安全稳定运行成为首要目标，老化和寿命管理是实现该目标的重要手段，RPV 则是老化与寿命管理中最为重要的环节之一。

8.4.1　老化机理

根据 RPV 的功能要求和运行环境，其老化形式主要包括中子辐照脆化、疲劳、腐蚀、辐照促进开裂、热老化等。由于选材及结构的不同，不同堆型的 RPV 的重要老化机理有所差别。

1）辐照脆化

受到中子的照射后，RPV 材料会出现韧性下降、硬度和强度上升、无延性转变温度上升，RPV 发生硬化和脆化，导致其脆性断裂的风险增高，因此辐照脆化是 RPV 最重要的老化机理之一。研究表明，RPV 辐照脆化的程度取决于中子注量、合金成分、辐照温度、中子能谱及合金的组织等。相关的机理、影响因素、评估方法等详见 4.1.4 节，此处不再赘述。

2）疲劳

RPV 在运行过程中将经受启堆、停堆、升温、降温等各种瞬态及运行过程中的振动。在载荷波动或循环载荷作用下 RPV 材料将出现裂纹的萌生和扩展。疲劳是 RPV 老化需要考虑的主要机理之一，特别是高应力部位的低周疲劳问题。

3）应力腐蚀开裂

应力腐蚀开裂（SCC）一般是发生在顶盖贯穿件用镍基合金及其焊缝区域。焊接热输入量造成焊缝热影响区晶粒粗大并存在一定的焊接应力，在冷却剂环境中长期运行时，特别是当冷却剂发生浓缩或偏离时在表面产生裂纹后，在冷却剂的作用下快速扩展。早期 CRDM 管座采用 Inconel 600 合金，其 SCC 问题造成多个国家诸多核电厂的顶盖更换。另外，主螺栓由于长期承受拉应力，在环境介质的作用下，特别是海洋气氛作用下也可能出现应力腐蚀开裂。

对于 SCC 裂纹深度,一般通过超声波检查来进行检测,目前正在进行提高检测精度的超声波检测技术的研究。但由于结构限制,该部位的在役超声波方法是一个难题,美国和法国等核技术发达国家已经实现了该部位的役前检查和在役检查。

4)均匀腐蚀

均匀腐蚀是指材料在介质作用下均匀减薄的特性。RPV 的均匀腐蚀主要包括内表面不锈钢堆焊层的均匀腐蚀和低合金钢的硼酸腐蚀两种类型。

对于具有较好耐蚀性的内壁堆焊不锈钢,反应堆冷却剂为弱介质,其表面会形成一定厚度的氧化膜,氧化膜表面存在形成-溶解-沉积的平衡,宏观表现为堆焊层厚度逐步减薄。

RPV 上还可能存在基体低合金钢材料与浓缩硼酸的均匀腐蚀,它主要发生在 RPV 焊缝出现贯穿型裂纹后,反应堆冷却剂渗透到 RPV 外表面,由于水分蒸发而使得硼酸产生浓缩,基体低合金钢材料与浓缩硼酸发生较剧烈的化学反应,局部腐蚀深度可达到每年数毫米。美国戴维斯-贝西核电厂曾经由于 CRDM 管座镍基合金贯穿件及其焊缝出现开裂后引起低合金钢的硼酸腐蚀,最终导致了顶盖更换。

5)晶间腐蚀、点腐蚀和缝隙腐蚀

不锈钢部件及不锈钢堆焊层在反应堆冷却剂条件下除存在着均匀腐蚀外,还可能发生局部腐蚀,包括晶间腐蚀、点腐蚀和缝隙腐蚀。这些局部腐蚀主要由于在局部水化学条件发生偏离的情况下,超标的氯离子及溶解氧的联合作用,在不锈钢表面的薄弱点造成腐蚀优先点,进而根据介质特性及结构特性的不同发展为点腐蚀、缝隙腐蚀或者晶间腐蚀。

6)热老化

RPV 本体低合金钢材料的热老化是一种与温度、材料状态(显微组织)及时间相关的劣化机理。固溶体偏析形成的沉淀相使得本体材料发生非常小的显微组织的变化,从而使材料丧失韧性并变脆。当 RPV 钢含有杂质铜时,一开始 RPV 钢中的杂质铜以过饱和状态集聚于固溶体中,在 RPV 正常运行温度下,随着时间的推移,即使没有辐照损伤,在合金向热力学稳定状态发展的同时铜元素将会被释放出来形成稳定的沉淀相,即富铜沉淀相(也可能出现其他沉淀相),这些沉淀相阻碍了位错运动,因此造成硬化和脆化。RPV 本体材料热老化并不是普遍存在的,而是取决于材料的热处理、化学成分及在材料温度下的服役时间。

7）磨损

磨损是指两个表面之间的运动所引起的材料表面层的损失。磨损发生在经历间歇性相对运动的部件中。磨损发生的原因或是流动引起的振动，或是相邻部件的位移。一些核电站中的中子测量管与指套管发生过因流致振动引起的磨损，主螺栓与螺栓孔及螺母由于换料时的拆装也有发生磨损的风险。

8）回火脆化

回火脆化是描述主要由晶界磷偏析引起的结构钢的脆化。回火脆化发生在淬火和回火铁素体钢中，特别是在 $450\sim500\ ℃$ 的回火。对于焊材和热影响区，特别是当施加热退火以恢复韧性时，应该关注回火脆化的影响。

针对典型的 RPV 及其服役要求，表 8-7 给出了典型的老化敏感部件、材料、老化因素、老化机理和老化指标等信息。

表 8-7　反应堆压力容器典型部件老化信息

部　件	材　　料	老化因素	老化机理	老化指标
堆芯筒体	铁素体钢，如 16MND5、A508-3 等	中子辐照	辐照脆化	上平台能量、转变温度
进、出口接管	铁素体钢，如 16MND5、A508-3 等	压力、温度波动	疲劳	疲劳累积使用因子
控制棒驱动机构管座	镍基合金，如 600 合金、690 合金等	冷却剂	一回路水环境应力腐蚀开裂	裂纹尺寸
容器法兰	铁素体钢，如 16MND6、A508-3 等	硼酸水泄漏	磨损	蚀坑面积、蚀坑深度
			硼酸腐蚀	壁厚
顶盖法兰	铁素体钢，如 16MND6、A508-3 等	硼酸水泄漏	应力腐蚀	裂纹尺寸
			硼酸腐蚀	壁厚
下封头	铁素体钢，如 16MND6、A508-3 等	硼酸水泄漏	硼酸腐蚀	壁厚
仪表管座	镍基合金，如 600 合金、690 合金等	冷却剂	一回路水环境应力腐蚀开裂	裂纹尺寸

（续表）

部　件	材　料	老化因素	老化机理	老化指标
排气管	镍基合金，如 600 合金、690 合金等	冷却剂	一回路水环境应力腐蚀开裂	裂纹尺寸
上封头	铁素体钢，如 16MND6、A508-3 等	硼酸水泄漏	硼酸腐蚀	壁厚
螺栓	低合金钢，如 40NCDV7.03、SA540 等	硼酸水泄漏压力、温度波动	腐蚀	螺栓直径
			疲劳	疲劳累积使用因子
筒体段焊缝	EF2 焊丝及配套焊剂	中子辐照	疲劳	疲劳累积使用因子
			辐照脆化	上平台能量、转变温度
安全端焊缝	镍基合金，如 82/182 合金等	冷却剂	一回路水环境应力腐蚀开裂	裂纹尺寸

8.4.2　RPV 老化缓解措施

老化有关的性能劣化会降低 RPV 运行寿期内的安全性能，对于其中的辐照脆化、腐蚀等老化可采用一定的缓解方法来控制老化速率。

1）辐照脆化的缓解

通过减少中子注量和退火可以缓解 RPV 辐照脆化现象，主要方法包括优化燃料管理、设置屏蔽层和在役退火。

（1）优化燃料管理。可通过执行低泄漏堆芯的燃料管理方案来降低中子注量。低泄漏堆芯是一个把乏燃料或者假燃料元件放在堆芯周围的堆芯，这样可减少中子轰击 RPV 内壁，但同时可能会导致功率降低，增加运行成本。

（2）设置屏蔽层。目的是降低中子通量。反应堆堆内构件、堆芯吊篮和堆内构件上的热屏蔽提供了 RPV 的基准设计屏蔽。为了进一步减少 RPV 材料的辐照损伤，可提高热屏蔽的厚度，或者在 RPV 内壁处安装屏蔽层，屏蔽层材料可选择钨、不锈钢等多种合金。

（3）在役退火。一旦 RPV 因辐照脆化而降级（如韧脆转变温度的明显上升或者断裂韧性的降低），在役退火是唯一可以恢复 RPV 材料韧性的方法。

在役退火方法是使用外热源（电加热器、热空气）或内热源（一回路冷却剂）将 RPV 加热到一定温度，保温一定的时间，然后缓慢冷却。RPV 在役退火处理技术主要分为湿法退火与干法退火两种技术路线，目前国外研究应用比较成熟的方案有免移除堆芯部件的湿法退火、需移走堆芯部件的湿法退火与需移走堆芯部件的干法退火 3 种方案。美国和俄罗斯均有实施在役退火的先例。

20 世纪 80 年代早期，美国西屋公司进行了一项有关在役退火的研究。该研究探讨了 RPV 退火的可行性，并提出一种可选的就地退火方法，在必须采用热退火的情况下能够最大限度地恢复断裂韧性、降低材料对再辐照的敏感性及缩短反应堆的停堆时间。研究表明，经辐照 RPV 用钢的特性恢复程度主要受以下因素影响：与辐照（服役）温度有关的退火温度、退火保温时间、杂质和合金元素水平及产品类型（板材、锻件、焊缝等）；当监督试样经历 450 ℃ 左右保温 168 h 的退火后，其所有材料特性都恢复良好，而且随后的辐照再脆化速率与退火前的脆化速率相似。

NRC 对 10 CFR 50.61、10 CFR 50 附录 G 和附录 H 进行了修改，并出版了新的章节 10 CFR 50.66（在役退火规则）和新的管理导则 RG1.162，这些举措都用来对 RPV 的在役退火进行阐述。对 10 CFR 50.61 的修改明确指出，采用在役退火作为缓解中子辐照影响的一种方法，进而降低 $T_{R, PTS}$。10 CFR 50.66 阐述了在役退火的关键性的工程及冶金方面的问题。RG1.162 则描述了在役退火所要求的报告格式和内容。

俄罗斯采用干法退火技术对东欧的一些辐照脆化较严重的核电站 RPV 进行了退火处理。由于在大部分 VVER - 440/V - 230 RPV 及部分 VVER - 440/V - 213 RPV（如 Loviisa）中发现了较高的辐照脆化速率，但发现时已经太晚，不能保证反应堆 30 年的设计寿命，唯一的缓解方法只有对经辐照的 RPV 进行热退火处理。至今为止，公开报道至少完成了 15 个 RPV 的退火处理。VVER 热退火经验以及材料辐照试验研究结果一致表明，要得到明显的恢复效果，热退火处理温度至少要比辐照温度高 150 ℃，保温时间为 100～160 h。

2）控制棒驱动机构管座应力腐蚀裂纹（PWSCC）的缓解

采用 Inconel 600 合金的控制棒驱动机构管座存在应力腐蚀开裂的风险，

其缓解方法包括加入冷却剂添加剂、降低上封头温度和采用维修和更换措施等。

（1）冷却剂添加剂。比如添加锌（Zn）能降低一回路冷却剂的腐蚀活度，并能提高 Inconel 600 合金材料抗 PWSCC 的能力。锌与 Inconel 600 合金部件氧化膜内的铬相互作用，形成一层有效的保护性能强的氧化层，延迟 PWSCC 的发生。锌的添加既可以缓解新电站中的 PWSCC，又可以降低旧电站中的 PWSCC。然而，锌要溶入老电站中的氧化膜将需要更长的时间，这是因为老电站中的氧化膜很可能更厚、更稳定。

（2）降低上封头温度。通过对堆内构件进行小幅度的修改来增加旁通流量，可以降低 RPV 上封头的温度。

（3）表面处理。可以考虑包括专门研磨、镀镍及喷丸硬化的内表面处理方法来缓解 Inconel 600 合金部件裂纹的产生。研磨技术可将有可能萌生裂纹但却探测不到的表面层去除，然后在新生成的表面上形成压应力。镀镍可以防止原表面接触冷却剂，阻止现有裂纹的扩展和修补小裂纹。采用喷射或其他方法在 CRDM 管座表面上形成压应力以代替高残余拉应力，可以阻止 PWSCC 的萌生，然而如果裂纹已经存在的话，这种方法是无效的。

（4）应力改善方法。机械应力改善方法可以使管座部位残余应力重新分布，并在管座内表面上产生一种压应力。这种方法在管座可接触的一端施加一个轴向压载荷。该方法的应用分析表明，施加的轴向压应力和管座内表面的残余拉应力发生组合，产生的塑性流变将接管内表面靠近部分焊透焊缝部位的残余拉应力消除。

（5）顶盖贯穿件修复。顶盖贯穿件修复有两种选择：① 打磨掉应力腐蚀裂纹，并在修补焊接过程中使残余应力减到最低程度。焊接完成以后，对贯穿件焊接修补的表面再进行磨光、磨平。② 在劣化的封头贯穿件中插入由经热处理的 Inconel 690 或奥氏体不锈钢制作的薄衬管，然后通过内部受压将衬管胀到封头贯穿件上，将裂纹封闭。

（6）顶盖贯穿件更换。顶盖贯穿件的更换可以通过更换一个新的顶盖或只更换贯穿件来实现，新贯穿件必须是由 Inconel 600 以外的材料制作的。在一些已经更换了 RPV 顶盖的电站中，代替 Inconel 600 贯穿件的制造材料为经热处理后的 Inconel 690。暴露在压水堆一回路冷却剂中的其他 Inconel 690 部件的试验结果和有限的现场经验表明，Inconel 690 对 PWSCC 损伤不敏感。除此之外，新的焊接材料合金 52 和 152 代替了合金 82 和 182。新的焊材具有更好的抗 PWSCC 性。

3）内表面和法兰的腐蚀和点蚀的缓解

部分无奥氏体不锈钢堆焊层的 RPV 在目视检测时发现了均匀腐蚀以及点蚀，一般只需采用轻微的机械研磨就可以消除这种损伤。在 RPV 密封面上发现的轻微点蚀，也可通过研磨来处理。

8.4.3　RPV 老化管理和延寿

对于较早服役的 RPV 而言，经过长时间的服役与运行，对其开展老化管理与延寿是运行维护中十分重要的一环，本书对目前国内外 RPV 的老化管理与延寿经验进行了总结。

8.4.3.1　国外老化管理规范

国外关于核电厂老化管理的相关法规规范研究始于 20 世纪 80 年代中期，经过多年的发展，国外核电发达国家已形成了较成熟的核电厂老化管理标准体系，建立了较完整的老化管理导则。依据所建立的法规规范和导则对核电站推行了系统化的老化管理，极大地缓解了核电站的老化。其中，最具有代表性的老化管理法规规范体系主要是国际原子能机构（IAEA）和美国核管会（NRC）所建立的老化管理法规规范。

1）IAEA 相关标准规范

IAEA 的系统化老化管理标准规范主要涉及如下几个方面：核电厂老化管理的实施和老化管理的组织模式，老化管理数据和信息的收集、保存，老化管理设备的选择、老化研究，老化管理评审，运行电站的设备鉴定和改进等内容。IAEA 编制发布了各类安全导则、纲领性导则、寿命管理类文件以及核电厂安全重要设备老化管理技术报告等。此外，IAEA 老化管理标准规范还给出一些监管要求，立足于帮助核电厂业主加深对老化及老化引起的安全问题的认识，从方法论上对识别主要老化退化机理、建立老化管理大纲、对老化管理的审查等给予指导。迄今为止，IAEA 建立的与 RPV 老化有关的主要标准规范如下：

IAEA NS-G-2.10《核电厂定期安全审查》；

IAEA Safety Series No. 50-P-3《核电厂老化管理数据收集和记录保存》；

IAEA Safety Reports Series No. 15《核电厂老化管理大纲的审查和实施》；

IAEA Technical Reports Series No. 338《核电厂安全重要设备老化管理方法》；

IAEA - EBP - WWER - 08《WWER 核电厂 PTS 分析导则》；

IAEA Nuclear Energy Series No. NP - T - 3. 11《核电厂压力容器完整性评估：压力容器的辐照脆化影响评估》；

IAEA - TECDOC - 1120《核电厂安全重要设备老化管理和评估：反应堆压力容器》；

IAEA No. NS - G - 2. 12《核电厂老化管理方法》；

IAEA Technical Reports Series，ISSN 0074 - 1914；No. 429《主曲线方法在核电站反应堆压力容器完整性评估中的应用指南》；

TECDOC - 1435《监督计划的结果在反应堆压力容器完整性评估的应用》；

IAEA - TECDOC - 540《核电厂老化的安全问题》；

IAEA - TECDOC - 670《核电厂组件老化管理研究》；

IAEA - TECDOC - 1441《镍对轻水反应堆压力容器钢辐照脆化的影响》；

IAEA - TECDOC - 1442《WWER - 440 反应堆压力容器辐照脆化预测导则》。

2）NRC 相关标准规范

美国 NRC 经过 20 多年的研究，现已建立起一套相对完善的核电厂老化管理及延寿审查体系。制定出了以 10 CFR 54、NUREG 1800 报告和 NUREG 1801 报告（GALL）为核心的核电厂老化管理及延寿法规和规范。NRC 制定的与老化有关的相关主要标准规范如下：

（1）10CFR54《核电厂执照更新的要求》。

（2）RG 1. 188《运行核电厂执照更新的标准格式和内容》。

（3）NUREG - 1800《核电厂运行执照更新申请书的标准审查大纲》。

（4）NUREG - 1801 GALL 报告（Generic Ageing Lessons Learned (GALL) Report - Summary)。

（5）10 CFR 50. 61《承压热冲击事件的断裂韧性要求》。

（6）10 CFR 50"附录 G　断裂韧性要求"。

（7）10 CFR 50"附录 H　反应堆压力容器辐照监督大纲要求"。

（8）RG1. 99《反应堆压力容器辐照脆化》。

（9）RG1. 154《压水堆核电厂承压热冲击安全分析报告的格式与内容要求》。

（10）RG1.161《反应堆压力容器夏比上平台能量小于 50ft–lb 的评估》。

由于 RPV 的不可更换性，其安全性直接决定了反应堆的寿命及核电厂的经济性，RPV 的老化研究由此而成为核电厂老化研究最重要的内容。多年来，美国、日本及欧洲各国的老化研究重心都集中在 RPV 的辐照脆化评价方法、疲劳评价方法、缺陷评价方法等方面，并根据这些研究成果制定了相应的管理规范。目前，国外已经建立了核电厂 RPV 老化管理的导则，通过这些管理导则能从组织管理和技术管理两方面对核电厂 RPV 进行了全面系统的老化管理。但是，不同国家标准的内容也有所不同，如在进行断裂韧性的确定、安全因子的确定、应力强度因子的允许值、应力强度因子的确定、转变温度的确定、转变温度的偏离、RPV 的许用应力强度、各种工况下的应力强度限制、螺栓强度和寿命评价方面，各国标准都有很大的不同。

现阶段国外老化管理的技术研究的重点如下：

（1）辐照脆化评价方法研究，特别是主曲线法的研究，分析比较与现有冲击韧性方法的优劣。

（2）在役检查技术研究，主要是关键部位的裂纹检测和监测，如 CRDM 贯穿件及其与顶盖的密封焊缝区域。

（3）整体退火技术研究，主要是退火的工艺参数及在工程现场可实施性的研究。

（4）一回路冷却剂改善，主要是通过在一回路冷却剂中添加特定的添加剂如含锌或钛元素的化合物等，以延缓应力腐蚀裂纹的起裂时间或降低裂纹的扩展速率，延长使用寿命。

8.4.3.2　国内核电厂老化管理

核动力厂老化管理用于确保整个运行寿期内核动力厂所需安全功能的可用性，并考虑其随时间和使用过程的变化，这要求既要考虑构筑物、系统和部件实物老化引起的性能劣化，又要考虑构筑物、系统和部件的过时（相比当前知识、法规和标准、技术）带来的影响。构筑物、系统和部件老化的有效管理是核动力厂安全、可靠运行的一个重要因素。核动力厂寿期内的设计、建造、调试、运行（包括延寿运行和长期停堆）和退役各阶段都应考虑老化管理。国内指导核动力厂安全重要构筑物、系统和部件的老化管理的是核安全导则 HAD103/12《核动力厂老化管理》。

在构筑物、系统和部件整个使用寿期内进行有效的老化管理，要求采用系统化的老化管理方法协调所有相关的大纲和活动，包括认知、控制、监测及缓解核动力厂部件或构筑物的老化效应。采用该方法的 RPV 老化管理一般流程如图 8-7 所示,这是戴明循环"计划—实施—检查—行动"的具体应用。

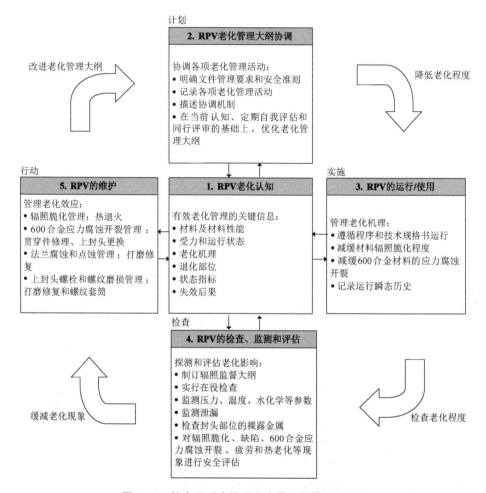

图 8-7 核电厂反应堆压力容器老化管理流程图

RPV 的老化管理应从设计阶段开始,贯穿于设计、建造、调试、运行、退役等阶段。核电厂营运单位应向国家核安全监管部门证明,在 RPV 设计阶段就已充分考虑整个寿期内需关注的老化问题,应说明其在核电厂寿期各个阶段实施有效的老化管理大纲的措施。HAD103/12 规定,设计阶段对于老化管理的考虑应包括如下几个方面。

(1)在设备鉴定大纲中考虑设计基准工况,包括假设始发事件工况。

(2)确定、评价并考虑非能动和能动构筑物、系统和部件可能的老化机理,在构筑物、系统和部件设计寿期内可能影响其安全功能的老化机理包括热老化、辐照脆化、疲劳、腐蚀、应力腐蚀开裂、蠕变及磨损。

（3）评价并考虑相关的经验（包括核动力厂建造、调试、运行和退役阶段的经验）和研究成果。

（4）考虑采用具有更强抗老化性能的先进材料。

（5）考虑是否需要材料试验大纲,以监测材料的老化、劣化。

（6）考虑是否需要在线监测来提供预警信息,尤其是在劣化将导致构筑物、系统和部件失效或失效将造成严重安全后果的部位。

（7）在核动力厂布置和构筑物、系统和部件设计中考虑便于检查、维修,以及检查、试验、监测、维护、修理和更换等工作的可达性,并且使开展这些活动所受职业照射减至最少。

建造阶段,核电厂营运单位应要求 RPV 设备供应商充分考虑影响老化管理的因素,并向其提供了足够的信息和数据。调试阶段,核电厂营运单位应建立一个系统的大纲,以测量和记录 RPV 老化管理相关的基准数据,包括 RPV 的实际运行环境情况,以确保与设计的一致性。运行阶段,核电厂运行过程中应实施一套系统的老化管理方法,该老化管理方法将帮助营运单位为 RPV 制订相应的老化管理大纲。此外,应制订适当的方案以满足 RPV 退役活动的需要。

在 RPV 老化管理中,《反应堆压力容器老化管理大纲》是纲领性文件,是维修大纲、在役检查大纲、监督大纲、运行规程等执行程序的上游文件。《反应堆压力容器老化管理大纲》应提供合适有效的方法以检测、评估和缓解 RPV 部件的老化,并能够检验当前所施行的老化管理措施的有效性。《反应堆压力容器老化管理大纲》的主要内容如表 8-8 所示。核电厂应该根据最新的认知对《反应堆压力容器老化管理大纲》的有效性进行定期的评估并进行升级与改进。

表 8-8　反应堆压力容器老化管理大纲应涵盖的内容

序号	内　容	描　　述
1	在理解老化的基础上确定老化管理大纲的范围	理解老化现象; 材料、服役状态、敏感部件、老化机理、老化效应; 评估参数及限值条件; 老化预测模型; 老化管理大纲所包含的部件

(续表)

序号	内　容	描　述
2	减缓、控制老化的预防性活动	预防性活动的确定； 监测参数的确定； 服役状态、运行实践
3	老化效应的探测	为防止反应堆压力容器部件失效所采取的有效的老化探测措施
4	老化效应的监测与趋势预测	状态指标及监测参数； 为进行老化评估所需收集的数据； 评估方法
5	老化效应的缓解	为缓解反应堆压力容器部件老化效应所采取的运行、维护、修复和更换活动
6	接受准则	对老化效应是否需要采取纠正性活动进行评估的接受准则
7	纠正性活动	因反应堆压力容器部件的老化效应超出接受准则而采取的纠正性活动
8	运行经验与研发结果的反馈	运行经验与研发结果反馈机制
9	质量管理	对老化管理大纲的执行文件和采取的措施进行管理控制； 判断老化管理大纲是否包含有效的评价指标； 预防性及纠正性活动是否包含有效的判断方法； 对所有实践进行记录

8.4.4　国内定期安审

核动力厂定期安全审查（PSR）是我国核安全监管体系的基本要求，对于保持核动力厂长期安全运行具有重要意义。HAF103《核动力厂运行安全规定》规定了"在核动力厂整个运行寿期内考虑到运行经验和从所有相关来源得到的新的重要安全信息，营运单位必须根据管理要求对核动力厂进行系统的安全重新评价"，并且规定这种评价"必须采用定期安全审查的方式"。核安全导则 HAD103/11《核动力厂定期安全审查》明确规定，定期安全审查的目的是通过对一座运行核动力厂的综合性评价确定：该核动力厂满足现行安全标准和实践的程度(按照现行安全标准和实践进行评价并不意味着必须满足全部现行安全标准的要求);保持许可证发放依据仍然有效的程度;在下一次定期安全审查之前或寿期末保持该核动力厂安全的各项安排的充分性;为解决已确定的安全问题所要实施的安全改进。该导则还指出,根据已有的经验,第一次定期安全审查应在核动力厂开始运行后大约第十年时进行,以后每十年进行一次,直至运行寿期终了。在十年期间内预计安全标准、技术及作为基础的科学知识和分析方法可能会显著改变;核动力厂修改和老化的积累效应需要评价;核动力厂营运单位及国家核安全监管部门在人员配备、管理结构上可能有显著变化。

根据《核动力厂定期安全审查》的要求,定期安全审查的范围包括十四项安全要素,分别如下:核动力厂设计,构筑物、系统和部件的实际状态,设备合格鉴定,老化,确定论安全分析,概率论安全分析,灾害分析,安全性能,其他核动力厂经验及研究成果的应用,组织机构和行政管理,程序,人因,应急计划,辐射环境影响。这些要素中与 RPV 相关的主要为"核动力厂设计"和"构筑物、系统和部件的实际状态"两项,下面对这两项要素进行介绍。

1)"核动力厂设计"要素

核动力厂设计要素审查的目的是确定核动力厂设计及设计文件的充分性,这要通过与现行的标准和实践相比较而确定。该项审查范围包括各安全相关的构筑物、系统和设备的安全功能、抗震要求、设计基准与标准规范的符合性,重要的设计计算、安装和运行要求,在役检查和定期试验要求,设计文件的充分性等。

在本要素审查中,RPV 的审查要点如下。

(1) 确定适用于本审查的法规、标准;确定 RPV 审查文件的范围,如规格书等设计文件。

(2) 将现行标准法规的要求与 RPV 的设计文件进行对比,确认 RPV 的设计是否满足相关标准法规的要求。

(3) 与电厂技术支持人员进行访谈,确定 RPV 的设计与设计基准的符合情况。

(4) 对于审查中发现的问题要按照现行标准和实践进行评价,对审查过程中发现的重大或典型问题进行重点/专题审查。

2)"构筑物、系统和部件的实际状态"要素

构筑物、系统和部件(SSC)的实际状态要素审查的目的是确定安全重要的

构筑物、系统和部件的实际状态,判断它们的状态是否能充分满足设计要求。

安全重要构筑物、系统和部件指属于安全组合的一部分和(或)其失效或故障可能导致对厂区人员或公众的辐射照射的构筑物、系统和部件,通常包括以下内容:

(1) 失效或故障后可能导致厂区工作人员或公众遭受过分辐射照射的构筑物、系统和部件。

(2) 防止预计运行事件上升为事故工况的构筑物、系统和部件。

(3) 用于缓解构筑物、系统或部件故障后果的设施。

RPV 无疑是属于安全重要构筑物、系统和部件,其审查要点包括以下内容。

(1) 实际状态核查。自电站运行以来,RPV 按照规定或要求进行了维修和定期试验,也可能进行了部分改造,以满足核安全要求和运行要求。RPV 实际状态核查的内容一般包括设备功能及分级、设备组成、主要参数、环境条件、设备的老化机理及设备的设计寿命、设备运行以来的改进、维修和定期试验项目、设备的运行事件记录等。

(2) 分析评价。在实际状态核查基础上,通过分析评价,判断 RPV 在寿期内是否能够执行规定的安全功能。① 基本状况分析。审查分析 RPV 的实际基本状况(功能、组成、主要参数、性能)与设计一致,对于发现的不一致,评价其是否违背安全标准,是否给核电厂安全运行带来风险。② 强项和弱项分析。在实际状态核查后,与同类型电站状态进行比较,对本电站的弱项进行初步分析,而运行、试验记录良好,满足安全运行要求则将其视为强项。对于发现的弱项,评价其是否违背安全标准,是否给核电厂安全运行带来风险。

在定期安全审查时,营运单位应评价老化对核动力厂安全的影响、老化管理大纲的有效性,以及老化管理大纲是否需要改进。根据定期安全审查中的老化管理审查结果,可能需要改进维修、监督和检查的范围、程序和/或频率,并修改运行条件或设计(包括构筑物和部件设计基准的可能变更)。

8.5　退役

核电厂退役是指在核电厂运行寿期结束后,根据核电厂所在厂址后续的使用用途所确定的退役目标,经过去污、拆除、厂房构筑物拆毁、场址清理等一系列工作,达到厂址的退役目标,即作为核设施厂址继续利用或达到无限制开放水平。

8.5.1　常见的退役策略

目前,国际原子能机构推荐的核设施的退役策略一般有两种:立即拆除和延迟拆除。

立即拆除是指在核设施最终停闭后,对污染的设备、结构进行拆除或去污,直至该核设施的放射性水平达到允许开放无限制使用,或达到监管机构规定的使用限值。立即拆除还有一种拆除方式,在停堆后首先进行一系列通常需要历时十几年时间的安全关闭、系统整治、去污、外围系统拆除等工作,之后才对反应堆厂房内主体设备进行拆除,这在某种程度上造成了对反应堆主要活化物项的延迟拆除,但由于这种方式从停堆即刻就开始了针对退役的一系列活动,因此这种策略仍属于立即拆除的范畴。立即拆除策略可有效避免设施老化、人员流失等问题。

延迟拆除有时也称核设施的安全封存,是指核设施最终停闭后,对部分被放射性污染的设备、建筑物或非放射性设备、建筑物进行处理处置,污染较严重的设备被安全封存,直至其放射性水平达到可以进行后续去污和/或拆除,从而达到允许该设施无限制使用或者由监管机构进行限制使用的策略。延迟拆除策略一般是指通过长达 50 年左右甚至更长时间的设施封存,使活化物项的放射性衰变,退役时所产生的放射性废物量减少或废物降级,并减少对现场人员的辐射照射。但长时间的延迟也可能导致系统包容性恶化、档案资料散失、人员流失等问题,并存在长期监督维护需要高额费用支撑等缺陷。

影响核电厂退役策略选择的因素有很多,关键因素在于国家有关退役的法规政策、放射性废物管理能力、从事退役的工作人员、退役费用估算和筹资方式、其他机组的影响、退役技术发展及其对安全及环境的影响等方面。

8.5.2　退役方案的选择

退役方案的选择与设备的放射性水平密切相关。反应堆厂房内主要的放射性集中在反应堆冷却剂系统,其中放射性水平最高的是 RPV 及其内部构件,这部分设备可达到高、中放水平;其余大型设备如蒸汽发生器、反应堆冷却剂泵、稳压器等,经过清洗去污可达到低放射性水平或更低水平,均为表面污染;其他放射性物项均属于低放射性或极低放射性水平,部分轻微表面污染的设备经适当去污后,经检测合格可解控。

RPV 放射性水平较高,因此对其拆除与解体一般采取远距离水下遥控的方式进行。切割手段可采用水下氧切割、等离子切割、接触弧切割、磨料高压水切割等。切割的同时须对池水进行循环过滤。解体后装入屏蔽容器送出厂房，运至新建废物处理设施整备暂存，最后送去处置。

若不进行现场解体，可将 RPV 所有连接管道断开，使用与蒸汽发生器同样的方式将 RPV 吊出安全壳厂房，并直接放入屏蔽容器内，由运输车运至新建废物处理设施内整备暂存，最终另行处置。

8.5.3 设计对于退役的考虑

在设备设计时，为便于今后核电厂的退役和拆除，在材料选用上采取了必要的措施，如材料的选取应以减少活化，把活化的腐蚀产物的散布减到最少，确保表面容易去污，尽量减少使用可能有害的物质等。通常地，在反应堆运行寿期内有助于维护和检查的设计特征也将有助于退役。

1）易活化材料的限制

在反应堆运行中，易活化材料造成的辐射剂量直接影响反应堆退役时工作人员的受辐照水平，在设计上对与反应堆冷却剂接触的材料的种类及杂质含量进行了严格控制，特别是易活化元素如钴、锑等都严格控制其使用范围，同时对容易进入食物链的银元素杂质含量也提出了控制要求。

含钴材料活化后形成的钴-60 是高强度、长半衰期的 γ 源，对反应堆辐射场的贡献很大，设计要求除堆内构件、驱动机构等要求具有良好的耐磨性的部件上采用了钴基合金或钴基堆焊外，其他部件均禁止采用钴基材料。对于 RPV 中与反应堆冷却剂接触的不锈钢、镍基合金等，设计都给出了严格的钴含量控制要求，如不锈钢及镍基合金锻件要求钴含量都控制在 0.1％以下，与冷却剂接触面积较大的不锈钢堆焊层的钴含量都控制在 0.06％以下等。通过对一回路部件及焊材的钴含量的严格控制，保证了反应堆辐射场剂量水平在合理的范围内。

在停堆的最初几年里，银的一种同位素是反应堆主要的放射来源，而且含银材料活化后容易进入食物链而不易被去除，因此设计要求对银材料限制使用。除 RPV 密封环采用银包覆层、控制棒采用银-铟-镉合金外，其他部位均禁止使用银材料，包括一些密封结构设计要求采用石墨密封代替镀银密封。

含锑材料一般用于密封、轴承和二次中子源等，在 RPV 上很少使用。

2）防腐蚀措施

在反应堆冷却剂环境下，设计采取的防腐蚀措施主要是选用耐蚀性良好的材料和严格控制一回路水化学条件。

对于本体采用低合金钢制造的 RPV,其与冷却剂接触的内表面全部采用不锈钢堆焊;对于应力腐蚀开裂倾向的部件,如 RPV 顶盖贯穿件等,设计上禁用 Inconel 600 而选用 Inconel 690 镍基合金。设计选用这些耐蚀材料的同时,还严格控制了钴等对辐射场贡献大的杂质元素的含量,降低了与冷却剂接触的材料的腐蚀速率,也就降低了腐蚀产物总量,从而有效降低了辐射场的剂量水平,同时降低了关键敏感部位发生泄漏的可能性。

对于一回路水化学,设计要求严格控制 pH 值以及溶解氧、氟离子、氯离子含量并添加溶解氢形成还原性水环境,这些影响材料腐蚀行为的控制要求降低了一回路材料的腐蚀速率和释放速率,同时也降低了一回路材料发生应力腐蚀开裂和晶间腐蚀的风险。另外,一回路水化学的 pH 值控制,还保证一回路腐蚀产物溶解处于正温度系数范围,减少腐蚀产物在堆芯的沉积和活化的可能性,有效降低了辐射场的剂量水平。

参考文献

[1]　陶于春,梁瞻翔,林忠元,等.压水堆核电站在役检查用无损检测技术发展概况[J].无损检测,2009,31(12):959 - 966.

[2]　邱天,罗英,马姝丽,等.基于辐照脆化的反应堆压力容器 60 年设计寿命改进分析[J].核动力工程,2013,34(增刊 1):103 - 108,115.

第 9 章
各堆型反应堆压力容器简介

国内运行和在建的核电堆型种类繁多,既有三代核电中代表性的"华龙一号""玲龙一号"、AP1000、EPR 和 VVER 等堆型,也有二代改进型 60 万及百万千瓦堆型,还有高温气冷堆等四代堆。本章简要介绍各个堆型反应堆压力容器的参数和特点,方便读者直观了解。

9.1 "华龙一号"

"华龙一号"是由中国自主研发的先进百万千瓦级三代压水堆核电技术,其具有完全自主知识产权,是中国核电创新发展的重大标志性成果。

9.1.1 设计历程

中国核工业集团有限公司自主研发设计的三代先进压水堆"华龙一号",经历了三个主要阶段:自主设计二代改进型压水堆核电机组 CNP1000,研发具有自主知识产权的 CP1000,研发具有自主知识产权的三代核电技术"华龙一号"(ACP1000)。

自 1997 年初开始,在中国核工业集团有限公司的部署下,中国核动力研究设计院(NPIC)启动了 CNP1000 的研发工作,其间经过反复论证,提出了以"177 堆芯"为特征的百万千瓦级三环路压水堆核电设计理念。在长达十余年的艰苦攻关过程中,中国核动力研究设计院完成了与"177 堆芯"相关的各项试验,包括整体水力试验、流量分配试验、流致振动试验、旁流试验等。2009 年 2 月,中国核工业集团有限公司正式以福清 5 号、6 号为示范工程,开展具有自主知识产权的 CP1000 的工程设计,中国核动力研究设计院完成 CP1000 初步设计并向国家核安全局提交初步安全分析报告。2011 年 3 月 11 日本福岛核事故发生后,按中国核工业集团有限公司对核电技术研发的重新布局,中国核动力研究设计院在继承 CNP1000、CP1000 技术基础上,按照更高的设计要求和标准开展自主三代核电"华龙一号"的研发与设计。

"华龙一号"反应堆压力容器设计研发成果已成功应用于国内福清 5 号、6 号机组,并在制造、安装和调试中得到了验证。"华龙一号"首堆福清 5 号机组 RPV 于 2017 年 8 月通过验收,相继随 5 号机组完成冷试和热试,并于 2020 年完成装料及并网发电。

随着"华龙一号"首次实现自主三代核电技术"走出去"目标,"华龙一号" RPV 设计研发成果也成功应用于巴基斯坦卡拉奇 K2/K3 项目。K2/K3 项目 RPV 均已通过验收并交付现场,"华龙一号"海外首堆 K2 机组已完成冷试和热试并正式投入商业运行。"华龙一号"海外项目的建成标志着我国突破封锁,走出国门,核电强国梦变为现实!

9.1.2 主要参数

"华龙一号"反应堆压力容器主要参数如下。

(1) 设计寿命:60 年。

(2) 类型:三环路/每环一进一出。

(3) 安全等级:1 级。

(4) 规范等级:1 级。

(5) 抗震类别:1Ⅰ类。

(6) 质量保证分级:QA1 级。

(7) 运行压力:15.5 MPa(绝对压力)。

(8) 设计压力:17.23 MPa(绝对压力)。

(9) 设计温度:343 ℃。

(10) 水压试验压力:24.6 MPa。

(11) 水压试验温度:$\geqslant T_{R,NDT}+30$ ℃。

(12) 堆芯筒体名义壁厚:220 mm。

(13) 堆焊层材料/名义厚度:308L+309L/7 mm。

(14) 包括管嘴的容器直径(运输时的最大直径):6 800 mm。

(15) 总高度,包括上封头和下封头外表面的间距:约 12 567 mm。

(16) 总重:约 418 t。

9.1.3　结构

RPV 由三部分组成：顶盖组件、容器组件以及紧固密封件。RPV 外形及结构如图 9-1 和图 9-2 所示。

1）容器组件

RPV 容器部分由容器法兰-接管段筒体、堆芯筒体、下封头过渡段和下封头通过全焊透环焊缝连接而成。

容器法兰-接管段筒体为一个整体锻件。容器法兰内侧上加工有 1 个吊篮支承台阶，沿吊篮支承台阶上部内侧对称地开有 4 个精定位键槽。法兰上端设置有密封面，检漏管斜穿过法兰，在密封面外侧均布有 60 个主螺栓螺纹孔。法兰外侧壁上焊有 1 个换料密封支承环。容器法兰-接管段筒体内表面及密封面均堆有奥氏体不锈钢。容器法兰和换料密封支承环上端面，及螺孔局部等在换料期间可能接触换料水的位置均堆焊有奥氏体不锈钢。

图 9-1　"华龙一号"反应堆压力容器外形

在容器法兰-接管段筒体上布置有 3 个进口接管和 3 个出口接管。在 6 个接管的端部焊有安全端。内表面堆焊奥氏体不锈钢。出口接管的内侧为内凸式，以便出口接管和吊篮之间形成连续过渡，起着限制旁流作用。为了将反应堆容器放在反应堆压力容器的支承结构上，6 个接管底部设计有整体式的支承垫。

容器法兰-接管段筒体下面为堆芯段筒体。堆芯段筒体为等厚、无任何局部不连续的圆柱形筒体，其内表面堆焊有奥氏体不锈钢。

RPV 容器部分的下部为下封头过渡段和下封头。在过渡段上焊有 4 个对称布置的径向支承块，以限制堆内构件的周向和径向位移。下封头外表面设有声测装置支座及温度测量支座。

2）顶盖组件

顶盖组件由顶盖法兰和上封头通过全焊透焊缝连接而成。

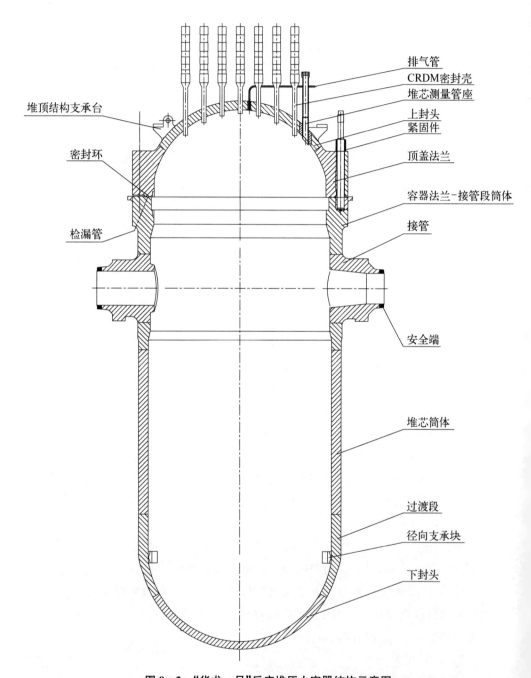

排气管
CRDM密封壳
堆芯测量管座
上封头
紧固件
顶盖法兰
容器法兰-接管段筒体
接管
安全端
堆芯筒体
过渡段
径向支承块
下封头

堆顶结构支承台
密封环
检漏管

图 9-2 "华龙一号"反应堆压力容器结构示意图

在顶盖法兰上加工有 60 个均布的供安装主螺栓的通孔。在法兰的下端面有 2 个放置密封环的沟槽,安装和运行时在沟槽内放置 2 个密封环,并通过固定夹和固定螺钉将密封环固定在顶盖法兰上。在顶盖法兰内表面靠近端面处对称地设置有 4 个定位键槽,与容器法兰内周的 4 个精定位键槽相对应。顶盖法兰密封面是一个带夹角的斜面结构,斜面的起点位于内外密封环之间。

在上封头外表面焊有 12 个堆顶结构支承台。其中:3 个带吊耳;1 个排气管,供排气用;1 个声测装置支座,用于安装振动监测装置。此外,在上封头上还设置有 61 个控制棒驱动机构(CRDM)密封壳和 12 个堆芯测量管座,这些管座通过 J 形焊缝与上封头连接。

3)紧固密封件

紧固密封件包括主螺栓、主螺母、球面垫圈、密封环及其附件等。

紧固密封件将顶盖组件和容器组件连接在一起,构成反应堆压力容器。所有的主螺栓、主螺母和球面垫圈表面均进行磷化处理。主螺栓中心孔装有螺栓伸长测量杆,螺栓头部结构与所用的螺栓拉伸机相匹配,所有的主螺栓都是可互换的并适合所有容器法兰螺纹孔。主螺母与垫圈接触的表面应制作成球形以满足最终的垫圈和法兰的转角要求。每个球面垫圈通过垫圈固定夹与主螺母连接在一起。

密封环采用包银空心金属密封环(C 形环),置于顶盖法兰的 2 个密封沟槽内,保证顶盖法兰和容器法兰之间的密封性。密封环由锁扣装置固定,以便快速拆除和更换密封环。

9.1.4　材料

顶盖组件和筒体组件均由低合金锻件通过低合金钢焊材焊接而成。RPV 主要材料为低合金钢 16MND5。

低合金锻件和焊缝的强度、断裂韧性以及抗辐照脆化满足规范要求。为了确保 60 年寿命内 RPV 材料具有足够的断裂韧性裕度,设计上通过严格控制低合金锻件和焊缝的辐照脆化敏感元素来降低材料的初始无塑性转变温度。

堆芯筒体初始 $T_{R,NDT}$ 的设计值不大于 $-23.3\ ℃$,堆芯区域的焊缝初始 $T_{R,NDT}$ 的设计值不大于 $-28.9\ ℃$,堆芯筒体除外的其他 RPV 锻件初始 $T_{R,NDT}$ 的设计值不大于 $-20\ ℃$。堆芯筒体及堆芯区域焊缝寿期末 $T_{R,NDT}$ 将根据中子注量进行预测。

"华龙一号"RPV 主要部件的材料牌号如表 9-1 所示。

表 9-1 "华龙一号"RPV 主要部件的材料

组　　件	材料牌号
上封头、顶盖法兰、容器法兰-接管段筒体、堆芯筒体、下封头、进出口接管	16MND5
堆顶结构支承台、吊耳	16MND5
堆芯测量仪表管座贯穿件	NC30Fe
堆芯测量仪表管座法兰	Z2CN19-10(控氮)
排气管贯穿件	NC30Fe
排气管安全端	Z2CND17-12
进出口接管安全端	Z2CN18-12(控氮)
检漏管贯穿件	Z2CND17-12
检漏管安全端	Z2CND17-12
径向支承块	NC30Fe
主螺栓	40NCDV7.03
主螺母、球面垫圈	40NCD7.03

9.1.5 主要技术特点

"华龙一号"RPV 先进性与成熟性相统一,具有多项先进的技术特点。

1) 60 年长寿期设计

RPV 是核岛的关键设备,其使用寿命决定核电站的寿命。为使 RPV 达到 60 年设计寿命,主要考虑了如下的设计改进。

(1) 严格控制 RPV 用材料的辐照脆化敏感元素要求,提高材料的性能,降低缺陷产生的可能性和缺陷的尺寸。

(2) 降低 RPV 堆芯段筒体及焊缝的初始 $T_{R, NDT}$,提高材料的韧性储备。

(3) 优化吊篮外表面与筒体内表面间的水隙厚度,以降低 RPV 内表面快中子注量。

(4) 结构上 RPV 堆芯段筒体无环焊缝,使辐照敏感性高的焊缝金属离开活性区,提高 RPV 耐辐照能力。

（5）采用低泄漏燃料管理策略，降低 RPV 内表面快中子注量。

（6）适应 60 年寿期的辐照监督策略。

2）下封头无贯穿件

"华龙一号"在下封头上不设置贯穿件，因此在进出口接管以下的容器部分均无开孔，极大地提高了容器应对堆芯熔化等严重事故时的可靠性。与此同时，堆芯测量探测器从 RPV 顶盖插入堆芯，在顶盖上设置了 12 根堆芯测量管座，如图 9-3 所示。

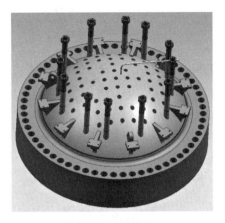

图 9-3　"华龙一号"RPV 顶盖

3）采用一体化堆顶结构

"华龙一号"采用全新的一体化堆顶结构设计，采用设备一体化和功能集成化设计理念，简化了结构，如图 9-4 所示。在一体化堆顶结构安装完成后，顶盖

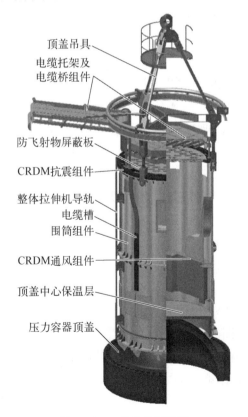

图 9-4　一体化堆顶结构

图 9-5 CRDM 密封壳与顶盖装配图

无须使用吊耳连接顶盖吊具的吊杆,直接通过围筒与堆顶结构支承台的连接来进行顶盖与一体化堆顶结构共同的吊装,减少了反应堆开扣盖时的工作量。

4) 采用一体化密封壳

本项目控制棒驱动机构(CRDM)采用一体化密封壳(见图 9-5),取消了上部 Ω 焊缝和下部 Ω 焊缝,避免了 Ω 焊缝发生泄漏的风险,提高了运行可靠性,并且压力边界满足 60 年设计寿命要求。

9.2 "玲龙一号"

"玲龙一号"是中国核工业集团有限公司自主研发并具有完全自主知识产权的全球首个陆上商用模块化小堆,是继"华龙一号"后的又一项核电创新成果。

9.2.1 设计历程

21 世纪初,中国核电经过几十年的发展,二代加核电建设得如火如荼。福岛事件以后,三代核电 AP1000、EPR1000 和"华龙一号"等大型堆核电站逐渐成为核能行业的主流。但对于电网容量不足的区域和具有高能耗需求的行业,如偏远山区、海水淡化、矿产资源和海洋资源开发及基地供电等,大型核电站则难以发挥其优势。基于此,中国核工业集团有限公司提出了"差异化"发展战略,即开发中小型反应堆,特别是模块式小型堆,以满足多元化核能市场的需求,而中国核动力研究设计院则承担了模块式小型堆的研发设计工作。

2010 年中国核工业集团有限公司模块式小型堆项目正式立项,2012 年完成了标准设计,一体化模块式小型堆研发的主体部分宣布完成。2016 年 4 月,"玲龙一号"成为世界首个通过国际原子能机构通用安全审查的小型模块化堆;2016 年 6 月,获国家能源局组织的"十三五"规划小型智能堆示范工程选型技术评估第一名,入围国家小堆示范工程资格;2016 年 9 月,国际原子能机构出版的《气候变化和核能 2016 版》丛书已将"玲龙一号"列为近期可部署的小型模块堆;2017 年 5 月,国家发改委发文同意海南省和中国核工业集团有限公司在海南昌江建设小型模块堆。目前,"玲龙一号"RPV 设计研发成果已成功应用于国内海南昌江多用途模块式小型堆科技示范工程,并在制造中得到了验证。

9.2.2　主要参数

"玲龙一号"反应堆压力容器主要参数如下。

(1) 设计寿命:60年。

(2) 类型:一体化集成式/4个主泵接管。

(3) 安全等级:1级。

(4) 规范等级:1级。

(5) 抗震类别:Ⅰ类。

(6) 质量保证分级:QA1级。

(7) 运行压力:15.0 MPa(绝对压力)。

(8) 设计压力:17.2 MPa(绝对压力)。

(9) 设计温度:343 ℃。

(10) 水压试验压力:24.6 MPa。

(11) 水压试验温度:$\geqslant T_{\text{R,NDT}}+30$ ℃。

(12) 堆芯筒体名义壁厚:220 mm。

(13) 堆焊层材料/名义厚度:308 L+309 L/7 mm。

(14) 堆芯筒体内径:3 360 mm。

(15) 总高度:约11 316 mm。

(16) 总重:约305 t。

9.2.3　结构

"玲龙一号"RPV由顶盖组件、容器组件及紧固密封件三部分组成,其外形及结构如图9-6和图9-7所示。

1) 容器组件

RPV容器部分由容器法兰、蒸汽腔接管、支承段筒体、主泵接管、堆芯筒体和下封头通过全焊透环焊缝连接而成。

容器法兰上端内侧有水平的密封面,并开有一个安装检漏管的通孔,使检漏管斜穿过法兰。密封面的外侧均布有44个主螺栓螺纹孔。法兰外周加

图9-6　反应堆压力容器外形

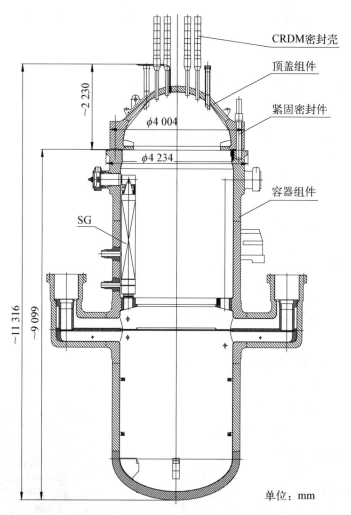

图 9-7 "玲龙一号"反应堆压力容器结构示意图

工有换料密封支承台,用于换料密封环的连接。容器法兰内周沿圆周方向均布 4 个定位键,与堆内构件压紧圆筒上的定位键槽配合。容器法兰下部沿圆周方向均匀开设 16 个水平孔,用于蒸汽发生器的安装和定位。容器法兰内表面及上端面堆焊奥氏体不锈钢。

蒸汽腔接管一端与容器法兰外侧加工的凸台相连接,另一端为法兰结构形式。蒸汽腔接管内壁上设置有两组焊接坡口,两个焊缝之间形成蒸汽腔。接管在蒸汽腔的位置开设有蒸汽出口,用于引出蒸汽。蒸汽出口端部加工有凸台,用于与主蒸汽管道的焊接。

支承段筒体上焊接有支承环,用于蒸汽发生器的安装定位以及吊篮的支承。支承段筒体上焊接有 4 个反应堆压力容器支座。支承段筒体下部设置有4 个主泵接管焊接凸台,与主泵接管采用全焊透焊缝焊接。另外,设置有波动管接管、非能动余排接管、正常余排接管、BPL 接管和 DVI 接管。

堆芯筒体为一个等壁厚的圆柱形筒体,无任何局部不连续。其内表面堆焊耐腐蚀的奥氏体不锈钢。

下封头为椭球形结构,下封头焊接有 4 个径向支承块,对堆内构件进行周向和径向的限位。

主泵接管为 L 形整体结构,隔板将主泵接管水平段分隔成上下两个流道。主泵接管竖直段上端为法兰结构,与主泵采用螺栓连接。冷却剂从主泵中流出,经套管内部和主泵接管下流道进入反应堆压力容器与堆内构件之间的环腔,最终流入堆芯。被蒸汽发生器冷却后的冷却剂通过主泵接管上流道进入主泵接管竖直段开孔与主泵出口套管的环腔进入主泵,构成冷却剂循环。

2) 顶盖组件

顶盖组件由顶盖法兰和上封头通过全焊透焊缝连接而成。

上封头为球冠形结构,其上设置有 CRDM 通孔、堆芯测量管座、排气管管座,一体化 CRDM 密封壳通过 J 形密封焊缝焊在上封头上。在上封头接近外边缘的位置均布有堆顶结构支承台,与堆顶结构之间采用螺栓连接。此外,上封头上设置有 3 个吊耳,用于顶盖的吊装。

顶盖法兰上设置有 44 个主螺栓通孔,用于主螺栓的安装。在顶盖法兰下端面有 2 个放置密封环的沟槽,安装及运行时在沟槽内放置 2 个密封环,并通过固定夹和固定螺钉将密封环固定在顶盖法兰上。

3) 紧固密封件

紧固密封件包括主螺栓、主螺母、球面垫圈、密封环及其附件等。

紧固密封件将顶盖组件和容器组件连接在一起,螺栓数量为 44 根。顶盖法兰与容器法兰之间采用内、外 2 个 C 形密封环密封。

9.2.4　材料

顶盖组件和筒体组件均由低合金锻件通过低合金钢焊材焊接而成。RPV主要材料为低合金钢 16MND5。

低合金锻件和焊缝的强度、断裂韧性以及抗辐照脆化满足规范要求。为了确保 60 年寿命内 RPV 材料具有足够的断裂韧性裕度,设计上通过严格控制低合金锻件和焊缝的辐照脆化敏感元素来降低材料的初始无塑性转变温度。

堆芯筒体初始 $T_{R, NDT}$ 的设计值不大于 $-25\,℃$，堆芯区域的焊缝初始 $T_{R, NDT}$ 的设计值不大于 $-28.9\,℃$。堆芯筒体及堆芯区域焊缝寿期末 $T_{R, NDT}$ 将根据中子注量进行预测。

"玲龙一号"RPV 主要部件的材料牌号如表 9-2 所示。

表 9-2 "玲龙一号"RPV 主要部件的材料

组　　件	材 料 牌 号
上封头、顶盖法兰、容器法兰、蒸汽腔接管、支承段筒体、堆芯筒体、主泵接管、下封头	16MND5
堆顶结构支承台、吊耳、容器支座	16MND5
蒸汽腔接管、堆芯测量管座贯穿件、分流板、径向支承块	NC30Fe
堆芯测量管座法兰	Z2CN19-10(控氮)
排气管安全端、检漏管贯穿件及安全端、辅助接管安全端、主泵出口套筒	Z2CND17-12
主螺栓	40NCDV7.03
主螺母、球面垫圈	40NCD7.03

9.2.5 主要技术特点

(1) 一体化设计。内部焊接了 16 个蒸汽发生器；中部设置了 4 个 L 形主泵接管，用于安装主泵，具体设计如图 9-8 所示。

图 9-8 "玲龙一号"RPV 蒸汽腔接管及主泵接管

（2）中部设置环状分流板，安装堆内密封环，实现堆内流体分流；主泵接管竖直段设置直插式套管，实现泵出、入口流体分离。分流结构如图 9 - 9 所示。

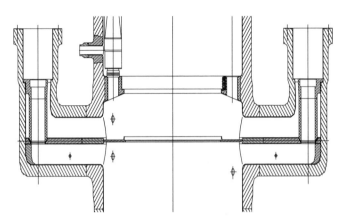

图 9 - 9　"玲龙一号"RPV 分流结构

（3）堆内探测器全部从反应堆压力容器顶部引出，下封头不开孔，提高反应堆安全性。

（4）增设堆腔注水冷却流道，缓解堆芯熔化事故后果。堆腔注水冷却剂流道结构如图 9 - 10 所示。

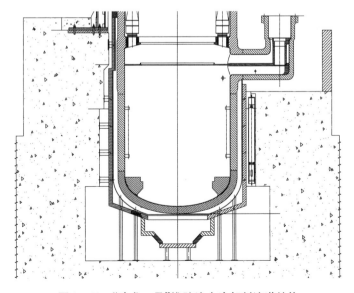

图 9 - 10　"玲龙一号"堆腔注水冷却剂流道结构

（5）顶盖上安装集成式堆顶结构，实现一体化吊装，结构如图 9‑11 所示。

图 9‑11　集成式堆顶结构

9.3　秦山二期/昌江

秦山二期/昌江 RPV 的主要设计参数如下。

（1）设计寿命：40 年。

（2）类型：二环路/每环一进一出。

（3）安全等级：1 级。

（4）规范等级：1 级。

（5）抗震类别：1Ⅰ类。

（6）质量保证分级：QA1 级。

（7）运行压力：15.5 MPa（绝对压力）。

（8）设计压力：17.2 MPa（绝对压力）。

（9）设计温度：343 ℃。

（10）水压试验压力：22.9 MPa（绝对压力）。

（11）水压试验温度：$\geqslant T_{\text{R, NDT}}+30$ ℃。

（12）堆芯筒体名义壁厚：205 mm。

（13）堆焊层材料/名义厚度：308 L＋309 L/7 mm。

（14）总高度：约 12 978 mm。

（15）RPV 总重：约 321 t。

9.3.1　结构

秦山二期/昌江 RPV 由三部分组成：顶盖、反应堆容器、紧固密封件。结构如图 9-12 所示。

1）反应堆容器

反应堆容器分为 4 段（分体式结构为 5 段），自上而下有容器法兰接管段筒体（或容器法兰、接管段筒体）、堆芯筒体、下封头过渡段、下封头。

在容器法兰上，有一个支承吊篮的台肩，法兰端部有平直的密封面，并有一个放置检漏管的开孔，检漏管孔斜穿过法兰。在密封面的外面，均布有 56 个紧固螺栓的螺纹孔。沿法兰外周焊有一个换料密封环，沿法兰内周对称地开有 4 个精定位键槽。其内表面及密封面均堆焊奥氏体不锈钢。

在接管段筒体上布置有 6 个接管（2 个进口接管、2 个出口接管和 2 个安注管）。在 6 个接管的端部焊有安全端，内表面堆焊奥氏体不锈钢。出

图 9-12　秦山二期反应堆压力容器结构示意图

口接管的内侧为内凸式，以便出口接管和吊篮之间形成连续过渡，达到密封作用。进、出口接管上有整体式的反应堆压力容器支承垫，容器上有 2 个辅助支承。4 个接管支承垫和 2 个辅助支承对整个反应堆压力容器进行支承。

接管段筒体下部是堆芯筒体。堆芯筒体与接管段等厚，无任何局部不连续。其内表面堆焊抗腐蚀的奥氏体不锈钢。

反应堆容器的下部分是下封头过渡段和下封头。在过渡段上焊有 4 个对称布置的径向支承块，以限制堆内构件的周向和径向位移。在下封头上装有 38 个中子测量管座，并采用部分焊透的焊缝焊在球形下封头上。

2）顶盖

反应堆压力容器顶盖由上封头和顶盖法兰构成。

在顶盖法兰上均布有 56 个供安装紧固螺栓的通孔。在顶盖法兰的下端面有 2 个放置密封环的沟槽，安装及运行时在沟槽内放置 2 个密封环，并通过固定夹和固定螺钉将密封环固定在顶盖法兰上。在顶盖法兰内表面靠近端面处对称地开有 4 个定位键槽。

在上封头外表面焊有 3 个吊耳、1 个排气管，安装有 1 个通风罩支承。通风罩支承作为控制棒驱动机构冷却通风时的支承和围板。此外，在上封头上还设有 33 个 CRDM 管座、4 个热电偶管座。

3）紧固密封件

紧固密封件包括主螺栓、螺母（主螺母）、球面垫圈、密封环及其附件等。

紧固密封件将反应堆压力容器顶盖、反应堆容器连接在一起，构成反应堆压力容器。密封环置于顶盖法兰的 2 个密封沟槽内，保证顶盖法兰和容器法兰之间的密封性。

9.3.2 材料

顶盖组件和筒体组件均由低合金锻件通过低合金钢焊材焊接而成。RPV 主要材料为低合金钢 16MND5。所有低合金钢承压锻件初始 $T_{R, NDT} \leqslant -20\ ℃$，$E_{US} \geqslant 130\ J$。堆芯区域的低合金钢承压焊缝初始 $T_{R, NDT} \leqslant -20\ ℃$，$E_{US} \geqslant 104\ J$。

秦山二期/昌江 RPV 主要部件的材料牌号如表 9-3 所示。

表 9-3 秦山二期/昌江 RPV 主要部件的材料

组　　　件	材 料 牌 号
上封头、顶盖法兰、容器法兰-接管段筒体、堆芯筒体、下封头、下封头过渡段、进出口接管、安注管	16MND5
吊耳、辅助支承	16MND5
CRDM/热电偶/中子测量管座贯穿件	NC30Fe
CRDM/热电偶/中子测量管座法兰	Z2CN19-10（控氮）
排气管贯穿件	NC30Fe
排气管安全端	Z2CND17-12

组　　件	材　料　牌　号
进、出口接管,安注管安全端	Z2CND18 - 12(控氮)
检漏管贯穿件	Z2CND17 - 12
检漏管安全端	Z2CND17 - 12
径向支承块	NC30Fe
主螺栓	40NCDV7.03
主螺母、球面垫圈	40NCD 7.03
换料密封支承环	20Mn
通风罩支承	16MnR

9.3.3　主要技术特点

秦山二期/昌江反应堆压力容器的主要技术特点如下。

(1) 堆芯筒体与堆内构件吊篮筒体间的水隙大,降低了堆芯区材料承受的中子辐照。

为了降低堆芯段筒体材料受到的中子注量,在设计时,增加了堆芯筒体与堆内构件吊篮筒体间的水隙,使筒体金属最大限度地离开堆芯,因此提高了RPV 抗中子辐照的能力,降低了 RPV 脆性破坏的可能性,从而提高了安全性。此项设计对延长 RPV 的寿命也具有非常积极的作用。

(2) RPV 设计有 2 个容器辅助支承。

由于该机组为二环路系统,进出口接管下只有 4 个容器支承,结构设计上增加了 2 个容器辅助支承,提高了容器的稳定性。

(3) 采用直接安注。

2 个安注接管对称布置在 RPV 上,安注冷却水直接注入 RPV 内,增加了RPV 的受载复杂性,给 RPV 设计增加了难度。然而,经过承压热冲击分析,此设计满足安全性能要求。

(4) 主体材料采用低杂质元素含量的低合金钢。

RPV 主体材料选用的是 16MND5 低合金钢,其具有较高的强度、优良的塑韧性和焊接性能。主要焊缝的焊接材料选用的是与母材相匹配的低合金钢材料。对于这些材料中的杂质元素(如铜、磷、硫、钒、硼等)含量进行了严格控制,进一步提高 RPV 的抗辐照性能和制造过程中的焊接性能。

(5) 螺栓设计采用改进型螺纹。

在进行 RPV 主螺栓设计时,对主螺栓设计采用改进型螺纹,便于螺栓的装拆。

(6) 接管安全端焊缝及预堆边的焊接采用 52/152 镍基合金焊材。

基于 52/152 镍基合金焊接材料的特性,其强度及热膨胀系数介于16MND5 接管和不锈钢安全端之间,设计采用了 52/152 镍基合金焊接材料。

9.4 二代改进型

二代改进型 RPV 的主要设计参数如下。

(1) 设计寿命:40 年。

(2) 类型:三环路/每环一进一出。

(3) 安全等级:1 级。

(4) 规范等级:1 级。

(5) 抗震类别:1Ⅰ类。

(6) 质量保证分级:QA1 级。

(7) 运行压力:15.5 MPa(绝对压力)。

(8) 设计压力:17.23 MPa(绝对压力)。

(9) 设计温度:343 ℃。

(10) 水压试验压力:22.9 MPa(绝对压力)。

(11) 水压试验温度:$\geqslant T_{R,NDT}+30$ ℃。

(12) 堆芯筒体名义壁厚:204 mm。

(13) 堆焊层材料/名义厚度:308 L+309 L/7 mm。

(14) 总高度:约 13 208 mm。

(15) 总重:约 332 t。

9.4.1 结构

RPV 由三部分组成:反应堆容器、顶盖、紧固密封件。其结构如图 9-13

所示。

1) 反应堆容器

反应堆容器分为四段(分体式结构为五段),自上而下有容器法兰-接管段筒体(或容器法兰和接管段筒体)、堆芯筒体、下封头过渡段和下封头。

在容器法兰上,有 1 个支承吊篮的台肩,法兰端部堆焊有密封面,并有 1 个放置检漏管的开孔,检漏管斜穿过法兰。在密封面的外面,均布有 58 个紧固螺栓的螺纹孔。沿法兰外周焊有 1 个换料密封环,沿法兰内周对称地开有 4 个精定位键槽。其内表面及密封面均堆焊奥氏体不锈钢。

在容器法兰-接管段筒体(或接管段筒体)上布置有 3 个进口接管和 3 个出口接管。在 6 个接管的端部焊有安全端。内表面堆焊奥氏体不锈钢。出口接管的内侧为内凸式,以便出口接管和吊篮之间形成连续过渡,起着限制旁流作用。为了将

图 9‑13　二代改进型 RPV 结构示意图

反应堆容器放在反应堆压力容器的支承结构上,6 个接管底部设计有整体式的支承垫。在进、出口接管安全端外表面设置定位块,每个安全端设置 4 个定位块沿外圆周均布。

容器法兰-接管段筒体的下面是等壁厚的堆芯筒体,无任何局部不连续。其内表面堆焊抗腐蚀的奥氏体不锈钢。

反应堆容器的下部分是下封头过渡段和下封头。在过渡段内壁面焊有 4 个对称布置的径向支承块,方位与容器法兰内周的 4 个精定位键槽相同,以限制堆内构件的周向和径向位移。在下封头上装有 50 个中子测量管座,并采用部分焊透的焊缝焊在球形下封头上。

2) 顶盖

RPV 顶盖由顶盖法兰和上封头(或整体封头)构成。

顶盖法兰上均布 58 个供安装紧固螺栓的通孔,在顶盖法兰的下端面有 2 个放置密封环的沟槽,安装及运行时在沟槽内放置 2 个密封环,并通过固定夹和固定螺钉将密封环固定在顶盖法兰上。在顶盖法兰内表面靠近端面处对称地开有 4 个定位键槽,与容器法兰内周的 4 个精定位键槽相对应。

上封头外表面焊有 3 个吊耳、1 个排气管、4 个声测装置支座,安装有 1 个

通风罩支承。通风罩支承的3对吊耳联接块与3个吊耳分别通过一个销相联接,从而固定在顶盖上,作为控制棒驱动机构冷却通风时的围板和支承。通风罩支承筒体内侧和外侧分别焊有角钢用于支承金属保温层。为便于在役检查,在通风罩支承的筒体上有4个通风罩支承观察窗,运行时装有盖板,检查时打开盖板,开启检查窗口。

此外,在上封头上装有61个控制棒驱动机构管座、4个热电偶管座,采用部分焊透的焊缝焊在上封头上。

3) 紧固密封件

紧固密封件包括主螺栓、主螺母、球面垫圈、密封环及其附件等。

紧固密封件将顶盖、反应堆容器连接在一起,构成反应堆压力容器。所有的主螺栓、主螺母和球面垫圈表面均进行磷化处理。主螺栓中心孔装有螺栓伸长测量杆,螺栓头部结构与所用的整体式螺栓拉伸机相匹配,所有的主螺栓都是可互换的并适合所有容器法兰螺纹孔。主螺母与垫圈接触的表面应制作成球形以满足最终的垫圈和法兰的转角要求。每个球面垫圈通过垫圈固定夹与主螺母连接在一起。

密封环采用包银空心金属密封环(C形环),置于顶盖法兰的2个密封沟槽内,保证顶盖法兰和容器法兰之间的密封性。密封环由锁扣装置固定,以便快速拆除和更换密封环。

9.4.2 材料

顶盖组件和筒体组件均由低合金锻件通过低合金钢焊材焊接而成。RPV主要材料为低合金钢16MND5。

所有低合金钢承压锻件初始 $T_{R,NDT} \leqslant -20\,℃$,$E_{US} \geqslant 130\,J$。堆芯区域的低合金钢承压焊缝初始 $T_{R,NDT} \leqslant -20\,℃$,$E_{US} \geqslant 104\,J$。

二代改进型RPV主要部件的材料牌号如表9-4所示。

表9-4 二代改进型RPV主要部件的材料

组　　件	材　料　牌　号
上封头、顶盖法兰(或整体封头)、容器法兰-接管段筒体(或容器法兰、接管段筒体)、堆芯筒体、下封头、下封头过渡段、进出口接管	16MND5

（续表）

组　　件	材 料 牌 号
吊耳	16MND5
CRDM/热电偶/中子测量管座贯穿件	NC30Fe
CRDM/热电偶/中子测量管座法兰	Z2CN19－10(控氮)
排气管贯穿件	NC30Fe
排气管安全端	Z2CND17－12
进出口接管安全端	Z2CND18－12(控氮)
检漏管贯穿件	Z2CND17－12
检漏管安全端	Z2CND17－12
径向支承块	NC30Fe
主螺栓、主螺母、球面垫圈	40NCDV7.03
换料密封支承环	20Mn
通风罩支承	16MnR

9.4.3　主要技术特点

国内二代改进型 RPV,相对于法国 90 MW 的 RPV,有以下主要改进。

（1）RPV 堆芯筒体采用整体锻件。RPV 堆芯筒体设计改进为一个整体锻件,取消了正对堆芯活性区的环焊缝,有利于提高 RPV 堆芯区材料的抗辐照能力,增强 RPV 运行的安全性。同时,该焊缝的取消也缩短了 RPV 的制造时间,降低了焊接缺陷产生的概率,以及减轻了在役检查的工作量。

（2）控制 RPV 材料有害元素含量。严格控制 RPV 材料中辐照敏感元素(如镍、铜、磷、硫等)含量提高材料抗辐照性能。

（3）辐照监督的改进。考虑到 RPV 寿命可能会由 40 年延长至 60 年,因此辐照监督管数量由 6 根增加至 8 根,并制订相应的辐照监督计划对 RPV 全寿期进行监督。

9.5 AP1000

AP1000 是由美国西屋公司在 AP600 的基础上,对其进行了优化所开发的三代非能动百万千瓦级先进压水堆,其主要设计参数如下。

(1) 设计寿命:60 年。

(2) 环路数/形式:二环路/4 进 2 出。

(3) 运行压力:15.52 MPa(绝对压力)。

(4) 设计压力:17.23 MPa(绝对压力)。

(5) 设计温度:343 ℃。

(6) 反应堆冷却剂温度:279.4~322.3 ℃。

(7) 堆芯筒体内径:4 038 mm。

(8) AP1000 规范等级:A。

(9) ANS 设备安全等级:SC-1。

(10) RG 1.29 抗震设计要求:Ⅰ级。

(11) ASME 规范第Ⅲ卷等级:1 级。

(12) RG1.26 NRC 质量等级:等级 A。

(13) 水压试验压力:21.41 MPa。

(14) 水压试验温度:$T_{R,NDT}+33.3$ ℃。

(15) 堆芯筒体壁厚:213.5 mm。

(16) 总高度(整体封头外表面至下封头外表面):约 12 209 mm。

(17) 反应堆压力容器总重:约 352 t。

9.5.1 结构

RPV 由顶盖组件、容器组件和紧固密封件三部分组成,其结构如图 9-14 所示。

1) 容器组件

容器组件分为 4 段,自上而下有容器法兰-接管段筒体、堆芯筒体、下封头过渡段、下封头。

容器法兰-接管段筒体内侧加工有吊篮支承台肩,并沿周向对称地开有 4 个定位键槽;上端面内侧

图 9-14 AP1000 反应堆压力容器结构示意图

为平直密封面,外侧设置有 45 个主螺栓螺纹孔,中间开有 2 个放置检漏管的开孔,检漏管斜穿过法兰;外周焊有 2 个换料密封半环及 2 个导向杆支承块。容器法兰接管段筒体内表面及密封面均堆焊奥氏体不锈钢。

在容器法兰-接管段筒体下部设置有 8 个接管(4 个进口接管、2 个出口接管、2 个安注接管),8 个接管端部均焊有安全端。出口接管内侧为内凸式,以便出口接管与吊篮之间形成连续过渡,起着限制旁流的作用。在 4 个进口接管下部均设有整体支承,用于支承反应堆压力容器。所有接管内部均堆焊奥氏体不锈钢。

堆芯筒体为等厚圆柱形筒体,无任何局部不连续,其内表面堆焊奥氏体不锈钢。

下封头过渡段上部焊有 4 个对称布置的径向支承块,以限制堆内构件的周向和径向位移;下部堆焊 8 个流量分配裙支承,以便连接和支承流量分配裙。

下封头外表面设置有 3 个安装衬垫,用以安装振动监测传感器。

2) 顶盖组件

RPV 顶盖为整体锻造而成,其内表面及密封面均堆焊奥氏体不锈钢。

顶盖法兰上开有 45 个主螺栓安装用的通孔,外侧焊接有 2 个导向杆托架。顶盖法兰下端面设置有 2 个放置密封环的沟槽,安装及运行时在沟槽内设置 2 个密封环,并通过固定夹和固定螺钉将密封环固定在顶盖上。在顶盖法兰内表面靠近下端面处对称地设有 4 个定位键槽。

顶盖外表面焊有 12 个 IHP 支承台,每个支承台上均有开孔,用于和 IHP 的连接。其中,3 个 IHP 支承台上设置吊耳,3 个 IHP 支承台上设有安装振动监测传感器的螺孔及平面。另外,顶盖上设有 8 个堆芯仪表接管及 1 个排气管,并为 69 组 CRDM 密封壳组件设置了开孔。

3) 紧固密封件

紧固密封件包括主螺栓、主螺母、球面垫圈、密封环及其附件。

RPV 顶盖与筒体通过紧固密封件连接。密封环采用金属 O 形环,放置在顶盖法兰上的密封沟槽内,保证顶盖法兰与容器法兰之间的密封性。

9.5.2　材料

顶盖组件和筒体组件均由低合金锻件通过低合金钢焊材焊接而成。RPV 主要材料为低合金钢 SA508 - 3 - 1。

堆芯区低合金钢承压锻件初始 $T_{R,NDT} \leqslant -23.3\ ℃$,非堆芯区低合金钢承压锻件初始 $T_{R,NDT} \leqslant -12.2\ ℃$,$E_{US} \geqslant 102\ J$。堆芯区域的低合金钢承压焊缝初始 $T_{R,NDT} \leqslant -28.9\ ℃$,$E_{US} \geqslant 102\ J$。

AP1000 RPV 主要部件的材料牌号如表 9-5 所示。

表 9-5　AP1000 RPV 主要部件的材料

组　　件	材　料　牌　号
顶盖、容器法兰-接管段筒体、堆芯筒体、下封头、下封头过渡段、进出口接管、安注接管	SA508-3-1
IHP 支承台及吊耳、换料密封支承环	SA508-3-1
堆芯仪表管座法兰	SA182-F304LN
排气管	SB167(N06990)
进出口接管、安注接管安全端	SA182-F316LN
内、外检漏管贯穿件	SA376-TP316LN
检漏管安全端	SB166(N06690)
径向支承块	SB166(N06690)
主螺栓	SA540 Gr. B23Cl. 3
主螺母、球面垫圈	SA540 Gr. B24Cl. 3

9.5.3　主要技术特点

AP1000 反应堆压力容器的主要技术特点如下。

(1) 一体化锻件设计。

顶盖和法兰接管段均采用一体化锻件设计,减少了焊缝和在役检查时间。

(2) 下封头无贯穿件。

堆芯仪表通道设在 RPV 顶部,取消了 RPV 底部所有的贯穿件,这样就消除了 RPV 泄漏导致冷却剂丧失和堆芯裸露的可能性。同时,堆芯在容器内的位置尽量靠下,可以减少事故工况下再淹没堆芯的时间。

（3）低应力腐蚀开裂敏感性焊材的使用。

RPV 顶盖贯穿件焊缝和接管与安全端焊缝均采用 52/152 焊材，相比于 82/182 焊材，抗应力腐蚀性能更佳。

（4）进出口接管错层布置。

进口接管中心标高比出口接管中心高 444.5 mm，这样的布置使在环路半水位运行情况下检修主泵电机时，无须将堆芯从 RPV 中移出。

9.6　VVER - 1000/V428

VVER - 1000/V428 型 RPV 的主要设计参数如下。

（1）设计寿命：40 年。

（2）环路数：四环路。

（3）设计压力：17.6 MPa。

（4）设计温度：350 ℃。

（5）反应堆冷却剂温度：291～321 ℃。

（6）水压试验压力：24.5 MPa。

（7）水压试验温度：>50 ℃。

（8）高度：约 11 185 mm。

（9）法兰最大外径：4 585 mm。

（10）筒体外径：4 535 mm。

（11）壁厚：192.5～285 mm。

（12）堆焊层厚度：8 mm。

（13）总重：约 431 t。

RPV 由容器组件、顶盖组件和主密封组件三部分组成。

1) 容器组件

如图 9 - 15 所示，容器组件是由容器法兰、接管区段上壳段、接管区段下壳段、支承壳段、上部圆筒壳段、下部圆筒壳段和椭圆底封头 7 个部分焊接而成，共有 6 条环焊缝。主体材料为 15Х2НМФА 型合金钢，内表面为防腐不锈钢堆焊层。

容器法兰是整体锻造的。容器法兰端面均布有 54 个 M170×6 的螺栓孔，用于安装主螺栓。法兰端面有 2 个同心 V 形密封槽，用于安放主密封面镍垫圈。通过 54 个主螺栓和镍垫圈实现容器与顶盖之间的密封。在这 2 个密

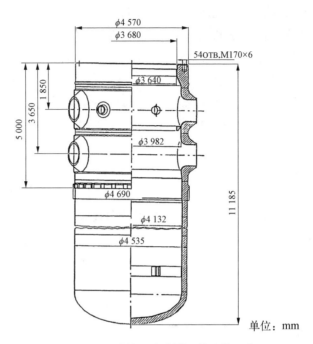

单位：mm

图 9‑15　反应堆压力容器组件结构示意图

封环之间设置了主密封面泄漏监测系统，正常时监测回路的压力为 0，当监测回路压力超过允许压力时，即说明内环有泄漏，会发出报警信号。容器法兰的内表面上部加工有一个凸台，凸台上部还有 12 个键。这些键与堆芯吊篮法兰 12 个键槽配合，堆芯吊篮的上部就放置并固定在容器法兰的凸台上。

接管区段上壳段分别如下：4 个 $\phi 850$ mm 的冷却剂出口接管，与筒体整体冲压成形；2 个 $\phi 300$ mm 的中压安注箱接管，用于在事故工况下（如一回路主管道破口），从堆芯上部向堆芯注入硼酸溶液，以防止堆芯熔化；1 个 $\phi 250$ mm 的仪表接管，在仪表接管的端盖上焊有 16 个套管，这些套管与仪表脉冲管连接，通过这些脉冲管可以测量一回路冷却剂硼浓度、反应堆水位、堆芯上部压力和堆芯压差等参数；2 个套管，用于测量运行时压力容器外表面的温度。在上壳段内表面上焊有隔流环。隔流环与吊篮上的隔流带配合，用于防止一回路冷段和热段冷却剂的混流。另外，反应堆运行时隔流环与隔流带由于热膨胀而相互紧贴，从而可固定堆芯吊篮的中部。

接管区段下壳段分别如下：4 个内径为 850 mm 的冷却剂出口接管，与筒体整体冲压成形;2 个 $\phi300$ mm 中压安注箱接管,用于在事故工况下(如一回路主管道破口),从堆芯下部向堆芯注入硼酸溶液,以防止堆芯熔化。

支承壳段外表面上加工有一个环形凸肩,凸肩上有 30 个键槽。通过键槽的配合,可防止容器绕其轴转动。另外,通过这个凸肩将反应堆容器固定在支承环上,再通过支承环将反应堆放置在反应堆竖井内。支承环是反应堆压力容器的主要承重部件。

上部圆筒壳段与堆芯部位相对应,其内表面是反应堆压力容器最大中子注量区域,因此在上部圆筒壳段内表面布置有 12 个支承座,每 2 个为一组,每组之间均匀布置。支承座用于安放反应堆压力容器用辐照监督管,以监测反应堆压力容器在中子辐照作用下材料特性的变化。

在下部圆筒壳段内表面上焊有 8 个均匀布置的托架,主要用于固定堆芯吊篮的下部,同时防止堆芯吊篮下部的径向移动。

椭球底封头在反应堆压力容器的底端,其内壁堆焊层厚度略大于其他内表面堆焊层厚度。

2) 顶盖组件

顶盖组件(见图 9-16)由椭球上封头、法兰和管座组成,是冲压焊接结构。顶盖内表面和主密封面都有抗腐蚀堆焊层。

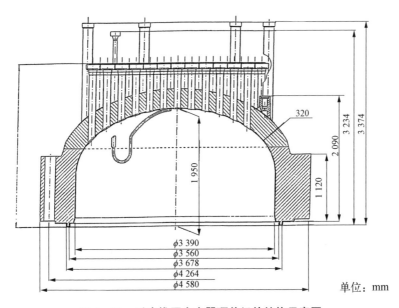

320
3 234
3 374
2 090
1 120
1 950
$\phi3\,390$
$\phi3\,560$
$\phi3\,678$
$\phi4\,264$
$\phi4\,580$
单位:mm

图 9-16　反应堆压力容器顶盖组件结构示意图

法兰上有 54 个 $\phi180$ 光孔,用于安装主螺栓,以及实现上部组件的对中。另外,顶盖法兰有内凹台、外凹台和一个外凸台。内凹台坐落在保护管组件凸肩的弹性管上,外凹台坐落在容器法兰 2 个密封垫圈上,外凸台坐落在保护管组件凸肩上。

在顶盖上有以下管座:121 个控制棒驱动机构管座,18 个中子-温度测量管座,1 个反应堆排气接管,1 个备用接管。除了排气接管和备用排气接管外,所有接管均装备有法兰,法兰密封垫片为膨胀石墨制的 2 个垫片,分为主垫片和后备垫片。

3) 主密封组件

主密封组件由 54 个螺栓、54 个螺帽、54 对球面垫片和 2 根密封垫圈组成。顶盖组件通过 54 个螺栓连接到容器组件上,并由密封垫圈实现密封。密封垫圈的材料为 НП2 镍,螺栓、螺帽和球面垫片的材料为 38ХНЭМФА 钢。

螺栓上有三段螺纹,下段螺纹($M170\times6$)用于将螺栓固定在压力壳法兰上的螺纹孔内,中段螺纹用于转动螺帽,以紧固住顶盖,上段螺纹用于使螺栓与拉伸器相连接。在螺栓中心有通孔,并在其中布置着一根测量杆,用以监控螺栓在密封反应堆时的伸长量。

主密封的严密性是通过挤压 2 个镍密封垫圈来保证的,这些环垫装在容器法兰上的密封槽内。

9.7   30 MW 堆型

电功率为 30 MW 的堆型 RPV 的主要设计参数如下。

(1) 设计寿命:40 年。

(2) 环路数:二环路/每环路一进一出。

(3) 设计压力:17.16 MPa。

(4) 水压试验压力:21.48 MPa。

(5) 工作压力:15.20 MPa。

(6) 设计温度:350 ℃。

(7) 冷却剂进口温度:288.5 ℃。

(8) 冷却剂出口温度:315.5 ℃。

(9) 堆芯筒体内径:3 382 mm。

（10）堆芯筒体壁厚：175 mm。

（11）堆焊层名义厚度：4 mm。

（12）RPV 总高：约 10 705 mm。

（13）RPV 总重：约 215 t。

9.7.1 结构

RPV 由三部分组成：反应堆容器、顶盖、紧固密封件。其结构如图 9-17 所示。

1）反应堆容器

反应堆容器分为三段，自上而下有接管段、筒身和底封头。其内表面及密封面均堆焊奥氏体不锈钢。

在接管段上，有一个支承吊篮的台肩，法兰端部堆焊有密封面，并有两处放置检漏管的开孔，检漏管斜穿过法兰。在密封面的外面，均布有 48 个紧固螺栓的螺纹孔。沿法兰外周焊有一个法兰密封凸台，沿法兰内周对称地开有 4 个定位键槽。

在接管段上布置有 2 个进口接管和 2 个出口接管，接管的端部焊有安全端，内表面堆焊奥氏体不锈钢。出口接管的内侧为内凸式，以便出口接管和吊篮之间形成连续过渡，起着限制旁流作用。为了将反应堆容器放在反应堆压力容器的支承结构上，4 个

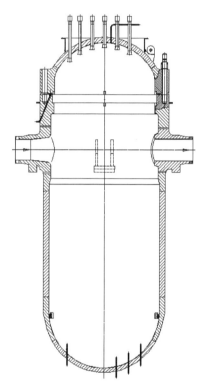

图 9-17 30 MW 堆型 RPV 结构示意图

接管底部设计有整体式的支承垫，另外还设计有 2 个外部支承。

接管段下面是筒身，筒身的上部分正对堆芯的区域为等厚的筒体，无任何局部不连续；下部分带有锥形的缩口段，便于与底封头配合。缩口段内壁面焊有 4 个对称布置的堆芯支承块。

底封头上装有 30 个通量测量管座，并采用部分焊透的焊缝焊在球形底封头上。

2）顶盖

反应堆压力容器顶盖由顶盖法兰和球冠构成。

顶盖法兰上均布 48 个供安装紧固螺栓的通孔,在顶盖法兰的下端面有 2 个放置密封环的沟槽,安装及运行时在沟槽内放置 2 个密封环,并通过固定夹片将密封环固定在顶盖法兰上。在顶盖法兰内表面靠近端面处对称地开有 4 个定位键槽,与容器法兰内周的 4 个精定位键槽相对应。

球冠外表面焊有 3 个吊耳、1 个排气管,安装有 1 个通风罩支承。在球冠上还装有 37 个控制棒驱动机构管座、4 个温度测量管座,采用部分焊透的焊缝焊在球冠上。

3) 紧固密封件

紧固密封件包括主螺栓、螺母、垫圈、密封环及其附件等。

紧固密封件将顶盖、反应堆容器连接在一起,构成反应堆压力容器。主螺栓中心孔装有螺栓伸长测量杆,螺栓头部结构与所用的螺栓拉伸机相匹配。

密封环采用镀银空心金属密封环(O 形环),置于顶盖法兰的 2 个密封沟槽内,保证顶盖法兰和容器法兰之间的密封性。密封环由固定夹片固定,以便快速拆除和更换密封环。

9.7.2 材料

顶盖组件和筒体组件均由低合金锻件通过低合金钢焊材焊接而成。RPV 主要材料为低合金钢 508 - Ⅲ。

堆芯区低合金钢承压锻件初始 $T_{R, NDT} \leqslant -20\ ℃$,其他低合金钢承压锻件初始 $T_{R, NDT} \leqslant -10\ ℃$。堆芯区低合金钢承压焊缝初始 $T_{R, NDT} \leqslant -20\ ℃$,其他低合金钢焊缝初始 $T_{R, NDT} \leqslant -10\ ℃$。

30 MW 堆型 RPV 主要部件的材料牌号如表 9 - 6 所示。

表 9 - 6 30 MW 堆型 RPV 主要部件的材料

组　件	材料牌号
顶盖球冠、底封头、顶盖法兰、接管段、筒身、进出口接管	508 - Ⅲ
吊耳、密封凸台、焊接支座	508 - Ⅲ
驱动机构和测温管座贯穿件	690 合金
驱动机构和测温管座法兰	321

（续表）

组　　件	材 料 牌 号
接管安全端	316
堆芯支承块	690 合金
通量测量管座	690 合金
主螺栓、主螺母、球面垫圈	40CrNiMo
排气管	690 合金＋321
检漏管	321
通风罩支承	16MnR

9.8　CANDU 6

CANDU 堆（加拿大重水铀反应堆）是加拿大原子能公司等研发的压水式重水反应堆,该堆型使用重水作为中子慢化剂,并可直接使用天然铀矿作为燃料,其主要设计参数如下。

(1) 设计寿命：40 年。

(2) 反应堆出口集管压力：9.9 MPa(表压)。

(3) 反应堆出口集管温度：310 ℃。

(4) 反应堆进口集管压力：11.2 MPa(表压)。

(5) 反应堆进口集管温度：260 ℃。

(6) 单通道质量流量：28 kg/s。

(7) 排管容器直径：7 600 mm。

(8) 燃料通道数量：380。

(9) 压力管壁厚：4 mm。

(10) 栅距：286 mm。

CANDU 6 与其他堆型的 RPV 有明显区别,如图 9 - 18 所示,其反应堆装置由低压的卧式圆筒形排管容器和端屏蔽组成,内部装有重水慢化剂和燃料通道组件,整个装置被安放在一个储满轻水的混凝土坑室中。燃料棒束装在

图 9 - 18　CANDU 6 反应堆
　　　　 压力容器

燃料通道之中,而燃料通道从两侧的端屏蔽层穿过。CANDU 6 最显著的特点就是可以实现不停堆换料操作,在换料操作时每个燃料通道可以独立进行,更换其中的燃料棒束。

燃料通道由锆铌(质量分数为 2.5%)合金压力管和外层排管构成,如图 9 - 19 所示,压力管的两端分别以滚胀方式与改良的 403 不锈钢端部组件连接。压力管和排管之间留有环形空间,内充满气体以隔热,阻止热量向低温慢化剂传递。压力管上有一些固定隔环,用以保持压力管和排管之间的环形气隙,使它们不相互接触。每个端部组件有 1 个里衬管、1 个燃料支承塞、1 个通道封盖,用以支承燃料棒,以及 1 个通道密封盖。相邻的燃料通道中冷却剂按相反的方向流动。

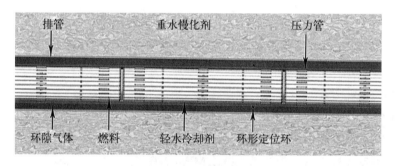

图 9 - 19　燃料通道

9.9　EPR

EPR 型 RPV 的主要设计参数如下。

(1) 设计寿命:60 年。

(2) 类型:四环路/每环一进一出。

(3) 运行压力:15.5 MPa(绝对压力)。

(4) 设计压力:17.6 MPa(绝对压力)。

（5）设计温度：351 ℃。

（6）反应堆冷却剂温度：295.4～328.9 ℃。

（7）水压试验压力：25.1 MPa（绝对压力）。

（8）水压试验温度：$\geqslant T_{R,NDT} + 30$ ℃。

（9）堆芯筒体名义壁厚：250 mm。

（10）堆焊层材料/名义厚度：308 L＋309 L/7.5 mm。

（11）法兰外径：5 755 mm。

（12）总高度：约 13 082.5 mm。

（13）RPV 总重：约 542 t。

9.9.1 结构

RPV 由容器本体、顶盖和紧固密封件三部分组成，其结构如图 9-20 所示。

1）容器本体

容器本体分为上部筒体和下部筒体，内壁均堆焊有不锈钢堆焊层。

上部筒体主要由接管和换料密封环组焊至容器法兰接管段筒体组成。容器法兰内径处有凸缘，用以支承内部构件。法兰面上开有连接顶盖的螺纹孔，在法兰上表面处堆焊有不锈钢，机加工后形成密封面。换料密封环焊接在法兰外表面，与堆坑密封环相连接，用以确保换料时容器法兰和堆坑直接无泄漏。

接管段筒体上共有 8 个进出口接管开孔，分别与反应堆冷却剂系统 4 个环路的管道相连。接管是单独锻件，采用坐入式焊接到筒体上。整个 RPV 依靠 8 个位于接管底部的凸台来实现支承。支承凸台与接管锻件采用一体化结构，支承凸台坐落在 RPV 支承环上。

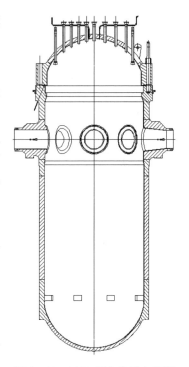

图 9-20 EPR 反应堆压力容器结构示意图

下部筒体主要由两段堆芯筒体、过渡段和下封头组成。过渡段实现堆芯筒体和下封头之间的结构过渡，分别与堆芯筒体和下封头等厚连接。过渡段内表面焊有 8 个径向支承块，其中 4 个径向支承块确保堆芯下部组件的定位。

所有 8 个径向支承块为堆芯提供二次支承,用于吸收吊篮筒体跌落事故时的下跌势能。

2) 顶盖

顶盖组件主要由上封头、顶盖法兰和控制棒驱动机构及堆芯仪表管座等组成。顶盖内表面全部采用不锈钢堆焊。

顶盖法兰是一个带螺栓孔的锻环,法兰下表面有堆焊层,堆焊层上设置有环形槽,用于安装 2 个密封环。上封头是一个半球形锻件,并装焊有 89 个控制棒驱动机构管座、16 个堆芯仪表管座、1 个热电偶管座和 1 个排气管。控制棒驱动机构管座与控制棒驱动机构耐压壳相连,堆芯仪表管座与仪表的耐压壳相连。4 个吊耳等距焊接在顶盖外表面,以便于吊装操作。顶盖法兰和容器法兰对应位置开有凹槽用于装配对中销,实现顶盖和堆内构件的对中和定位。

3) 紧固密封件

52 组螺栓-螺母-垫圈组件保证 RPV 的密封性和完整性。主螺栓下端与容器法兰螺孔旋合,主螺栓上端由螺栓拉伸机拉伸,通过螺母和垫圈将预紧力施加到顶盖法兰面上。容器本体与顶盖的密封是通过安装于顶盖密封面上两道密封沟槽内的 O 形密封环来实现的。

9.9.2　材料

顶盖组件和筒体组件均由低合金锻件通过低合金钢焊材焊接而成。RPV 主要材料为低合金钢 16MND5。

所有低合金钢承压锻件初始 $T_{R, NDT} \leqslant -20\ ℃$,$E_{US} \geqslant 130\ J$。堆芯区域的低合金钢承压焊缝初始 $T_{R, NDT} \leqslant -30\ ℃$,其余低合金钢承压焊缝初始 $T_{R, NDT} \leqslant -20\ ℃$,$E_{US} \geqslant 104\ J$。

EPR 的 RPV 主要部件的材料牌号如表 9-7 所示。

表 9-7　EPR 的 RPV 主要部件的材料

组　　件	材 料 牌 号
上封头、顶盖法兰、容器法兰-接管段筒体、堆芯筒体、下封头、过渡段、进出口接管	16MND5
进出口接管安全端	Z2CND18-12(控氮)

（续表）

组　　　件	材　料　牌　号
CRDM/堆芯测量管座贯穿件	Alloy 690
CRDM/堆芯测量管座法兰	Z2CN19 - 10（控氮）
排气管贯穿件	Alloy 690
排气管	Z2CND17 - 12
检漏管	Z2CND17 - 12
径向支承块	Alloy 690
主螺栓、主螺母、垫圈	40NCDV7. 03
热电偶管贯穿件	Alloy 690
热电偶导管	Z2CND17 - 12 Z2CND18 - 12（控氮）

9.10　APR1400

APR1400 型 RPV 的主要设计参数如下。

（1）设计寿命：60 年。

（2）类型：二环路/每环二进一出。

（3）运行压力：15.82 MPa（绝对压力）。

（4）设计压力：17.58 MPa（绝对压力）。

（5）设计温度：343.3 ℃。

（6）反应堆冷却剂温度：290.6～323.9 ℃。

（7）堆芯筒体名义壁厚：230 mm。

（8）堆芯筒体内径：4 680 mm。

（9）总高度：约 14 630 mm。

APR1400 反应堆结构如图 9-21 所示。反应堆压力容器母材采用低合金钢 ASME SA508、Gr. 3、Cl. 1，反应堆容器和顶盖均由低合金锻件通过低合金钢焊材焊接而成，且内壁堆焊奥氏体不锈钢和镍-铬-铁合金。堆芯区低合金

钢承压锻件初始 $T_{R,NDT} \leqslant -23.3\ ℃$，非堆芯区低合金钢承压锻件初始 $T_{R,NDT} \leqslant -12.2\ ℃$，$E_{US} \geqslant 102\ J$。

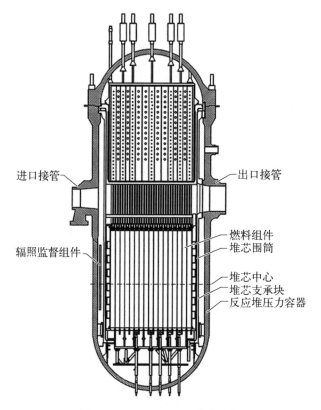

进口接管

出口接管

辐照监督组件

燃料组件
堆芯围筒

堆芯中心
堆芯支承块
反应堆压力容器

图 9‑21 APR1400 反应堆结构

1) 反应堆容器

反应堆容器由上、中、下三段圆柱形筒体和一个底封头组焊而成，堆芯环带区无焊缝以提高抗脆性断裂能力。

上部筒体包含锻造而成的容器法兰，其内侧加工有支承台阶，用以支承堆内构件和堆芯，同时内侧还加工有 4 个定位键槽用于堆内构件对中。容器法兰上还加工有主螺栓孔，以及与顶盖密封面配合的容器密封面。

中部筒体上连有 4 个进口接管、2 个出口接管和 4 个安注接管。反应堆容器就位于进口接管下方的 4 个支承柱。每个进口接管带有支承法兰与支承柱连接，该支承法兰同时起到水平键的作用，即允许压力容器因热膨胀带来的径向位移，而在地震和管道破裂等工况下提供稳定的水平支承。接管安全端材料采用 ASME SA182 - F316LN 或 F316。

下部筒体内侧装有堆芯支承块,用以限制堆芯和堆内构件的水平位移。

底封头为半球形锻件,底封头上有 61 个堆芯测量贯穿件。底封头外侧焊有 4 个外部支承块,与 RPV 支承柱基板上的键槽配合,为底封头提供水平支承,并限制地震和管道破裂等工况下的位移。底封头内侧装有堆芯止挡块,用于吊篮跌落事故时的缓冲。在堆内构件下方,圆筒形的流量分配裙连接到底封头上,流量分配裙上的流水孔让进入堆芯的冷却剂更加均匀。

2) 顶盖

顶盖包括 1 个顶盖法兰,1 个上封头,101 个控制棒驱动机构(CEDM)管座(包含 8 个备用管座)、2 个热电偶(HJTC)管座、1 个排气管座(RCGVS),若干个一体化堆顶(IHA)支承台。顶盖法兰为环形锻件,加工有主螺栓孔和顶盖密封面。上封头是一个半球形锻件。CEDM 管座、HJTC 管座材料均为 NiCrFe Alloy 690(SB - 166)。

3) 紧固密封件

反应堆容器和顶盖通过 54 组螺栓紧固件连接,为提供均匀的预紧载荷,主螺栓根据规定的程序利用液压进行预紧。主螺栓材料采用 SA540 Gr. B24Cl. 3。

两道镍基镀银的 O 形环为反应堆容器和顶盖间提供可靠的密封。O 形环为空心金属环,并带有开孔以适应冷却剂压力,这样的设计形成了自紧式密封,同时在内外环之间设有泄漏监测。

9.11　VVER - 1200/V491

VVER - 1200/V491 型 RPV 的主要设计参数如下。

(1) 设计寿命:60 年。

(2) 设计压力:17.64 MPa。

(3) 设计温度:350 ℃。

(4) 反应堆冷却剂堆芯额定出口压力:16.20 MPa。

(5) 反应堆冷却剂堆芯额定出口温度:328.6 ℃。

(6) 水压试验压力:24.5 MPa。

(7) 安全等级:核电厂正常运行系统安全 1 级(1H)。

(8) 抗震类别:Ⅰ类。

(9) 质保分级：QA1。

VVER－1200/V491 反应堆容器是一个带有椭圆形底封头的圆筒形立式组焊容器，它与顶盖组件和主密封组件共同组成 RPV。

1）反应堆容器

反应堆容器主要组成部件如下：1 个法兰，1 个上部接管壳段，1 个下部接管壳段，1 个支承壳段，1 个堆芯圆柱壳段，1 个底封头，4 个堆芯应急冷却系统（ECCS）管嘴，2 个仪表管嘴。法兰和底封头材料采用 15X2HMΦA；接管壳段材料采用 15X2HMΦA－A；对于支承壳段和堆芯圆筒壳段，采用有害杂质含量低的 1 级 15X2HMΦA 材料。反应堆容器的所有内表面，包括法兰支承面和管嘴表面均覆盖有奥氏体不锈钢堆焊层。

容器法兰为整体锻造。在该法兰的上端加工出 54 个 M170 的用于安装主螺栓的螺孔，以及 2 个用于安放密封环的环形凹槽。在容器法兰的内表面上部加工出一个凸台，用于支承堆芯吊篮。下部加工成一个锥形过渡段，用于与上部接管壳段焊接连接。在容器法兰的内表面上焊有定位键，与吊篮法兰上的键槽相配合。容器法兰外表面上的一段堆焊层用于与堆腔隔板内环的焊接，隔板外环与堆腔覆面相焊接。容器法兰外表面上的凸肩上安装止动环，以保持容器的径向位置。在容器法兰上钻有导流孔，以连接 2 个密封环之间的凹槽和主密封系统。

接管区壳段由上、下部 2 个壳段构成，它们各有 4 个整体成形的 DN850 管嘴及 2 个焊接的 DN350 管嘴。上壳段 DN850 管嘴为出口接管，与反应堆冷却剂系统热段连接。下壳段 DN850 为入口接管，与反应堆冷却剂系统冷段连接。DN350 的管嘴用于连接应急堆芯冷却系统管线。上壳段 2 个 DN350 管嘴设有对堆芯吊篮筒壁的防护罩。

入口和出口冷却剂的隔流环焊在入口和出口管嘴之间的容器内表面上。隔流环将反应堆压力容器和堆芯吊篮之间的环形流道分成上下两部分，下部分为冷却剂入口流道，上部分为出口流道。

上壳段上焊接有 1 个 DN300 仪表管嘴，脉冲管一端通过该管嘴导出反应堆，另一端固定在反应堆内表面上。通过这些脉冲管进行运行状态下的压力容器内液位、反应堆出口冷却剂压力和堆内反应堆冷却剂压差的监测，并进行冷却剂取样。为监测反应堆压力容器在瞬态下的温度变化，在下部接管壳段外表面上设有 2 个温度传感器。

在支承壳段的外表面上加工出一个支承凸肩，并且开有一些键槽，与支承环上的键配合,用于将容器固定在支承环上,并防止容器绕其轴线转动。

堆芯圆柱壳段上部内表面上焊有用于放置压力容器材料辐照监督管的支架。在堆芯圆柱壳段下部的内表面上焊有 8 个均布的支架,与堆芯吊篮下部的键槽配合,防止堆芯吊篮下部的径向移动。

容器的底部是一个带直边的椭球形封头,该封头没有任何贯穿件。

反应堆容器通过支承环和止动环固定在混凝土堆坑内。这种固定不妨碍其部件在膨胀时相对于支承框架的位移,同时排除其在主管道断裂或地震冲击时的位移对其他土建结构影响的可能性。

2) 顶盖组件

顶盖组件由椭球上封头、法兰和管座组成,是冲压焊接结构。顶盖内表面和主密封面都有抗腐蚀堆焊层。上封头和法兰材料为 15X2HMΦA,控制棒驱动机构管座材料为 08X18H10T。

顶盖法兰上有螺栓孔供反应堆主螺栓通过,顶盖法兰的设计应允许反应堆主螺栓拉伸机的安装和操作。在顶盖上有 121 个控制棒驱动机构管座、18 个堆芯仪表管座、1 个排气管座和 1 个备用管座。除了排气管座和备用管座之外,所有管座均为法兰连接。管座法兰上安装有 2 个膨胀石墨制的密封垫片:1 个主垫片和 1 个辅助垫片,顶盖上所有的法兰连接的密封是由膨胀石墨垫片和紧固件来实现的。

3) 主密封组件

反应堆容器与容器顶盖通过 54 个 M170×6 的主螺栓进行连接。容器法兰和顶盖法兰之间通过 2 个密封环进行密封。2 个密封环之间的空间设有导管,与容器泄漏检测系统相连。螺栓紧固件材料主要为 XH35BT 和 10X11H20T3P。

9.12　四代堆

核反应堆的发展历程大致如图 9-22 所示。第一代的标志是 20 世纪 40 年代末、50 年代和 60 年代初的原型反应堆,第二代的标志是 20 世纪 60 年代中期至 20 世纪 90 年代中期的第一批商业轻水反应堆。第三代也是轻水反应堆,但加入了新技术,如更可靠的燃料、非能动冷却系统,以及不易发生故障的反应堆芯。第三代+是第三代设计的额外改进,预计是 21 世纪 30 年代以前的主力建造堆型。第四代反应堆是更加先进和多样化的设计系列,旨在通过采用新的反应堆技术,以及新材料和新的制造技术,使核电站不仅成本更低,而且固有安全性更高。

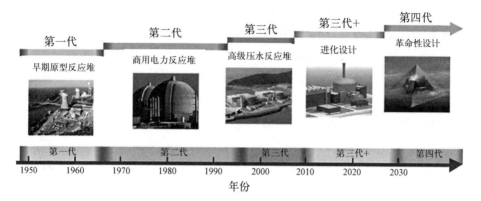

第一代 早期原型反应堆
第二代 商用电力反应堆
第三代 高级压水反应堆
第三代+ 进化设计
第四代 革命性设计

第一代 第二代 第三代 第三代+ 第四代
1950 1960 1970 1980 1990 2000 2010 2020 2030
年份

图 9-22 核反应堆发展历程

第四代反应堆的冷却剂可以是水、气体、液态金属或熔盐,并且根据其中子能谱可以分为热中子堆和快中子堆。目前,国际上从安全性、能量可持续性、经济性、废物处理及防止核扩散等方面筛选了 6 种堆型。

9.12.1 超高温气冷反应堆

超高温气冷反应堆(VHTR)是高温气冷堆的进一步发展,采用石墨慢化、氦气冷却、铀燃料一次性循环方式,其系统如图 9-23 所示。VHTR 的预期出

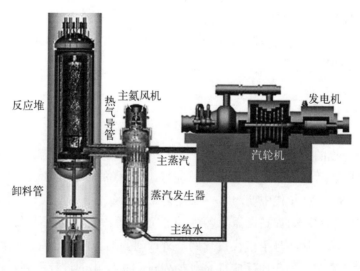

反应堆
热气导管
主氦风机
发电机
汽轮机
主蒸汽
蒸汽发生器
主给水
卸料管

图 9-23 超高温气冷堆系统示意图

口气体温度可达 1 000 ℃,这种热能可用于工业热工艺生产,例如为热化学碘硫循环制氢、石化工业和其他工业提供热能等。VHTR 具有很好的"非能动安全"特性,热效率超过 50%,易于模块化,经济上竞争力强。

VHTR 在设计上保持了高温气冷堆的良好安全特性,同时又是一个高效核能系统。它可以向高温、高耗能和不使用电能的工艺过程提供大量热量,还可以连接发电设备以满足热电联产的需要。该反应堆也可适用于铀/钍燃料循环方式,以便最低限度地产生高放核废料。

9.12.2 超临界水冷反应堆

超临界水冷反应堆(SCWR)系统属于高温、高压水冷反应堆,运行在水的热力学临界点(374 ℃,22.1 MPa)以上,其系统如图 9-24 所示。SCWR 利用超临界水作为冷却剂,既具有液体性质又具有气体性质,热传导效率远远优于普通的"轻水"。所有 SCWR 基本上都是轻水反应堆,工作在高温、高压下的直接一次性燃料循环的反应堆。

超临界水冷却剂可使反应堆热效率大约高出目前轻水堆的三分之一(热能效率可高达 45%)。这是因为冷却剂在堆内不发生相变,而且直接与能量转

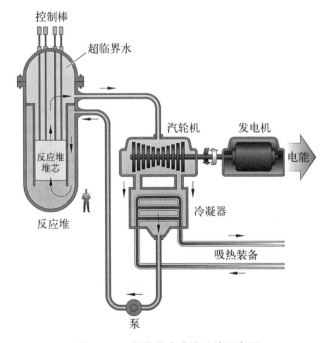

图 9-24 超临界水冷堆系统示意图

换设备连接。SCWR 示范堆的热功率为 1 700 MW，工作压力为 25 MPa，反应堆出口温度为 510 ℃（有可能高达 550 ℃），使用铀的氧化物为燃料。SCWR 具有类似于沸水堆的"非能动安全"特性。

SCWR 建立在两项成熟技术上：轻水反应堆技术，这是世界上建造最多的发电反应堆；超临界燃煤电厂技术，它也在世界各地被大量地使用。由于系统简化和高热效率，在输出功率相同的条件下，超临界水冷堆只有一般反应堆的一半大小，建造成本大幅降低，发电费用有望降低 30%。因此，SCWR 在经济性上有极大的竞争力。目前，有 13 个国家的 32 个组织展开了 SCWR 的研究。

9.12.3　熔盐反应堆

熔盐反应堆（MSR）系统如图 9-25 所示。MSR 的冷却剂为一种熔融盐氟化物。由于熔融盐氟化物在熔融状态下具有很低的蒸汽压力，传热性能好，无辐射，与空气、水都不发生剧烈反应，20 世纪 50 年代人们就开始将熔融盐技术用于商用发电堆。

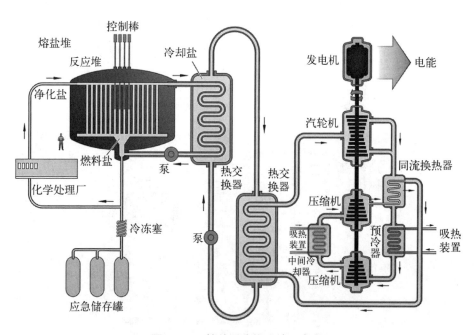

图 9-25　熔盐反应堆系统示意图

在熔盐反应堆中，燃料是钠和锆与铀的氟化物的流动熔盐混合物，堆芯包括无包壳的石墨慢化剂。在大约 700 ℃和低压下，熔盐混合物能形成熔盐流，熔盐型燃料流过石墨堆芯通道时释放超热粒子。熔盐流体内的热能通过一个中间热交换器被转送给二次熔盐冷却剂回路,生成的蒸汽再由三次热交换器转送给发电系统。

参考核电站的电功率为 1 000 MW。堆芯冷却剂的出口温度为 700 ℃(也可高达 800 ℃,以提高热效率)。MSR 可为超热中子反应堆,采用的闭式燃料循环能够获得钚的高燃耗和最少的锕系元素。MSR 的熔盐流燃料中可添加锕系核素(钍)燃料,从而免去必要的燃料加工。锕系元素和大多数裂变产物在液态冷却剂中形成氟化物。由于熔融氟化盐具有很好的传热特性和很低的蒸气压力,因而可以降低对容器和导管系统的压力。

熔盐反应堆燃料循环的特性如下:高放射性废物只包含裂变产物,并且都是短半衰期的放射性;所产生的钚的同位素主要是^{242}Pu;燃料使用量少;由于采用非能动冷却,任何尺寸的 MSR 均十分安全。

9.12.4　气冷快中子堆

气冷快中子堆(GFR)是快中子谱反应堆,采用氦气冷却、封闭式燃料循环,可实现^{238}U 的高效转化和锕系核素的管理,其系统如图 9 - 26 所示。与氦冷热中子谱反应堆一样,GFR 的堆芯出口的氦气温度很高。堆芯出口的氦气

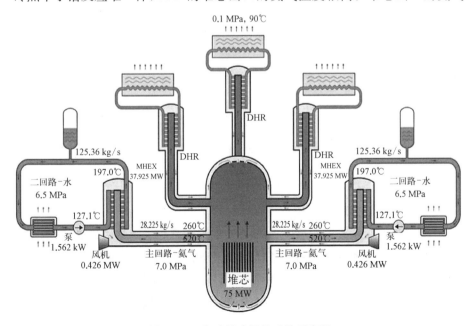

图 9 - 26　氦冷快中子堆系统示意图

温度可达 850 ℃,可采用直接氦气循环的涡轮机发电,也可将其热能用于热化学制氢和供热。

参考堆的电功率为 288 MW,当采用直接布雷顿循环气轮机发电时,具有很高的热转换效率(可达 48%)。主要选择了几种可运行于非常高的温度下,并能极大地保留裂变产物的燃料:复合陶瓷燃料、改进的颗粒燃料或陶瓷外壳包裹的锕系混合物。堆芯的设计可基于棒型或板型燃料组件或棱柱形砖。参考电站的 GFR 系统还包括一个完整的现场乏燃料处理和再加工工厂。

GFR 的两大特点是产生的放射性废物极少,能有效地利用铀资源。通过结合快能谱中子和锕系元素完全再循环技术,GFR 大大减少了长半衰期放射性废物的产生。对比采用一次性燃料循环的热中子气冷反应堆,GFR 中的快能谱中子技术,可更有效地利用可裂变材料及增殖材料(包括贫铀)。但是因为氦气密度小,传热性能不如钠,要把堆芯产生的热量带出来就必须提高氦气压力、增加冷却剂流量,这带来了一些技术难题。另外,氦气冷却快堆热容量小,一旦发生失气事故,堆芯温度上升较快,需要可靠的备用冷却系统。

9.12.5 钠冷快中子反应堆

钠冷快中子反应堆(SFR)是采用液态钠为冷却剂,铀和钚的金属合金为燃料的快中子谱反应堆,其系统如图 9-27 所示。燃料置于不锈钢包壳内,燃料包壳间的空间充满液态钠。采用封闭式燃料循环方式,能有效地管理锕系元素并转换^{238}U。这种燃料循环可实现锕系完全循环利用,可用的堆型有两种:一种为中等功率(150~500 MW)的钠冷堆,使用铀-钚-少量锕系-锆合金燃料,采用与反应堆集成为一体的基于高温冶炼工艺的燃料循环方式;另一种是中等到大功率(500~1 500 MW)的钠冷堆,使用铀、钚混合型 MOX 燃料,采用位于堆芯中心位置的基于先进湿法工艺的燃料循环方式。两者的出口温度大约都为 550 ℃。

钠在 98 ℃时熔化、883 ℃时沸腾,具有高于大多数金属的比热容和良好的导热性能,而且价格较低,适合用作反应堆的冷却剂。但是,金属钠还具有另外一些特性:钠与水接触发生放热反应;液态金属钠的强腐蚀容易造成泄漏;钠在中子照射下生成放射性同位素;钠暴露在大气中,在一定温度下与大气中水分作用会引起着火。钠的这些特性给钠冷快堆设计带来许多困难。因此,钠冷快堆设计要比压水堆设计复杂得多,特别是反应堆结构设计及选材方面难度较高。

SFR 的设计目的是管理高放废物,特别是钚和其他锕系元素。这个系统

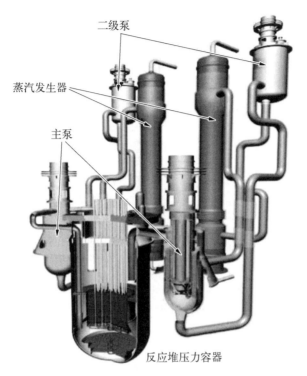

二级泵

蒸汽发生器

主泵

反应堆压力容器

图 9-27　钠冷快中子堆系统示意图

重要的安全特性如下：长热力响应时间,冷却剂沸腾时仍有大的裕量空间,主系统运行在大气压力附近,主系统中的放射性钠与发电回路的水和蒸汽之间有中间钠回路系统等。与采用一次燃料循环的热中子谱反应堆相比,SFR 中的快中子谱使得更有效地利用可裂变材料和增殖材料(包括贫铀)成为可能。

由于具有燃料资源利用率高和热效率高等优点,SFR 从核能和平利用发展的早期开始就一直受到各国的重视。在技术上,SFR 是 6 种概念中研发进展最快的一种。美国、俄国、英国、法国和日本等核能技术发达国家在过去的几十年都先后建成并运行过实验快堆,通过大量的运行实验已基本掌握快堆的关键技术和物理热工运行特征。

9.12.6　铅冷快中子反应堆

铅冷快中子反应堆(LFR)是采用铅或铅/铋低熔点液态金属作为冷却剂的快中子堆,其系统如图 9-28 所示。燃料循环为封闭式,可实现 ^{238}U 的有效转换和锕系元素的有效管理。通过设置中心或区域式燃料循环设备,LFR 能

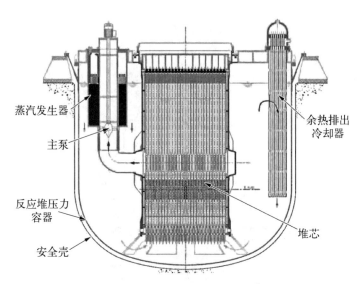

图 9-28　铅冷快中子堆系统示意图

实现锕系燃料的完全再利用。

LFR 的燃料采用包含^{238}U 或超铀核素的金属体或氮化物。LFR 采用自然对流方式冷却,反应堆出口冷却剂温度为 550 ℃,采用先进材料则可达 800 ℃。

电功率为 50~150 MW 级的 LFR 小容量"交钥匙"机组,可建造在工厂内,以闭式燃料循环运行,采用长换料周期(15~20 年)的盒式堆芯或可更换的反应堆模块。其具有供给小电网市场电力需求的特性,也适用于那些不准备在本土建立燃料循环体系来支持其核能系统的发展中国家。这种核能系统可作为小型分布式发电,也可用于生产其他资源,如氢和饮用水等。

铅在常压下的沸点很高,热传导能力较强,化学活性基本为惰性,中子吸收和慢化截面都很小。LFR 除具有燃料资源利用率高和热效率高等优点外,还具有很好的固有安全和非能动安全特性。因此,LFR 在未来核能系统的发展中具有较广阔的开发前景。

以上 6 个系统中,有 2 个冷却剂为气体的高温反应堆、2 个液态金属(钠和铅合金)作为冷却剂的反应堆、1 个超临界压水堆和 1 个熔盐反应堆。其中,3 个是快中子型,5 个可循环利用原子裂变产生的锕系元素并在"封闭"回路内同时进行废料处理。第四代核能系统技术具有覆盖范围广阔、多堆型、可持续运行、更安全可靠、更廉价、更能防止核扩散的特点,给世界各国提供了更多的选择,以满足不同环境和生产条件的需要。

第 10 章

先进设计与制造技术的应用和挑战

RPV 因其关键性和重要性,设计和制造均要求采用成熟的经过验证的技术。随着工业水平提升和新材料、新技术的研发,尤其是近些年数字化技术的飞速发展,越来越多的先进设计与制造技术逐渐在常规制造领域崭露头角并展现出极大的发展潜力。我们对这些先进技术应该秉持兼容并蓄的态度,积极地引入并慎重地验证。

10.1 数字化 RPV 设计技术

随着核反应堆系统的不断发展,其系统复杂度、集成度、系统性创新、安全性、可靠性等要求不断提升。但是,目前国内的设计研发流程、模式与方法,依旧较为传统,主要为基于文本的系统管理模式、相对独立的研发设计流程、偏保守的设计方法,难以满足核反应堆系统未来的发展需求。数字化反应堆是依托于高性能的软硬件技术条件,结合核反应堆特点及行业标准规范,从设备、材料、分析、验证、制造等多维度,集成耦合高精度计算分析能力、智能化研发设计手段、高仿真可视化输出、数据收集、管理与处理等,且具备基于模型的系统工程(MBSE)方法以搭建系统模型的综合平台。数字化反应堆可实现对核反应堆系统设计、验证、制造、运行、退役等全流程的数字化仿真模拟及系统模型搭建,以全面提升核反应堆系统的综合性能。

RPV 作为核反应堆系统的最重要的主设备之一,其数字化必须依托于核反应堆系统的数字化,同时数字化 RPV 也是数字化核反应堆系统的重要组成。数字化核反应堆的设计构建主要包括基础平台体系架构、基于模型的系统工程(MBSE)设计、数据收集、管理与处理等,数字化 RPV 设计一方面要基于数字化核反应堆设计构建,另一方面也可同步进行 RPV 子系统的框架逻辑分析与需求思考以反馈于上层设计,同时也能对其他设备或子系统提供参考借鉴。

10.1.1 基础平台体系架构

目前,国内数字化核反应堆的首要任务为构建基础平台体系架构。数字化 RPV 设计作为该平台的主要应用对象,应从以下几个方面进行考虑。

1) 数字化 RPV 设计需求分析

RPV 的设计主要包括材料、结构、强度、结构完整性、制造、安装、调试、运行与维护、老化与健康管理等方面。要实现数字化 RPV 设计需对上述各个方面进行 RPV 全流程设计分析软硬件的需求分析。主要包括 RPV 常用材料数据库、材料类计算软件、CAD 与 CAE 工具、强度及结构完整性计算模型、制造类分析仿真工具(如 deform、sysweld 等)、虚拟/增强现实(VR/AR)、状态评价及寿命预测等各类型软件。同时,根据 RPV 的设计特点,分析 RPV 设计过程中所需的软硬件、算力、存储等条件。对基础平台体系架构提出反馈与要求。

2) 可编程接口需求

在 RPV 设计过程中所需各类型软件由基于基础平台体系的服务层所提供,各个专业之间,如热工水力、物理、主设备之间所用的工具类软件不尽相同,对于基础平台体系服务层提供的数据服务、应用服务、资源监控与管理等需求也不尽相同。数字化 RPV 设计应根据自身需求对平台提出相应的可编程接口需求,使平台对 RPV 设计提供相应支持。

3) 其他要求

目前,在 RPV 设计中,设计人员除需要上述各类设计软件工具外,还需参考查阅大量标准规范、法规、行业发展、材料研发信息等。平台应考虑设计知识管理系统,同时为适应 RPV 及其他专业的未来发展,应充分考虑知识管理系统的灵活性及可拓展性。设计人员在 RPV 设计过程中会产生大量的过程数据、文件、资料等,如果存储较为分散,则由于人员变动、误操作、时间间隔过久等原因,容易导致数据文件大量丢失,从系统角度来看不利于数据的统计和整理。在平台上搭建数据收集整理模块,制订过程数据收集整理的一致性要求,提供一定的开放性、可定制性。同时,向设计人员提供便捷简单的数据统计、处理功能等,将有效提升设计效率。

10.1.2　基于模型的系统工程(MBSE)

在现阶段核反应堆系统工程中,设计人员以自然语言的文本文档等构建系统模型,其产物也为基于自然语言文本文档为主的相关资料,此系统工程称为基于文本的系统工程(TSE)。随着近年来项目的不断增多,以及核反应堆系统的复杂度、创新性、规模等的不断提高,采用现有 TSE 的局限性与劣势便逐渐显现出来。主要有以下几个问题。

(1) 由于自然语言的局限性,容易造成各方设计人员对文档术语等理解的不一致性。

(2) 系统复杂度增加后,TSE 难以保证产品数据参数等一致性及关联性。尤其是在进行设计变更后,由于文档数量巨大,其关联关系又错综复杂,要确保所有需要更改的内容都正确完整、一致地进行更改,将十分困难。

(3) 核反应堆系统目前仿真分析及建模都是单专业、单学科甚至单设备地进行,集成性较低。而核反应堆整体性及安全性要求越来越高,这就造成了仿真模拟计算的结果具有一定的局限性与保守性,使得核反应堆系统的保守性较高。再叠加核反应堆系统投入大、建设周期长,大幅降低了其经济性,限制了核行业的发展。

(4) 在 TSE 模式下,难以挖掘数字化核反应堆在设计效率、功能优化、高耦合仿真验证的全部潜力。

为解决上述问题,国际系统工程学会提出在原有系统工程模式的基础上推广采用 MBSE,以建模的方法来描述系统的全生命周期中需求、设计、分析、验证和确认等活动,这也是未来系统工程的发展方向。MBSE 已在国外航空企业如空客公司、RR 公司取得了成功应用,国内航空航天领域也实现了大范围的推广应用。目前,国内核领域的 MBSE 相关研究应用处于起步阶段。对于数字化核反应堆系统设计采用标准系统建模语言(如 SysML),使用标准建模工具,借鉴工程实践经验构建需求模型、功能模型、架构模型,从而系统性地驱动数字化核反应堆系统设计。数字化 RPV 设计为数字化核反应堆的子系统,其 MBSE 模型也是数字化核反应堆的子模型之一。RPV 模型的架构应基于核反应堆系统模型的架构,采用一致的架构思路、一致的建模工具、一致的建模语言。根据 RPV 的特点,构建需求模型、功能模型、架构模型,同时采用基于模型的定义(MBD)技术,以三维模型为核心,完整定义数字化模型包括设计、制造、运行等信息。RPV 设计在 MBSE 模型的驱动下,耦合多种设计工具,以三维模型为核心,自顶向下地开展 RPV 的设计工作。利用多种设计工具,不断对 RPV 三维模型进行计算、分析、仿真、验证;之后,进一步打破 RPV 设计、制造、运行之间的壁垒,进行 RPV 锻造、机加工、焊接、受力、辐照、老化等模拟计算,实现数字化 RPV 三维模型的全流程定义,全面反映 RPV 各个阶段信息。RPV 的 MBSE 模型与核反应堆系统其他设备的模型具备相当的通用性,可为其他设备提供参考和借鉴。

10.1.3 数据收集、管理与处理

在 RPV 设计、制造过程中,将产生大量的研发、设计、制造数据。RPV 设计寿命较长,在运行过程中也将产生大量的、极具价值的服役数据。目前的模式下,部分存档数据(如完工报告、施工设计文件等)以纸质或电子文档的方式进行妥善保存,但大量过程文件、分析报告、运行数据、制造过程数据等以分散整理保存,数据之间相对孤立、分散,数据容易丢失。开发建立数据管理系统,完整收集 RPV 数据,从材料、结构、制造、仿真计算结果等多维度对数据进行收集和整理,具有实际意义。对于收集的大量数据,数据价值密度有高有低、归纳总结难度有难有易,设计人员的需求、呈现要求也不尽一致,因此应根据数据的特点及使用需求,基于基础平台体系的架构,搭建数据管理模块。数字化核反应堆及 RPV 数据规模巨大,对数据处理与解析也提出了很高的要求,需要通过分析算法和系统来完成。将各类数据分系统、分阶段,分别作为一个个子数据集合,通过分析算法和系统对各个子系统进行计算分析,深入挖掘其潜在价值。为使数据的分析结果能更好地实现行业应用,需要对数据进行解读,通过知识挖掘及数据可视化技术对数据进行更深层次的剖析和多维度展示。

核反应堆系统设计向数字化发展是不可逆的趋势,相比于其他行业,如航空、航天、汽车等,核行业因行业特点偏于保守传统,其数字化进展较为缓慢。但也正因如此,数字化核反应堆系统具有后发优势,在顶层设计构建时采用最新的系统性思维与数据收集、处理、分析技术。数字化 RPV 设计基于数字化反应堆系统的搭建,从设计需求分析、MBSE、数据收集、管理与处理等方面进行思考与反馈,以改变目前较为落后的设计思维、模式及理念,充分挖掘发挥数字化反应堆的潜力,全面提升 RPV 设计效率、安全性、可靠性、经济性、创新性。

10.2　增材制造技术

增材制造,又称为 3D 打印,是基于离散-堆积原理,由三维数据驱动,采用材料逐层累加的方法制造实体零件的快速成形技术,被誉为将是引领第四次工业革命的核心技术,具有极佳的发展前景和重大的战略意义。美国、德国等高度重视增材制造技术发展,我国也将增材制造列为重点发展领域。增材制造已在航空、航天、汽车、能源等领域得到广泛推广,预计将从设计、制造、运维等方面对核领域产生全面的颠覆性影响。

美国在《先进制造国家战略计划》及《国家制造业创新网络计划》等战略规划中将增材制造列为未来美国最关键的制造技术之一,并将其列为中美贸易战出口限制清单的 14 项关键技术之一。2015 年底,美国增材制造创新研究院发布《增材制造路线图》,推动增材制造技术发展。自 2012 年以来,美国能源部通过"先进制造方法"项目持续为增材制造在核能领域的研发投入科研经费,助力核领域先进制造技术的突破。美国橡树岭国家实验室"转型挑战反应堆(TCR)示范计划"的最终目标是用更少的部件,集成传感器和控制装置,制造出一个先进的、全尺寸的增材制造反应堆,其基于增材制造的创新型反应堆设计,将可能开启核能研发的新时代。

我国对增材制造技术的发展也非常重视。在 2015 年发布的《中国制造 2025》规划中,已明确将增材制造列为重点发展领域。工信部 2019 年发布工业强基工程"一条龙"应用计划,将核电列为"3D 打印应用计划"的七大领域之一,核电领域增材制造发展得到了国家的重点关注。中国核动力研究设计院于 2020 年 1 月 15 日被正式确认为"3D 打印一条龙"核电领域的应用示范(龙头)单位,不仅承担着开发新产品、推进应用的职责,还有着牵头开展其他环节相关研发和技术工作的义务。

10.2.1　增材制造技术在核电设备上的应用优势及现状

目前,我国核电 RPV 在向大型化、集成化、高安全性、高可靠性、长服役寿命及高经济性方向发展,用于核电 RPV 制造的关键金属构件也日益大型化、复杂化。一方面,大钢锭的内部存在宏观偏析、中心疏松和晶粒粗大等问题,这些缺陷破坏了材料的连续性和均匀性,可能对锻件的使役安全造成影响;另一方面,大型锻件需要采用比其自身质量更大、体积更大的铸坯通过热成形的方式来制造,一般锻件的成材率不足 50%,材料利用率较低。

增材制造技术相对于传统制造方法在 RPV 等核电主设备上的优势主要体现在以下几个方面。

(1) 实现大型主设备的直接制造。与传统锻造技术相比,增材制造成形部件无须大型锻造工业装备。增材制造成形方式属于逐层累加,所受零部件的尺寸及复杂程度的限制影响大大降低。

(2) 增材制造的 RPV 等大型主设备具有优异的力学性能。工艺快速凝固的特性可以实现宏观结构与微观组织的同步制造,使合金发生细晶强化作用,并改善材料成分的微观偏析,进一步提升核电装备的可靠性与安全性。

(3) 生产周期短,制造工艺符合"碳达峰,碳中和"发展方向。增材制造可以快速实现 RPV 等主设备的近净成形,实现"多件合一",大大减少加工工序,且后续加工量小,能有效提升核电装备的经济性。

(4) 增材制造快速制造原型和模具的特点为设计快速迭代提供了极佳的便利条件。通过增材制造实现原型、试验样件、模具、工具等的快速制造,可显著缩短研发周期,降低研发成本,实现设计、试验的快速迭代和优化,提高设备开发能力。

图 10-1 电弧增材制造压力容器

综上所述,研究核电设备增材制造技术及其性能评价方法对于提高核电机机组制造水平具有重要意义。前期中国核动力研究设计院与相关增材制造研究单位开展合作,进行了大型设备构件增材制造研究。2015 年 10 月,中国核动力研究设计院与南方增材科技有限公司联合开展了小堆 RPV 增材制造项目研究,采用了电熔增材方法制备成形,RPV 顶盖试件如图 10-1 所示。2016 年 12 月 3 日,举办了科研成果鉴定会,对试样进行了技术鉴定,经技术鉴定,增材制造试件的产品性能可达到甚至部分优于锻件产品。

2020 年 7 月,中国核动力研究设计院与航天八院完成了整体式堆芯围筒结构的激光增材制造,如图 10 - 2 所示。材料选用 Z2CN19 - 10(控氮)奥氏体不锈钢,采用激光近净成形工艺,该结构外径达到 3 630 mm,是目前国内外已知最大尺寸的激光增材制造不锈钢结构件之一。该产品经过一系列无损检测、破坏性试验,其综合性能与锻件相当。

图 10 - 2　激光近净成形堆内构件

10.2.2　增材制造技术在核电设备上的应用趋势及挑战

增材制造技术由于不再受到传统制造方式的限制,近乎完全释放了设计自由度,可以基于完全不同的设计理念研发 RPV,也可以改变、替代现有的生产制造工艺。

作为近乎颠覆生产制造过程的创新性技术,预期增材制造技术与 RPV 设备深度融合后,将展现出设计革新化、材料定制化、制造敏捷化、全面数字化、发展产业化的"五化"发展趋势。

1) 设计革新化

增材制造技术与传统制造技术不同,受材料形式与成形工艺的束缚大幅度减小,传统的设计理念不能完全发挥增材制造技术的设计自由度优势。设计的革新意味着从 RPV 需求出发,基于增材制造技术特征,改变传统设备设计理念,全面升维至基于增材制造思维的设计技术(DfAM),主要包括创成式设计技术、复杂结构设计技术、功能梯度材料设计技术、虚拟 3D 打印技术等,实现从"制造约束设计"向"功能引领设计"的转变,充分利用增材制造为设计带来的自由度,研发全新的 RPV 设备,实现多件合一和结构功能一体化,使设备在体积、性能、经济性等方面实现显著提升。

2) 材料定制化

在传统制造中,材料通过熔炼、铸锭、锻造、热处理流程制造,材料性能与每个制造阶段均有较大关系。受铸锭、锻造、热处理等过程物理机理限制,材料均匀性的控制难度非常大,且难以进一步实现性能提升。增材制造的材料性能形成则是一种全新的模式,即使能量源小范围集中供给到指定区域,通过微区冶金形成材料性能,可以通过对打印材料、装备、工艺的定量调整优化,便利地实现对材料性能的控制。

增材制造 RPV 性能具有由"原材料-生产设备-工艺"组合决定的特征,针对 RPV 常用材料及典型的增材制造方法,根据核能领域的特殊应用要求,系统性地开展材料、装备及工艺的集中定制研发。定制研发完成后,核能领域基于增材制造研发的其他设备,可直接使用 RPV 材料定制研发的成果(包括原材料、设备、工艺),大幅缩减新设备研发应用周期及工作量。

3)制造敏捷化

增材制造供应链短小易控、制造速度快、制造工艺完全数字化、基本摆脱对人员技术的依赖、材料利用率高、制造价格低,可以获得相比于传统制造技术更高效、更快速的收益。

此外,增材制造的数字化智能制造属性,依托增材制造智能系统的研究应用,必然带来核能增材制造产业链分布式敏捷柔性制造的全新变化。一方面,可能解决传统制造产业的大量积弊,带来 RPV 制造产业的颠覆性变革;另一方面,可能支撑起全新的战略应用场景,使 RPV 的敏捷研发供给成为可能。

4)全面数字化

数字化转型是核工业发展的必由之路,核能领域也正在开展数字核能、智慧核工业相关领域技术的研究与设备的开发。

依托增材制造全数字化的特点,在实现 RPV 数字化交付(设备设计本身以及增材制造工艺)的基础上,结合大数据、数字孪生、区块链等新技术,打造增材制造数字化平台,实现设备从设计、仿真、工艺分析、打印制造、过程智能检测与控制、优化反馈、设备检验到使用维护的全生命周期数字化管理和闭环反馈,加速设备迭代优化。

5)发展产业化

增材制造技术在核能领域尚处于探索阶段,核能行业各科研、设计、生产、运维单位尚未形成统一的增材制造产业链,产业化还处于初级阶段。增材制造技术可以显著提升 RPV 在设计、研发、供货等方面的核心竞争力,在发展增材制造技术时,以产业化发展为目标,形成批量化、全产业链化生产优势,规模化发展将创造更为显著的经济效益。

但是由于增材制造属于创新技术,目前仅有的标准(包括国际、国内标准)主要是术语、数据格式、原材料检验项目等,仅能实现"规范使用相同语言"的目的,对于制品性能相关的设计标准、检验标准、验收标准均是空白,无法通过标准约束制品质量。这成为限制增材制造技术在 RPV 等设备产业化应用的瓶颈。尤其是核行业涉核的特殊性，对设备性能有很多特殊要求，设备应用需要相关监管部门的批准，标准缺失成为制约增材制造设备在核领域应用的一大因素。

在标准缺失的情况，美国等拟通过鉴定/认证的方法推进增材制造产品的应用。美国国家增材制造创新机构 America Makes 在其技术路线图中强调"Develop Qualification and Certification Methods"，即通过鉴定/认证的方法，推进创新制品的应用。

在国内，自 2022 年至今，中国核动力研究设计院参研增材制造国标多项；2022 年 12 月，正式提交首个中国核工业集团有限公司反应堆压力容器材料类增材制造标准报批稿。

10.3　先进无损检测技术

RPV 作为压水堆唯一不可更换的核一级主设备。在役期间在高压力、高温、辐照等环境下使用，其运行环境十分严苛。同时，作为核一级主设备，RPV 的安全性要求极高。为保证 RPV 制造质量和运行期间的安全性，对 RPV 的无损检测提出了很高的要求。

如前所述，目前 RPV 中主要采用传统的无损检测方法，如目视检测（VT）、超声检测（UT）、射线检测（RT）、渗透检测（PT）、磁粉检测（MT）及涡流检测（ET）等。传统超声检测存在着检测效率较低、精度不高、信噪比低等缺点，射线检测存在放射性、检测结果存储手段落后，曾经出现过胶片遗失或损坏的情况，给 RPV 的安全性带来了一定的隐患，且存储的成本较高。目前，RPV 无损检验技术，如超声检测、射线检测，有很大的提升空间。

另外，由于 RPV 工厂制造阶段和役前及在役检查阶段的现场条件差别较大，往往两个阶段开展的无损检测存在差异，导致制造阶段的部分检测结果在役前及在役检查阶段无法对应。比如"华龙一号"核电机组 RPV 制造阶段依据的规范为 RCC‐M 2007，役前及在役检查阶段所依据的规范为 RSE‐M 2010 年版本，对 RPV 筒体低合金主焊缝和顶盖环焊缝而言，在制造阶段对焊缝进行了射线、超声及磁粉检测，而在役前检查和在役检查阶段因现场条件所限，仅采用超声检测。具体差异如表 10‐1 所示。这也对更先进的无损检测技术提出了要求，以便尽量保证各阶段均能实施一致的检测。

表 10-1　RPV 部分焊缝制造阶段与役前和在役阶段无损检测要求差异对照

检验区域	役前及在役阶段 检查技术要求	制造阶段 技术要求	有无差异
筒体低合金主焊缝（堆芯筒体上下环焊缝、过渡段与下封头环焊缝、接管与接管段焊缝）	UT	RT	有
		UT	无
		MT	有
顶盖环焊缝	UT	RT	有
		UT	无
		MT	有

随着电子控制系统和模拟仿真计算技术的进步，超声波衍射时差法（time of flight diffraction，TOFD）和超声相控阵技术在工业领域的应用也得到了极大的发展。

TOFD 法是通过超声波与缺陷尖端产生的衍射波信号以检测缺陷，同时依据波的传播时差以定量缺陷，最后通过信号的图像化处理以显示缺陷的超声检测技术。TOFD 检测系统由两个探头组成，分别放置在待检区域两侧，一个作为发射端，另一个作为接收端，通常以纵波对构件进行检测。发射接头发出超声波，当被检物体内部无缺陷时，接收探头首先接收到沿工件表面以下传播的直通波，然后接收到由工件底面反射后的反射波。当被检物体内部存在缺陷时，接收探头在接收直通波和反射波之间还将接收到缺陷上端和下端所产生的衍射波，且这两个衍射波的相位相反。TOFD 扫查方式主要有 A 型扫查、B 型扫查、D 型扫查。A 型扫查指在一固定位置发射和接收信号，为一维显示。B 型扫查也称为平行扫查，两个探头分别放置于焊缝两侧且沿垂直于焊缝的方向移动（需将焊缝余高清理干净），显示图像为被检物体表面垂直的跨焊缝的横截面，可以得到缺陷的位置，但不能得到缺陷大小。D 型扫查也称为非平行扫查，两探头放置在焊缝两侧，并沿焊缝长度方向移动（无须清理焊缝余高），显示图像为沿焊缝中心剖开垂直于被检物体表面的截面图像，可以得到缺陷的位置、高度及沿焊缝方向的长度。

超声相控阵技术通过电子扫描和动态聚焦，模拟数百个斜聚焦探头的工作,不需要探头进行机械运动,在一个固定的位置便可生成被检物体的完整图像。实现了检测的自动化,检测结果的判定不必过度依赖检测人员的经验,检测效率也远高于传统超声检测。超声相控阵技术的关键在于相控延时,阵列中换能器发射声波的延时精度的高低直接影响声束偏转、聚焦效果及成像质量。超声相控阵的主要扫查方式为 A 型扫查、B 型扫查、C 型扫查、扇形扫查。A 型扫查与传统超声检测一致,即脉冲反射法;B 型扫查指在不移动探头的情况下,通过电子扫查合成不同位置的 A 扫查信号而获得扫查图像;C 型扫查需要移动探头以获得某一特定深度缺陷横截面信息;扇形扫查通过声束偏转,对缺陷进行多次 A 型扫查后合成为扇形扫查图像,以获得缺陷深度和形状。

对于超声相控阵与 TOFD 技术,我国制定了 GB/T 32563—2016《无损检测　超声检测　相控阵超声检测方法》与 GB/T 23902—2021《无损检测　超声检测　超声衍射声时技术检测和评价方法》,在能源行业标准中,制定了 NB/T47013.10—2010《承压设备无损检测　第 10 部分:衍射时差法超声检测》。同时,ASME 规范也包含超声相控阵与 TOFD 技术的相关内容。其中,规范案例 Case 2235‐13 的主要内容为采用自动或半自动的 TOFD 与相控阵检测替代射线检测。目前,国内学者及相关研究人员对超声相控阵与 TOFD 法在核电领域的应用开展了较多的研究。但总体而言,超声相控阵与 TOFD 技术在核电领域的应用研究主要集中于在役检查阶段,制造阶段的研究较少。同时鉴于 RPV 筒体低合金钢主焊缝、顶盖环焊缝役前及在役检查阶段与制造阶段相比,RT 检测结果无法对应比较。因此,应借助数字化技术、TOFD 与相控阵技术的发展,在 RPV 制造阶段,开展 TOFD、相控阵技术与 RPV 数字化相结合,并应用于 RPV 主焊缝的无损检测研究,以期替代射线检测,有效提高缺陷检出率、提高检测效率、降低制造成本及环境污染、提高缺陷的评判效率及准确性,进而提升 RPV 的固有安全性。

10.4　一体化锻件成形技术

国内核电经过几十年发展,制造技术不断更新,RPV 锻件逐件向大型化、一体化方向发展。RPV 由多个锻件组焊而成,但是焊缝为铸态金属组织,造成材料不连续,易引发应力集中,是容器的薄弱环节。一体化锻件即合并整合各个锻件后的整体大型复杂锻件,可有效减少焊缝数量,减少运行维护时间和成本,提高设备可靠性。一体化锻件不仅在锻件尺寸上大幅提升,其结构复杂程度也显著提升,因此制造难度必然增加。结合已有大型复杂锻件的工程实践经验和新型锻件模拟、制造技术,发展一体化锻件成形技术,并推广至后续核电项目的设计、制造。

10.4.1 一体化锻件成形技术的意义

　　我国自主研发的三代核电机组"华龙一号"的 RPV 顶盖及底封头采用分体式结构,即顶盖由上封头和顶盖法兰锻件通过全焊透的对接焊缝连接在一起,而底封头由下封头过渡段和下封头锻件通过全焊透的对接焊缝连接在一起,如图10-3所示。上述主环焊缝,在反应堆运行期间与锻件同时承受高温、高压、快中子辐照,由于铸态组织的焊缝耐辐照性能相对更差,且在生产中易产生缺陷,因而所有主环焊缝在制造期间都需进行无损检查(包括体积检查和表面检查),在役检查期间也是无损检查的重点区域。因而主环焊缝的存在大大延长了 RPV的制造和停堆检查周期,降低了 RPV 的安全性和经济性。若采用一体化锻件成形技术,实现 RPV 主要结构的一体化锻造(见图10-4)成形,消除主环焊缝,既可提高 RPV 结构的安全可靠性,又可大幅减少在役检查工作量,提升经济性。

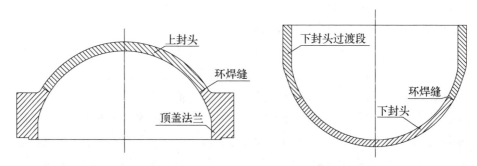

图10-3 "华龙一号"分体式顶盖及下封头示意图

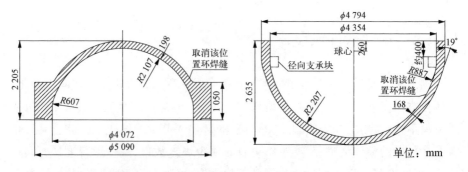

图10-4 一体化锻造成形顶盖及下封头示意图

1) 主环焊缝影响 RPV 安全性

目前,国内在建及投运的核电 RPV 的主要部件都是由低合金钢锻造而成的,而连接它们的主环焊缝为铸态组织。为保证承压时 RPV 无薄弱点,RPV 制造时对焊缝填充材料选材及焊接工艺都有极高要求,以确保焊缝最终力学性能与母材锻件基本一致。然而,作为反应堆重要的辐射屏障,RPV 除需承压外还需承受强辐照。RPV 在服役过程中,特别是靠近活性区的堆芯筒体及其上下环焊缝材料,会受到强烈的中子和 γ 射线等辐照。如前所述,在快中子($E>1.0\ MeV$)照射下,当注量达到一定程度时,材料会发生辐照脆化。

以"华龙一号"为例,低合金钢焊缝铜含量(质量分数,下同)要求为 ≤0.05%,镍含量要求为 0.60%~1.00%;低合金钢母材铜含量要求为 ≤0.05%,镍含量要求为 0.50%~0.80%。由于化学元素的差别,由相应的辐照脆化预测公式可以得到,焊缝的 $\Delta T_{R,NDT}$ 要大于低合金钢母材,这表示焊缝辐照脆化效应比低合金钢母材更加严重,因而主环焊缝是 RPV 上的薄弱点,减少主环焊缝的数量能有效降低 RPV 辐照脆化的影响,提高 RPV 的安全性。

2) 主环焊缝影响 RPV 经济性

RPV 主环焊缝的焊接周期较长。RPV 的一道主环焊缝的焊接通常要经历以下步骤:焊接坡口的制备,焊接坡口的目视及磁粉检测,坡口的组装,组装后坡口的目视检测,定位焊接,焊接预热,焊接,消除应力热处理,焊缝机加工,机加工后表面目视、超声、射线、磁粉检测。根据制造经验,一道主环焊缝经历完上述步骤需要约 17 天(如堆芯筒体-容器法兰接管段焊缝)。

RPV 服役后需进行在役检查,主环焊缝由于是承压焊缝且其辐照脆化效应比低合金钢母材的更加严重,因而其是在役检查的重点。在役检查期间反应堆需停堆检查,主环焊缝的检查时间将直接影响反应堆停堆的时间。

因此主环焊缝的制造和在役检查均会占用较长工期,减少主焊缝数量能够有效降低 RPV 的制造成本和运行成本,提升核电厂的经济性。

10.4.2　一体化锻件成形技术的现状及趋势

依靠我国核电站反应堆技术的蓬勃发展,我国在利用整体成形技术减少 RPV 焊缝方面已积累了较多的经验,为提高 RPV 安全性和减少在役检查工作量提供了强有力的支撑。

1) 模拟技术经验

现阶段,数值模拟软件已在各个行业得到广泛运用,已相当成熟。其中,较为常用的 Procast、DEFORM、FLUENT、ABAQUS 等模拟软件已在锻件锻造和热处理模拟中得到了应用。Procast 用于 RPV 锻件制造时钢锭的铸造过程模拟,其可分析模拟浇铸过程中产生的缩孔、裂纹、裹气、冲砂、冷隔、浇不足、应力、变形等几乎所有可能出现的问题,通过 Procast 模拟可完善钢锭的浇铸工艺,减少铸造缺陷。DEFORM 主要用于钢锭的锻造成形模拟,可模拟金属成形过程中的速度场、静水压力场、应力应变、温度场等,分析材料锻造过程中易出现的波浪、扭拧、折叠、裂纹等缺陷,DEFORM 可以进行锻造全流程的数值模拟分析验证。FLUENT 用于锻件淬火时淬火剂流场模拟,可模拟淬火时淬火剂与锻件接触面的流速并通过锻件实测温度推算界面的传热系数,通过设置不同的边界条件可模拟淬火过程中的温度场、应力场等,并且可优化设计淬火铺具并最终确定热处理工艺。ABAQUS 功能众多,其中主要使用其 ABAQUE/Standard 求解器进行锻件的热处理模拟。现有数值模拟软件已可覆盖 RPV 一体化锻件的锻造工艺和制造技术研究的全流程,并且数值模拟技术已十分成熟。

2) 一体化锻件制造经验

我国在建造 AP1000 堆型时,应美方的要求 RPV 顶盖就采用了一体化锻造成形(见图 10 - 5)。此外,参照美国 AP1000 堆型设计的三代压水堆 CAP1400 也采用了一体化锻造技术。CAP1400 堆型的设计功率约为 1 400 MW,较大的设计功率使 RPV 的体积和质量相比于 AP1000 的进一步增大,其中:RPV 顶盖的直径为 6 010 mm,高度为 2 164 mm,厚度最大处为 950 mm;底封头直径为 4 892 mm,深度为 2 394 mm,厚度最大处为 225 mm。CAP1400 机组在设计时基于我国最新的大型锻件制造加工技术,RPV 顶盖及底封头均采用了整体成形技术,顶盖及底封头均一体化锻造成形,其中顶盖部分堆芯测量

图 10 - 5　AP1000 一体化锻造成形顶盖

管座也随顶盖整体锻造出，如图 10 - 6、图 10 - 7 所示。值得注意的是，CAP1400 RPV 底封头钢锭的质量达到了 180 t，而顶盖钢锭则达到了约 300 t。

图 10 - 6　CAP1400 一体化锻造成形顶盖

图 10 - 7　CAP1400 一体化锻造成形底封头

采用一体化锻件的锻造技术，实现 RPV 法兰-接管段、顶盖及筒体下部整体封头的一体化锻造成形，减少主环焊缝数量，可有效缩短设备制造周期和在役检查周期，降低产生焊接缺陷的风险，提高设备安全性和经济性。同时，结合目前国内已有 RPV 大型锻件一体化锻造成形的工程实践，以及十分成熟的可覆盖制造全流程的数值模拟软件，后续新堆型 RPV 的设计均可考虑采用一体化锻造成形技术。

10.5　新材料应用展望

压水型反应堆是目前世界核电站的主流机组类型，设计、制造技术成熟，运行经验丰富。"华龙一号"RPV 所采用的主要结构材料已接近该类材料的制造能力上限,面临新一代机组尺寸更大、结构更复杂、运行条件更苛刻的设计要求,现有材料的不足正在逐渐显现。在新型四代核电技术发展中,材料更成为制约其技术突破的主要因素之一,新型材料在核领域的发展应用已成为必然。

10.5.1　压水堆新材料

伴随着现代工业的发展,生产中对材料性能的要求愈来愈高。基于未来压水堆设备小型化、轻量化等现实要求,各种新型材料由于其具备的力学特性与多功能性,也开始逐步走向压水堆材料应用的视野。

10.5.1.1　形状记忆合金

形状记忆合金因其特殊的形状记忆效应和超弹性功能,可以实现常规合金不具备的热缩冷胀、超弹性等功能,因而由其组成的结构在航空航天、电子通信、生物医疗等领域有着广阔的前景,也受到国内外研究者的广泛研究。

形状记忆效应是指具有某初始形状的材料在外界应力或磁场作用下发生形状改变后,在热、磁或光的作用下可全部或部分恢复到变形前初始形状的现象。具有形状记忆效应的金属就称为形状记忆合金。目前,研究较广的形状记忆合金主要有 Ni - Ti 基、Fe - Mn - Si 基、铜基合金。其中 Ni - Ti 基合金研究最多、应用最为广泛,因为 Ni - Ti 基具备优秀的形状记忆效应、较好的力学性能、良好的耐腐蚀性及优秀的生物相容性,可在各个领域发挥作用。

在核电反应堆结构上,简化结构、降低质量、缩小反应堆体积是每一代堆型的研究和升级的重点。在 RPV 中,存在大量的以较为复杂的结构设计实现功能的零部件,因此,若能将形状记忆合金应用在 RPV 上,可进一步提升其升级潜力。

1) 形状记忆合金应用于密封环

以金属密封环为例,在传统二代加及三代核电反应堆中,通常采用双道金属密封环(如 C 形环和 O 形环)配合 RPV 顶盖法兰密封面与筒体法兰密封面形成的密封结构实现 RPV 密封。为保障密封的可靠性,金属密封环通常利用内置弹簧或中空金属环实现其被压紧后有足够的回弹能力,并通过包覆延展性极好的银层保证其压紧后与密封面有足够的贴合度。按照设计要求,金属密封环在初次被压紧后即发生塑性变形,依靠残余的回弹力实现密封效果,每开盖一次,密封环均需全部更换。根据金属密封环的功能特性,Ni - Ti 基形状记忆合金可实现类似的功能。Ni‐Ti 基形状记忆合金拥有超弹性这一特性，其在一定温度范围内发生大变形的情况下，卸载后可完全恢复到变形前的状态。若将其制造为 RPV 密封环，微观上其可通过超弹性填补密封面上的细微缺陷实现微观密封，宏观上其可在被压缩后在未发生塑性变形的情况下提供足够的回弹力。因此，若采用 Ni‐Ti 基形状记忆合金制造 RPV 密封环，可以在保证功能的前提下实现密封环的重复使用，降低结构复杂度和使用成本。

2）形状记忆合金应用于密封面

在二代加及三代核电 RPV 上，法兰端面上通常堆焊不锈钢层，并通过精加工后作为密封面，配合密封环以实现密封作用。作为承压、带放射性设备的密封面，其选材需要考虑多种因素，如耐腐蚀性能、耐辐照性能、足够的强度等。Ni‐Ti 基形状记忆合金拥有远高于常规不锈钢的耐腐蚀性能，其主要合金元素镍、钛也均具备较为优秀的耐辐照性能。因其拥有超弹性这一特性，Ni‐Ti 基形状记忆合金几乎可以避免常规核电站中偶发的密封面压痕等问题。

10.5.1.2　508‐4 钢

近年来，随着压水堆核电厂单机容量提高（如 AP1000 为 1 150 MPa，EPR 为 1 600 MW），设计寿命延长（"华龙一号"为 60 年），安全要求更高及利用率增加，RPV 锻件呈现下列趋势：

（1）为满足大型锻件（壁厚和质量）要求，冶炼、铸锭向巨型钢锭发展。

（2）为满足 60 年寿命要求，大锻件的品质向更高水平发展，如磷、硫等杂质元素含量更低，偏析控制在一定水平。

（3）为减少焊缝造成的不连续，大锻件向整体锻件发展，如一体化的容器法兰‐接管段锻件、一体化的整体顶盖锻件等。

SA508‐3 钢由于具有适当的强度及良好的塑韧性，且辐照脆化敏感性较低，目前广泛应用于压水堆和沸水堆 RPV（俄罗斯技术堆型除外）的制造。随着新型大功率反应堆对大型锻件的需要，SA508‐3 钢大锻件的制造出现了淬透难度加大等瓶颈，将不可避免地由新材料替代。与 SA508‐3 钢相比，SA508‐4N 钢是相对高屈服强度和低转变温度的高镍含量（3％～4％）的压力容器钢。该钢种由于具有强度及低温韧性的综合性能在近年受到格外重视。

SA508‐4N 钢与 SA508‐3 钢同属 ASME 第Ⅱ卷 SA508 里面规定的反应堆压力容器用钢。从成分上来看，相对 SA508‐3 钢，SA508‐4N 钢的镍和铬含量增加,特别是镍含量大幅增加,而锰含量则下降。从国内外实验研究结果看,化学成分的变化对材料的连续冷却转变曲线(CCT 曲线)有明显影响。与 SA508-3 钢不同,在冷速范围内($\geqslant 0.5\ ℃/min$),SA508-4N 钢没有出现明显的铁素体和珠光体转变区域。这意味着即使冷却速度很慢,SA508-4N 钢淬火后依然能得到单一的贝氏体组织。由于 SA508-4N 钢的良好的可淬透性,其至在实验室级小锻件中,奥氏体化后在空气中冷却或加热炉中冷却就能达到淬火效果。关于 SAS08-4N 钢的常规力学性能及韧性,近年研究较多。采用的热处理工艺均为淬火加回火的调质热处理。在室温条件下,SAS08-4N 钢的强度提升了约 100 MPa,韧性特征温度(T_{41J}、T_{68J}、$T_{R,NDT}$ 和 T_0)降低了近 100 ℃。这说明 SA508-4N 钢的强度相比 SA508-3 钢有明显提升,而韧性更是显著提升,属于高强韧性材料。关于 SA508-4N 钢的辐照性能,近年来研究也增多。有国外学者对普通 SA508-4N 钢锻件、SA508-4N 钢焊缝及超纯净 SA508-4N 钢锻件及其他低合金钢锻件和焊缝的辐照性能进行了研究,研究结果表明 SA508-4N 钢焊缝的辐照性能与 SA508-3 钢焊缝的一致,且超纯净 SA508-4N 钢辐照脆化更不敏感,这与超纯净钢的 P、S 和 Si 含量较低有关。关于焊接性能,韩国学者的研究结果也表明 SA508-4N 钢与 SA508-3 钢热影响区变化情况类似,性能没有明显恶化。综上,SA508-4N 钢的综合性能可以很好地满足不断发展的核电技术对 RPV 提出的需求。

10.5.2 四代堆新材料

大幅提高的设计温度是第四代堆型的共同特点,但这也带来了金属材料力学性能的大幅下降以及高温蠕变等新问题的出现。此外,以铅铋堆为例的新堆型对材料耐特殊介质的腐蚀性能也提出了更高要求。这些新堆型提出的新要求使得现有的压水堆材料难以满足四代堆的结构完整性及功能性要求。基于国内外新型反应堆及航空、航天、燃气轮机、火电等传统高温材料应用领域的高温材料应用经验,考虑耐温要求,再分析所选材料与介质的相容性、抗辐照性能、焊接性能、加工性能等,四代堆可考虑下列一些高温合金。

10.5.2.1 镍基高温合金

高温合金通常用于在高温条件(600~1 000 ℃)和较长时间受极限复杂应力作用下的高温零部件,例如航空发动机的工作叶片、涡轮盘、燃烧室热端部件和航天发动机等。为了获得更优良的耐热性能,在一般条件下要在制备时添加元素如钨、钼、钛、铝、钴等,以保证其优越的耐热、抗疲劳性。传统的变形高温合金材料可以根据基体元素种类、合金强化类型等方法进行划分。按强化类型分类,高温合金可分为固溶强化型变形高温合金以及沉淀硬化型变形高温合金,由于沉淀硬化型变形高温合金普遍存在韧性较差的问题,在承压状态存在快速断裂风险,一般用作紧固件及结构件材料。

根据国内航空制造手册进一步划分,针对固溶强化型变形高温合金,将铁基高温合金命名为 GH1XXX 类,将镍基高温合金命名为 GH3XXX 类,将钴基高温合金命名为 GH5XXX 类。就目前高温环境使用的固溶强化型变形高温合金而言,使用镍基高温合金的范围远远超过铁基和钴基高温合金,航空发动机用高温合金中,镍基高温合金占比达到 55%～65%。同时镍基高温合金也是我国产量最大、使用量最大的一种高温合金。铁基及钴基高温合金虽然也具备优秀的高温性能,但较低的使用成熟度及钴基相对较差的可加工性能限制了其进一步发展。镍基高温合金的含镍量在 50% 以上,常适用于 1 000 ℃ 以上的工作条件,采用固溶、时效的热处理工艺,可以使其抗蠕变性能和抗压抗屈服强度大幅度提升。几种典型的固溶强化型变形镍基高温合金具有以下特性:GH3170 具有较高的强度和抗蠕变性能,也具有优良的抗氧化性能、良好的冷成形和焊接工艺性能,常用于航空发动机加力燃烧室调节片、火箭发动机尾喷管材料,其可在 1 000 ℃ 以下长期使用;GH3181 具有较高的强度和塑性、抗蠕变能力和抗冷热疲劳性能,以及良好的抗氧化和耐腐蚀性能,常用于石油化工行业、原子能工业用热交换器记忆高温钠热管等,其可在 900～1 200 ℃ 长期使用;GH3230 具有较高的强度和抗冷热疲劳性能,组织稳定,具有优异的耐热腐蚀和抗氧化能力,常用于航空发动机火焰筒处,其可在 700～1 050 ℃ 长期使用;GH3617 具有较高的强度、较好的韧性和抗蠕变性能,其也具有优良的抗氧化性能、良好的冷成形和焊接工艺性能,常用于火电站管道、换热器等处,其可在 600～1 000 ℃ 长期使用。

俄亥俄州立大学结合美国机械工程师协会(ASME)颁布的高温合金使用标准,分析了当前性能优异的几种主要镍基高温合金的许用应力,如图 10 - 8 所示,可以看出,只有 Inconel 617(GH3617)、Haynes 230(GH3230)和 Alloy 800H 被允许在 982 ℃ 的高温下使用。目前,国内对高温材料的应用更为谨慎,比如相同牌号的材料 Alloy 800H,在 JB/T 4756—2006《镍及镍合金制压力容器》中高使用温度为 900 ℃。

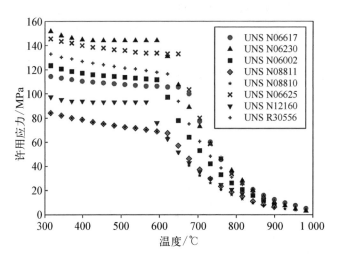

图 10‑8　ASME 标准中几种高温合金的许用应力对比

10.5.2.2　含铝奥氏体不锈钢

　　与传统压水堆一样，第四代反应堆候选堆型——铅铋堆也需要通过 RPV 包容反应堆中的冷却剂与慢化剂，只是在铅铋堆中充当慢化剂及冷却剂的是液态共晶铅铋合金(LBE)。依靠 LBE 的沸点远高于水的特性，铅铋堆能以比压水堆更高的温度运行，并在此基础上保持更低的一回路压力。根据铅铋堆高温低压的运行特点，拥有较好高温性能的奥氏体不锈钢(316L、316Ti 等)、铁素体/马氏体钢(F/M、T91 等)等成为国际上主推的铅铋堆 RPV 候选结构材料。然而，研究却表明 LBE 与上述材料存在金属腐蚀的相容性问题，即当上述材料直接暴露在高温 LBE 中时，LBE 会通过溶解腐蚀上述材料中的各类元素(以 Ni、Mn、Cr、Fe 为主)或将材料不断氧化侵蚀，破坏材料原本的结构和化学成分，从而使材料彻底失效。可想而知，若上述腐蚀发生在运行中的铅铋堆 RPV 上，这将给反应堆带来灾难性的损害。因此，在设计铅铋堆 RPV 时，结构材料的选择除考虑耐高温性能外，材料的耐 LBE 的腐蚀性能也需要慎重考虑。

　　对于在高温下工作的合金来说，蠕变和氧化是导致合金失效最主要的原因，合金往往在还未达到屈服极限时就先因蠕变产生的永久变形或因被氧化而失效。因此，抗高温蠕变和抗氧化是考察合金高温性能的主要指标。传统的奥氏体钢具有优异的抗高温蠕变和抗氧化性能，由日本住友金属株式会社开发的 HR3C 奥氏体耐热钢更是其中的佼佼者。传统的奥氏体不锈钢，例如

316L,也有一定的耐 LBE 腐蚀能力。因为 LBE 含有一定量的溶解氧,当氧含量达到一定浓度时,316L 与 LBE 的接触面就会形成氧化膜抑制 LBE 的侵蚀。例如,在 450 ℃氧含量为 10^{-8}%~10^{-6}%(质量分数)的 LBE 中 316L 表面会形成双层氧化膜,外层为多孔的 Fe_3O_4,内层为 Fe‐Cr 尖晶石或 CrO 氧化膜,这些氧化膜具有一定抑制 LBE 侵蚀的作用。但当温度进一步升高或保温时间进一步延长时,上述氧化膜由于热稳定性差就会变薄甚至消失。又由于奥氏体不锈钢中含有大量的镍元素,当其与 LBE 直接接触时会发生严重的腐蚀。

值得注意的是,由奥氏体不锈钢改性而来的含铝奥氏体不锈钢(AFA 钢)是近年来研究较热的耐铅铋腐蚀合金。AFA 钢是含铝奥氏体钢的统称,其起初是作为一种新型耐热钢被开发的,但因其在高温含氧环境下表面易形成难溶于 LBE 的 Al_2O_3 膜而受到铅铋堆研究界的关注。日本学者在奥氏体耐热钢研究成果的基础上通过向合金中加入铝元素并调控镍等元素的含量,成功开发了抗氧化耐蠕变性能更加优异的 AFA 钢。通过向合金中加铝以使合金表面在高温下生成致密的 Al_2O_3 膜防止合金氧化失效,Al_2O_3 薄膜在高温下具有比 Fe_3O_4、Fe‐Cr 尖晶石、CrO 等更高的热稳定性,并且与蓬松的 Fe_3O_4 相比,Al_2O_3 有着更高的致密度;此外,有学者通过计算给出了钢中不同元素及铅、铋对应氧化物同等条件下生成的吉布斯自由能,如图 10‐9 所示,相比于其他氧化物,Al_2O_3 更易生成,据此可推断,AFA 钢在同等 LBE 环境下拥有比传统奥氏体不锈钢更好的耐腐蚀性。另有相关研究表明,通过控制合金中铌元素的含量析出 NbC 纳米相提高合金强度,最终使其 Fe‐20Ni‐14Cr‐2.5Al(HTUPS 4)抗蠕变性能明显优于传统奥氏体不锈钢的,比肩镍基耐热合金(Alloy 617)的抗蠕变性能(见图 10‐10)。国内学者在参考日本学者研究的基础上,通过在 HR3C 耐热钢的基础上添加铝元素并改变镍、铬元素含量,成功地使合金外表面生成了致密的 Al_2O_3 膜,提高了合金的抗氧化性能。上述研究表明,AFA 钢较传统奥氏体耐热钢有着更好的作为高温合金的潜能,并且在传统奥氏体耐热钢的基础上通过添加铝并调控镍、铬、铌等元素的含量,将其制备为 AFA 钢就可能在一定程度上提高合金的高温性能。

AFA 钢曾被报道过具有良好的高温力学性能和良好的耐 LBE 腐蚀性能,且其在耐热及耐铅铋腐蚀领域均已有较多研究成果。因此在设计铅铋堆 RPV 时,选择 AFA 钢作为 RPV 的结构材料是具备可行性的。

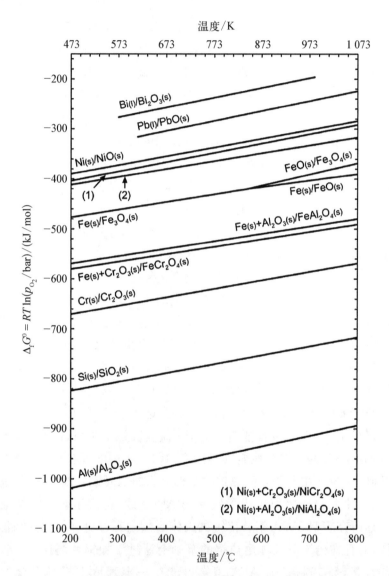

图 10-9　不同元素及铅、铋对应氧化物同等条件下生成的吉布斯自由能

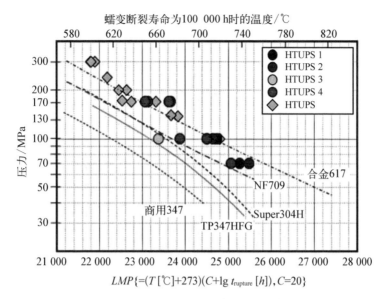

图 10‑10　HTUPS 系列合金 LMP 曲线

参考文献

[1]　方浩宇,李庆,宫兆虎,等.数字化反应堆技术在设计阶段的应用研究[J].核动力工程,2018,39(4)：187 - 191.

[2]　孙煜,马力.基于模型的系统工程和系统建模语言 SysML 浅析[J].电脑知识与技术：学术交流,2011,7(31)：7780 - 7783.

[3]　陈红涛,邓昱晨,袁建华,等.基于模型的系统工程的基本原理[J].中国航天,2016(3)：18 - 23.

[4]　赵腾,张焰,张东霞.智能配电网大数据应用技术与前景分析[J].电网技术,2014,38(12)：3305 - 3312.

[5]　张翀.奥氏体不锈钢焊缝超声 TOFD 检测的关键技术研究[D].南昌：南昌航空大学,2016.

[6]　关卫和,阎长轴,张保中,等.我国压力容器行业 TOFD 检测技术的应用和进展[J].无损检测,2010,32(12)：961 - 965.

[7]　宋绵.基于超声 TOFD 的焊缝缺陷分析与研究[D].哈尔滨：东北林业大学,2017.

[8]　蔡鹏武.超声相控阵检测仪的关键技术研究与应用[D].南京：南京航空航天大学,2011.

[9]　秦胤康.核电站高密度聚乙烯管道热熔接头的超声相控阵检测研究[D].杭州：浙江大学,2019.

[10]　罗琅,王建平,刘鸿彦,等.ASME Ⅷ‑1 建造压力容器 TOFD 检测的规范要求及难点研究[J].无损探伤,2017,41(6)：29 - 36.

[11]　张运平,张志鹏,周帆,等.反应堆压力容器接管与筒体连接焊缝相控阵超声检验技

术研究[J].科技视界,2019(3)：205-206.

[12] 汤建帮,朱佳震,康志平,等.核电站管座角焊缝相控阵超声波检测[J].无损探伤,
2019,43(1)：21-23.

[13] 张树潇,谢雪,刘丽丽,等.核反应堆厚壁压力容器焊缝 TOFD 检测缺陷高度分辨率
探究[J].检验与修复,2017,31(6)：64-69.

第 11 章
核安全文化

人们在致力于先进核电技术和高质量设备研发的同时，已开始更加重视人的行为和思维对安全的作用与影响。安全文化的出发点在于改变人、培养人、塑造人，安全文化是对基本管理原则加以推广和实施，用以防止和减少人因错误，是传统安全管理方法的补充和升华。

核安全文化是指各有关组织和个人以"安全第一"为根本方针，以维护公众健康和环境安全为最终目标，达成共识并付诸实践的价值观、行为准则和特性的总和。我国奉行"理性、协调、并进"的核安全观，其内涵核心为"四个并重"，即"发展和安全并重、权利和义务并重、自主和协作并重、治标和治本并重"。

11.1　核安全文化理念的践行

核安全问题无小事，同时它也牵动着每一位核能参与者的神经，特别是具有代表性的切尔诺贝利核事故发生后，其产生的巨大影响使得代表公众利益的国家必须负责对核设施安全实施统一监督，成立机构独立行使核安全的监督管理。

11.1.1　核安全的发展历程

我国的核安全文化经历了漫长的发展历程。在核安全与核设施监督管理的背景之下，1984 年，国家核安全局成立。1986 年，国务院发布了《民用核设施安全监督管理条例》，其中明确规定："民用核设施的选址、设计、制造、运行和退役必须贯彻安全第一的方针；必须有足够的措施保证质量，保证安全运行，预防核事故，限制可能产生的有害影响。"至此，我国民用核设施的核安全监督走上了法制化管理的道路。

1992 年至 1993 年间，国家核安全局同当时的机械电子工业部和能源部，联合颁布了国务院部门规章《民用核安全设备设计制造安装和无损检验监督管理规定》(HAF601) 和《民用核承压设备安全监督管理规定实施细则》(HAF601/01)，将核承压设备的质量监督正式纳入了国家核安全监管的范围。

2002 年 11 月，人事部和国家环境保护总局印发《注册核安全工程师执业资格制度暂行规定》(人发[2002]106 号)，该文规定："国家对在核能和核技术应用及为核安全提供技术服务的单位中从事核安全关键岗位工作的专业技术人员实行执业资格制度，纳入国家专业技术人员职业资格证书制度，统一规划管理。"这是在正式文件中首次将核设施安全监管和辐射安全监管统一到核安全监管。

2003 年 6 月，国家主席签发了《中华人民共和国放射性污染防治法》，该文规定："核设施运营单位、核技术利用单位、铀(钍)矿和伴生放射性矿开发利用单位，必须采取安全与防护措施，预防发生可能导致放射性污染的各类事故，避免放射性污染危害。"这也就是从法律层面第一次将核设施安全与辐射安全统一起来提出要求。

2007 年 7 月，国务院发布了《民用核安全设备监督管理条例》，进一步扩展了核安全设备质量监管的范围。

2008 年，"核安全"一词成为核与辐射安全的代称。2010 年 2 月，国家核安全局发布《关于进一步加强商用核电厂建造阶段核安全管理的通知》(国核安发[2010]11 号)，明确了核电厂运营单位必须对核电厂建造阶段的质量与安全承担全面责任，要求核电厂运营单位不得将核岛工程总承包活动中的设计管理、采购、施工管理活动委托给不具备核电厂核岛工程总承包资质的单位，同时将核电工程总承包单位和工程监理单位纳入了核安全监管体系。

2010 年 6 月，国家核安全局发布《关于加强核电厂主变压器监督管理的通知》(国核安发[2010]86 号)，将核电厂主变压器纳入核安全设备管理名录，从而将核安全监管扩展到核电厂非核级设备的质量监管。

11.1.2 核安全法文化理念

随着 HAF003《核电厂质量保证安全规定》的发布，核安全领域的质量保证工作，随着核安全工作从无到有，向前推进了很多，质量意识和核安全文化意识也深入人心。在前期的核事故中，人们主要聚焦于分析人因问题，切尔诺贝利核事故后,人们的关注焦点从人因问题扩大到对"组织""文化""管理体系"等一系列社会因素上,在全面总结事故原因的基础上,形成了核安全文化理念。

核安全文化是核能工业所处社会现状与生产实践活动的综合反映,核心内容可以从以下两个方面阐述。

第一,核安全文化首先是一个价值观。它体现的是核电企业及员工对安全重要性的共同认识,以及安全在认识中所处的地位。核电企业的安全文化越普及,管理层及员工对安全的重要性认识越深刻,安全的地位就越高。核电企业的安全管理要求管理层及员工对核安全具有充分的认识,能主动关心安全问题,把核安全问题放在工作生产活动的首位,其体现了单位内部的必要体制和管理部门的主机责任制。

第二,核安全文化同时也是一个个人态度。核电企业员工对安全的态度首先体现在对安全及有关安全的制度、措施和行为的认知;其次体现在对安全认知基础上的个人情感,如喜欢、厌恶等;最后体现在对安全所表现出来的行为,即是人员响应上述体制的态度。

因此,事情的成功取决于这两方面的因素,两种因素的结合和参与是核安全文化的关键因素。

随着核安全意识的不断提高和深化,核安全文化的发展也历经了三个阶段。

第一阶段,仅以满足法规要求为基础的安全。在这个阶段,安全文化仅处于初级的阶段,人们对影响安全的行为了解甚少,仅视为来自政府、主管机构或监督部门的外来要求,安全在很大程度上被看成是技术问题,认为只要遵守规则与条例即可,缺乏主观能动性。

第二阶段,良好的安全绩效成为组织的一个目标。在这一阶段,即使没有外来要求,也会重视安全绩效的管理。组织和个人对安全有了进一步的认识,开始寻求安全绩效停滞不前的原因,并关注其他组织的经验和建议。

第三阶段,安全绩效持续改进提高。在这个阶段,组织采用了持续改进的方法,并将这一概念应用于安全绩效的管理。开始更多地强调沟通、培训和管理的重要性,安全的认识程度较高,并不断提高工作效率和有效性,同时对安全的影响达成基本的共识,人人都能为安全做贡献。

随着核电事业蓬勃发展,核安全文化越来越突显其重要性。只有建设中国特色的核安全文化,才能保证中国核电事业安全地发展。以中国特色社会主义和中国传统文化为背景,在国际核安全文化通则的指导下,结合未来先进压水堆的基本特点,建立具有中国特色的核安全文化,最终实现具有中国特色的核安全文化氛围。具体做法如下。

其一,积极贯彻国际核安全文化的基本内容。核安全文化的基本内容是人类核电发展的宝贵经验的总结,是国际通用的标准。所以,相对于各国文化的多样性,核安全文化有一个基本的标准内容。它容纳各民族文化的特点,坚决贯彻其基本内容,核电的安全和可靠才能得到基本的保障。

其二,贯彻社会主义荣辱观教育,深化"两弹一艇"精神。中国的国情是中国特色的社会主义,核电站的员工也必定工作生活在这一国情下。所以,在核电中强化这一教育,并传承"两弹一艇"精神,全面提升核电人的基本素养,为核电安全文化发展注入新活力,推动核电事业安全发展。

其三,大力推进有自主知识产权的核安全科学技术研究。在国家提倡知识创新、拥有自主知识产权的今天,核电的自主知识产权尤为重要。在创建中国特色的安全文化中,核安全科学技术研究非常重要,一定要舍得投入时间和经费,要把先进的设计、设备、标准的作业环境作为核安全文化的物质基础。

其四,切实地分析中国传统文化对核安全文化的影响,进一步促进核安全文化的健康发展。更好地容纳中国传统文化,目的是更有效地使核安全文化深入每一个核电员工的思想中。由于核安全文化是在长期规范化要求下逐渐形成的一种自觉行为意识和文化沉淀,受我国传统文化的影响,我国的核安全文化具有不同于国外的表现。因此,我国核电在引进先进技术和自主化设计的同时,需要考虑具有中国特色的核安全文化,结合中国国情与文化特点,对安全文化管理理念进行消化、吸收与创新,才能逐步形成我们自身的优势,使之能更好地运用于我国核电事业的全面建设中。

11.2　设计过程的质量控制

为了确保设计过程有效、有序地开展,设计过程中的质量控制是十分重要的。质量控制是指为保持某一产品、工艺过程或服务的质量所采取的作业技术和有关活动。质量控制的目的在于提供令人满意的产品质量,其整个控制涉及有关质量的各个方面的技术及相应的各项活动。在反应堆压力容器的设计过程中,质量控制涉及的相关活动主要包括质量保证大纲、设计接口、设计验证、设计变更及人员资质等。

11.2.1　质量保证大纲

质量保证大纲的定义是"为保证实现质量而制定并执行的全部活动的总和"。HAF003－1991《核电厂质量保证安全规定》1.1.3 节规定"为了保证核电厂的安全，必须制定和有效地实施核电厂质量保证总大纲和每一种工作（例如厂址选择、设计、制造、建造、调试、运行和退役）的质量保证分大纲"。1.1.5 节规定"质量保证大纲应包括为使物项或服务达到相应的质量所必需的活动，验证所要求的质量已达到所必需的活动，以及产生上述活动的客观证据所必需的活动"。

HAD 003/01—1988《核电厂质量保证大纲的制定》也提到："为保证质量而规定的和完成的全部工作综合在一起构成质量保证大纲，这些工作包括两种基本类型：管理性的和技术性的。管理性的工作包括大纲的制定以及在核电厂整个设计、采购、制造、监造、调试、运行和退役期间大纲的管理。技术性的工作包括设计、采购、制造、检查、试验、调试、运行和退役。对于一个工程项目或其中的一部分，质量保证大纲是由上述两种类型工作（管理性的和技术性的）的恰当组合所构成的。"

对于设计单位而言，质量保证大纲既是开展设计工作的质量管理纲领性文件，又是对核电业主做出的确保设计与技术服务质量的承诺，不仅规定了为达到要求的设计与技术服务所必须遵循的原则和目标，还阐明了设计单位各级人员的任务分工、职责权限等，确保设计活动有效、高效、可控地开展。

此外，需要提到的一个概念是质量保证分级，实际上就是按照设备安全功能和对其影响质量活动各因素进行控制和验证程度进行分级，也就是对物项和服务根据其安全功能需要的质量保证活动进行分级。按照实施质量保证时控制措施的严格程度，质量保证分级由高到低分为 QA1、QA2、QA3，此外还有无质保级，记为 NQA。设计质量保证 1 级（QA1）是指必须对该物项或服务的设计活动进行严格的充分控制和验证，否则该物项或服务便不能履行其安全功能，其失效或故障会对运行人员和公众健康及其安全造成极大的损伤。反应堆压力容器的质量保证等级就是 QA1 级。

11.2.2　设计接口

核电站的建设是一个高度复杂的系统性工程，涉及总包、设计、制造、土建、安装等众多单位，因此需要通过接口管理来明确各单位和部门之间的职责、权限和联络渠道，同时形成书面记录。设计接口是指各单位、各部门、各专业之间或者设计人员之间的设计分界和责任分界，设计输入及输出都需要通过设计接口进行传递和管理。设计接口包括外部设计接口和内部设计接口两大类。

外部设计接口是指各单位之间的设计分界。对于外部设计输入，须经项目总设计师（或副总设计师）审查批准后，方可提供设计人员使用；而对于设计输出资料，需经项目总设计师（或副总设计师）批准后才能向外传递。外部设计接口需由专人负责归口管理，以保证外部设计接口的联络渠道只有一条，从而实现对外部设计接口的有效控制。

内部设计接口是指一个单位内不同专业部门之间的设计分界。内部设计接口由总设计师（或副总设计师）负全责。项目管理部门负责各专业部门之间的设计接口管理，各专业部门的项目负责人负责本部门的设计接口管理。内部设计接口管理的原则和要求与外部设计接口管理的原则和要求基本相同，即明确各接口及接口关系，分清有接口关系各方的责任，规定接口信息的传递渠道及方式。

11.2.3 设计验证

设计验证是审查、确认或证实设计的过程。设计验证的目的是保证设计满足所有的设计要求，包括设计输入要求、设计过程的计划和实施情况以及设计接口的控制等。

设计验证工作一般由能胜任的且未参与原设计的专家组担任。设计验证可采用多种方法，可根据设计的系统或设备对核安全及电厂可利用率的重要性、设计的成熟程度、标准化程度、设计的复杂性、新颖性、与已审查设计的相似性和实践经验来决定具体的验证方法。但一般应采用下列方法中的一种或几种来进行验证：

(1) 设计审查。

(2) 采用其他计算方法进行校核。

(3) 鉴定试验。

(4) 将新设计与已证实的类似设计进行比较。

各专业部门按规定及时提出设计验证项目及验证方法的建议清单，报总设计师（或副总设计师）确定设计验证项目及验证方法。所有设计验证工作的结果都应形成文件，以便在完成设计验证工作后，可对验证工作进行检查或监督,证实该过程已正确完成。

11.2.4　设计变更

设计变更是指对设计的输出经批准发布后对有关设计结果的变更。设计变更的目的在于通过变更使所设计的系统、部件的功能特性要求更加完整准确地体现在设计中,进一步提高系统、部件的可用性,或在不损伤所设计系统、部件的可用性的前提下,尽可能满足制造、安装、运行等方面的要求。设计变更可由下列多种原因引起:

(1) 鉴定试验、运行前试验或运行试验的结果。

(2) 制造期间的问题。

(3) 建造期间的问题。

(4) 系统、部件不能满足功能要求。

(5) 不符合要求的物项的处理结果。

(6) 国家核安全法规或其他要求的变更。

(7) 运行经验。

(8) 设计改进。

总设计师(或副总设计师)负责设计变更控制。设计变更的原则一般如下:

(1) 必须仔细地研究设计变更的原因。

(2) 必须全面考虑设计变更所产生的影响。

(3) 必须采取与原设计相同的设计管理措施,并及时通知受变更影响的单位或人员。

设计变更实施前,由设计人员提出申请,报总设计师(或副总设计师)批准。涉及对设计接口已确定的接口参数的变更,按设计变更的原则处理,包括说明原因、考虑影响、变更的审批和及时通知有接口关系的各方,必要时由接口各方协商决定。

11.2.5　人员资质

为了保证设计与技术服务质量,应根据从事特定设计工作所要求的学历、经验和业务熟练程度对设计人员进行资格鉴定和授权。设计人员的设计资格由高到低为"审定""审核""校对""设计"和"见习"五个级别,具有高级别资格的设计人员同时具有本级以下的所有级别的设计资格,但下一级别设计资格的设计人员不具有本级以上的设计资格。

为使各级设计人员和设计管理人员能取得并保持足够的业务熟练程度和质量保证意识,应定期对各类人员进行必要的培训。

11.3　设计过程的监管

核安全是核电厂的灵魂,务必坚定不移地守护核安全、敬畏核安全。质量是核安全的基石,企业的生命。作为核电项目建设的"龙头",设计是项目建设质量的决定性环节,是核电工程建设的重中之重,每个核电项目的整个周期都与设计息息相关。

为了对核电设计活动进行监督与管理,经过近 30 年的监管实践,国内建立了独立、有效、权威的"审批、监督、审评"三位一体的核安全监管体系。在法律体系建设方面,中国的核安全监管法律体系呈金字塔结构。依次是国家法律、行政法规、部门规章和强制性标准、安全导则以及技术参考文件。从上到下的监督内容也越来越具体,并以此为国家核安全局展开监督提供准绳。其中具体的监管手段包括核设施安全许可证制度、核安全监督制度和核安全报告制度,并通过技术评审、技术验证、行政许可、现场监督等,对许可证持有者的核安全活动实施监督管理。

对于核电站,中国实行的是全寿期、全过程、全面连续的监督方式。对于设计单位而言,在技术设计阶段,设计单位和业主需要向国家核安全局提供安全分析报告,说明设计内容满足中国核安全法规标准的要求,并需要以书面的形式回答国家核安全局提出的每一个问题,其中对所有提及的数据都必须有实验结果或详细的计算结果等进行佐证。实践证明,中国的核安全监督管理方式行之有效,中国核电的各个阶段都始终处于国家核安全局的严格监管之下。

11.4　经验反馈

为总结设计单位在科研、生产、工程建设、服务等活动中自身经验教训以及良好实践,避免类似错误的重复发生,以及在出现类似问题时,有相应的处理方案予以借鉴,开展经验反馈工作是十分有必要的。经验反馈也是核安全文化中的重要一环,它是指对已发生质量问题的过程、原因、纠正和预防措施等有关信息进行收集、分析、总结和应用,以防止共性质量问题的重复发生或降低质量问题造成的影响。经验反馈可以来源于科研、设计、技术服务等过程中发生的各类质量问题,如设计变更、设计差错、设计审查意见、不符合项、问题处理会议纪要等,也可以来源于国内外类似项目在全过程中发生的各类问题处理方法和良好经验总结等,如有借鉴性的研讨会材料、技术改进报告等。此外,经验反馈还可以来源于外部要求,如国家核安全管理部门下发的相关文件,来源于总包单位、业主、供货商的经验反馈信息或要求建议等。

参考文献

[1]　周涛,陆道纲,李悠然. 核安全文化与中国核电发展[J]. 现代电力,2006,23(5):16-23.

反应堆压力容器设计常用法规、规范和标准

A.1 核安全法规及导则

核安全法规和导则是确立核安全监督管理的法律基础和基本制度,也是确保安全必须达到的基本要求。世界上和平利用核能的各国为保护工作人员和公众的健康、安全和环境,均建立了相应的核安全监督管理机构,参照国际原子能机构(IAEA)的法规文件制定了各国的核安全法规和导则,并予以实施。

我国高度重视核安全工作,在核工业建设之初就提出了"生产未动,防护先行"的工作指导方针,建立健全安全管理机构和制度规范,逐渐形成了健全的核安全管理体系。我国于 1984 年成立了国家核安全局,对民用核设施的核安全进行独立监管,建立了一系列核安全监督体系,并确定了政府有关部门和营运单位的职责。1986 年,核安全局参考 IAEA 50‑C‑QA—1978《核电厂安全质量保证实施法规》法规,发布了 HAF0400《核电厂质量保证安全规定》,其后又陆续发布了 10 个安全导则。1991 年,又根据 IAEA 50‑C/SG‑QA—1988,发布了 HAF0400—1991。2001 年核安全局对核安全法规和导则进行了补充和修订,并对法规、导则进行了重新编号。

目前的核安全法规共分 8 个系列,即 HAF 系列:

HAF 0xx——通用系列;

HAF 1xx——核动力厂系列;

HAF 2xx——研究堆系列;

HAF 3xx——核燃料循环设施系列;

HAF 4xx——放射性废物管理系列;

HAF 5xx——核材料管制系列；

HAF 6xx——民用核承压设备监督管理系列；

HAF 7xx——放射性物质运输管理系列。

核安全导则是说明或补充核安全规定以及推荐实施安全规定的方法和程序的指导性文件。核安全导则是推荐性的，执行核安全技术要求行政管理规定应采取的方法和程序，在执行中可采用该方法和程序，也可采用等效的替代方法和程序。1992年国家核安全局出版了核安全导则汇编，1998年国家核安全局对1992年版汇编进行了补充、修订并重新进行了编号。核安全导则也是按8个系列进行分类，即HAD系列，全系列约有70个导则。

目前，国内各核电厂、设计院、核设备制造厂、核电厂建设单位和调试单位均遵照HAF/HAD法规和导则要求制定和实施质量保证大纲，并取得国家核安全局颁发的许可证，从事与核安全有关物项和服务有关的各项活动。由立法之初及推行实施举措可见，正是由于对核工业安全的高度重视，60多年来，我国一直保持良好的核安全记录。当今，我国核工业发展进入新时代，我国已成为在役核电机组数全球第四，在建核电机组数全球第一，总体规模全球第三的核电大国。习近平总书记在两次国际核安全峰会上，分别就我国的核安全观和核安全立法工作做出了重要论述。2014年，习近平总书记在第三届国际核安全峰会上指出："我们要坚持理性、协调、并进的核安全观，把核安全进程纳入健康持续发展的轨道"，提出"发展和安全并重、权利和义务并重、自主和协调并重、治标和治本并重"的核安全理念，呼吁国际社会携手合作，实现核能持久安全和发展。作为新时代的核科技工作者，应当以核安全法为基石，牢固树立核安全是核工业生命线的理念，确保安全为前提发展核能事业，从而全面提升核安全保障能力。

A.2 常用设计规范

美国的 ASME《锅炉及压力容器规范》和法国的 RCC-M《压水堆核岛机械设备设计和建造规则》是目前国际上关于核电厂设备设计、制造、检验、在役检查等方面比较通用和具有代表性的两个规范。

ASME规范是世界上最早颁布和使用的核电厂和其他核设施设计建造规范（同时也包括民用部分），后被许多国家参照和采纳，并在其基础上发展成具有自己国家特色的标准规范体系。

法国的核电发展在经过不断探索和实践后,最终决定走压水堆技术路线,RCC‐M 规范就是在此基础上酝酿、起草和发布的针对百万千瓦级压水堆核电厂的核岛设计和建造规则。它同样是以 ASME 规范为基础的,结合法国自身的工业技术特点和建造问题,转化而成的专门的法国压水堆技术规范,它是由法国核岛设备设计建造规则协会(AFCEN)以规则形式颁布的,是压水堆核岛设计和建造规则(RCC)整体的一部分,主要适用于与安全有关的压水堆核岛机械设备。

我国目前已经掌握自主化技术并大批量建造的核电 RPV 的参考规范主要来源于 RCC‐M 和 ASME。其中,我国二代加压水堆的 RPV 总体设计主要参考的是 RCC‐M 规范 2000 年版本+2002 年补遗,三代核电技术"华龙一号"的 RPV 总体设计参考的是 RCC‐M 规范 2007 年版本。两个版本之间略有差异,但设计要求大体相同。2007 年版本的 RCC‐M 标准是 2000 年版本与 2002 年、2005 年补遗和 2007 年的修改结合而成的产物。RCC‐M 规范 2007 年版本针对 EPR 项目,其内容不仅适应法国新的审查管理要求,即 2005 年 12 月 12 日颁布的法国核能法令(ESPN),且与欧洲有关国家的审查管理要求有更多的一致性,也与美国的规范标准有更多的兼容性,不仅适合法国国情,而且注重与国际规范标准接轨。同时,国内核电项目的 RPV 在 RCC‐M 规范的基础之上,部分材料参数、设计要求还参考了 ASME 规范的内容,从而形成了符合我国国情和具有自主特色的中国核电设备设计。

相比之下,我国核电规范标准的起步较晚。20 世纪 80 年代初,我国核电标准编制才开始起步。目前,已编制了近 400 项核电标准,包括了从选址、设计建造到运行退役等各个方面,其中国家标准占 30%,行业标准约占 70%。如今,我国也已经基本建立了较为完善的核设计标准规范体系,主要包括 GB/T 16702—2019《压水堆核电厂核岛机械设备设计规范》、机械行业标准 EJ 系列及国家能源行业标准 NB 系列。我国虽已有多项核电标准,但大多并未得到实际工程应用,短时间内难以改变美国标准如 ASME 和法国 RCC 系列在我国并用的局面。因此,如何落实我国核电标准体系建设的真正作用,让其在后续核电工程项目应用中切实落地,是后续应该重点思考和关注的问题。

对于 RPV 而言,在设计及制造期间参照的规范主要是 RCC‐M《压水堆核岛机械设备设计和建造规则》,而在役前和在役阶段的检查主要参照的是法国的 RSE‐M《压水堆核电厂核岛机械设备在役检查规则》。从实际工程经验来看,两个规范在无损检测方面的要求存在差异,例如母材检测区域要求不同、记录阈值要求不同、检测方法不同等因此可能导致 RPV 在制造阶段的无损检测结果与在役阶段的无损检测结果存在差异。设计单位应根据设备和制造的特点，在 RCC－M 基础上结合 RSE－M 的要求增加无损检测的附加要求，从而避免出现制造阶段无损检测合格而在役阶段无损检测不合格的情况。

A.3 常用标准

RPV 的常用标准总结如表 A－1 所示。

表 A－1 反应堆压力容器常用标准

标 准 编 号	标 准 名 称
HAF003	核电厂质量保证安全规定
生态环境部令第 6 号①	民用核安全设备无损检验人员资格管理规定
生态环境部令第 5 号①	民用核安全设备焊接人员资格管理规定
GB/T 70.1—2008	内六角圆柱头螺钉
GB/T 699—2015	优质碳素结构钢
GB/T 13992—2010	金属粘贴式电阻应变计
GB/T 15260—2016	金属和合金的腐蚀 镍合金晶间腐蚀试验方法
GB 5151—1985	核级碳化硼粉技术条件
GB 9074.16—1988	六角头螺栓和外锯齿锁紧垫圈组合件
RCC－M—2007	压水堆核岛机械设备设计和建造规则
RSE－M—2010	压水堆核电厂核岛机械设备在役检查规则
ASME—2017	锅炉及压力容器规范
AFNOR NF A 04－308—1988	Steel Forging Ultrasonic Inspection Methods-Limits of Testing
ASTM A262—2013	Standard Practices for Detecting Susceptibility to Intergranular Attack in Austenitic Stainless Steels

（续表）

标 准 编 号	标 准 名 称
ASTM A264—2012	Standard Specification for Stainless Chromium-Nickel Steel-Clad Plate
ASTM C667—2017	Standard Specification for Prefabricated Reflective Insulation Systems for Equipment and Pipe Operating at Temperatures above Ambient Air
ASTM C692—2013	Standard Test Method for Evaluating the Influence of Thermal Insulations on External Stress Corrosion Cracking Tendency of Austenitic Stainless Steel
ASTM C750—2018	Standard Specification for Nuclear-Grade Boron Carbide Powder
ASTM C1061—1986	Test Method for Thermal Transmission Properties of Non-Homogeneous Insulation Panels Installed Vertically
ASTM E45—1997	Standard Test Methods for Determining the Inclusion Content of Steel
ASTM E112—1996	Standard Test Methods for Determining Average Grain Size
ASTM E185—1979	Standard Practice for Design of Surveillance Programs for Light-Water Moderated Nuclear Power Reactor Vessels
ASTM E1214—2006	Standard Guide for Use of Melt Wire Temperature Monitors for Reactor Vessel Surveillance
AWS A5.11—2005	Specification for Nickel and Nickel Alloy Welding Electrodes for Shielded Metal Arc Welding
AWS A5.14—2005	Specification for Nickel and Nickel-Alloy Bare Welding Electrodes and Rods
AWS A5.23—2007	Specification for Low-Alloy Steel Electrodes and Fluxes for Submerged Arc Welding
AWS A5.4—2006	Specification for Stainless Steel Electrodes for Shielded Metal Arc Welding
AWS A5.5—2006	Specification for Low Alloy Steel Covered Arc Welding Electrodes
AWS A5.9—2006	Specification for Bare Stainless Steel Welding Electrodes and Rods

(续表)

标 准 编 号	标 准 名 称
EN 473—1993	Qualification and Certification of NDT Personnel — General Principles
EN 1600—1997	Welding Consumables. Covered Electrodes for Manual Metal Arc Welding of Stainless and Heat-Resisting Steels. Classification
EN 10088 - 2—2005	Stainless Steels. Part 2: Technical Delivery Conditions for Sheet/Plate and Strip of Corrosion Resisting Steels for General Purposes
EN 10088 - 3—2005	Stainless Steels. Part 3: Technical Delivery Conditions for Semi-Finished Products, Bars, Rods, Wire Sections and Bright Products of Corrosion Resisting Steels for General Purposes
ISO 9606 - 1—2012	Qualification Testing of Welders. Fusion Welding. Part 1: Steels
NRC R. G 1.99—1988	Radiation Embrittlement of Reactor Vessel Materials

注：① 生态环境部令第 5 号的前身是 HAF603《民用核安全设备焊接人员资格管理规定》，生态环境部令第 6 号的前身是 HAF602《民用核安全设备无损检验人员资格管理规定》，HAF 602 与 HAF603 在 2019 年升版并通过生态环境部令第 6 号与第 5 号发布。

　　RPV 的总体设计除了要满足 RCC - M 的要求外，详细设计也参考了其余标准的内容。例如，在结构材料方面，除了满足 RCC - M M 篇的要求外，结构材料的超声检测还要满足 AFNOR NF A 04 - 308 的要求，金相检验参考了美国的 ASTM 系列标准，如材料晶粒度的评定根据 ASTM E 112 执行，非金属夹杂物含量的评定根据 ASTM E 45 执行。在焊材方面，除了要满足 RCC - M S 篇的要求外，同时还参考了美国的 AWS 系列标准，如低合金钢焊丝和焊剂的参考标准 AWS A5.23，低合金钢焊条的参考标准 AWS A5.5，不锈钢焊条的参考标准 AWS A5.4，不锈钢焊丝的参考标准 AWS A5.9，镍基焊丝的参考标准 AWS A5.14，镍基焊条的参考标准 AWS A5.11。

　　辐照监督管的设计主要参考了 ASTM 系列标准和 R. G 标准，例如 ASTM E185、ASTM E1214、NRC R. G 1.99 等。

　　保温层的设计标准主要来源于法国的 EN 系列标准，如 EN 10088 - 2、EN 10088 - 3、EN 1600 等。值得一提的是，由中国核动力研究设计院设计团队主编的 ISO 23466—2020《压水堆核电厂—回路冷却剂系统设备和管道保温层设计规范》已在 2020 年成功出版,这是我国核领域的首个国际 ISO 标准,标志着我国核电技术迈向国际的重要一步,也意味着我国的核电技术在国际舞台上真正拥有了发言权。

参考文献

［1］ 张金涛,祁婷. 强化核安全文化建设保障《核安全法》落实[J]. 环境保护,2018,46(12): 31 - 35.
［2］ 李小燕,胡岩. RCC - M 标准 2007 版与 2000 版的差异分析[J]. 核科学与工程,2014,34(3): 403 - 408.
［3］ 刘纯一,郑俊铭,黄伟峰. 对我国核电标准体系总体设计的几点看法[J]. 研究与探讨,2010(2): 2 - 10.

附录 B
国内外反应堆压力容器常用材料对照及性能参数

B.1 RPV 常用材料牌号对照

RPV常用材料在国际上的主流牌号主要分为美系标准牌号和法系标准牌号，美系标准牌号主要依照ASME规范，法系标准牌号主要依照RCC-M规范。我国编制并发布了能源行业标准NB/T 20000系列，规定了常用材料的国标牌号。表B-1列出了不同标准体系中的牌号对照。

表 B-1 反应堆压力容器常用材料的牌号对比

部　　件	RCC-M	ASME	NB
低合金钢主锻件	16MND5	SA508M,Gr.3,Cl.1	19MnNiMo
接管安全端	Z2CND18-12(控氮)	SA182M-F316LN	026Cr18Ni12Mo2N
测量管座法兰	Z2CN19-10(控氮)	SA182M-F304LN	026Cr19Ni10N
排气管安全端、检漏管	Z2CND17-12	—	022Cr17Ni12Mo2
径向支承块、管座贯穿件	NC30Fe	SB166 UNS N06690	NS3105
主螺栓	40NCDV 7-03	SA540M,B23,Cl.3	40CrNi2MoV
主螺母、垫圈	40NCD 7-03	SA540M,B24,Cl.3	40CrNi2Mo

B.2 RPV 常用材料性能参数

如前所述,RPV 的常用材料包括了用于主锻件、耐高温高压且抗辐照性能优异的低合金钢,用于接管安全端、管座法兰等锻件的奥氏体不锈钢,以及用于径向支承块及管座贯穿件、抗应力腐蚀性能优异的镍基合金。这些结构材料的性能参数,是作为结构性能分析和材料评定的必备输入数据。

结构材料的性能数据基本上有三种:拉伸性能(主要包括许用应力 S_m、屈服强度 S_y 及抗拉强度 S_u),物性参数(主要包括弹性模量、线膨胀系数、热导率、热扩散系数及泊松比)。这些性能数据在常用的设计规范中都能查到,但应注意的是,性能数据应取自设计采用的同一规范体系。若采用 RCC - M 规范,则从 RCC - M 中的规定性附录 Z 选取;若采用 ASME 规范,则从 ASME - Ⅲ 中的规定性附录 Ⅰ 选取。主要材料的性能数据的差异对比可见表 B - 2(许用应力对比)、表 B - 3(弹性模量及线膨胀系数对比)以及表 B - 4(热导率、热扩散系数及泊松比对比)。

表 B - 2 许用应力对比(343 ℃设计温度)

材料牌号(法标)	标　准	S_m/MPa	S_y/MPa	S_u/MPa
16MND5	ASME	184	299	551
	RCC - M	184	299	552
Z2CND18 - 12 (控氮)	ASME	110	112	433
	RCC - M	114	127	462
Z2CN19 - 10 (控氮)	ASME	111	122	433
	RCC - M	111	124	438
NC30Fe	ASME	111	123	437
	RCC - M	161	189	552
40NCDV 7 - 03	ASME	240	706	999
	RCC - M	240	721	制定中

（续表）

材料牌号(法标)	标 准	S_m/MPa	S_y/MPa	S_u/MPa
40NCD 7‑03	ASME	221	652	930
	RCC‑M	240	660	制定中

表 B‑3 弹性模量及线膨胀系数对比

材 料 (法标)	温度/℃	弹性模量/(N/mm²)		线膨胀系数/(1/℃)	
		ASME	RCC‑M	ASME	RCC‑M
16MND5	327.2	$1.73×10^5$	$1.82×10^5$	$1.52×10^{-5}$	$1.52×10^{-5}$
	292.8	$1.75×10^5$	$1.86×10^5$	$1.48×10^{-5}$	$1.48×10^{-5}$
Z2CND18‑12 (控氮)	327.2	$1.74×10^5$	$1.74×10^5$	$1.90×10^{-5}$	$1.87×10^{-5}$
	292.8	$1.76×10^5$	$1.77×10^5$	$1.87×10^{-5}$	$1.84×10^{-5}$
Z2CN19‑10 (控氮)	327.2	$1.74×10^5$	$1.74×10^5$	$1.88×10^{-5}$	$1.90×10^{-5}$
	292.8	$1.76×10^5$	$1.77×10^5$	$1.85×10^{-5}$	$1.88×10^{-5}$
NC30Fe	327.2	$1.93×10^5$	$2.00×10^5$	$1.55×10^{-5}$	$1.52×10^{-5}$
	292.8	$1.94×10^5$	$2.02×10^5$	$1.53×10^{-5}$	$1.46×10^{-5}$
40NCDV 7‑03	327.2	$1.73×10^5$	$1.82×10^5$	$1.48×10^{-5}$	$1.52×10^{-5}$
	292.8	$1.75×10^5$	$1.86×10^5$	$1.45×10^{-5}$	$1.48×10^{-5}$
40NCD 7‑03	327.2	$1.73×10^5$	$1.82×10^5$	$1.48×10^{-5}$	$1.52×10^{-5}$
	292.8	$1.75×10^5$	$1.86×10^5$	$1.45×10^{-5}$	$1.48×10^{-5}$

表 B‑4 热导率、热扩散系数及泊松比对比

材料 (法标)	温度 /℃	热导率/[W/(m·K)]		热扩散系数/(m²/s)		泊松比	
		ASME	RCC‑M	ASME	RCC‑M	ASME	RCC‑M
16MND5	327.2	$3.71×10$	$3.91×10$	$2.98×10^{-2}$	$3.11×10^{-2}$	0.3	0.3
	292.8	$3.76×10$	$3.96×10$	$3.10×10^{-2}$	$3.24×10^{-2}$		

（续表）

材料 （法标）	温度 /℃	热导率/[W/(m·K)]		热扩散系数/(m²/s)		泊松比	
		ASME	RCC-M	ASME	RCC-M	ASME	RCC-M
Z2CND18-12（控氮）	327.2	1.83×10	1.83×10	1.51×10^{-2}	1.52×10^{-2}	0.3	0.3
	292.8	1.79×10	1.78×10	1.48×10^{-2}	1.50×10^{-2}		
Z2CN19-10（控氮）	327.2	1.98×10	1.90×10	1.63×10^{-2}	1.58×10^{-2}		
	292.8	1.93×10	1.85×10	1.60×10^{-2}	1.55×10^{-2}		
NC30Fe	327.2	1.75×10	1.91×10	1.51×10^{-2}	1.52×10^{-2}		
	292.8	1.69×10	1.87×10	1.47×10^{-2}	1.48×10^{-2}		
40NCDV7-03	327.2	3.66×10	3.18×10	2.79×10^{-2}	2.62×10^{-2}		
	292.8	3.68×10	3.19×10	2.89×10^{-2}	2.68×10^{-2}		
40NCD7-03	327.2	3.66×10	3.18×10	2.79×10^{-2}	2.62×10^{-2}		
	292.8	3.68×10	3.19×10	2.89×10^{-2}	2.68×10^{-2}		

B.3 材料组别

　　焊接工艺评定是试件焊接时所用焊接数据及焊接变素的证明，但并不是每种材料都必须进行原相同材料的焊接工艺评定，为减少焊接工艺评定的数量，在ASME第Ⅸ卷《焊接和钎接评定标准》中提到了材料组别的概念。该概念指的是在通过了某一材料的焊接工艺评定，且其他主要焊接变素不变的情况下，该材料的焊接工艺评定可代表所属组别号的其他材料的焊接工艺评定。材料的类别号通常以P-No.来命名，而P-No.是以数字的顺序来制定的，因此每个P-No.都是单独存在的。材料主要根据母材的特性（如成分、焊接性能、力学性能等）进行分类。表B-5列出了主要合金材料的分组情况。

　　对于相同类别号的材料，高组别号的材料评定可适用于低组别号的材料；反之，低组别号的材料评定则不能用于高组别号的材料。以RPV相关的各类材料举例（主要材料的分类可见表B-6所示），SA508M,Gr.3,Cl.2的评定适用于

SA508M,Gr. 3,Cl. 1,而 SA508M,Gr. 3,Cl. 1 的评定则不能用于 SA508M,Gr. 3,Cl. 2。但对于制造厂首次采用的材料,均应进行焊接工艺评定。

表 B-5 主要合金材料的分组情况

类 别 号	母 材
P-NO. 1~P-NO. 15F	钢及钢合金
P-NO. 21~P-NO. 26	铝及铝合金
P-NO. 31~P-NO. 35	铜及铜合金
P-NO. 41~P-NO. 49	镍及镍合金
P-NO. 51~P-NO. 53	钛及钛合金
P-NO. 61~P-NO. 62	锆和锆合金

表 B-6 反应堆压力容器主要材料的组别分类

类 别 号	组 别 号	材 料 牌 号
P-NO. 1	1	Q235-B
	2	SA106,Gr. B
	3	SA516,Gr. 70、SA671,Gr. CD 70、SA508,Gr. 1A
	4	SA738,Gr. B
P-NO. 2	1	Q345-R
P-NO. 3	1	SA508M,Gr. 3,Cl. 1、SA533,B,Cl. 1
	2	SA508M,Gr. 3,Cl. 2、SA533,B,Cl. 2
P-NO. 4	1	SA234,WP11,Cl. 1、SA335,P11
	2	SA739,B11
P-NO. 6	1	SA479,TP410
	2	12Cr13

类 别 号	组 别 号	材 料 牌 号
P‑NO.8	1	304L、316L
	2	304、304LN、304H、316、316LN
	3	022Cr19Ni10N
P‑NO.11B	4	ASTM A517,Cr. B
P43		Inconel 690

材料分组的概念在 RCC‑M 中同样有所提及。RCC‑M S3200 中的 8.3 节规定,级别相同但由不同的制造或者加工工艺(锻造、轧制、浇铸等)生产的产品可视为等效。相比于 ASME 第Ⅸ卷对材料组别进行了系统规定,RCC‑M 关于材料组别的规定更多引用的是 ISO、EN 标准。材料具体的分类原则和对应的组别可参考 CR ISO 15608,其中材料分类主要依据化学成分、最小屈服强度等参数来进行。按照 CR ISO 15608 的分类原则,RPV 主锻件用 16MND5 低合金钢材料应属于 3.1 组,接管安全端用 Z2CND18‑12(控氮)奥氏体不锈钢材料应属于 8.1 组,排气管安全端、检漏管用 Z2CND17‑12 奥氏体不锈钢材料应属于 8.1 组,NC30Fe 镍基材料应属于 43 组。对于没有在同一个组的材料及材料组合,都需要进行单独的焊接工艺评定。若一个材料属于两个组别,则应始终归于等级较低的组别。

材料组别的概念在国家能源行业标准 NB/T 47014—2011 中同样有所体现,具体分类清单可见 NB/T 47014—2011 中的表 1。同样地,同类组别号的母材不需要重新进行焊接工艺评定,但该要求需要视情况而定,不能一概而论。如 Q345R 和 15MnNiDR 都属于 Fe‑1‑2 组别。如果仅仅进行了 Q345R 的焊接工艺评定,就将其作为 15MnNiDR 合格的焊接工艺评定的话,在 15MnNiDR 实际施焊时,没法确认使用什么焊接材料和焊接工艺参数,也没法确认 15MnNiDR 所用的焊接材料和 Q345R 所用的焊接材料可以一致。又如 S30408 和 S31603 同是 Fe‑8‑1,但不能把 S30408 合格的焊接工艺评定照搬到 S31603 材料上面来,因为它们的耐腐蚀性能不同。因此,进行焊接工艺评定时既要基于 NB/T 47014—2011 标准中母材类组别评定规则,又要考虑母材的焊接性能和使用性能。

参考文献

[1] 梁珊初,唐照国,金小芳.压力容器焊接工艺评定的要点[J].装备制造技术,2015,6：248-254.

附录 C

反应堆压力容器相关设备/部件介绍

C.1 反应堆压力容器保温层

本附录主要介绍反应堆压力容器保温层的设计思路与方法。

C.1.1 概述

核电项目反应堆压力容器保温层采用金属反射型结构,其基本功能如下:在反应堆正常运行时,能有效地减少反应堆的热损失,提高热能利用率,改善堆腔环境条件,并且减小 RPV 的壁面温差,降低热应力。

对于以"华龙一号"、AP1000 为代表的三代核电堆型,基于堆芯熔融物滞留(IVR)安全策略,其专门设置有堆腔注水冷却系统。该系统在反应堆堆坑内的结构需依托反应堆压力容器保温层实现,具体要求如下:在严重事故工况下,保温层能在 RPV 外壁面形成一个特定的环形流道,使得冷却水从底部进入该环形流道充分冷却 RPV 下封头,并且能够将冷却产生的蒸汽从环形流道的顶部自由排出,避免 RPV 下封头被堆芯熔融物熔穿,缓解严重事故的后果。

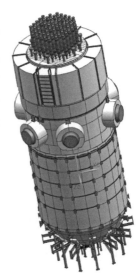

此外,由于上述流道结构的存在,将不可避免地为堆芯中子、γ 射线等提供了逸出通道,因此,反应堆压力容器保温层还需根据屏蔽计算结果,在相应位置设置辐射屏蔽组件,以降低目标位置的辐照剂量水平。

典型的反应堆压力容器保温层如图 C-1 所示。

图 C-1 反应堆压力容器保温层示意图

C.1.2 设计要求

反应堆压力容器保温层的设计应综合考虑其全部功能要求,其主要设计内容至少包括(但不限于)以下内容:

(1) 基于上游设计要求,明确保温层的安全等级、质保等级和抗震类别。

(2) 明确与核电厂安全功能相关的要求。

(3) 材料选择。

(4) 热性能设计及试验。

(5) 强度设计及试验,包括结构整体性、抗地震、抗振动等。

(6) 其他要求,包括保温层的安装、拆除、维护、在役检查、替换等。

C.1.3 与核电厂安全功能相关的要求

反应堆压力容器保温层的设计应满足核电站核岛对于保温材料安全方面的要求。保温层的设计应保证被保温设备的安全功能得到实现,并尽量减少对其他安全功能的影响。

基于上述总体要求,对于在各类工况下的保温层有如下详细设计要求。

(1) 在正常运行工况下和预计运行事件下,保温层应在其设计寿期内承受相关载荷,保证结构完整性,并完全实现自身各项功能。

(2) 运行安全地震(SL-1)期间及以后,保温层应能可靠地执行其功能且不危害 RPV 和邻近安全级物项。在极限安全地震(SL-2)期间及以后,保温层应保持结构完整性且不危害 RPV 和邻近安全级物项(包括但不限于反应堆压力容器及其连接管道、堆外核测设备、紧急堆芯冷却系统等)。

(3) 在 LOCA 工况下,保温层应严格限制或消除碎片量,其产生的最大可能碎片量不得超过电厂安全要求的最大限值,不得堵塞堆芯冷却安全系统的流道,不得影响包括地坑过滤器在内的具备核电厂安全功能的设备正常运行。

(4) 若保温层自身还承担额外的核电厂安全功能,则该功能的可靠性应得到保证。

C.1.4 材料选择

C.1.4.1 选材原则

反应堆压力容器保温层所使用的材料包括主体绝热材料、外部包覆/封装材料、支承/固定材料等。材料应具备耐辐照性能,在材料使用寿期内,其主要性能变化不得影响保温层自身功能要求,而设计寿期主要根据可维修更换条件确定,其中不可更换部分的设计寿期应与 RPV 设计寿期相同。所有材料的最高使用温度应大于 RPV 的运行或设计温度,且有一定裕量。

C.1.4.2　主体绝热材料

主体绝热材料将直接影响保温层的安全性要求、传热性能、强度、结构等,分为金属与非金属绝热材料两大类,而由于所处环境辐照剂量较高,因此反应堆压力容器保温层主体绝热材料以金属类材料为主,非金属类材料仅用于部分贯穿件缝隙的填塞。

主体绝热材料的基本选材要求见本书 4.4 节。

C.1.4.3　外部包覆/封装材料

外部包覆/封装材料用于制作主体绝热材料外部的包壳、密封板等保护性结构,该材料在其使用寿期内应保持一定强度并在使用条件下满足不同程度的密封功能。当外部包覆/封装材料与主体绝热材料或与其接触的其他设备/管道材料种类不同时,需考虑规避异种金属腐蚀风险。此外,需考虑外部包覆/封装材料与周围接触环境的相容性。

C.1.4.4　支承/固定材料

支承/固定材料用于制作保温层的支承框架、支腿、捆扎带等用于支承或固定保温层的结构,该材料在其使用寿期内应保持一定强度以满足保温层的支承或固定需求。当支承/固定材料与保温层材料或与其接触的其他设备/管道材料种类不同时,需考虑规避异种金属腐蚀风险。此外,需考虑支承/固定材料与周围接触环境的相容性。

C.1.5　热性能设计

C.1.5.1　热性能计算原则

保温层的热性能设计应将被保温设备或管道的表面温度或发热量作为设计输入,以被保温设备或管道的热损失限制为设计目的。该设计目的一般由设备规格书进行规定,并主要通过保温层外表面热流密度、保温层外表面温度、保温层热损失等参数予以描述。

以上述设计目的为依据,代入设计输入,通过理论计算确定保温层的设计厚度。计算所用到的导热系数一般通过单向传热试验或者使用经验数据获取。导热系数测定的传热试验可针对主体绝热材料本身实施,也可针对典型的保温块实施。为了获取更接近真实使用状态的导热系数,推荐采用针对典型保温块实施的单向传热试验。为安全起见,设计厚度应考虑一定的裕量。

在外表面对流传热系数计算中,需考虑保温层外表面形状与方向,外界环境温度及通风情况,选取不同的对流传热系数计算方法。辐射传热系数则应与主体绝热材料和外部包覆/封装材料性质保持一致。

保温层产品的热性能建议通过试验进行考核,以验证是否满足设计要求。

C.1.5.2 其他热性能设计要求

保温层外表面温度不宜超过 60 ℃,对于外表面超过 60 ℃ 且人员可能接触的部位应设置永久性警告标志。

保温层热性能设计需考虑由于保温结构及被保温设备或管道热膨胀引起的位移对相邻结构的影响。

当保温层与被保温设备管道之间存在间隙,且在实际产品中无法完全杜绝保温层内外侧间的贯穿流道时,需考虑烟囱效应对保温层整体热性能的影响。

C.1.6 强度设计

C.1.6.1 强度设计计算原则

保温层的强度设计应根据保温层安全等级及抗震类别,将各工况下的载荷作为设计输入,以保温层的强度能满足各工况下的功能或结构完整性要求为设计目的。

保温层强度设计输入包括但不限于以下几种载荷,计算时可根据工况不同选取不同载荷的组合,载荷组合的选取应能代表该工况下的最严重载荷情况:

(1) 保温层及其附件的自重。

(2) 保温层自身热胀和冷缩引起的载荷。

(3) 被保温设备或管道热胀和冷缩引起的载荷。

(4) 振动载荷。

(5) 地震工况引起的载荷。

(6) 在役检查时承受的载荷(若有)。

(7) 保温层自身具备核电厂安全功能时需要额外承受的载荷(若有)。

计算时,针对保温层各部分的典型结构代入设计输入,计算其在相应载荷下是否能满足上述设计目的。计算主要针对各零部件间的连接结构(包括焊缝、螺栓、搭扣等),各类悬臂支承或横梁结构,包括吊耳在内的各类安装用结构。

上述结构在载荷作用下计算得到拉伸、压缩、剪切、弯曲及按相应强度理论计算得到的组合应力应低于相应应力限值,该应力限值的取值由设计者选取的强度计算标准决定,计算结果应留有一定裕量。

保温层产品的力学性能建议通过试验进行考核,以验证是否满足设计要求。

C.1.6.2　其他强度设计要求

保温层强度设计应满足 C.1.3 中基于核电厂安全功能对保温层结构完整性与可靠性相关的要求。

在对保温层结构进行动力学分析时,可采用等效静载荷法或模态响应频谱法。保温层在设备正常运行的振动频率范围内不应产生共振。

保温层强度设计需考虑板材或管材的变形挠度对相邻结构的影响。

C.1.7　其他结构设计要求

保温结构的整体外形应尽量根据 RPV 外形进行设计,保温结构应完全包覆 RPV 的表面,且保温层内外侧不得存在直接贯穿的泄热缝隙或通道,尽量减少烟囱效应影响,同时避免热桥产生。这一要求尤其需在接头及贯穿结构的设计中予以注意。

根据保温层强度、结构、安装运行等具体要求的不同,可考虑是否设置支承/固定结构。保温层结构设计应满足保温层不同部分对安装时机与顺序、安装可达性、安装工具及人员操作空间的不同需求。保温层结构设计应满足被保温设备或管道贯穿件的贯穿需求,且不影响贯穿件的功能。

保温层结构设计可根据被保温设备各自特点和需求采用不可拆式或可拆式保温层结构。保温层结构设计应满足自身和被保温设备或管道的在役检查可达性和可维修性(若有需求时)要求,对于需要进行在役检查或定期检测的被保温设备或管道,其受检区域的保温层设计应符合相关规范的要求。保温层结构设计应考虑各部件及其之间的热膨胀行为,重要部件应进行热应力和热变形分析。保温块组装成保温层后,保温块之间应预留热面间隙或采用可膨胀型接头,允许自由膨胀。保温层各保温块之间、保温块与贯穿件之间应采取封闭措施(如设置搭板、Z 形密封件、密封圈等),以防止出现直接贯穿的泄热通道。

保温层的任何支承构件均不得焊接在 RPV 上,也不允许在 RPV 上进行焊接、钻孔、攻丝等操作。采用卡箍固定时,应考虑相应的热胀差。保温层设计应考虑抗地震、防振动措施(如设置防振动阻尼构件)。保温层结构应能防止其他设备滴漏的液体浸入保温块内部。在特殊情况下,保温层受到短期液体浸泡后,浸入保温块内的液体应能快速排出。保温层固定用螺栓、搭扣等零部件应考虑采用防松设计和相应的措施。保温层结构设计应尽量采用标准件,尽可能提高零、部件的互换性。

C.2 反应堆压力容器辐照监督管

C.2.1 功能

运行期间 RPV 承受高温、高压和强烈的中子辐照作用,辐照效应将使其材料的强度升高,塑、韧性降低,即产生辐照脆化,其程度主要取决于中子注量、能谱和辐照温度。因此,在反应堆内设置辐照监督管并实施相宜的辐照监督计划,可对 RPV 母材和焊缝材料的性能在运行过程中的变化情况进行监督,以确保 RPV 的安全。

监督管内装有辐照监督试样、温度探测器和剂量探测器随堆运行,根据辐照监督计划,定期抽取监督管。用辐照前后的试样进行拉伸、冲击及断裂韧性试验,以获得 RPV 材料辐照后的力学性能、脆化程度,为 RPV 的力学分析和安全分析提供数据,并为 RPV 的压力-温度运行限值曲线的修正提供依据。

C.2.2 结构和材料

监督管的结构设计应考虑如下内容:在反应堆设计使用寿期内,管壳应能保持足够的刚度和完整性,防止辐照期间试样和探测器受到机械损伤;管壳应具有高度的密封性能,在寿期内确保管内保持足够的惰性气体,防止试样受到损害;监督管应便于安装、固定及拆卸,并易于解剖和取出试样;试样和探测元件在监督管内合理布置,尽可能减少同类试样之间因位置造成的差异,而探测元件则尽量兼顾不同位置的差异;在监督管内安放填隙块,防止监督管内各零件发生相对运动,并使试样、填隙块和管体之间保持紧密接触。

每根监督管由两个半槽形壳体和顶塞、底塞焊接而成。监督管内装有试样、剂量探测器、温度探测器、各种类型的填隙块和探测器块,如图 C-2 所示。管体内部充有大于或等于一个大气压的氦气,并通过焊接在顶塞上的密封塞进行密封。

图 C‑2 辐照监督管示意图

辐照监督试样、各种类型的填隙块和探测器块均为与 RPV 母材相同的低合金钢材料,不能直接与冷却剂接触,因此监督管管体(包括半槽形壳体、顶塞、底塞和密封塞等)需采用耐腐蚀材料,通常使用的是奥氏体不锈钢。

C.2.3 试样和探测器

1) 辐照监督试样和冷态试样

辐照监督试样一般包括取自 RPV 母材、焊缝金属、热影响区金属和参考材料的试样。为了方便制备辐照监督试样,一般会将两段取自 RPV 堆芯区锻件延伸段的具有足够尺寸的环形试料焊接组成辐照监督试料,母材、焊缝金属和热影响区试样均可在该试料上切取。

辐照监督试样的种类有五种类型,包括夏比 V 形缺口(CV)试样、拉伸试样、紧凑拉伸(CT)试样、弯曲试样和落锤试样。拉伸试验可用于确定材料辐照后的强度,包括抗拉强度、屈服强度、伸长率和断面收缩。通过一系列 CV 试样的冲击试验所确定的冲击韧性值‑温度($K_{CV} - T$)曲线可确定材料辐照后的上平台能量,也可用于确定材料辐照后的参考无延性转变温度的变化量 $\Delta T_{R, NDT}$。CT 试样和弯曲试样可用于测量材料辐照后的静态临界应力强度因子 K_{IC},从而开展断裂力学分析及评价。落锤试样由于尺寸较大,并不适宜装入监督管中,一般用在冷态试验时,确定材料的初始 $T_{R, NDT}$。

除了通常所说装入监督管中的辐照监督试样,还需备有冷态试样,即不经受辐照的试样,试样种类和取样要求基本与辐照监督试样相同,一般包括落锤试样、冲击试样、拉伸试样、CT 试样和弯曲试样等。以冷态试样进行的冷态试验通常在第一根监督管从堆内抽取前完成,以获得材料未经辐照的性能数据。

参考材料是辐照监督试样中一类很特殊的存在,它的特殊在于并不要求它的性能有多么优异,也不要求它与其他辐照监督试样多么相似,只在乎它是不是有"丰富的经验"。这个丰富经验具体体现在参考材料应是来自同一来源的参考材料,被放置到各个反应堆内,积累了不同辐照条件下丰富的辐照数据,如此当从一个运行不久的反应堆中取出监督管并获得试验结果后,可通过参考材料的数据校核监督管所在辐照环境与预期的偏离情况。

2）剂量探测器

剂量探测器用以探测反应堆的中子注量率、注量或能谱，而实现这些功能的剂量探测器元件有很多种类，采用纯金属或合金制成，其成分也不尽相同。表 C-1 列出了部分常用的探测器及其目标反应、探测的中子能区、产物半衰期等参数。设计者在选择剂量探测器种类时需考虑期望用于探测的中子能量范围，还要综合考虑探测器反应产物半衰期与监督计划的匹配性、探测器元件材料制备便利性、后期结果分析能力等，一个合理的剂量探测器设计，通常是多种类型探测器相互搭配使用的方案。读者若要了解其他类型探测器，可查阅 ASTM E844。

表 C-1　剂量探测器的目标反应、探测中子能区以及产物半衰期

探测器种类	目 标 反 应	探测中子能区/MeV	产物半衰期
Ti	$^{46}Ti(n,p)^{46}Sc$	3.76～9.92	83.81 d
Ni	$^{58}Ni(n,p)^{58}Co$	2.05～7.90	70.86 d
Fe	$^{54}Fe(n,p)^{54}Mn$	2.32～7.93	312.11 d
Cu	$^{63}Cu(n,\alpha)^{60}Co$	4.65～11.52	5.27 a
Nb	$^{93}Nb(n,n')^{93m}Nb$	0.97～6.08	16.13 a
^{238}U	$^{238}U(n,f)FP$	1.45～7.12	^{137}Cs—30 a
^{237}Np	$^{237}Np(n,f)FP$	0.69～6.06	^{137}Cs—30 a
Co-Al	$^{59}Co(n,\gamma)^{60}Co$	超热中子、热中子	5.27 a

3）温度探测器

辐照温度对材料的辐照脆化过程有重要的影响，温度探测器用以检测辐照监督试样所处的辐照温度是否超出预期值。

温度探测器的探测器元件是利用不同组分的合金或纯金属制造成不同熔点的材料，如表 C-2 所示，ASTM E1214 中给出了一些常用的合金组分及其熔点温度，基本覆盖了多数压水反应堆堆内冷却剂的温度范围，设计者可以根据监督管所在位置的工作温度选择适当的探测器。

表 C‑2　温度探测器元件组分和熔点

温度探测器元件组分	熔点/℃
Cd‑17.4Zn	266
Au‑20.0Sn	288
Pb‑5.0Ag‑5.0Sn	292
Pb‑2.5Ag	304
Pb‑1.5Ag‑1.0Sn	309
Pb‑1.75Ag‑0.75Sn	310
Cd‑1.2Cu	314
Cd	321
Pb	327

C.2.4　制造和检验

简单来说,辐照监督管的制造就是分别加工制造辐照监督试样、探测器块、填隙块(塞)等内件,并按设计要求装载就位在辐照监督管半槽壳内,然后对半槽壳、底塞、顶塞等实施焊接的过程。

在整个流程中,设计者需要着重关注以下过程。

1) 内件装载

由于监督管抽取后的解剖都是在热室条件下远距离观察和试验,因此在制造阶段就需要做好充分的记录,为将来的解剖试验提供方便。如图 C‑3 所示,就是在不同探测器的石英玻璃管上做出外观上容易识别的标记,方便以后区分各种类型探测器。

图 C‑3　石英玻璃管

每个探测器装入探测器块之前也需要单独进行拍照,如图 C-4 所示,以记录探测器的原始状态、种类和装载位置。而剂量探测器装载前,尤其要注意将其实际装载位置与其对应质量予以记录,不然会给以后的测量分析带来很多麻烦。

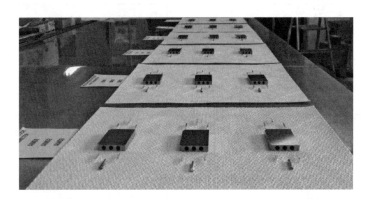

图 C-4　探测器装载前的记录

2) 充氦密封焊

为实现监督管管体的密封性,通常先将已装配好的辐照监督管反复地进行多次的抽真空后充氦气操作,监督管最终焊缝要实施充氦密封焊。在结构上,设计者应充分考虑易于实现充氦密封焊,比如在顶塞上焊接密封塞来完成辐照监督管的最后密封,如图 C-5 所示。充氦密封焊操作过程可以在一个密闭室内完成,或采用其他等效的措施。充氦密封焊完成后,随即进行氦检漏试验。

图 C-5　充氦密封焊

3）氦检漏试验

将辐照监督管放在高出管内充氦压力的氦气压力室内，保持一定时间，然后在接近真空条件下检测氦气泄漏率，应满足设计要求。氦检漏试验装置如图 C-6 所示。

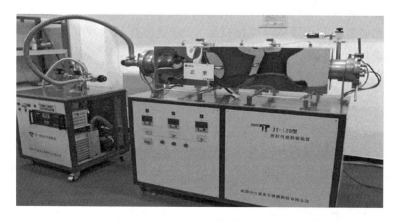

图 C-6　氦检漏装置

4）蒸压

监督管装焊完成后半槽壳与内件可能还有一定间隙，可对监督管实施蒸压。蒸压一般会将监督管置于接近工作温度和高于工作压力的外压环境中较长时间，通过外压作用，使半槽壳与内件紧密接触。蒸压装置如图 C-7 所示。

5）检验

监督管产品进行目视检验、液体渗透检验和尺寸检查。若设计者对于焊接接头的熔深有特殊要求，则可在焊接工艺评定件和焊接见证件中考察。

图 C-7　蒸压装置

C.2.5　安装

不管是堆内构件吊篮外侧还是 RPV 筒体内侧，通常都会设置放置和固定监督管的支架，称为辐照样品架。辐照样品架上有与监督管顶塞和底塞配合的卡环结构，监督管即通过该结构安装固定。为确保监督管在堆内流体作用下不会松动,卡环结构装拆均需要施加较大的力,最大可能达到 15 000 N 左右,因此监督管的插入和拔出需设置专门的工具,在附录 C.5 中对这些工具有介绍。

考虑运行后监督管的插入拔出均为带放射性操作,可在安装和调试阶段实施辐照监督管插拔试验,用以验证辐照监督管插入工具和拔出工具的功能,检查辐照监督管和辐照样品架接口尺寸,以及检查无水或有水状态下辐照监督管的插拔力。

C.3 反应堆压力容器密封件

C 形密封环和 O 形密封环是 RPV 主密封采用最广泛的两种密封件,本节针对这两种密封环进行详细介绍。所谓 C 形和 O 形,指的都是密封环截面形状。不管 C 形密封环还是 O 形密封环,许多行业的密封中都会用到,而且与不同的密封条件相适应,密封环的材质、结构、密封特性等都会有差异,这里为方便起见,以 C 形密封环和 O 形密封环来特指使用在 RPV 上的这两类环。

C.3.1 C 形密封环

C.3.1.1 结构和材料

C 形密封环,也称为弹簧赋能型密封环,其断面结构如图 C-8 所示,内层为丝材绕制的弹簧,中间层为镍基合金覆面,外层为密封银层。在这种结构中,内层的弹簧在受到压紧力时能够提供优良的回弹性能。

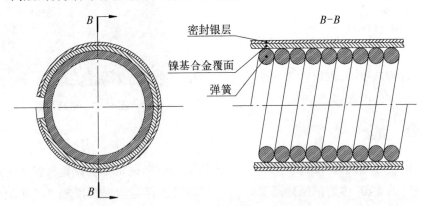

图 C-8 C 形密封环断面结构示意图

绕制弹簧的丝材为固溶处理后冷拔状态的 Inconel X750。镍基合金覆面材料为经退火处理的 Inconel 600。密封银层的材料为经退火处理的纯度达 99.99％的银,密封银层经真空熔炼、铸造和精轧制成。银的硬度不能过高,否则要进行退火处理。

C.3.1.2　制造和检验

弹簧是确保 C 形密封环回弹性能的关键部件,弹簧采用冷卷方式绕制,经缠绕后的弹簧在氩气环境中经历 730 ℃左右的时效处理。弹簧是圆形拼紧螺旋弹簧,沿圆环或在各圈间不应有拐角、折叠、偏斜或圈间变形。

镍基合金覆面经外观检查,应无任何裂纹、明显的划伤、凹坑,以及轧制的重皮、折叠、氧化皮、起皱等缺陷。

银层表面经目视检查,应无气孔、凹坑、裂纹、折叠、划痕等缺陷,同时银层表面粗糙度有较高要求,一般为 $Ra \leqslant 0.8\ \mu m$ 或更高。为防止银层被铁及其化合物沾污,在加工过程中应对银层加以保护,而且对银层进行亚铁氰化钾检验。将银层置于亚铁氰化钾和硝酸配制的试验溶液中浸泡 15 s 后,表面应无蓝色色变。随后立即用 20％的丙酮溶液清洗表面,最后用蒸馏水仔细并轻轻地冲洗干净。经清洗后的密封银层表面不应出现任何亚铁化合物的污染和亚铁化合物的嵌垢。

弹簧、镍基合金覆面和银层均只允许存在一个焊接接头,而不允许用多段拼接。弹簧接头焊缝只能进行目视检验,镍基合金覆面焊缝和银层焊缝则可实施射线检验、液体渗透检验和目视检验。

C 形密封环制造完成后,需进行外观和尺寸检查、平直度检查、圆度检查、曲率检查和表面粗糙度检查等。外观、尺寸、圆度和粗糙度等的检查都是很常见的,此处不再赘述,需要特别注意平直度的检查。对于大尺寸的 C 形密封环,比如“华龙一号”RPV 上使用的内、外密封环,其周长均在 13 m 以上,刚度很小,因此需要一个标准平台来辅助检查。平直度检查即是将密封环平放在标准平台上,在自重作用下,检查密封环在整个圆周上的不接触表面与标准平台平面间的间隙。

以上检查合格并不意味着 C 形密封环就是合格的,还需要开展一系列试验验证其性能,这些试验对密封环的性能会带来一些不良影响,因而不适合在密封环产品上实施,而需要利用样品环进行考验。

C.3.1.3　试验

对于无法在产品密封环上实施的试验,可制造小尺寸样品环用于试验。

小尺寸样品环除周长较小外,其截面尺寸与产品密封环完全一致,采用和产品密封环同一批次的材料、同样的制造工艺及同样的制造人员,并在同一阶段完成制造,从而保证小尺寸样品环的密封性能能够代表产品密封环。

1）密封特性试验

C形密封环的密封特性曲线如图C-9所示。

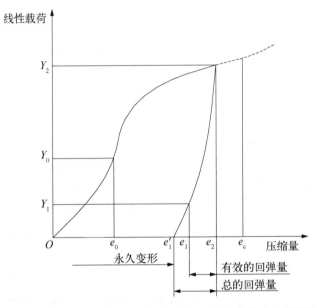

Y_0——达到初始密封状态时,密封环所必需的单位长度上的紧固载荷;

Y_1——从压缩状态 e_2 处减压,到密封失效时,密封环单位长度上的紧固载荷;

Y_2——保持密封且对应于压缩状态 e_2 时,密封环单位长度上的紧固载荷;

e_0——达到初始密封状态时,对应密封环的压缩量;

e_1——从压缩状态 e_2 处减压,到密封失效时,对应密封环的压缩量;

e_1'——减压到零时,对应密封环的永久变形量;

e_2——保持密封状态,对应密封环的最佳压缩量;

e_c——密封环保证密封状态的极限压缩量。

图C-9 C形密封环的密封特性曲线

针对小尺寸样品环进行密封特性试验。试验时,密封面的材料、密封沟槽的截面尺寸和表面粗糙度要求应尽可能与密封结构的设计要求一致。密封特性试验时,<u>应记录下列特征参数</u>（e_0, e_1, e_2, Y_0, Y_1, Y_2）,并绘制密封特性曲线。密封特性试验的验收通常是依据有效回弹量和总回弹量两项指标,从密封特性曲线中都可以直接得到,如图 C-9 所示,有效回弹量为(e_2-e_1),总回弹量为(e_2-e_1')。设计者确定有效回弹量和总回弹量的验收值,可以结合该密封系统的使用工况,以及密封分析中密封环位置的法兰分离量来确定,总的原则是有效回弹量应足以包络各类使用工况下的法兰分离量。

2) 氦检漏试验

氦检漏试验是 C 形密封环密封性能检验的重要试验。氦检漏试验同样在小尺寸样品环上进行,在 0.1 MPa 的压差和室温条件下检测氦气的泄漏率,对于只要求实现水密封的使用场合,泄漏率一般要求在 10^{-9} Pa·m³/s 的量级。氦检漏试验装置如图 C-10 所示。

3) 水压试验

小尺寸样品环的水压试验至少在不低于 RPV 水压试验压力下进行,推荐试验温度≤65 ℃,保压时间≥30 min。在试验过程中,小尺寸样品环不发生任何泄漏和异常现象;试验后,密封银层应无裂纹、折叠、脱落

图 C-10 氦检漏和水压试验装置

和起皮现象,小尺寸样品环无任何损坏。水压试验装置如图 C-10 所示。

C.3.2 O 形密封环

C.3.2.1 结构和材料

O 形密封环的结构如图 C-11 所示。O 形密封环常用镍基或不锈钢管材制造,RPV 主密封结构中常用的 O 形密封环采用 Inconel 718 合金的管材镀银制造而成。Inconel 718 合金管材是采用冷拉成形的无缝管,经固溶处理加时效处理。

从结构上 O 形密封环又可以进一步分成两类:一类称为自紧密封型 O 形环,在 O 形环内侧开有若干个小孔,既用于安装固定密封环的夹片,又使环内腔体与容器内连通,使其具有自

图 C-11 O 形密封环示意图

紧式密封的特点;另一类是充气型 O 形环,O 形环内部充有一定压力的气体。

C.3.2.2 管材制造和检验

Inconel 718 合金的管材是保证 O 形密封环回弹性能的关键部件,因此该管材除常规的力学性能试验外,还需要进行无损检测、压扁试验、挤压试验、扩口试验、水压试验和压缩试验等检验。

1) 无损检测

管材表面进行目视检验,没有可见的膜、油脂、金属鳞片和异物,内外表面应光滑、无毛刺、缝隙、撕裂、凹槽、刮痕、分层、切条、深凹、氧化皮、酸洗残留物、碳化物残留、色斑、热变色和氧化物。作为后续镀银的准备,管材外表面的粗糙度不大于 $0.4~\mu m$ 或更好,若时效处理后的管材外表面有残留的氧化物需抛光去除。

此外,管材在原材料阶段还需进行液体渗透检测和超声检测。超声检测在两个圆周方向上用环向横波扫查,参考试块加工有一定深度的内、外壁纵向切槽。

产品 O 形环的每个焊缝都需进行射线检测以确定管材焊缝的完好性及内表面的焊缝余高。

2) 压扁试验

压扁试验可参照 ASTM A370 进行,采用从管材上截取的试样,放在平行板之间,逐渐施加一个垂直于管材轴线的载荷,直到板间的距离达到壁厚的 3 倍,试验后检查试样是否有裂纹或其他缺陷的迹象。

3) 挤压试验

挤压试验可参照 ASTM A370 进行,采用从管材上截取的试样,放在平行板之间,逐渐施加一个平行于管材轴线的载荷对试样两端进行挤压,直到板间的距离为原始试样的 75% 长度,试验后检查试样是否有裂纹或其他缺陷的迹象。

4) 扩口试验

扩口试验可参照 ASTM A370 进行,采用从管材上截取的试样,试验端部切平,使用锥形钢销对试样施加一个恒定的轴向力,使试样产生一个外径不小于 1.25 倍原名义直径的永久性扩口,试验后检查试样是否有裂纹或其他可见缺陷。

5) 水压试验

这里的水压试验指管材的水压试验,设计者应确定适当的试验压力,管材以该内压进行试验时,不应出现鼓包、泄漏或其他缺陷。

6) 压缩试验

压缩试验可参照 ASTM A370 进行,采用从管材上截取足够长度的试样,试样应在两块平行宽板间进行压缩。载荷沿垂直于管材轴线的方向逐渐施加,试验过程中记录不同压缩率下的回弹量,并绘制密封特性曲线。与 C 形环类似,有效回弹量和总回弹量也是 O 形环性能考核的关键指标,设计者可以结合该密封系统使用工况,来确定相应压缩率下 O 形环的有效回弹量和总回弹量的验收值。

C.3.2.3　镀银和试验

O 形环镀银厚度在 0.2 mm 左右,镀银层金属应尽可能纯,一般要求银含量≥99.9%。O 形环镀银后,整个外表面要进行抛光,以达到 $Ra \leqslant 0.4\ \mu m$ 或更佳的表面粗糙度。镀银层表面应光滑、致密连续、牢固完好且无可见气泡、深凹、烧结、孔隙、去毛刺的痕迹、额外边的增大和其他缺陷。同时,表面应没有可见的膜、油脂、金属鳞片和异物。

为进一步检验镀银质量,可设置镀银质量见证件,与产品环同时进行镀银。镀银质量见证件可以通过烘烤试验或反复压缩等方式,验证镀层的结合性。

C.4　反应堆压力容器螺栓拉伸机

RPV 顶盖组件和容器组件扣盖后,需要对主螺栓加载预紧力,增强螺栓连接的刚性和防松能力,确保 RPV 在试验和运行期间的密封安全可靠。螺栓预紧的方法有扭矩法和延伸法,在核电厂的主螺栓预紧时,通常选择使用纯拉力直接拉长螺栓、无扭剪力和侧向力且对连接螺纹接触面无摩擦损坏的延伸法。

使用延伸法进行主螺栓预紧的工具就是反应堆压力容器螺栓拉伸机(简称"拉伸机")。拉伸机是扣盖、开盖操作时的关键工具,是核电厂极其重要的专用工具,根据结构和功能的不同可分为分体式螺栓拉伸机(简称"单体拉伸机")和整体式螺栓拉伸机(简称"整体拉伸机")。

C.4.1　分体式螺栓拉伸机(单体拉伸机)

单体拉伸机(见图 C-12)只能单独对每组紧固件组件(包括主螺栓、主螺母、球面垫圈、伸长测量杆等)进行运输、旋入/旋出、拉伸等操作。

图 C-12　单体拉伸机

C.4.1.1　单体拉伸机的组成

单体拉伸机包括独立的螺栓拉伸机、螺栓旋转装置、螺栓存放篮、螺栓支承板等。

螺栓拉伸机包括螺栓拉伸器、液压站、控制台及辅助工器具,用于对主螺栓进行拉伸,并旋紧或旋松主螺母。

螺栓旋转装置包括螺栓旋转机构、重量平衡装置及辅助工器具,用于将紧固件组件旋入或旋出主螺栓孔。

螺栓存放篮用于储存和转运紧固件组件。

螺栓支承板用于临时支撑紧固件组件。

C.4.1.2　单体拉伸机的操作流程

以扣盖阶段单体拉伸机的操作流程为例,具体步骤如下。

(1) 将单体拉伸机和紧固件组件从日常存放的 AC 厂房运输至反应堆厂房。

(2) 将螺栓支承板安置于主螺栓孔上方,然后将紧固件组件吊运至螺栓支承板上临时放置。

(3) 将螺栓旋转装置与紧固件组件连接,移走螺栓支承板,将紧固件组件旋入主螺栓孔内。

(4) 将螺栓拉伸器安装于拉伸机导轨,并下移与紧固件组件中的主螺栓连接,然后对主螺栓加载拉伸,最后旋紧主螺母。

（5）完成一组紧固件组件的拉伸操作后,移动螺栓拉伸器进行下一组紧固件组件的拉伸操作,直至所有紧固件组件完成拉伸操作。

（6）完成紧固件组件的总体拉伸操作后,测量所有主螺栓的剩余拉伸量,并对剩余拉伸量不满足要求的主螺栓进行拉伸调整。调整时,螺栓拉伸器的操作数量可以根据实际情况进行灵活选择。

C.4.2　整体式螺栓拉伸机(整体拉伸机)

整体拉伸机(见图 C-13)可以进行紧固件组件整体运输、旋入/旋出紧固件组件、主螺栓整体拉伸等操作。

C.4.2.1　整体拉伸机的组成

整体拉伸机由主控制台、拉伸装置、机器人小车、主螺母驱动装置、伸长量测量装置、支撑环总成等部件组成。

整体拉伸机所有功能都能通过主控制台进行操作和监控。通过拉伸装置对主螺栓进行拉伸。机器人小车在规定路径行走,并将紧固件组件旋入或旋出主螺栓孔。主螺母驱动装置可自动旋松或旋紧主螺母。伸长量测量

图 C-13　整体拉伸机

装置可实时监测、显示主螺栓的实际伸长量,并将数据传送至主控制台。支撑环总成主要作为主螺栓预紧力的反作用支撑,同时为液压拉伸、主螺母驱动装置等提供安装定位支撑。

C.4.2.2　整体拉伸机的操作流程

以扣盖阶段整体拉伸机的操作流程为例,具体步骤如下。

（1）将装有紧固件组件的整体拉伸机从日常存放的 AC 厂房运输至反应堆厂房。

（2）将整体拉伸机沿拉伸机导轨移至反应堆堆顶的顶盖法兰上表面,并进行对中和水平调整。

（3）机器人小车移至紧固件组件相应位置,与之连接后,将紧固件组件旋入主螺栓孔内。

（4）通过拉伸装置将所有主螺栓同时加载拉伸，然后旋紧主螺母。

（5）完成紧固件组件的总体拉伸操作后，测量所有主螺栓的剩余拉伸量，然后对剩余拉伸量不满足要求的主螺栓进行拉伸调整。调整时，整体拉伸机将对所有主螺栓进行拉伸。

C.4.3　优缺点对比

对比单体拉伸机和整体拉伸机，其优缺点非常鲜明。

（1）工期：以扣盖阶段为例，一个完整的流程，包括紧固件组件运输和安装、主螺栓拉伸、拉伸机拆除等步骤，整体拉伸机为 4～6 h，单体拉伸机为 20～24 h。

（2）人员：整体拉伸机所需操作人员不足单体拉伸机所需操作人员的一半。

（3）操控：整体拉伸机集机、电、仪等专业于一体，自动化程度高，操控简单，但出现问题后的维修工作相对复杂，且只能在维修完成后使用；单体拉伸机自动化程度低，人工操控多，维修工作相对简单，可在出现问题后灵活使用。

（4）受辐射剂量：单体拉伸机操作人员需持续进行操作，而整体拉伸机操作人员操作时间较短，所受辐射剂量大幅降低。

（5）费用：整体拉伸机价格昂贵，单套价格常在三套单体拉伸机之上。

（6）空间和运输：整体拉伸机的质量和体积都远超单体拉伸机的，其存放空间、安装和调试环境、运输工具都有特定的要求，而单体拉伸机则要求较低。

C.5　反应堆压力容器安装调试运行用工具

RPV 在安装、调试、运行期间还会用到大量专用工具，主要包括 RPV 专用工具、运输工具、翻转工具、吊装工具和其他工具。

C.5.1　RPV 专用工具

C.5.1.1　螺栓孔密封塞及其操作工具

螺栓孔密封塞主要在反应堆堆芯装料、换料和反应堆压力容器检修期间使用，堆顶开盖或扣盖时，对容器法兰主螺纹孔起密封保护的作用，防止一回路水和杂质流入主螺纹孔造成腐蚀。

螺栓孔密封塞操作工具专门用于螺栓孔密封塞的安装和拆卸。螺栓孔密封塞操作工具分为长柄工具和短柄工具,前者在堆顶就位的状态时使用,后者在假顶盖就位的状态时使用。

C.5.1.2　导向杆和导向杆衬套及其操作工具

导向杆共有 6 根,3 根长导向杆和 3 根短导向杆,均用碳钢镀铬而成。导向杆衬套共有 3 个,用于固定导向杆。在吊装堆顶时,推荐使用短导向杆;在吊装堆内构件时,推荐使用长导向杆。长短导向杆的具体使用可根据核电厂现场实际需要进行调整。

导向杆扳手和导向杆吊耳用于导向杆的装拆。衬套拆卸杆和衬套扳手用于衬套的装拆。

C.5.1.3　主螺栓伸长测量杆和底塞

主螺栓伸长测量杆和底塞专门用于主螺栓预紧和卸载时对螺栓伸长量的测定。伸长测量杆外表面经过磷化处理。

C.5.1.4　主螺栓吊耳和顶塞

主螺栓吊耳专门用于主螺栓吊运时,为主螺栓与吊钩提供连接功能。主螺栓吊运完成后,主螺栓吊耳需要拆除。

主螺栓存放、运行期间,若有需要,现场可在主螺栓顶部安装顶塞,避免异物进入主螺栓中心孔。

C.5.2　运输工具

C.5.2.1　容器组件运输鞍座

设备出厂前,容器组件将安装于运输鞍座上,一起从制造车间运至运输船舶,随船运抵核电现场码头后,再吊运至大件运输车并运至反应堆厂房相应位置,待提升或翻转前将容器组件与运输鞍座拆开。

C.5.2.2　顶盖组件运输鞍座

顶盖组件运输鞍座的功能和使用与容器组件运输鞍座相似,区别在于顶盖组件到达现场后无须翻转,待提升前将顶盖组件与运输鞍座拆开即可。

C.5.2.3　重载车、导向轨及液压驱动机构

在反应堆安装期间,若使用非开顶法进行 RPV 的吊装工作,则需利用重载车,在龙门吊下、设备转运平台上,沿直轨等路径,将容器组件等主设备转运至反应堆厂房内。

导向轨是反应堆安装期间在核岛主安装平台上转运 RPV 等主设备的专用设备,为重载车提供导向功能,并为重载车沿导向轨的路径行走提供支撑功

能。根据反应堆厂房的布置不同,导向轨有"直轨""直轨-弯轨-直轨"等不同规格。

液压驱动机构是反应堆安装期间在核岛主安装平台上转运 RPV 等主设备的专用设备,为重载车在运输反应堆压力容器等主设备时的步进行走提供驱动力。

C.5.2.4 辐照监督管包装运输工具

辐照监督管应单件装入充有氮气(100%)的聚乙烯塑料袋密封后固定装入木制包装箱,包装应考虑采取适当的屏蔽措施。运输时应有专用的运输工具,采用必要的紧固措施,避免设备在运输中因为窜动、碰撞、过度振动和冲击导致设备的变形和损伤。

C.5.3 翻转工具

RPV 的容器组件在现场需要由卧式状态翻转至竖直状态,以便吊运至堆坑内放置。容器组件常用的翻转方式有雪橇式翻转(也称 E 形翻转)、翻转支架翻转、V 形支架翻转三种。

C.5.3.1 雪橇式翻转

通过吊车或环吊、翻转凸耳、连接吊杆、E 形架、翻转用鞍座和吊钩牵引等工具,完成容器组件的翻转。雪橇式翻转如图 C-14 所示。

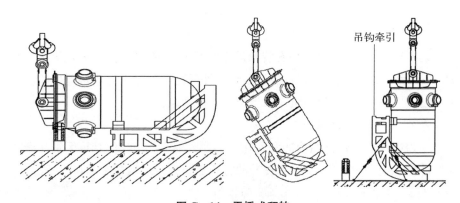

图 C-14 雪橇式翻转

C.5.3.2 翻转支架翻转

通过吊车或环吊、翻转凸耳、连接吊杆、翻转支架、翻转抱环、翻转抱环拆卸支架和翻转抱环拆卸平台等工具,完成容器组件的翻转。翻转支架翻转如图 C-15 所示。

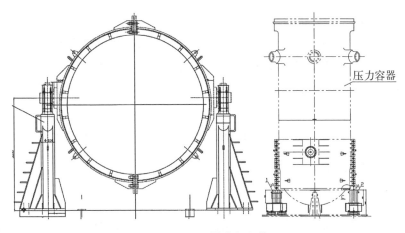

图 C-15 翻转支架翻转

C.5.3.3 V 形翻转

通过吊车或环吊、翻转凸耳、连接吊杆、V 形翻转支座等工具,完成容器组件的翻转。V 形翻转如图 C-16 所示。

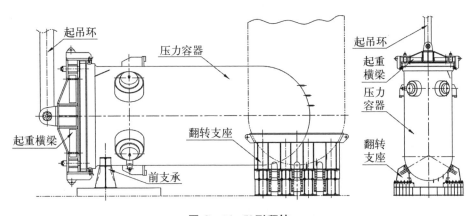

图 C-16 V 形翻转

C.5.4 吊装工具

C.5.4.1 顶盖吊具

顶盖吊具是反应堆安装和检修、换料时吊运顶盖组件及堆顶的专用设备。在顶盖组件安装、反应堆换料及顶盖组件内部检修时,利用顶盖吊具将堆顶(含顶盖组件、驱动机构、堆顶结构等设备)吊运至顶盖存放间存放,工作完毕后再将堆顶从顶盖存放间吊运至容器组件上安装。

C.5.4.2 容器组件吊装工具

容器组件吊装工具是反应堆安装期间吊运容器组件的专用设备。

在反应堆安装期间,若使用非开顶法进行主设备的吊装工作,该工具用于将容器组件从0m吊运至反应堆厂房主安装平台,然后在主安装平台翻转容器组件并吊运至堆坑内安装位置。若使用开顶法进行主设备的吊装工作,该工具用于将容器组件在指定位置翻转竖直并吊运至堆坑内安装位置。

C.5.5 其他工具

C.5.5.1 三瓣盖板

在容器组件现场翻转前,通常会将三瓣盖板中的两侧盖板安装在翻转凸耳两侧的容器组件顶端,其作用主要有两点:一是在翻转、吊运和存放过程中,对容器内部起保护作用,避免有异物掉入容器组件内;二是为容器组件就位时的水平度测量提供通道。

若容器组件在运输过程中无须充氮保护,则制造厂通常会在容器组件出厂前将三瓣盖板安装于容器组件顶端,待设备现场翻转前,将中间盖板拆走并在相应位置安装翻转凸耳。

C.5.5.2 顶盖存放架

顶盖存放架用于在反应堆安装和检修期间,存放顶盖组件和堆顶,并在顶盖组件密封槽检修和清洗时提供支撑和存放的功能。

C.5.5.3 顶盖下部保护裙板和生物屏蔽体

顶盖下部保护裙板是安装期间用到的专用工具,用于在顶盖存放间进行顶盖组件的相关安装和检查时对顶盖组件下法兰面进行保护,为顶盖组件内部检修提供通道,防止灰尘大量进入顶盖组件内部。

生物屏蔽体是运行期间用到的专用工具,为顶盖组件放置于顶盖存放架期间提供屏蔽保护,并对顶盖组件下法兰面进行保护,为顶盖组件内部检修提供通道,以及防止灰尘大量进入顶盖组件内部。

现场运行前,将拆除顶盖下部保护裙板并安装生物屏蔽体。

C.5.5.4 轻盖和重盖

轻盖和重盖均在反应堆安装期间为操作人员在容器组件内部提供一个可上下移动的操作平台。

C.5.5.5 密封盖

密封盖的作用是在反应堆水池密封测试期间,将其盖在容器组件密封面上,防止测试用水进入容器组件和系统管道。

C.5.5.6　假顶盖

假顶盖用于反应堆机组换料大修期间,在顶盖组件吊走后,需将假顶盖放置于容器组件上,减少辐射泄漏,对容器组件法兰密封面、螺栓孔进行清洗、检查、维修的操作,以保证人员的辐射安全。

C.5.5.7　密封面保护环

密封面保护环的作用是在反应堆安装期间,将其盖在容器组件密封面上,防止密封面受损,同时避免异物掉入容器组件内部。

C.5.5.8　辐照监督管插入工具

辐照监督管插入工具用于将辐照监督管插入辐照样品架中。

C.5.5.9　辐照监督管拔出工具及其存放架

辐照监督管拔出工具,也称为辐照监督管、样品孔塞操作工具,用于提取辐照监督管及辐照样品孔塞。在反应堆停堆换料期间,采用该工具在水下进行辐照样品孔塞和辐照监督管的提取和存放的操作。该工具在不使用时拆分成两部分,挂在存放架上;使用前,需先组装为整体结构。

辐照监督管、样品孔塞操作工具存放架安装于反应堆厂房换料水池池壁,用于存放辐照监督管、样品孔塞操作工具。该存放架由 2 件完全相同的专用储存架组成,分别存放操作工具拆分后的上、下两部分。

C.5.5.10　控制棒驱动杆及辐照样品孔塞存放架

控制棒驱动杆及辐照样品孔塞存放架用于暂时存放辐照样品孔塞和控制棒驱动杆。

C.5.5.11　导向杆存放架

当导向杆采用三根相同长度的规格时,导向杆存放架指安装于反应堆堆坑内,用于存放导向杆的工具架。当导向杆采用三长三短的规格时,导向杆存放架分为两种:一种是安装于反应堆堆坑内,用于存放短导向杆;另一种是安装于 AC 厂房,用于存放长导向杆。

C.5.5.12　螺孔清洗机

螺孔清洗机用于反应堆检修期间对容器法兰主螺栓孔内表面附着的污物进行清洗,以满足反应堆扣盖时的紧固件安装要求。

C.5.5.13　螺孔抛光机

螺孔抛光机用于反应堆检修期间对容器法兰主螺栓孔的抛光,去除螺纹表面毛刺、发状丝屑等异物,以满足反应堆扣盖时的紧固件安装要求。

C.5.5.14　螺孔检查装置

螺孔检查装置用于反应堆检修期间对容器法兰主螺栓孔螺纹的视频检查，完成螺纹的图像收集和显示，辅助判读螺纹缺陷的类型和位置。

C.5.5.15　主螺栓、主螺母清洗机

主螺栓、主螺母清洗机用于对主螺栓和主螺母表面附着的污物进行清洗，以满足反应堆在扣盖时的紧固件安装要求。

C.5.5.16　顶盖组件密封槽清洗机

顶盖组件密封槽清洗机用于对顶盖组件密封面沟槽内附着的污物进行清洗，以满足反应堆扣盖时的密封要求。

C.5.5.17　容器组件密封面清洗机

容器组件密封面清洗机以容器法兰内、外侧台阶面为固定轨迹进行运动，现场清洗容器组件密封面，以满足反应堆扣盖时的密封要求。

参考文献

[1]　ASTM International. ASTM A370 - 2013 standard test methods and definitions for mechanical testing of steel products [S]. West Conshohocken: ASTM International，2013.

[2]　ASTM International. ASTM E185 - 2002 standard practice for design of surveillance programs for light-water moderated nuclear power reactor vessels1 [S]. West Conshohocken: ASTM International，2002.

[3]　ASTM International. ASTM E844 - 2018 standard guide for sensor set design and irradiation for reactor surveillance[S]. West Conshohocken: ASTM International，2018.

[4]　ASTM International. ASTM E1214 - 2011 standard guide for use of melt wire temperature monitors for reactor vessel surveillance [S]. West Conshohocken: ASTM International，2011.

[5]　董元元,罗英,张丽屏,等.C形密封环密封特性数值计算方法研究[J].核动力工程,2015,36(2): 155 - 159.

[6]　励行根,杭建伟,魏世军,等.反应堆压力容器金属O形密封环的研制[J].压力容器,2016,33(5): 1 - 8.

典型 RPV 全面/部分在役检查表

D.1 全面在役检查表

表 D-1 反应堆压力容器全面在役检查项目表

项目编号	检查部位	检查方式	检查方法	备注
1	(1)容器筒体内部堆焊层表面状态	从反应堆容器内部（堆内构件拆除）	CCTV（水下）	全面检查 局部检查,包括焊缝区域,法兰内表面,反应堆压力容器下封头,进、出口接管内部
	(2)容器筒体内部堆焊层的结合性检查		UT(水下)	筒体环焊缝上下不小于500 mm 的范围
2	顶盖内部堆焊层	从顶盖内部（顶盖放在有生物屏蔽保护的支架上）	CCTV	—
3	容器筒体环焊缝	从反应堆容器内部（堆内构件拆除）	UT(水下)	—
4	接管段筒体与接管的环焊缝	从反应堆容器内部（堆内构件拆除）	UT(水下)	—
5	顶盖法兰与顶盖之间的环焊缝(若有)	从顶盖外部	UT	在役前检查和第一次全面在役检查期间进行检查。如果无超出规范要求的显示,则不重复进行检查;如果存在超出规范要求的显示,则在每次全面在役检查时进行

(续表)

项目编号	检 查 部 位	检 查 方 式	检查方法	备　　注
6	强辐照区堆焊层下的内部表面	从反应堆容器内部（堆内构件拆除）	UT（水下）	在 20 年全面在役检查阶段进行检查,检查区域为高注量区,深度为内表面以下 7~25 mm 壁厚
7	容器法兰螺栓孔螺纹表面	从法兰上表面（螺栓和导向杆拆除后）	VT	相应的主螺栓下部螺纹区发现缺陷时进行
8	容器法兰螺栓孔间韧带区域	从反应堆容器内侧和法兰表面（螺栓拆除后）	UT（水下）	—
9	进、出口接管与安全端之间异种金属焊缝	从反应堆容器内部（堆内构件拆除）	UT（水下）	—
			RT	射线源放在内侧,胶片放在外侧
		从反应堆容器外部	PT	—
10	容器接管安全端与主管道间焊缝	从反应堆容器内部（堆内构件拆除）	UT（水下）	—
			RT	射线源放在内侧,胶片放在外侧
11	径向支承块	从反应堆容器内部（堆内构件拆除）	CCTV（水下）	—
12	下封头内表面与中子测量管贯穿件之间的焊缝（若有）	从反应堆容器内部（堆内构件拆除）	CCTV（水下）	—
		从反应堆容器外部	AET	在水压试验期间进行
			CCTV	在水压试验之前和之后进行
13	顶盖贯穿件与顶盖之间的焊缝	从顶盖外部	AET	在水压试验期间进行
		从顶盖内部（顶盖放在有生物屏蔽保护的支架上）	CCTV	在检查顶盖内部堆焊层期间进行
		从顶盖外部	VT	水压试验后在焊缝连接处进行硼迹检查

(续表)

项目编号	检 查 部 位	检 查 方 式	检查方法	备　注
14	吊耳与顶盖之间的焊缝	从顶盖外部	PT	检查可达区域
15	顶盖管座法兰与贯穿件间的焊缝	从顶盖外部	AET	在水压试验期间进行
			VT	在水压试验压力下全面检查密封性
16	CRDM 驱动杆行程套管与密封壳间焊缝	从顶盖外部	VT	在水压试验压力下进行
17	CRDM 端塞与驱动杆行程套管间密封焊缝(若有)	从顶盖外部	VT	在水压试验压力下进行
18	反应堆压力容器主螺栓	已拆卸的主螺栓	ET	从外部检验主螺栓的螺纹
			UT	从中心孔检查主螺栓的螺纹部分和光杆
19	反应堆压力容器主螺母	已拆卸的主螺母	ET	从内部检查主螺母的螺纹

D.2　部分在役检查表

表 D-2　反应堆压力容器部分在役检查项目表

项目编号	检 查 部 位	对部件的检查方式	检查方法	备　注
1	接管与安全端异种金属焊缝	从反应堆容器外部	PT	在两次全面在役检查之间进行一次
2	容器法兰螺栓孔螺纹表面	从法兰上表面(螺栓和导向杆拆除后)	VT 或 CCTV	当主螺栓下部螺纹区发现缺陷时,检查相应螺栓孔

项目编号	检 查 部 位	对部件的检查方式	检查方法	备 注
3	顶盖管座法兰与贯穿件间的焊缝	从顶盖外部（顶盖放在支架上）	VT	每一次顶盖放在支架上时，通过检查口对焊缝进行整体检查，观察是否存在硼结晶
4	反应堆压力容器主螺栓	已拆卸的主螺栓	ET	所有主螺栓在两次全面在役检查之间进行一次检查
5	反应堆压力容器主螺母	已拆卸的主螺母	ET	所有主螺母在两次全面在役检查之间进行一次检查

索　引